浙江省哲学社会科学重点研究基地重点课题
“浙江近代海洋文明史”（11JDHY01Z）最终成果

浙江近代海洋文明史（民国卷）

第二册

孙善根　著

2017年 · 北京

图书在版编目（CIP）数据

浙江近代海洋文明史．民国卷．第二册 / 孙善根著．—北京：商务印书馆，2017
ISBN 978-7-100-13424-8

Ⅰ．①浙⋯ Ⅱ．①孙⋯ Ⅲ．①海洋－文化史－浙江－民国 Ⅳ．①P7-092

中国版本图书馆 CIP 数据核字（2017）第 080009 号

浙江近代海洋文明史（民国卷）
第二册
孙善根 著

商 务 印 书 馆 出 版
（北京王府井大街36号 邮政编码 100710）
商 务 印 书 馆 发 行
三河市尚艺印装有限公司印刷
ISBN 978－7－100－13424－8

2017年5月第1版　　开本 710×1000 1/16
2017年5月第1次印刷　　印张 21 3/4 字数 350千

定价：66.00元

总 序

近代西方学术史与研究方法的传入使得中国的历史学研究突破了传统的大陆史观，开始认识到中华文明的传承除了农耕文明外，游牧文明与海洋文明的兴衰也是不可或缺的要素。自大一统的秦朝建立之后，中华文明已经从中原开始向草原和海洋扩张，东南沿海的文明进程在与农耕文明的交互影响中缓慢发展。经历两次人口迁移和中国经济重心南移后，江、浙、闽、粤等东南沿海区域的海洋经济发展呈加速趋势，在此基础上所形成的文化与社会形态则构成了中国海洋文明的轮廓。与此同时，中华文明政治领域中涉及海洋的顶层架构则在农耕政权收编与控制海洋区域的进程中逐步完成。中国农耕文明的强大使得海洋文明的发展很难像欧美国家一样成为区域文明与世俗政权的主导力量，这也是中国海洋文明与欧美海洋文明发展差异所在。

中国近代海洋文明在西方文明侵入下经历了一个从被动到主动的发展过程，它在与农耕文明同步转型并在借鉴欧美海洋文明发展经验的基础上最终形成了当代中国海洋文明演进的独特轨迹。在中国海洋文明从传统向现代变迁的过程中，近代浙江海洋文明的历史演变是一个重要的观察窗口。

作为东南沿海的主要省份，浙江的海洋文明在远古时期就已经孕育，并随着中华文明的发展而演进。资源贫乏、人多地少的困境使得浙江沿海居民纷纷下海，通过海洋资源开发与贸易拓展以获取粮食、食盐等生活与生产资料。近海与远洋贸易使得浙江沿海的城乡发展与生产活动带有明显的海洋痕迹。以港口和贸易线路为纽带，浙江的社会发展已经融入东亚海洋文明发展中。而农耕政权的强大使得古代浙江的海洋文明发展受到极大制约。直到外力冲击下，近代浙江海洋文明的发展才获得国家政权力量的支持。在中外文明冲突与相互影响中，近代浙江沿海经济的转型比内地省份更加灵活和彻底。而以宁波帮为代表的浙江商人群体在浙江乃至全国的近代经济转型与制度重建中发挥了非常重要的作用。自近代以来，中国涉及海洋制度的构建则是在清政府、北京政府和南京国民政府的更迭中逐次完善起来的。与此同时，作为浙江海洋文明重要组成部分的各海洋经济产业的转型呈现出先后次序。浙江海洋贸易合法的发展自晚清开埠后就迅速崛起，而海洋渔业的现代转型发端于20世纪初期，受国家管控最为严格的海洋盐业则到南京国民政府时期才出现实质性的改进。与经济转型的缓慢相比，浙江交通航运建设与文化交流更为迅速。新式港口的建立和现代轮船航运业的发展使得浙江沿海人口与商品的流动速度与辐射区域呈阶梯增长态势。在外来文明和经济发展的影响与推动下，近代浙江沿海城乡社会新陈代谢的进程明显加快，以通商口岸为代表的沿海地区文化转型也取得显著成效。

《浙江近代海洋文明史》在掌握丰富史料的基础上，以海洋政策变迁、经济转型、社会重建为主线，揭示近代浙江海洋文明发展进程。具体则涵盖沿海政权更迭与军事冲突、海关与海警、渔盐产业与临港工业孕育、交通航运与海洋贸易、沿海城乡变迁与海洋灾害应对、社会结构与信仰习俗演变、外来文明影响与作用、涉海教育与科技等诸多领域，力图呈现浙江近代海洋文明发展的历史脉络与丰富内涵及其在近代中国海洋文明发展变迁中的重要地位，由于是拓荒之作，本书存在着一些不足与缺憾。但21世纪是人类全面认识、开发利用和保护海洋的世纪，现实召唤我们更加重视海洋历史诸问题的研究，从这个意义上，其筚路蓝缕之功与勇气更应该值得肯定。

是为序。

（签名）

2016年12月

目 录

第一章 沿海社会结构与社会生活 1

第一节 人口流动与人口结构 1

一、沿海地区人口流动 1

二、沿海港口与区域人口流动——以近代宁波港为例 8

三、社会结构的变动 18

第二节 浙江商帮与海外移民 28

一、浙江商帮在上海等地的崛起 28

二、浙江海外移民的持续进行 37

第三节 渔盐民的生活与组织 45

一、渔民的生活与组织 45

二、盐民的生活与组织 65

第二章 沿海城乡变迁与转型 76

第一节 沿海城市的发展 76

一、宁波 77

二、温州 108

三、台州 125

第二节 沿海城镇的变迁 136

一、东海渔港重镇——沈家门 137

二、浙东渔商巨镇——石浦 145
三、因港而兴的海门镇 151
四、温台门户——坎门 161
第三节　浙江沿海乡村鸟瞰 165
一、乡村举隅 165
二、渔村举隅 173
三、海岛举隅 182

第三章　西方教会势力的深入与沿海社会 194

第一节　传教活动的兴衰 194
一、历史沿革 195
二、主要活动教派 196
第二节　教会事业的扩张 202
一、教育事业 203
二、医疗事业 208
三、慈善救济事业 212
第三节　教会团体与沿海地方社会——以宁波基督教青年会为中心的考察 217
一、宁波青年会的社会活动 217
二、宁波青年会成功的原因分析 230

第四章　海洋灾害及其应对 235

第一节　自然灾害 235
一、米荒及其他灾害救济 235
二、重大灾变及其应对 244
第二节　社会灾害 268
一、海盗活动 268

二、海难及其善后 281

第五章 民国时期的浙江海洋文化 285

第一节 教育事业 285

一、职业教育：从省立水产学校到国立水产职业学校 286

二、社会教育 298

三、渔民子弟教育 303

四、沿海教育事业一瞥 307

第二节 海洋科技 308

一、海洋研究与水产科技 309

二、航海科技与设施 317

第三节 海洋文学 326

一、壮美海景与生活真实的交融 327

二、借助大海抒发真情实感 329

三、沿海民众生存境况的深刻揭示 332

主要参考文献 335

后 记 340

第一章
沿海社会结构与社会生活

人口流动与城市化是推动传统社会近代化的重要动力，民国时期浙江沿海地区也不例外。受社会经济发展的推动，进入民国以后，浙江沿海区域人口流动与城市化进程明显加快，也高于同期浙江内陆地区。在社会结构上，非农人口特别是商业人口迅速增加，妇女在经济社会中的地位与作用明显增加。作为浙江人口向域外流动的结果，沿海人口向上海等域外乃至境外的流动持续进行，其中以旅沪宁波商人为多数的浙商迅速崛起，成为江浙财团的核心力量，温州及丽水青田等地人口则持续向海外发展。同时，沿海渔盐民的社会生活与组织的变化尽管相当缓慢，但也开始步入近代化的轨道。

第一节　人口流动与人口结构

一、沿海地区人口流动

人口流动从流动范围来说，可以分为区域内流动与域外流动两种，从这一时期浙江沿海人口区域内流动情况看，不仅高于内陆地区，而且表现出明显的向通商口岸（如宁波、温州）与中心城镇（如台州海门）集聚的趋势，说明民国时期沿海地区城市化的进程不仅持续进行，而且有加快的趋势。

在近代，人口众多的浙江省经过太平天国战乱，人口数量一度急剧减少，但经过战后的恢复与发展，到民初又成为一个人多地少的省份，甚至是全国人口密度最为严重的地区。据1928年浙江、江苏、安徽三省人口普查，浙江省的人口密度每平方公里有1557人之多，在全国仅次于江苏省的2267人，但由于江苏山地比浙江少，可耕地面积比浙江多，故浙江人口压力并不逊于江苏。[①]就浙江全省来看，除传统的人口密集地区杭嘉湖外，宁台温等沿海地区又明显高于内陆地区。这从1928年浙江人口调查中可见一斑（详见表1-1）。

表1-1　1928年浙江省人口密度情况

县属	每平方公里人数	县属	每平方公里人数	县属	每平方公里人数
杭县	62	象山	16	龙游	14
海宁	50	南田	7	常山	10
富阳	15	绍兴	51	开化	5
余杭	15	萧山	46	建德	5
临安	7	诸暨	21	淳安	6
于潜	5	余姚	36	遂安	7
新登	8	嵊县	28	桐庐	10
昌化	5	上虞	19	寿昌	8
嘉兴	35	新昌	16	分水	5
嘉善	40	临海	17	永嘉	15
海盐	33	黄岩	29	瑞安	22
平湖	45	宁海	12	平阳	25
崇德	43	天台	14	乐清	24
桐乡	36	仙居	9	泰顺	7
吴兴	34	温岭	34	玉环	22
长兴	12	兰溪	22	青田	7
德清	38	东阳	16	遂昌	4
武康	10	金华	16	龙泉	4
安吉	10	义乌	22	缙云	10
孝丰	6	永康	17	庆元	4

① 夏卫东：《民国时期浙江户政与人口调查》，中国社会科学出版社2011年版，第136—137页。

续表

县属	每平方公里人数	县属	每平方公里人数	县属	每平方公里人数
鄞县	44	浦江	9	景宁	5
慈溪	31	武义	15	丽水	9
奉化	17	汤溪	12	松阳	7
镇海	39	衢县	11	云和	6
定海	28	江山	11	宣平	7
全省平均	17				

资料来源：浙江省民政厅编：《浙江移民问题》之《浙江的人口问题及其出路》，1930 年铅印本，第 33—35 页。

从表 1-1 可知，浙江沿海各县除宁海、象山、南田、永嘉四县外，人口密度均高于全省每平方公里 17 人的平均数，且其中多数县份高出平均数一倍以上。显然，庞大的人口压力成为民国时期浙江沿海人口流动的基本原因。而本区域与邻近地区城市化的发展以及由此产生的大量就业机会成为牵引人口流动的巨大推手。

浙东重要商埠宁波近代开埠后，特别是 19 世纪末以来，伴随着经济的持续繁荣与城市化的历程，宁波一地人口急剧增加，其中城区人口增加尤为迅速。据《鄞县通志》载，1855 年至 1912 年间，鄞县人口（含宁波城区）从 214531 人增至 650220 人，即增加了 435689 人，57 年间增长 203.09%，年增长率 19.64‰。民国后人口继续较快增长，不过增速有所减缓，1928 年较 1912 年增加 80202 人，年增长率为 7.30‰，但人口城市化的速度却在加快。就宁波城厢而言，1912 年宁波城厢共有人口 146617 人，至 1928 年时，则增至 212518 人，年增长率为 23.47‰，远较同期鄞县全境为高。[①] 20 世纪 20 年代时，鄞县（含城区），人口密度每平方英里平均人口 3625 人，仅次于吴兴县（3785 人），名列浙江省第二。[②]

浙南重镇温州由于开埠较迟，加之偏处浙南一隅等原因，近代城市化的进程比宁波晚，但进入民国后，由于茶叶等出口贸易的兴盛，人口也呈快速增长态势。据 1906 年的《中国坤舆详志》记载，温州城人口为 8 万人，至民国初年，一般说法为

① 参见李国祁：《中国现代化的区域研究——闽浙台地区（1860—1916）》，台湾“中央研究院”近代史研究所 1987 年版，第 439—440 页。

② 参见张其昀：《论宁波建设省会之希望》，《史地学报》1924—1925 年第 3 卷第 7 期。

十二三万人，据日人的推算为9万人。至1921年，根据海关调查，约为198300人。即在15年间，人口增加了147.88%，年增长率为62.39‰。如以民国五年（1916）人口为9万计算，则1906年至1916年年增长率为11.85‰，1916至1921年年增长率为171.16‰。如以1916年为13万人计算，则1906年至1916年年增长率为49.75‰，1916至1921年年增长率为88.12‰。人口增加的速度显然是民国五年以后较前为快。表明1916年后温州一地城市化进程明显加快。[①]20年代后由于缺乏有关数据，温州的城市化进程难以准确估计，但从以下的一组数据中可以发现温州人口的集聚速度仍在加快。1932年，人口学家胡焕庸1934年在其所著《中国人口之分布》一书中统计，温州城所在的永嘉人口达683765人，仅次于绍兴（1212508人）、鄞县（720130人），据第三位[②]，而据1936年浙江省政府上报国民政府的人口数据，永嘉人口已经上升为820976人，超过鄞县（699206人），仅次于绍兴的1109437人[③]，在广大的浙江东南地区更是独占鳌头。值得注意的是，当时绍兴、鄞县的人口均呈下降态势，唯独永嘉人口仍在大幅增加，可见其在本区域的人口集聚作用相当明显，城市化在持续进行。

在浙江沿海城市化进程中原来一直滞后的台州，自1895年清政府颁布《内港行轮章程》后，宁波商人在所属临海海门设立外海商轮局，并于1897年开通甬椒航线，20世纪初又开通客运航线，使海门迅速发展起来，并成为浙江沿海的第三大港口，交通闭塞的状况为之一变。不仅方便了域外工业品的倾销，以致“观今日海门埠头及市面，日新月异，商务之兴隆，有如潮涌”[④]。而且交通的便捷也带动了地方工业的兴起，到20年代末，临海地方工业已拥有手工工业与机械工业两类，手工业有机织工业、草帽工业、麻鞋工业、造纸工业、橘饼工业、彩蛋工业、绣花工业等，机械工业有机器碾米业、电气工业二业。地方工业的发展对劳动力的需求迅速增加，由此产生人口的集聚效应。其中迅速崛起的海门镇更成为台邑人口流动的重要目标。史称其“地滨东海，扼椒江之口。逊清末叶，人口尚稀，商业未兴，交通梗阻，货运悉赖帆船，地位无甚重要。洎乎民国，居民日众，轮船渐通，商业

---

① 李国祁：《中国现代化的区域研究——闽浙台地区（1860—1916）》，第441页。

② 夏卫东：《民国时期浙江户政与人口调查》，第143—145页。

③ 国民政府内部档案：《浙江省户口案》，中国第二历史档案馆藏。

④ 项士元纂：民国《海门镇志》卷6“船舶”，椒江市地方志办公室1993年编印，第65页。

日趋勃发。于是台属与沪、温、甬、闽各地交通，因以称便。货物之运输，皆以此为吐纳之地，遂跃为浙东重要商埠之一，且为台属六邑之咽喉”[①]。

1916年，临海县人口达550557人[②]，1919年又上升至668076人，当年该县人口密度每平方公里99.1人，仅次于相邻的温岭县135人，在省内名列前茅[③]。尽管限于当时的条件，统计数据不无误差，但该县是一个人口密度相当高的县份当是没有疑义的。当然应该指出的是，由于该县人口密度已达极限，加之海门港毕竟腹地有限，以手工业为主的地方工业对劳动力的吸纳也相当有限，故该县人口此后并无增加，甚至还有所减少，如据1936年统计，该县人口533776人。[④]但县属海门镇人口却是持续增加，20世纪30年代该地的繁盛远近闻名，有“小上海”之称。20世纪30年代中海门市区又扩大一倍，台州行署也迁至海门，成为浙江沿海最大的商埠，台州地区政治、经济、交通、文化的中心。[⑤]

为缓解人口压力，人口流动在区域内进行的同时，人口向域外的流动与集聚也是持续展开。进入民国以后，浙江沿海各县人口外出数量明显增加，也高于同期内陆县份（详见表1-2）。

表1-2　1928年浙江沿海各县外出人数统计

县别		鄞县	慈溪	奉化	镇海	定海	象山	南田	玉环	绍兴	萧山
外出人数	男	13876	15139	5015	28916	12853	3296	97	597	48629	13972
	女	3277	3366	1718	10449	1972	703	3	4	3609	729
县别		余姚	上虞	临海	黄岩	宁海	温岭	平阳	永嘉	瑞安	乐清
外出人数	男	14968	12400	2880	13021	4562	5982		6920	2120	4039
	女	3964	86	348	3614	1536	1807		1334	220	395

资料来源：李钦予：《浙江人口及粮食问题》，浙江省图书馆古籍部藏铅印本，第2—15页。

① 海门支行：《海门经济现状》，载浙江地方银行编：《浙光》第4期。
② 内务部统计科编制：《内务统计：民国五年份浙江人口之部》，文益印刷局1920年版，第9—14页。
③ 内务部总务厅统计科编制：《内务统计：土地与人口》之浙江部，1922年版，第87—94页。
④ 国民政府内部档案：《浙江省户口案》，中国第二历史档案馆藏。
⑤ 陈明富主编：《椒江市建设志》，1995年印刷，第1页。

当然应该注意的是，这种外出实际上包括离开原来居住县份的一切人口流动，既有长期性的移居与迁移，也包括短期性乃至季节性的打工行为。民国时期这种人口区域外流动在浙江沿海各地都相当频繁。这方面不仅交通便捷的宁波（详见以下个案分析）、嘉兴等地著称于时，而且台州、温州等号称交通闭塞之地也是后来居上，持续进行。

20世纪30年代，经营嘉兴濒海县份平湖至上海的客货运输业务的平湖大利轮船公司3艘客轮，平均每天附货3吨，年均可运约1100吨。运客若按500人次计，全年可计18万人次。1935年该县人口276131人，如果往返作为一次来计算的话，那就相当于全年全县有1/3的人乘该公司轮船，离开家乡来到上海等地。[①]另据1937年调查，该县农业户数较3年前（1933年前）调查时“已减少12%，因本县与各通商大埠交通，均称便利，每年前往上海、杭州或嘉兴等处谋充劳工或商贩者，颇不乏人”[②]。

由于台州一地人多地少，常年在外经商、务工人员众多，除了前往上海、宁波等大中城市外，还有不少人到杭嘉湖及舟山等地帮佣，在农忙季节更有许多临时工涌向宁绍等地帮助收种田地，即所谓“割稻客”之类。为此进入20年代后，航行在椒沪线、椒甬线的客轮几乎班班爆满，两线也成为海门港最为繁忙的航线。据旅甬台州人自称，20年代中期，“吾台旅甬工人不下三十万，半属赤身，半携家属”[③]。为此，1922年10月初，在宁波台州公所基础上，又发起成立台州旅甬同乡会。[④]据统计，1932年，行驶在两线上的13艘轮船，全年航次676次，全年客运量达36.3万人次。[⑤]以1935年台州人口219.59计[⑥]，这样全年仅仅经这两条航线到上海、宁波的人次占地区人口的16.53%[⑦]。

民国时期沿海人口流动与迁徙还有一种方式，是由于海涂围垦与包括岛屿在内

---

① 丁贤勇：《新式交通与社会变迁——以民国浙江为中心》，中国社会科学出版社2007年版，第298页。

② 章有义编：《中国近代农业史资料》第3辑，生活·读书·新知三联书店1957年版，第900页。

③ 《台侨工会委员提倡工人教育之提案》，《时事公报》1925年2月6日。

④ 《台州旅甬同乡会成立大会纪盛》，《时事公报》1922年10月10日。

⑤ 金陈宋主编：《海门港史》，人民交通出版社1995年版，第157—165页。

⑥ 台州市志编纂委员会编：《台州地区志》，浙江人民出版社1995年版，第89页。

⑦ 丁贤勇：《新式交通与社会变迁——以民国浙江为中心》，第179—180页。

的沿海地区开发而产生对劳动力的需求，引起区域内外人口的集聚，乃至形成新的村落。如慈溪三北地区实际上是海涂围垦形成的，进入民国后，围垦的势头仍在继续，经过多年的淡化，三北东部一带形成大批可以耕作的田地，加之民初龙头盐场的废弃，二三十年代旅沪商业巨子虞洽卿在这里的开发，推动了棉花、大豆等农特产品的生产与种植；而这里本地居民素有外出经商的传统，使三北一地劳动力不足的情形更为严重。在此背景下，三北西部以及温台一带的贫民纷纷进入这一地区，从事拓荒、做长工或租地等事，后基本上落地为根，定居于此。据家居三北龙山镇庄黄村的当年温州移民后裔林光辉回忆说，温州地少山多，宁波耕地多，当时宁波帮许多生意人都到上海滩做生意，许多青壮年去上海谋生，导致宁波劳动力相对欠缺。1937 年，温州乐清、永嘉一带的山区年轻人为求生计，经人介绍，大批来到宁波三北一带，给当时的地主或富农做长工，在当时形成有名的温州帮，是当时最底层的代表。但他们非常团结，当地百姓不敢欺负。三北一带温州人较多。林光辉祖籍温州永嘉乌牛镇南山东岙村。1937 年林的先人迁三北田央黄一带，给大户做长工。[①]

另外据 20 世纪末曾任龙山镇副镇长的安云法回忆，在民国时期，特别是全面抗战开始之前，台州、温州地区的温岭、黄岩、乐清等地的移民大量迁入今慈东地区（主要在原龙山区一带）。据不完全统计，当时迁入 2000 户左右，其中当时雁门乡就有 300 户左右（20 世纪 80 年代安云法曾任龙山区雁门乡乡长）。[②]

由于人口增加的压力，原来地广人稀甚至荒无人烟的沿海岛屿也往往成为人口迁徙的目标，而迁徙者也多为沿海地区人口。如舟山嵊泗渔岛人口来源构成广且杂，大多由沿海各地迁居而来。其中基湖居民先世皆为温台人；马关镇早年先后有宁波三北和象山、岱山一带渔民迁居来此；花鸟岛“全体渔民来自浙江黄岩，自成一帮”；“东绿华居民为浙之黄岩帮，与华鸟合为一气，西绿华为岱山帮，另成一体”；而枸杞岛“小石浦及鸟沙壁几全为闽人所卜居。闽人之拉钓船，设行做厂于各岙”。[③] 同时，浙江沿海也往往成为其他沿海省份居民迁居之地，特别是

① 方煜东主编：《三北移民文化研究》，宁波出版社 2012 年版，第 238 页。

② 方煜东主编：《三北移民文化研究》，第 235 页。

③ 嵊泗县政协文史委员会编：《嵊泗渔业史话》，《嵊泗文史资料》第 3 辑。

福建居民移民宁波、舟山相当普遍，以致 20 年代，定海沈家门、象山石浦被称为闽籍侨民居留地。[①]

二、沿海港口与区域人口流动——以近代宁波港为例

人口流动是社会经济发展到一定阶段的产物，进入近代以后，人口流动明显加快，成为近代中国社会变迁与发展的重要特征，这在经济比较发达的东南沿海地区表现得尤为明显，而沿海港口的发展在区域人口流动中发挥了十分重要的作用。地处浙东沿海的港口城市宁波就是其中的一个典型。近代宁波人口流动频繁，1920 年浙海关在其贸易报告中称："中国各口进出旅客之多，除上海一埠外，无有能出其（指宁波——引者）右者。"[②] 在这一过程中，号称近代宁波"对外交通必经中枢"[③] 的宁波港有着举足轻重的作用，成为近代宁波人走向全国乃至世界的主要通道，对近代宁波人与宁波一地乃至相关城市的近代化都产生了广泛而深远的影响。

（一）宁波港的近代化转型

长期以来，宁波一地由于地狭人稠，生活维艰，甬人外出谋生由来已久。早在明代，王士性在其万历年间所著《广志铎》中，即称浙东宁绍一带百姓"大半游食于外"[④]。进入近代以来，宁波人口流动的速率明显加快。

鸦片战争后，作为首批通商口岸城市的宁波与上海几乎同时开埠，但此后上海对外贸易的飞速发展与宁波对外贸易的严重滞后形成鲜明对比。正如马克思所言，"五口开放，并没有造成五个新的商业中心"[⑤]，而是形成上海一枝独秀的局面。到 19 世纪末，上海由于其有利的地理位置与广阔的腹地，加之相对安全的租界"效应"，迅速发展成为近代中国最大的工商城市与远东经济中心。上海的崛起吸

---

① 《时事公报》1920 年 6 月 5 日。

② 《海关关册》（中文本），宁波，1920 年，第 12 页。

③ 戎行：《宁波江北岸风情》，载台北宁波同乡会编：《宁波同乡》，第 58 期。

④ 浙江省政协文史资料委员会编：《宁波帮企业家的崛起》，浙江人民出版社 1989 年版，第 4 页。

⑤ 《马克思恩格斯全集》第 12 卷，人民出版社 1962 年版，第 624 页。

引了一代代宁波人前往谋生创业，“挈子携妻游申者更难悉数”[①]。在整个近代，这种沪甬间单向的移民潮经久不衰。不仅如此，上海还成为近代宁波人走向全国乃至世界各地的桥梁，许多宁波人通过上海四出营生，或以上海为基地向外发展。而以宁波港为中心的近代宁波轮船业运输的勃兴则为近代宁波外出提供了极大的便利，从而使近代宁波人口流动在幅度与深度上都有了前所未有的发展。

历史上，兼有江海之利的宁波一直是中国东南部一大重要的航海和河运交汇处。在中国出现轮船以前，它是一个重要的木船运输中心，开埠后则成为近代中国轮船运输业勃兴最早的港口之一。

长期以来，宁波帆船码头在江东以及隔江相对的江厦一带。当时码头被称为“道头”，江东庆安会馆一带就被称为“包家道头”。宁波开埠后，进出宁波港的轮船开始增多。据浙海关统计，1859年进出宁波港口的外国船只挂“英国旗的九条，挂美国旗的两条”。在1863—1864年间，除了91艘宁波船在海关注册外，还有不少是挂外国船旗的。而“当时绝大多数以外国所有者名义注册，悬挂外国船旗的船只，实际是中国商人的财产”。[②]

随着轮船进出港口的增多，为轮船配套的港口设施，包括码头、仓场、航标及其他港航设施同时发展起来。而江北岸三江口至下白沙一带则首先成为近代轮船作业的区域。其原因显然与其良好的港口条件有关。因为这里河道水深稳定，平均为6.25米，港池和航道条件都相当不错，其中江面平均宽度为290米，可供3000至5000吨级的轮船出入。另一方面也与这里地处外人居留地而“刻意”加以经营密切相关。1844年宁波开埠后，江北岸一带就修了一些仓库和小型石礅式码头（即俗称的道头），专供驳船和洋式帆船使用。货轮来港以后的作业方式，则是水水驳运上栈。经过太平天国战争，到19世纪60年代初，宁波江北岸外人居留地基本形成，当时英法等驻甬领事以及大多数在甬传教士都居住在江北岸，改善这里的内外交通是他们的内在需求。而几乎与此同时，英美等外商开始对中国轮船航运业的经营予以关注，其中上海至宁波的沪甬线是他们最为热衷的航线之一。

---

① 浙江省政协文史资料委员会编：《宁波帮企业家的崛起》，第6页。

② 引自郑绍昌主编：《宁波港史》，人民交通出版社1989年版，第174页。

1862年，美商旗昌轮船公司在上海、宁波间开辟了一条航线，行驶一艘载重1086吨的“江西”号轮船。1869年，英商太古轮船公司也开辟了沪甬线航路，行驶一艘载重3000吨左右的“北京”轮。这两家公司经营不久，即以其安全、快速、运量大，且不受气候和季候风的影响而招徕了大量业务，取得了颇为优厚的利润。1872年，李鸿章等人在上海创办了轮船招商局，该局开办不久亦致力经营沪甬航线，1873年即开辟了一条航行上海—宁波间的航线，次年复在宁波设立分局，相继派“德耀”、“大有”、“江天”轮行驶宁波，以期分夺英美等外商之厚利。继外商及轮船招商局经营沪甬线后，沪甬两地的宁波商人也开始积极投资轮船航运业，从而使宁波成为中国商办轮船企业兴办最早，且办得颇有起色的一个港口，沪甬线也成为沿海最繁忙的一条客运航线。

1909年，由旅沪宁波商人发起创办的宁绍商办轮船公司在沪甬线投入“宁绍”轮（1318吨），“甬兴”轮（1585吨），后又增添“新宁绍”轮（2151吨）。1914年三北轮埠公司在江北岸设立分公司并投入“宁兴”轮，航行于沪甬线。

其间，为适应轮船运输业发展的需要，宁波港口建设也有相当程度的发展。早在19世纪60年代，作为开通沪甬线的准备，美商旗昌洋行即在江北岸建造趸船式浮码头。1874年，招商局在江北岸建造了靠泊能力3000吨的栈桥式铁木结构趸船码头。1875年，丹麦宝隆洋行修建华顺码头。1877年，英商太古轮船公司修建江天码头。1909年，宁绍商办轮船公司在江北岸建造宁绍码头。该码头长31.7米，宽7.9米，前沿水深8米，铁木结构，可停靠约2000吨级的轮船。进入20世纪初，江北岸一带还兴建了为数较多的一二百吨级的轮船码头和轮船埠头。当时的江北岸各轮船公司的码头已是星罗棋布（详见表1-3）。此外与轮船航运相关的一些航道，航标方面的设施也得到一定的改善。1884年初，江北岸建成一条江边道路。[①]1898年江北工程局成立后，以收取的码头捐对沿江堤岸与马路进行修建，码头基础设施进一步完善，使宁波港基本上实现了从木船运输中心到沿海轮船运输中心的转变，成为沿海一个初步实现近代化的港口。

---

① 陈梅龙、景消波译编：《近代浙江对外贸易及社会变迁》，宁波出版社2003年版，第35页。

表 1-3　1875—1913 年江北岸新建轮船码头、埠头一览表

名称	建造时间	长（米）	宽（米）	深（米）	质地	使用情况（靠泊）
华顺码头	1875	46.35	7.8	−7.1	铁木	
江天码头	1877	48.71	7.2	−6	铁木	江天轮（1079 吨），甬沪航线班轮
北京码头	1877				铁木	北京轮（1274 吨），甬沪航线班轮
永川码头	1902					永川轮（372 吨），海宁轮（106 吨）
宁波轮埠	1904				石礅	利济轮（后废）
小平安轮埠	1905				石礅	后废
海宁轮埠	1906				石礅	海宁轮（126 吨），湖广轮
甬利码头	1906					
新宁海码头	1908					新宁海轮（144 吨），岳阳轮（124 吨）
平安码头	1908				石礅	平安轮，快利轮
宁绍码头	1909	31.7	7.9	−8	铁木	宁绍轮（1318 吨），甬兴轮（1585 吨）

资料来源：郑绍昌主编：《宁波港史》，第 236—237 页。

（二）宁波港在近代宁波人口流动中的重要地位

交通设施的改善使宁波港对轮船公司的吸引力进一步增强。到 1936 年时，宁波经营外海航线的外海轮船公司已有 20 家，其中经营甬沪航线的 5 家，即招商局、宁绍、达兴、三北、太古等轮船公司；经营温州线的有 4 家，即宝华、永安、新海门、新永川等公司；经营黄岩航线的有 3 家，即黄岩、宁海、海宁等公司；经营宁海线的有 3 家，即宁象、甬象、象山等公司；经营舟山线的有东海、普兴、定海、岱山等 4 家。三北和捷兴两家公司经营宁波到三北、穿山、龙山及沥港等航线。总体来讲，外海轮船公司投资大，营业状况一般都比较好。如每年招商局宁波分局的营业收入约 11 万元，但盈亏还受其他因素制约。宁绍公司甬沪线年收入约 18 万元；三北公司年收入约 10 万元；达兴公司收入约 12 万元；新永川商轮公司年收入约 11 万元，净盈利为 2 万元；其他公司的盈利情况

也都相当不错。[1]这样，长期以帆船业著称的宁波港轮船运输业获得了蓬勃发展，进出宁波的轮船数量众多，阵容强大。早在1913年时，全年进出宁波港的轮船已达1589艘次，合计吨位1918872吨，其中中国轮船有1135艘次，合计1248632吨，占总数的65%以上。[2]如此发达的轮船运输业所提供的快速、便利的交通条件，大大方便了大量人口穿梭往返于沪甬等城市间，由此也加剧了近代宁波人口流动的频率。

表1-4　1889—1924年宁波进出口人数统计（浙海关）

年份	进入人数	外出人数	总数
1889	92000	94000	186000
1890	/	/	243700
1891	177000	181000	358000
1892	116000	117000	233000
1893	111977	116438	228415
1894	105461	109408	214869
1895	101575	133647	235222
1896	127397	139975	267372
1897	133078	135466	268544
1898	140388	141276	281664
1899	138205	142970	281175
1900	137765	149622	287387
1901	119238	107349	226587
1902	202216	193247	395463
1903	174519	185230	359749
1904	215236	225119	440355
1905	196389	198597	394986

① 郑绍昌主编:《宁波港史》，第289—291页。
② 《海关关册》(中文本)，宁波，1913年，第94页。

续表

年份	进入人数	外出人数	总数
1906	411813	405859	817672
1907	520949	522515	1043464
1908	539977	538891	1078868
1909	564830	571880	1136710
1910	795881	799137	1595018
1911	772791	817735	1590526
1912	740647	777759	1518406
1913	821200	826699	1647899
1914	875511	860520	1736031
1915	941014	923576	1864590
1916	1004212	979692	1983904
1917	958282	936081	1894363
1918	900717	883460	1784177
1919	875844	869008	1744852
1920	918635	926081	1844716
1921	983794	978103	1961897
1922	1034681	1005476	2040157
1923	1015593	1050901	2066494
1924	1117543	1120213	2237756

资料来源：竺菊英：《论近代宁波人口流动及其社会意义》，《江海学刊》1994 年第 5 期。

由于陆路交通的严重滞后，宁波港在近代宁波人口流动中一直占有主导地位。尽管进入民国后，由于甬曹铁路的开通，宁绍间的短途交通铁路有着重要作用，但宁波港作为近代宁波人对外交通必经中枢的地位仍不可动摇。上表说明，1880—1913 年间宁波港客运量的增长超过 10 倍，并且客运较之货运发展更快，1913 年达 164.9 万人次。此后这种增长速度继续加快，1919 年达到 174.9 万人次，进入 20 年代后，增长速度更是突飞猛进。1924 年宁波港客运量达到 223.8 万人次，又较 1913 年增加 58.9 万人次，增幅近四成。到 20 年代末 30 年代初，宁波港客运量达到顶峰。这一记录一直保持了几十年，即使到了改革开放后的1983年，其客运量也仅仅比1919年的174.9万人次多了几千人次。[①]近代宁波人口流动之频繁可见一斑。

货运是商品的位移，而客运则是从事商品生产和商品流通的主体——人的经济活动半径的扩大和活动密度的增加。客运量的增长显然表示人口流动性的加快，无疑是商品经济进一步发展的重要标志。同时，客流的方向与货流的方向基本一致。甬沪线货流最大，客流也最密，沿海线、甬温线和甬台线增长就不显著。1896年以后，宁波与温州、台州等地之间的人口流动也占一定比例。1905年以前，镇海线和内河的客流量统计在甬台线内，1906年开始，两线客流量分别统计，甬沪线数量增长得最快，几乎占到全部客流量的50%左右。这说明这一时期宁波区域内的人口流动与经济开发的力度明显加快。

（三）近代宁波人口流动的社会意义

人是社会的主体，客流量显然有比货流量的增长具有更为重要的社会意义。客流量的快速增长表明近代宁波人口流动呈现明显的增长态势，宁波人那种安土重迁、安于现状的状况被彻底打破。频繁的人口流动进而带动物流、资金流、信息流，进而对近代宁波人与宁波地区的近代化以及上海等相关城市的发展都产生了极其重要的影响。

首先，宁波人口流动频繁的结果，使得近代宁波人有更多的机会认识外面的世界，见多识广，有利于形成一种精明强干、反应敏捷的良好素质。早在沪甬航线开辟不久的1865年，外人就看到了这条航线的开辟对宁波人的影响。当年浙海关贸易报告称："当地商人搭船只需花1元5角，来回一趟只花3元。他除了在上海有点小费用外，没有什么别的开支。这样他就能把他所付出的佣金节省回来。……火轮行船的速度和航期的正确很快就会便使那富有诗意的格言'时间就

① 郑绍昌主编：《宁波港史》，第288页。

是金钱’，慢慢地在华语中扎下根。”[①] 显然，近代宁波商人之所以能在竞争激烈的近代中国工商界占有一席之地，这与他们经常流动、广泛接触外面世界不无关系。眼见为实，快捷、安全的近代轮船运输使近代宁波人得以直观地领略西方物质文明进而影响其对西方文化的态度。如二三十年代担任北京大学校长的蒋梦麟之父蒋怀清本是姚西蒋村拥有几十亩土地的小地主，由于投资上海钱庄，蒋怀清经常坐轮船往返老家余姚与上海之间。对外部世界的所见所闻使他的观念与行动都为之一变，他表示：“坐木船从蒋村到宁波要花三天两夜，但是坐轮船从宁波到上海，路程虽然远十倍，一夜之间就到了。”[②] 正是基于对西方文化的高度认同，当1908年蒋梦麟参加留美官费考试落第时，蒋怀清即出资2000银两资助其赴美自费留学，从而成就了一代教育家与社会活动家。蒋怀清本人也从一个姚西小地主转变为热心公益的开明绅商，曾担任余姚商会会长，并出资兴办女子学校等公益事业，在当地享有盛誉。

其次，人口流动有利于大批宁波人摆脱传统呆板的农耕生活程序的约束，从而造就新事业的开端。近代以来，一代代宁波人“益奔走驰逐，自二十一行省至东南洋群岛，凡商贾所萃，皆有甬人之车辙马迹焉”[③]。这无疑得益于近代轮船运输业的发达。后来享誉中国工商界的一大批宁波商人就是从这股人口流动大潮中涌现出来的。在新的环境中，大批宁波人脱离原来的社会生活秩序，不再受土地、家庭乃至原有生活环境的束缚，为其主观能动性的发挥提供了现实的可能。当年从宁波港码头乘上轮船，外出谋生创业，往往成为许多宁波人人生的转折点，在相当程度上改变了他们的前途或命运（参见表1-5）。可以说，由宁波港主导的近代宁波人口流动在相当程度上成就了几代宁波人的辉煌！由宁波港码头延伸出去的航线是近代宁波人连接外部世界的主要通道，无疑这是近代宁波人的生命线、黄金线。

---

① 《海关关册》（英文）附录，1865年，第136页。

② 蒋梦麟：《西潮·新潮》，岳麓书社2000年版，第39页。

③ 盛炳纬：《勤稼别墅记》，《养园賸稿》卷1，第19页。

表 1–5　近代部分著名宁波商人早年抵沪概况一览

姓名	家庭背景	教育程度	抵沪年龄	抵沪后第一份工作
叶澄衷（1840—1899）	务农	不到半年私塾	14	杂货店学徒
朱葆三（1848—1926）	小官吏		14	五金店学徒
虞洽卿（1867—1945）	父在乡间开小店（一说是裁缝）	三四年私塾	15	瑞康颜料行学徒
余芝卿（1894—1941）	父母早亡		13	德盛成东洋庄学徒
傅筱庵（1872—1940）	商人	私塾	20	英商耶松船厂工人
盛丕华（1882—1961）	商人	私塾	14	老宝成银楼学徒
陈万运（1882—1950）	商人	私塾	15	烟纸店学徒
包达三（1884—1957）	父亲是小店员	私塾	16	纸店学徒
项松茂（1880—1932）	商人	私塾	20（14 岁始在苏州当学徒）	中英药房会计
蒉延芳（1883—1951）	父务农，后在上海煤炭店做杂务工	少时读书不多	20	德商亨宝轮船公司职员
周祥生（1894—1974）	农民	私塾三年	13	外侨仆役，饭店杂工
王伯元（1893—1977）	商人	私塾	17	金号学徒
王才运（1879—1931）	商人	私塾	19	服装店学徒
竺梅先（1889—1942）	父以医自辅，家境贫寒	读过二三年书	13	杂货店学徒
黄声远（1903—1989）	早年丧父，靠母亲拾柴度日	约三年私塾	15—17	先在天祥五金店做学徒，后进懋和糖行当学徒

资料来源：李瑊：《上海的宁波人》，上海人民出版社 2000 年版，第 43—44 页；金普森、孙善根主编：《宁波帮大辞典》，宁波出版社 2001 年版。

再次，频繁的人口流动也给宁波输入了许多新信息、新思想、新观念，从而成为推动宁波社会经济近代化的巨大力量。史书称近代宁波自“西国通商，百货咸备，银钱市值之高下，呼吸与苏，杭，上海相通，转运即灵，市易愈广，滨江列屋，大都皆廛肆矣”[1]。近代宁波港在其中发挥了枢纽的作用。人口流动的广泛频繁既加快了信息的传播，也加强了宁波与外界的密切联系。近代宁波被伟大的民主革命先行者孙中山誉为“领风气之先”，这不能不在相当程度上归功于这支人口流动大军。近代以来，宁波一地许多新式学校、医院、报刊等公共事业乃至电力公司的现代企业几乎均由旅外宁波人发起创办。人口流动也促进了资金的流动。清末民初许多年份，宁波钱庄向上海、汉口的放款就高达二三千万元之巨。同样，从各地汇回宁波的款额也相当可观。近代宁波一大批工商企业的创办及学校、医院、桥梁等公益事业的举办，很大程度上便得力于外地资金的流归奥援。

此外，近代宁波人口流动对上海、天津、汉口等城市近代化的贡献更是有目共睹。如近代以来，宁波人不仅活跃在上海对外贸易、金融、航运、制造业等行业，商业服务业中的宁波人更是为数众多。至清末时，旅沪宁波人已有40万人之多[2]，进入20世纪上半叶，这一数字曾达到百万之谱[3]。到20世纪初，上海已发展成为远东经济金融中心。在这个进程中，宁波人的作用居功至伟。1934年浙江兴业银行在调查报告中说：“全国商业资本以上海居首位；上海商业资本以银行居首位；银行资本以宁波人居首位。”[4]上海不仅成为宁波人的第二故乡，而且成为宁波人的上海。正如近代上海著名企业家穆藕初所说：“中国经济中心在上海，上海如何能有今日呢？不必说，完全是宁波人的力量。所以上海已非上海人的上海，而是宁波人的上海。”[5]可见，宁波流动人口带来的巨大的社会经济效益极大地推动了近代上海等城市的发展与进步。

当然不可否认，近代宁波人口的大量流出，特别是一大批社会精英分子的流出，不能不在一定程度上延缓了宁波自身的城市化与近代化进程。

---

① 徐时栋等纂：光绪《鄞县志》卷2《风俗》。

② 上海市方志办：《上海地方志资料》第3辑，第102页。

③ 李瑊：《上海的宁波人》，第35页。

④ 王遂今主编：《宁波帮企业家的崛起》，第246页。

⑤ 《宁波旅沪同乡会月刊》第145期。

三、社会结构的变动

民国时期，浙江沿海社会结构剧烈变动，呈现出明显的商业化倾向，这在宁波、温州等地尤为明显。无论是在社会上占据领导地位的士绅阶层还是一般居民抑或普通劳动者，重商的成分相当浓重。同时女权勃兴，妇女在经济社会中的地位与作用显著增强。

首先在职业选择上，经商成为人们第一位的选择。如20世纪20年代完成的《定海县志》载，该县清末光宣以后，风气大变，不重儒而重商，应科举者少，士子多志在通晓英算，俾他日可得商界地位。“光宣以来商于外者尤众，迩年侨外人数几达10万家，资累巨万者亦既有人，均平计之，人岁赡家200金，10万侨民岁得2000万，故风习于焉亟变。编户妇女珠翠盈颠，城市郊野第宅云连，婚丧宴会之费，辄以千计。”[①] 该志显示，当时定海旅外多业商或受雇于外人，而在本地也是业商者日众。到20年代，两者相加，已经超过业农渔盐等传统行业（详见表1-6），这种状况正如台湾学者李国祁先生所言，该县的社会结构已从重农渔及仕的传统状况转变为重商的发展。[②]

表1-6 20世纪20年代定海县成年男子职业分布一览

全县男丁人数除老弱外约13万人	业盐者	业渔者	业农者	业工者	业商者	其他职业及在外埠谋生者
	5%	18%	26%	9%	15%	25%

资料来源：陈训正、马瀛等纂：《定海县志》第2册，1924年铅印本，第300页。

而这种社会结构的转型在当时同属于宁波的鄞县、镇海、慈溪等地同样发生，甚至有过之而无不及。到1930年，鄞县城区“共住有35231户，人口21258人，其中工人占30%，商民40%，学生5%，农民5%，其他孩童及无业及其他兵队等20%”[③]。即使包括广大农村在内的整个鄞县人口，其重商的倾向也是相当的明

① 陈训正、马瀛等纂：《定海县志》第2册，1924年铅印本，第551—552页。

② 李国祁：《中国现代化的区域研究——闽浙台地区（1860—1916）》，第538—539页。

③ 邹枋：《宁波社会经济调查》，《时事公报》1930年10月10日。

显。据1933年调查，全县有职业者男子共262175人，女子97677人。具体分布如下：

表1-7 20世纪30年代初鄞县职业男女行业分布一览

性别	职业 人数	党	政	军	警	农	工	商	学	自由职业	其他	总计
男子	人数	175	887	419	534	74216	75757	84887	11123	3135	11042	262175
	百分比	0.07%	0.34%	0.16%	0.20%	28.31%	28.89%	32.38%		1.20%	4.21%	100%
女子	人数					188			1102	618	48523	97677
	百分比								1.13%	0.63%	49.68%	100%

资料来源：张传保、陈训正、马瀛等纂：民国《鄞县通志》第6册，宁波出版社2006年版，第2651页。

从表1-7可知，当时鄞县业商者男子占32.38%，业工者占28.89%，均高于业农者（28.31%），而从事公职者（党政军警）及学界合计不到5%。显然到20世纪以后，商业对宁波社会的影响已占主导地位，与之相适应的观念形态和价值理念被广泛认可。正如《鄞县通志》所载，“本邑为通商大埠，习与性成，兼之生计日绌，故高小毕业者，父兄即命之学贾。而肄业中学者，其志亦在通晓英、算，为异日得商界优越之位置。往往有毕业中学不逾时，即改为商。即大学毕业或欧美留学而归者，一遇有商业高等地位，亦尽弃其学而为之，故入仕途者既属寥寥”[①]。可见，当时宁波一地工商业已经相当发达，其社会结构已打破重农的传统。

与宁波相比，民国时期温州、台州等地的社会结构转型还显得比较缓慢，但其商业化的进程也是在持续进行之中，这从表1-8可见一斑：

---

① 张传保、陈训正、马瀛等纂：民国《鄞县通志·文献志·风俗》。

表 1-8　1942 年浙江各县人口职业统计

	县名	农	工	商	渔	交通运输	医务人员	技术人员
第一区	富阳	47366	9367	4086	37	48	129	17
	临安	25371	2249	1984	72	95	112	34
	于潜	18401	1550	1443	15	233	91	82
	新登	20652	1477	1443	39	233	80	18
	昌化	22049	1849	722	9	172	127	9
	桐庐	28833	2457	3186	582	341	122	45
	分水	3339	808	848	12	26	41	3
	小计	166011	19757	13712	766	1148	702	208
第二区	长兴	65391	3611	5377	132	460	219	20
	武康	16427	686	1399	118	5	90	4
	安吉	23937	2344	3229	51	244	96	13
	孝丰	21977	3071	1785	11	323	99	28
	小计	127732	9712	11790	312	1032	504	65
第三区	诸暨	122045	19177	12986	278	1047	1109	596
	嵊县	102003	8985	8647	50	777	390	277
	新昌	61179	4216	5320	20	179	217	140
	小计	285227	32378	26953	348	2003	1716	1013
第四区	金华	74947	10156	13609	74	1805	545	218
	兰溪	84559	8682	16921	323	914	372	440
	义乌	73480	10050	6905	68	824	333	137
	永康	55807	16887	6457	36	1321	297	228
	浦江	57786	577	3144	41	333	264	66
	武义	27549	2903	1723	23	79	82	35
	汤溪	37573	2175	1913	26	225	164	21
	建德	61883	2361	2641	278	679	157	38
	磐安	24117	1219	668	3	6	36	6
	小计	497701	55010	53990	872	6186	2250	1189

续表

	县名	农	工	商	渔	交通运输	医务人员	技术人员
第五区	衢县	99716	10425	10103	142	570	29	114
	江山	64706	11641	5488	34	1533	354	264
	龙游	19999	198	3041	153	544	232	176
	常山	39768	4406	3190	57	172	102	31
	开化	51421	2509	2284	237	157	143	77
	淳安	67661	6629	3942	160	595	308	58
	遂安	43148	4053	2167	70	238	220	114
	寿昌	20388	1941	1403	16	15	88	86
	小计	406807	41802	31618	869	3824	1738	920
第六区	宁海	60575	9995	5528	1654	86	187	79
第七区	临海	118153	12572	8352	4418	1255	363	100
	黄岩	111887	23109	13963	974	820	572	721
	天台	54458	17410	10548	46	181	355	86
	仙居	63708	3920	2553	140	438	190	74
	温岭	102534	13041	11014	10320	128	304	556
	三门	43365	2900	2130	1651	41	85	936
	小计	494105	72952	48560	17549	2863	1869	2473
第八区	永嘉	151876	34761	30269	2735	2901	1030	631
	瑞安	123681	20620	12875	3042	1310	677	583
	平阳	169410	24112	20980	13962	609	878	150
	乐清	117531	14039	8143	1246	276	496	137
	泰顺	34719	8742	1761	0	254	27	16
	玉环	41962	3668	5353	8005	195	138	1014
	小计	639179	105942	79381	28990	5545	3436	2531
第九区	丽水	36046	4708	3262	86	260	177	151
	青田	65302	5682	4834	127	1773	203	83
	遂昌	44352	4697	2447	1	159	108	257
	缙云	55259	5336	1932	409	189	65	676

续表

	县名	农	工	商	渔	交通运输	医务人员	技术人员
	龙泉	48712	4041	2711	67	220	137	80
	庆元	35628	1452	1334	16	62	67	20
	景宁	35465	2363	894	0	102	85	0
	松阳	32200	3052	1957	38	117	144	43
	云和	20860	2320	677	6	501	100	308
	宣平	26302	1611	523	0	6	47	2
	小计	400126	35262	20568	750	3389	1133	1610
第十区	平湖	5643	1500	510	11	40	18	10
总计		3093288	384310	292610	52121	26116	13555	10108

资料来源：夏卫东：《民国时期浙江户政与人口调查》，第230—332页。

从表1-8可知，尽管与宁波一地相比，温台两地从事工商业者比例大大低于业农者，但包括温台在内的浙江沿海地区基本上都高于内地，且技术人员、医务人员数量也多于其他地区，这都从一个侧面说明沿海地区的社会结构转型仍明显快于内地。

民国时期沿海社会结构的转型的另一个表现是妇女走出家庭，开始在社会经济生活中扮演重要角色，即李国祁先生所谓的女权的勃兴。[①] 突出表现在女子教育的兴盛与职业妇女人数的增加上。

众所周知，由外国传教士肇始的浙江女子教育是中国历史上最早兴办女子教育的地方，清末后随着本地女子教育的兴起，沿海女子教育更是兴盛一时，不仅宁波鄞县、镇海、慈溪等女子教育原本发达的地区持续兴旺，而且象山等宁波偏远县份及温台等地也多有举办。如象山傅规清（1889—1979）早年就读于杭州女子师范学校，1912年在宁波创办崇本女校，1920年又回象山创办县立女子小学。定海在民国元年即设立县立女子第一小学校，分高、初级，并于1919年设立县立女子第二小学校。此外如创办于1912年1月的宁属县立女子师范学校，是宁属六

① 李国祁：《中国现代化的区域研究——闽浙台地区（1860—1916）》，第538—539页。

邑人士集议在月湖竹洲原崇正学堂院舍基础上筹建的，到1923年已有3个班级，44名学生。奉化女子教育发展也相当迅速。早在1902年，有“巾帼丈夫”之称的奉化女子王慕兰（1849—1925）即在本县萧王庙孙锵家办学馆（后改为毓英女校），专招女生，远近闻名。1903年，作新女学堂在奉化城区创办，次年正月正式开学，王氏出任堂（校）长达17年之久。该校以“平权男女”为宗旨，凡7—35岁未缠足女性均可以交学费银元1元入学，其办学经费由县署年拨银元96元，育婴堂年资助银元200元—500元。进入民国后，该校改名为作新女子学校。继王慕兰后，周国瑞女士任校长。1925年4月，宁波《时事公报》报道说：“周国瑞女士长校后对于校务颇能振刷，兹闻其教授实况，各科多用自学辅导主义，酌采设计教授，图画、自然、作文兼用野外教授。公民科注意社会偶发事项，工艺部注意女子手工，各科均有科外作业，以资练习。”[①] 此外，萧王庙镇毓英女校、连山镜平女校、西坞怀德女校、进德女子高小（基督教浸礼会办）及裳云东江女子闺范初小、萧王庙泉江女校、下陈承志女校等先后创办。

与此同时，女子业余学校、职业学校也受到社会各界的关注。当时宁波舆论认为“吾国积弱由于教育不普及，妇女尤甚，故欲救亡，当先使妇女有普通知识，以为改良家庭社会之预备”[②]。早在1917年2月，定海县女子高小即设有女子半日学校。1918年，陈毓芬在余姚创办女子工业学校，设刺绣等4科。1922年陈桐轩等在宁波城区开明街设立宁波女子职业学校。1926年4月间，镇海旅沪商人贺云章“鉴于乡女无相当职业，独出巨资在家乡海岩乡设立育德女子手工学校，注重刺绣工艺，聘湖南唐坤女士及毛淑容、毛锡光两女士为刺绣主任，兼授国文、算术等课”[③]。

20世纪20年代初，沿海各县还普遍设有女子蚕业传习所一类的妇女短期职业技术培训机构，当时受国际市场需求的推动，蚕业得到浙江各县的重视与提倡。为推动蚕业的发展，各县均有女子蚕业传习所的设立，如定海女子蚕业传习所于

① 《作新女校之现况》，《时事公报》1925年4月12日。
② 《妇女义务学校开设》，《时事公报》1920年6月18日。
③ 《提倡女子职业教育之佳音》，《时事公报》1926年4月10日。

1921 年 4 月 10 日开学。该所由定海知事发起，附设在县立高小女校，并由女校校长兼传习所所长，延聘省立女子传习所毕业生沈竞存、顾瑛为主副教员。暂招生徒 30 名，以 3 个月为毕业之期，所有开办及经常等费由知事先行筹垫，后在县税教育费项下动支。[①] 到 1922 年，沿海各县多数都已设立此类传习所。为此当年 6 月初，奉化县议会议员邬友栋等提议设立女子蚕业传习所，提案云："吾奉风俗，男子有职业，女子自缝纫烹饪外，殊无所事。现各属多有提倡蚕业之举，他邑既为先导，吾邑岂可退后，况吾奉各区，也各有以蚕业为事者。惟殊守旧法，致乏成效。今拟设立传习所以广见闻，俾女界热心研究，精益求精。""其所提办法为：一、各区自治公所附设蚕业传习所一所，开所期以暑假年假为限；二、各村士绅劝令妇女入所听讲，并酌定日期；三、请蚕业学校毕业生并素有经验者巡回传习，其舆费由自治公所筹集酌给之；四、各区女学校宜设蚕业科，以备传习之基础。"[②]

此外，当时宁波等地还有女子职业社的设立，1925 年 1 月初，陈熙甫、赖云章诸君及林冉华、林友梅诸女士，为谋女子经济独立，特组织宁波女子职业社，"授以相当的技能和教育，使一般女子皆有谋经济独立、增进地位之学识"[③]。

其间，温州、台州等地女子学校也多有设立。在温州，除创办于 1907 年的温州大同女学在民国时期得到了较快发展。1920 年前后，永嘉第一女子高等小学、旧温属女子师范讲习所先后成立，其中女子师范讲习所学生多为大同女学出来的。[④]20 年代温属瑞安有县立德象女子高等小学校、城区区立德育、宣文女子国民学校等 10 余所女子学校。[⑤] 乐清则有"女子初等高等小校一、女子初等小校六"[⑥]。台州海门有沙河岸海门女校等。

与此同时，沿海一带职业女性大量增加，特别是随着大批纺织、丝织、火柴等适合女性工种的工厂企业的设立，女工群体迅速崛起，往往在所属地方工人队伍中

---

① 《筹设女子蚕业传习所》，《时事公报》1921 年 6 月 1 日。

② 《提议女子蚕业传习所案》，《时事公报》1922 年 6 月 9 日。

③ 《本埠创设女子职业社》，《时事公报》1925 年 1 月 14 日。

④ 胡识因：《温州女学之兴起》，《温州文史资料》第 1 辑。

⑤ 《瑞安县之学务近情》，《教育周报》第 127 期。

⑥ 《浙江巡按使公署饬瓯海道据省视学详报乐清县学务情形由》，《教育周报》第 91 期。

占据半壁江山。清末以后，由于国际市场的需求拉动，加之沿海盛产棉花，宁波、温州、绍兴等地棉纺织业快速发展，其中设立于1905年的宁波和丰纱厂迅速成为宁波实业界的老大，到1920年前后，该厂已拥有工人2000余人，其中绝大多数为女工。[①]其间各类棉纺企业在各地多有创办，成为女性就业的好去处。如早在1913年，镇海旅外商人樊芬集资在镇海城区创办公益布厂，有人工织布机300台，工人300余名，以女工为主。"所出各布，久为各界人士所赞美。而女工程度也日渐高尚，诚本厂举办公益之大幸也。"[②]1925年3月，该厂又在镇海城乡分贴广告，添招女工。"来厂工作传习技艺、一则以扩充营业，再则以普及生计。"[③]

1921年8月，奉化汪家村公民汪增祥鉴于"奉化地处山僻，所有妇女除江口之织席，许家山之打蔑罗、缚扫帚外，余如编蒲鞋，织网，刺绣，做草鞋等，皆蝇头微利，无补于事，故奉化女子无职业者仍多数"[④]，特集资开设公益补袜厂一所（详见表1–9），"思以振兴实业，救济平民生计"。

表1–9 20世纪20年代初奉化汪家村公益袜厂之概况

定名	公益袜厂	备注
资本	3000元	每股50元
开办年月	1921年8月	
商标	双喜牌	
现有袜机	21打	计252部，内分3种
纱	内外棉厂	因国货不能做袜
出厂	每机每年出200打	每月约出20打
职员	6人	内做袜者240余人，缝袜头者300余人
女工	600人	
男工	14人	

① 《和丰纱厂调查录》，《时事公报》1920年11月5日。
② 《公益布厂添招女工》，《时事公报》1925年3月29日。
③ 《公益布厂添招女工》，《时事公报》1925年3月29日。
④ 《汪家村公益厂之实况》，《新奉化》（月刊）1926年第1期。

续表

定名	公益袜厂	备注
销路	余姚、宁波、绍兴、奉化	奉化由宝成祥独号经售，余由厂内自销
女工所入	每月平均约 5 元	包工
男工所入	每月平均约 6 元	雇工
做袜地点	各户	为顾全妇女家务起见特行开放

资料来源：《新奉化》（月刊）1926 年第 1 期。

为照顾妇女家务劳动，该厂采用租机到户的工作方式。公益袜厂的创办使该乡农民生计大为改观。据说，该乡生计本甚拮据，乡民在商店购物往往赊账，甚至到年关也不能结清。自该厂创办以后，“旧欠账目也能收起，诚近年来未有之好现象。该厂未开办以前，村中妇女为人作佣者颇多，但至今几乏其人，即童女也不易找寻，童女缝袜头每日亦可赚 2 角以上”。可见该厂有益于平民生计“实非浅鲜”。①

1924 年，余姚朱启标等在老泗门施姓大厦发起创办女子职业模范工厂，应者云集，“成立未届一年，女工已达六七十人”。内分数科，如袜科、巾科、漂染科，其中以东洋式软席为大宗。据说，“女工勤勉者，每日可得工资数千文”。②

此外，当时沿海一带成年女性离开家庭、出外谋生也相当普遍。如台州一地女性往往前往紧邻又相对富裕的宁波为佣，或做帮工等。1925 年宁波《时事公报》还有一则台州妇女在镇海受骗上当的报道：“海城中半街地方，昨日下午四时许来一不识姓名佣妇，年 20 余岁，哭泣于道，状其悲惨，叩其原因，据云系温州人民，于旬日前来镇海乡间为佣，讵被一不识姓氏之某甲骗卖某小工为妻，因受伊种种虐待，故逃至城中，拟趁轮回温，惟目下身无分文，以致不能如愿，言时声泪俱下，状甚可怜，后有某甲出洋 2 元，嘱其即行回籍，该佣妇遂称谢不置云。”③

尽管在外谋生风险难免，但其对女性地位的提高及其人格的觉醒的价值与意义显然不可小觑。许多在外谋生的女性，即使为佣者也在一定程度上组织起来。如据

① 《汪家村公益厂之实况》，《新奉化》（月刊）1926 年第 1 期。

② 《余姚女子工厂前途广大》，《时事公报》1925 年 1 月 10 日。

③ 《佣妇受骗资遣回籍》，《时事公报》1926 年 4 月 9 日。

报道，象山人由于地瘠民贫，贫民纷纷外出打工，其中在镇海城区佣工不下千余，尤以妇女佣媪居多。鉴于在外女佣“设遇患病则主家见忌，推令出外，然人地生疏，一时栖身无所，欲归则轮期莫遇，欲投旅店则碍不容纳，以致露宿凉亭厕侧，死亡莫救”。林馨凤等发起组织向邑佣工同业公所，具禁镇海县公署。并拟订简章：“一、宗旨：以联合救济贫乏佣工者为宗旨。二、经费：基金先由发起人捐助200元，不足另行劝募（候有定数，即行储存殷实商号以永久）。三、本公所设经理1人，经办所内一切事务，不支薪水，名誉董事7人，侍病者1人，月给工食洋3元。四、会期：每年分作两期，上期6月终，下期12月底，召集会董结算资金。五、事务：如像邑佣工病人投所寄宿者，概行收纳，并须问明原因，逐一登记号簿。”[①]

民国时期，沿海职业女性已相当常见，如上所述，30年代初，鄞县一地职业女性人数已达到97677人，超过职业男性人数的1/3。[②]尽管相比之下，温台等地逊色不少，但当地均有数量不少的女工群体存在当是没有疑义的。如温州20年代前后，茶叶、纸伞、草席等商品出口迅速增加，推动相关行业的发展。1919年时，温州拥有9家茶厂，每家雇佣女工约300人，男工100余人。[③]

关于女工群体崛起对于社会结构转型的意义，李国祁予以高度评价，他说：“女工虽知识落后，但因在工厂中做工，有独立谋生的能力，更因众多人数聚集于一堂，其观念的改变与知识的传播较易，自然逐渐具有男女平等的观念，而自我为中心的意识也因而加强，女权至上的看法乃由此产生。……或多或少的表示出此一男子为中心的社会结构在逐渐的变更之中，而变更的方向是女权的加重。女权在清末民初既逐渐加重，则妇女在社会价值取向上有所变更，于是纳妾与溺女婴的风气亦日益减少，惜由于资料的缺乏，无准确的统计数字以表明浙省此项风俗改变的实况。”[④]

当然，我们在这里可以对李国祁的遗憾予以弥补，有史料表明，沿海一带特别是宁波等通商大埠溺女婴的风气到民初已得到有效遏止。如1926年6月鄞县知事张阑根据省长公署整顿育婴堂的要求，在城乡各地广贴布告，并明察暗访，结果发

① 《佣工组织同业公所》，《时事公报》1922年9月15日。

② 张传保、陈训正、马瀛等纂：民国《鄞县通志·政教志》。

③ 金普森等：《浙江通史》民国卷上，浙江人民出版社2005年版，第116页。

④ 李国祁：《中国现代化的区域研究——闽浙台地区（1860—1916）》，第538—539页。

现本县育婴事业“尚称完善”[①]。于是他在7月给省长的呈文中颇为自得：“查鄞邑为通商大埠，人民富庶，风气早开，向无重男轻女溺毙女孩恶习，城区设有育婴堂一所，民国以来归参事会经理，办法分内养外养两种，凡乡间抱婴送堂者，由堂发给川资。民国十二年黄前道尹提议整顿，除县税年拨银千元外，督同属县令设董事会，分办事经济两部，筹募款项，添盖房屋，加聘女堂长女管理，俟经费充裕，拟将育婴名额渐渐扩充，以广子惠。现仍继续进行，随时督察，不遗余力。”[②]

第二节　浙江商帮与海外移民

如上所述，民国时期浙江沿海地区由于人口压力，加之交通的便捷，人口向外流动与迁移进程在清末基础上呈加速的态势。其中国内以上海、汉口等通商大埠为主，从中产生了以宁波帮为首的浙江商人集团，长期称雄中国商界，成为著名的江浙财阀的核心部分，有力地推动社会经济的发展与中国的近代化进程；海外移民则以日本与西欧为主，影响至今。但1937年抗战全面爆发后，浙江商帮损失惨重，势力迅速由盛转衰，随后国民党发动的内战又使浙江商人雪上加霜、举步维艰，其间部分浙江商人转向港台及海外发展，开始抒写浙江商帮的新篇章。

一、浙江商帮在上海等地的崛起

（一）上海

近代以来，迅速发展起来成为中国乃至远东地区最大经济中心的上海一直是旅外浙江人谋生创业的主要舞台。进入民国后，已在清末得到相当发展的旅沪浙江商人利用民国政府发展经济的政策措施与一战爆发的机会，励精图治、奋发有为，得到了进一步的发展，不仅经济实力大为增强，成为许多业中翘楚，并形成

---

① 《张知事整顿育婴堂》，《时事公报》1926年7月21日。

② 《鄞邑育婴情形之呈报》，《时事公报》1926年7月18日。

了若干强大的企业集团，而且进一步联合起来，组织程度明显提高，并以自己雄厚的实力在江浙财阀中居于支配地位。

到民初，以宁绍商人为主力的浙江商人在上海工商业诸多领域占有优势地位，特别是在金融、航运、贸易以及医药、卷烟、造纸、橡胶、文化娱乐、服装、钟表等行业具有举足轻重的地位，其中宁波帮成功实现从传统商帮向现代商人企业家群体的转型，在上海工商界独占鳌头而闻名遐迩。

上海开埠后，宁波商人将过账制度引入上海，从而有力地推动上海钱庄业的发展。具有钱业经营传统的宁波商人在开埠前已有人在上海设立钱庄，五口通商后，大批涌往上海的宁波商人更是积极参与钱庄业的投资与经营，因此在近代上海钱庄业发展中宁波人占有突出的地位。不仅清末民初时上海九大钱业家族集团[①]中宁波人占有5家，而且上海钱庄经理人员多为宁波、绍兴人士。钱业公所、钱业公会等同业组织也多由宁绍人士发起组织。其中慈溪人秦润卿任上海钱业同业公会会长近20年，1947年还被推为全国钱商业同业公会联合会理事长，成为近代上海钱庄业的标志性人物。民国上海钱业公会最后一任理事长沈日新也是宁波人。与秦润卿同时代的民国上海钱庄业更是聚集了一大批宁绍籍特别是慈溪、余姚、上虞籍精英。20世纪30年代初，钱业中人在探讨上海钱庄经理为什么特别多出自宁绍帮时指出："其所以独多宁绍帮者，盖钱业之进用人才，首重介绍，父子相承，传为世业，旁及戚娅，故以同乡人为多，至于进用陌生之人，苟非真有才识，甚不多见也。"[②]对于宁绍籍人士在上海钱庄业发展中的地位与作用，后来秦润卿在回顾上海钱业历史时也无不自豪："自筚路蓝缕，开辟草莱，迄于播种耕耘收获，无时无地莫不由宁绍两帮中人之努力为多。"[③]就宁绍帮内部而言，宁波帮实力远胜于绍兴帮。其中缘由正如秦润卿所言："当时绍帮诸庄，大都为别帮资本家所投资，宁波则本帮资本家投资者比较略多，此盖当地人士之财力不同使然。"[④]当时，上海实力雄厚的钱庄股东大多是宁波籍富商，如镇海方介堂家族、李也亭家族、叶澄衷家族、宋炜臣家族，慈溪董耿轩家族、严信

① 即镇海方氏、李氏、叶氏，慈溪董氏，鄞县秦氏，湖州许氏，苏州程氏，洞庭山万氏、严氏。

② 魏友棐:《十年来之上海市钱庄事业之变迁》,《钱业月报》第13卷第1号。

③ 秦润卿:《五十年来上海钱庄业之回顾》,《钱业月报》第18卷第4号。

④ 上海市人民银行编:《上海钱庄史料》，上海人民出版社1962年版，第35页。

厚家族，鄞县秦君安家族，都曾开设多家钱庄。

宁绍商人在上海钱业中的地位是浙江商人在上海金融业重要地位的真实反映。这种地位在银行、保险、信托及证券等其他金融行业莫不如此。如 1912—1927 年上海共创设银行 56 家，其中浙籍金融资本家创办或为企业代表的占 59%。[①] 正如日本学者森次勋 20 世纪 30 年代所说，"浙江系曾将上海之土著新式银行之大半收归其掌握之下"[②]。这其中宁波商人的地位也相当突出，1934 年浙江兴业银行在调查报告中说："全国商业资本以上海居首位；上海商业资本以银行居首位；银行资本以宁波人居首位。"[③]

浙江商人在上海保险业中的优势也很明显，1934 年总公司设在上海的 24 家保险公司中，浙江籍商人经理的至少有 15 家，约占总数的 63%。[④] 证券信托业，1921 年"信交风潮"后，上海交易所能继续营业的只有浙籍虞洽卿、郭外峰、盛丕华、周佩箴、赵家艺等创设的上海证券物品交易所，以及主要由浙籍孙铁卿、冯仲卿、张慰如、周守良发起创办的华商证券交易所等数家，而信托公司能不卷入旋涡得以独存者只有绍帮巨子田祁原、田时霖、宋汉章、王晓籁等 46 人发起成立的中央信托公司以及由永嘉黄溯初、徐寄庼等创设的通易信托公司。[⑤]

在有最重要实业之称的近代航运业，浙江商人特别是宁波商帮的优势同样明显（详见表 1-10）。其中 1914 年虞洽卿创办的三北轮埠公司，至 30 年代已发展成为全国最大的民营航运业集团——三北航业集团。到 1935 年，该航业集团拥有大小轮船 65 艘，计 9 万多吨，占当时我国民族航运业轮船总吨位的 1/7。[⑥] 三北集团在长江沿江及沿海南北各埠设立分公司、代理处数十处，所属轮船不仅航行南北洋及长江航线，而且兼航上海至海参崴，上海到仰光、南洋群岛以及上海到日本诸航线，成为"我国民营航业的翘楚"。其间，还有大批宁波及台州、温

① 陶水木：《浙江商帮与上海经济近代化研究（1840—1936）》，上海三联书店 2000 年版，第 133 页。
② 〔日〕森次勋著，汤怡译：《上海财阀之鸟瞰》，《经济评论》1935 年第 1 卷第 1 号。
③ 浙江省政协文史资料委员会编：《宁波帮企业家的崛起》，第 246 页。
④ 金普森等：《浙江通史》民国卷上，第 127 页。
⑤ 金普森等：《浙江通史》民国卷上，第 127 页。
⑥ 丁日初、杜询诚：《虞洽卿简论》，《历史研究》1981 年第 3 期。

州等浙江商人从事航运业，使浙江商人在上海航运业中的地位举足轻重。

表 1-10　1921 年前旅沪宁波人经营轮运企业一览

企业名称	创办年份	经营者	资本或船本（元）	轮船只数	轮船吨数
三北轮埠公司	1913 年	虞洽卿	2000000	12，另租船 5	11134
鸿安轮船公司	1889 年	虞洽卿	1000000	5	5604
宁绍商轮公司	1908 年	乐俊宝等	1500000	3	7633
通裕商号（原公茂轮船公司）	1901 年	郑良裕	626000	19	4410
宁兴轮船公司	1917 年	虞顺恩	200000	1	3439
同益商轮公司	1918 年	朱葆三	100000	3	3000
平安轮船局	1910 年	郑良裕	250000	3	1597
宝华轮船局	1909 年	郑良裕	70000	1	545
镇昌轮船公司	1915 年	朱葆三	140000	1	789
顺昌轮船公司	1915 年	朱葆三	280000	1	838
宁绍内河小轮公司	1914 年	宁绍商轮公司	140000		100
永安轮船局	1919 年	顾宗瑞	112000	1	700
戴生昌轮船局	1891 年	戴玉书	300000	43	1000
陈文鉴	1920 年		750000	1	2631
中国商业轮船公司	1907 年	陈志寅	700000	3	3553

资料来源：樊百川：《中国轮船航运业的兴起》，四川人民出版社 1985 年版，第 620—622 页。

与此同时，浙江商人在火柴、卷烟、橡胶、医药、日用化学、电器等工业领域及文化娱乐业也占据绝对优势。1912—1927 年，上海共创办资本在万元以上的卷烟厂 21 家，浙籍资本家创办或为企业代表的至少占 50%，其中 1924 年镇海商人戴耕莘、陈楚湘接盘经营的上海华成烟草公司，1934 年已是“上海华商烟草公司之魁首”。在火柴业中，刘鸿生 1920 年在苏州创办的鸿生火柴厂，至 1930 年发展成大中华火柴公司，其产销量占全国的 22% 以上。在橡胶业中，1925 年鄞县人余芝卿独资创设的大中华橡胶厂，1931 年时资本已是上海橡胶工业资本总额的27%。在医药业中，浙籍黄楚九、项松茂等创办经营的中法药房、五洲药房也逐渐发展成为大型工商联合企业集团，其中五洲集团1936年的资本额达280万元，占上海97家药房资本总额的51.4%。在文化娱乐业，1897年宁波鲍氏家族鲍咸恩、鲍咸昌、夏瑞芳等创办的商务印书馆，1911年嘉兴人陆费逵创办的中华书局，1917年绍兴人沈知方创办的世界书局，至二三十年代已发展成全国最大的3家出版印刷企业，其中商务印书馆30年代初资本额达500万元，拥有全国分支馆、印刷厂43处，年营业额1200余万元，是近代中国最大的文化出版机构。[①]此外，黄楚九的大世界、张石川等创办的联华影片公司、邵氏兄弟创办的天一影片公司等均为业中翘楚。

进入民国以来，旅沪浙江商人还通过各种形式联合起来，组织程度明显提高，从而使自己的实力进一步增强。

一方面，旅沪浙江同乡团体纷纷成立，除成立于1910年的宁波旅沪同乡会、绍兴旅沪同乡会进入民国后迅速发展外，温州旅沪同乡会（1917）、台州旅沪同乡会（1921）也先后发起成立。在此基础上，联合浙属各地同乡的全浙公会也于20年代中期成立。其中人多势众的宁波旅沪同乡会1946年会员达36490人，从事工商业者24386人，占66.8%，学界2926人，航运界339人，军政界247人，其他8592人。[②]温州旅沪同乡会发展也相当迅速，1936年时会员达4568人，1947年突破2万，1949年初拥有会员32116人。[③]

另一方面，浙江商人在成立于清末的上海总商会中的地位进一步增强，并发起成立上海银行公会（1918）、钱业公会（1917）、上海机制国货工厂联合会（1927）等上海主要工商业团体，不仅使上海工商界的组织程度明显提高，而且据此旅沪浙江商人在上海各业中的地位与作用大为增强。

上海总商会是浙籍第一代资本家严信厚于1902年创立的，并任首任总理。从上海商业会议公所成立到1929年总商会被改组的27年间，总商会共换届18次，浙商

---

① 金普森等:《浙江通史》民国卷上，第127页。

②《宁波旅沪同乡会会务报告》（1946），上海市档案馆藏。

③ 温州市政协文史委员会编:《温州旅沪同乡会史料》,《温州文史资料》第22辑，内部印行，2007年。

巨头严信厚、李厚佑、周金箴、朱葆三、宋汉章、虞洽卿、傅筱庵7人共14次当选总理（会长），任职时间达23年。浙商周金箴、朱葆三、李厚佑、严子均、秦润卿、方椒伯、袁履登、沈联芳、王一亭当选总商会副职也达13次。在上海总商会议董（会董）、会员中，浙商所占比例均在50%左右，1924年浙籍会董竟达72.7%。

上海钱业公会从1917年创办到抗战全面爆发前的近20年中，正副会长、总副董及主席职务始终为“浙江帮”所垄断，朱五楼、秦润卿、田祁原、何衷筱先后任会长（总董），秦润卿、魏福昌、盛筱珊、田祁原、谢韬甫先后任副会长。钱业公会的历届董事、执行委员也几乎清一色是浙江籍，绝大部分年份占90%。银行公会主要由浙籍金融头面人物宋汉章、徐寄、钱新之与江苏籍的陈光甫等发起创立，宋任首任会长。从1918年到1931年，银行公会换届8次，其中设会长（主席）6届，浙籍银行家宋汉章、盛竹书、李馥荪先后出任5届会长，掌握着这个近代上海最具影响的同业组织。[①]

正因为浙籍资本家在江浙财团中居于支配地位，起着主导作用，所以早在20世纪二三十年代就有学者把“江浙财团”称为“浙江财团”或“浙江财阀”。以宁波商帮为代表的近代浙江商人为近代上海的崛起有着重要的贡献。就民国时期活跃在上海的浙江商人来说，无疑以宁波、绍兴、湖州籍为主，其中宁波商人更是人多势众，在当时上海工商界的地位举足轻重，但就人数来说，民国时期在上海的温州、台州人也不可小觑。近代温州人多地少，纷纷赴外创业谋生，其中上海是其重要的目的地。到20年代，旅沪温州人不下20万，40年代末更达到50万人。成立于1912年的温州旅沪同乡会不仅是成立最早的旅沪浙江同乡会之一，经常为旅沪同乡的权益鼓与呼，并常常联合其他团体参与上海乃至全国性事务而引人注目，成为民国时期上海相当活跃的社会团体。成立于20年代初的台州六邑旅沪同乡会（后改名为旅沪台州同乡会）则在赈济家乡水灾等活动中名噪一时。

（二）天津、汉口等地

位于华中的汉口号称“八省通衢”，1861年开埠后，汉口五方杂处，商贾辐

---

① 金普森等:《浙江通史》民国卷上，第128—129页。

辏，迅速发展成为全国性商埠。浙江商人特别是宁波商人在汉口的势力也快速增加，成为近代汉口最有影响的外来商帮之一。此外绍兴、温州等地商人在汉口也有一定的人数。1918年汉口总商会所列的各帮会员名册中，有宁波成衣帮、典当帮、老银楼帮、新银楼帮、杂粮帮、药材帮。宁波商帮在汉口主要经营贸易业、水产业、银楼业、货运业、火柴业、水电业、杂粮业、洋油业、五金业和银行业，并有不少宁波商人充任洋行买办。史称在汉口从事贸易业的多为宁波商人与广东商人，其中"尤以宁波商人为最……凡汉口特有之物，无不买入，或更运往他处销售……宁波、上海两地商人一年之内为50万两贸易者不下六七十家。但所谓上海帮者，与其称为上海帮，不如称为由上海来之商人较为妥当"[①]。当然所谓上海帮也无疑以宁波商人占多数。到20年代前后，汉口的水产海味业和银楼首饰业，大半为宁波帮所垄断。如著名的汉口宝成银楼"股东全系甬人"[②]。1920年问世的《夏口县志》载，"宁波帮……或合绍兴称宁绍帮，凡汉口之海产物商店及金银细工业，大多为此帮所占。又长江之夹板船航运业皆属宁波商人所经营"[③]。这些夹板船运往汉口贩卖的主要是棉纱、棉布、绸缎、海产品，从汉口运出的主要是杂粮、黄豆、桐油、牛油、片麻、苎麻、棉、米，1918年贸易额约3560万—4000万两。[④]在当时汉口杂粮业中，有一个汉帮志成堂的组织在业内地位举足轻重。这种"汉帮"并非汉口籍商人组成的帮口，而是专做汉口及长江上游土货生意的商人的一种行会组织。主持者多为宁波商人，如元丰号、永昌元号、恒兴仁号、成太义号，他们在上海四马路惠福里还组织杂粮茶会。

民国时期汉口商界的头面人物有不少是宁波商人。除镇海人宋炜臣（即宋渭润）因创办燮昌火柴第二厂、汉口既济水电公司而成为"汉口头号商人"外，在历届汉口商务总会的议董中，宁波商人均占有不少席位。首届总理是鄞县人卢鸿沧（中国交通银行汉口分行经理）；第二届协理是镇海人汪炳生（汉口太记洋油行行东）；第九届副会长是镇海人郑似松（汉口太和杂粮行经理）；鄞县人蔡永基

① 〔美〕郝延平著，李荣昌等译：《十九世纪的中国买办》，上海社会科学院出版社1988年版，第216—217页。

② 《宁波旅沪同乡会月刊》1929年第73期。

③ 浙江省政协文史资料委员会编：《宁波帮企业家的崛起》，第10页。

④ 浙江省政协文史资料委员会编：《宁波帮企业家的崛起》，第10页。

（汉口华昌洋行经理）、蔡瑞卿，镇海人盛竹书（浙江兴业银行汉口分行经理）、史晋生（汉口顺记洋油号经理）、沈宾笙（汉口顺记五金号经理）、王柏年（汉口美最时洋行经理），慈溪人秦楔卿、赵典之、郑燮卿，都曾任汉口商务总会议董或会董，不少人连任数届。为联络同乡，宁波旅汉同乡会于1923年发起成立，盛时会员达5000余人，并办有宁波旅汉公学，有宁波人集中居住的宁波人社区。[①]

天津位于华北要冲，是近代北方的重要经济中心与南北漕运集散地，也是近代浙江商人在北方的大本营。在清末的基础上，民国时期以宁波商人为主的浙江商人在天津有了进一步的发展。在近代天津商界，宁波商人相当活跃，其中进出口贸易、南北货运业、银行保险业、绸缎呢绒业、钟表眼镜业、金银首饰业、木器家具业等行业，势力尤大。天津宁波帮大多与上海宁波帮关系密切，或为上海宁波帮行号的分支机构，或为其代理购销。如天津棉布商经营的棉布一般由上海的代理商供应，但是由于这些代理商不会讲英语，因而必须“通过中间商——通常是宁波商人——从外国人那里买到这类物资”[②]。同时天津宁波帮又以天津为中心，把自己的经营区域扩展至东北、山东、河北等地。[③]进入20世纪20年代，天津宁波帮在银行业方面的作为相当引人注目。1920年，慈溪人童今吾发起创办明华银行，设总行于北京，并在天津、上海、青岛设立分行。1921年，镇海人贺得霖与童今吾创办的东陆银行在天津设立分行，并于1923年将总行从北京迁往天津。1926年，童今吾联合镇海商人俞佐庭在天津设立中国垦业银行，经营商业银行业务，并办理钞票发行。1929年，该行改组，总行迁往上海，天津改为分行。明华银行、东陆银行、中国垦业银行便是天津宁波帮创办的著名的三大银行。“由于贺得霖、童今吾二人同李思浩（曾长期担任北洋政府财政总长）关系密切，时人称贺、童是李的左右丞相。因此宁波帮三银行虽表面上看似乎各不相干，实则一线串联。”[④]

由于旅津浙商人数众多，创办于19世纪80年代的浙江会馆进入民国后得到了继续发展，以宁波商人为主导的格局也没有改变。1922年夏秋际，宁绍大水为灾，

---

① 张传保、陈训正、马瀛等纂：民国《鄞县通志·政教志》，第1587—1599页。

② 聂宝璋、朱荫贵编：《中国近代航运史资料》，上海人民出版社1983年版，第540页。

③ 张章翔：《在天津的“宁波帮”》，《天津文史资料选辑》1984年第27辑。

④ 张章翔、吴树元：《宁波帮三银行兴衰始末》，《天津文史资料选辑》1998年第77辑。

浙江会馆发起募捐，到11月，即募得4500元，电汇宁波赈济。[①]1924年，该会馆为浙江旅津公学募捐，为此成立基金募集会，分92个支会，支会会长由旅津同乡中名流担任。[②]1946年，会馆再次发起征求会员，名额达2200人，选举董事15人。[③]

民国时期宁波商人还在天津兴办了不少近代企业，主要是制药、轻纺、化工与盐业等，有知名度的有乐达仁的天津达仁堂制药厂、达仁铁工厂和朱继升的仁立实业公司，其中达仁堂到20世纪三四十年代已“成为全国中药行业首屈一指的大企业”。1935年，“营业额达百万元（银元）之巨”。[④]仁立则是一家拥有精纺、粗纺、织染、呢整全套设备的著名企业集团，1942年拥有资本800万元。

除上述的沪汉津地区外，民国时期浙江商人在苏州为中心的长江中下游地区，以重庆、成都为中心的西南地区以及郑州为中心的中原地区与广州、厦门为中心的闽粤地区等均相当活跃。20世纪20年代成书的《定海县志》，称冒险之性为岛民所特具，“航海梯山，视若户庭”。《鄞县通志》也称，甬人“民性通脱，务向外发展，其上者出而为商，足迹几遍国中”[⑤]。如果将上述评语用于温州等其他沿海人氏也不为过。正是这经久不衰、此起彼伏的外出创业潮铸就了民国时期浙江商人的辉煌。

清末民初是近代浙江商人发展的鼎盛时期。进入20世纪30年代以后，由于天灾人祸不断，特别是日本帝国主义的野蛮入侵打断了浙江商帮的发展进程，不少浙江商人遭受重大损失甚至灭顶之灾。如西药大王、宁波商人项松茂在1932年上海一·二八事变中惨遭日军杀害，尸骨无存。钟表大王孙梅堂在此次事变中也损失惨重，其在闸北兴建的大批房产及美华利钟厂、首饰厂等都毁于战火。也有相当部分浙江商人将企业内迁至大后方或迁至香港等地。如商务印书馆部分迁到重庆；信谊药厂在香港马宝道设立分厂，并在大道中设公司办事处。其以新方法制造的产品成为“香港新药厂中之铮铮者”。五洲药房则在香港设立办事处及

---

① 天津市档案馆藏：《天津市各会馆团体》，347号卷，《浙江会馆议事录》。

② 天津市档案馆藏：《天津市各会馆团体》，350号卷，《浙江会馆函稿》。

③ 天津市档案馆藏：《天津市各会馆团体》，329号卷，《会馆议案照录等》。

④ 天津市档案馆等编：《中国资本主义工商业的社会主义改造》天津卷，中共党史出版社1991年版，第871页。

⑤ 浙江省政协文史资料委员会编：《宁波帮企业家的崛起》，第13页。

工厂，生产人造自来血等产品，销往东南亚一带市场。[1]

全国抗战爆发后，上海大中华橡胶厂重要设备在西迁途中被日军全部没收。其余幸免于难的浙江商人在抗战时期基本上收缩业务范围，经营惨淡。许多人因不愿与日本人合作而闭门息影。抗战胜利后，上海等地的浙江商人经营活动一度有所恢复和发展，如鄞县商人柳中浩与其兄柳中亮 1946 年创办国泰影业公司，并拍摄了《无名氏》、《忆江南》等影片。但好景不长，随后爆发的内战和通货膨胀使浙江商人的发展严重受阻，经营上纷纷陷入困境。于是，鉴于大陆趋于恶化的经营环境，部分浙江商人移居港台及海外各地，开始了旅外浙江商人发展的新篇章。

二、浙江海外移民的持续进行

人多地少的浙江沿海地区居民向海外移民由来已久，清末后人数开始增加，进入民国以来，由于第一次世界大战的爆发与日本等国经济的迅速发展，刺激了对劳动力的需求，浙江人海外移民规模也迅速扩大，迁徙目标以日本与西欧为主，移民主要来自沿海的温州和与之相邻的丽水青田及宁波等地。

（一）日本

中日甲午战争后，日本经济高速发展，吸引了浙江沿海居民前往谋生创业。如鄞县南乡之桃江、茅洋、定桥、胡家坟及西乡之张家潭等地，历史上居民除业农外，亦有出洋捕鱼者。清末时，这里已有大批下层民众赴日本及南洋等地从事饮食、缝纫、理发业，俗称“三把刀”（厨刀、剪刀、剃刀）。其中鄞西张家潭人张尊三早在 19 世纪 70 年代赴日本函馆，初在华商万顺海产号任司账，后在函馆独资开设德新海产号（后改为裕源成号），指导日本渔民将原来废弃的鲨鳍加工成鱼翅出口，后又广设商号，获利颇丰，人称“鱼翅大王”。张氏本人于 1917 年回国定居，但其家族成员多数仍在日本。当时桃江傅、张两姓多至日本开设料理店，且不乏卓有成就者。1931 年“九一八”后，由于受日本军国主义迫害，张氏族人多数回国定居。1931 年 11 月出版的《宁波旅沪同乡会月刊》报

[1] 张晓辉：《抗战初期迁港的上海工商企业》，《档案与史料》1995 年第 4 期。

道说："旅日甬侨张云章、张彩章、张富祥、张岳兴等数十人，携同家眷，已于日前乘日邮船返国。（彼）谓渠等受日本军警压迫，并日本浪人派人肆扰，闹得寝不安席，因此不能营业，只得摒挡返国。……所有族中留日未返之岳生、悦生、阿华、小华、瑞根等，亦将摒挡一切，挈眷回国，免被日人蹂躏云云。按张等均系鄞县桃江村人，携家眷在日本东京市开设料理者。"[①] 桃江傅氏清末起也有不少人至日本谋生，并取得生存与发展。现日本宁波同乡会会长傅启泰即为傅氏传人，其父傅阿来早年赴日本，以开设料理店起家。

进入20世纪初，鄞县南乡胡家坟之胡氏家族中的榆灵、松灵、芝灵、云岳、登岳、春岳、鲁岳、恩岳等人，先后在日本东京、横滨、神户等地开设料理店、成衣铺，故有"三灵五岳"之称。南乡永和，"其地之边界毗连奉化，居民之风气、语言往往有与奉化近者。平民生业大率农服先畴工，习西帮裁缝，且有远赴日本而因以起家者。一人倡之，百人和之，相率而成风"[②]。

慈溪人吴锦堂是清末民初浙江人移民队伍中罕见的在日本取得成功的人。他于19世纪80年代赴日本长崎从事进出口贸易，迅速积累起巨额财富，并投资多家日本公司，成为当时日资公司中"穿着唐装的中国董事"，有"关西财阀"之称。[③]

就人数来说，民国时期在日本谋生的浙江人以宁波与浙南温州及青田为多。1922年11月11日《申报》在《横滨之华侨》一文中称：旅居横滨之华侨以广东宁波两处之人为最多，其他各地之人较少，全埠华侨共有4800人。一战结束后至20年代初，浙南温州瑞安、永嘉及青田等地贫苦农民与小手工业者纷纷东渡日本谋生，形成了浙南历史上第一次移民潮。据1922年春统计，"新从浙江温州、处州两地来日之劳工突然增加至5000余人，散处各地"[④]。对此当时上海各报均有报道，如1921年5月11日《申报》报道说："近日日本邮船会社之中日班各轮出口赴日，有大批温州人乘轮赴东，连日已经往日者业有一千数百名，

---

① 《七邑近闻》，《宁波旅沪同乡会月刊》1931年第100期。

② 张传保、陈训正、马瀛等纂：民国《鄞县通志·文献志·习俗》。

③ 浙江省华侨志编纂委员会编：《浙江省华侨志》，浙江古籍出版社2010年版，第96—97页。

④ 《民国日报》1923年12月7日。

后来者犹接踵而至，此项赴日之温州人以劳动界为多。”[①] 他们以小商小贩为重要谋生手段，主要从事苦力或小商贩的工作，贩卖温州纸伞、青田石货。1922 年 1 月 4 日《申报》报道说：华工之往日本者以温州之伞匠等居多，每一日轮开出恒有四五十名至百余名之，赴东大约以神户等起岸者为多。[②]

1923 年 9 月 1 日，日本关东发生大地震，在日华侨遭受巨大损失，特别是日本军国主义者乘机残杀无辜的中国华工，其中温州及青田两地惨遭杀害的达 700 余人。[③] 大批温州、青田华侨回国，到当年 11 月初，温州旅沪同乡会即先后组织七批计 4000 余旅日同乡回国。[④]

表 1-11　1923 年温处两地灾侨回国人数统计表

日期	船号	灾侨人数	到达地点	备注
9 月 17 日	熊野丸	10	上海	温籍（共载 625 人）
9 月 20 日	新铭丸	285	上海	温籍（共载 741 人）
9 月 23 日	千岁丸	624	上海	
10 月 6 日	飞鲸丸	1094	上海	其中青田籍 445 人
10 月 7 日	千岁丸	501	上海	
10 月 7 日	阿 π 占拿	418	上海	
10 月 12 日	山城丸	62	上海	
10 月 14 日	长顺丸	522	上海	
10 月 14 日	三江丸	480	温州	青田人占 8/10
10 月 25 日	飞鲸丸	294	上海	
10 月 26 日	山城丸	104	上海	
11 月 18 日	近江丸	51	上海	其中处籍 40 人
合计		4445		

资料来源：《民国日报》、《申报》1923 年 9 月 18 日至 11 月 23 日。

① 《航业消息零拾》，《申报》1921 年 5 月 11 日。
② 《日本拒绝华工入境》，《申报》1922 年 1 月 4 日。
③ 温州华侨华人研究所编：《温州华侨史》，今日中国出版社 1999 年版，第 29 页。
④ 《温州同乡会又遣送灾侨一批》，《申报》1923 年 11 月 11 日。

日本军国主义的排华政策使浙江人移民日本的热情大减，尤其是1931年九一八事变发生后，大批在日浙江华侨纷纷回国，或转赴其他国家与地区。1926年4月23日《四明日报》报道说："侨日镇海商人不愿在日本苛捐之下营生，纷纷回籍。镇海县属各区侨日华商，为数甚多。兹悉日前由日本神户大板等埠，侨商纷纷辍业回籍。询据原由，系因该国政府新颁一种营业捐，课抽税银颇重。各侨商在该处经营杂货等业，被其影响，无力负担，大致亏本，故皆收束店务，纷纷回转国内，别谋营生。计有城区八里桥朱林生，西门外马和茂、石塘下王秉楚、岩乡札马村虞某等人10余户。并闻闽粤籍者，亦有二三十家。总计此次侨商回国，数近六七十家之多云。"[①]

1931年"九一八"以后，迫于日本军国主义的暴行，在日华侨回国更是形成高潮。如当年12月"招商局奉令派新铭轮赴日载侨归国"，共计1225人，其中以浙之温州台州为最多。[②]

据记载，原是永嘉县一部分的文成县在20世纪20年代也有不少人赴日，1920年至1929年，文成县出国人数为445人，去日本达261人，而30年代仅为48人，其中1936年至1939年仅1人。[③]尽管如此，抗日战争爆发后留居日本的浙江华侨仍有一定的数量，其中1939年在横滨者1929人，兵库县455人。[④]

（二）西欧

20世纪二三十年代，浙南华侨出国形成第一次高潮。移民目标除了上述的日本外，还有西欧各国，而且持续的时间更长，人数更多，并影响至今。

青田石雕是当地著名的特产与工艺品，深受外人喜爱。早在19世纪中后期就有青田及相邻的文成华侨远赴欧洲贩卖石雕的记载。[⑤]1917年，北京国民政府宣布参加第一次世界大战，英法等国在中国招募23万劳工赴欧洲参加战地服务。同年

---

① 《侨日镇商纷纷回籍》，《四明日报》1926年4月23日

② 《载侨归国新铭轮昨抵沪》，《申报》1931年12月14日。

③ 浙江省华侨志编纂委员会编：《浙江省华侨志》，第73页。

④ 浙江省华侨志编纂委员会编：《浙江省华侨志》，第73页。

⑤ 浙江省华侨志编纂委员会编：《浙江省华侨志》，第100页。

冬，青田县招募赴欧华工2000人。战后这些青田华工大多定居欧洲，其中在法国1000多人。[①]且多以贩卖青田石雕为营生。这成为后来青田等地华侨大批外出的重要基础。1919年4月15日《新闻报》报道了由于交通阻隔大批在德温州华侨返国的消息："侨德华商于本月五号，由德京柏林搭英国船抵申，其情形已志前报，昨有人往南市大达码头南康旅馆访晤归国华商之领袖林节卿君。兹将林君所述在德情形详录于下：林君等本以青田石所制各种玩物为营业，自欧战发生，船舶来往中德间顿为缺乏，因之原料来源亦绝。此次返国260人中除粤籍者160人由香港登陆外，有闽籍14人由福州登陆，抵沪者为甬籍18人，沪籍25人，余均为温州人。"[②]

进入20年代，青田、文成、瑞安、永嘉等县先期华侨以亲帮亲、故带故的方式提携乡人出国，蔚然成风，并波及周边地区，由此形成出国高潮，经久不衰，其中青田一地尤为突出。1931年，该县方山乡袭山村123户中有125人出过国或正在海外。1932年，邹韬奋游历欧洲时估计，旅居海外的青田华侨达三四万之多。另据估计，1920—1929年，青田出国人数5298人，30年代也有2462人。40年代因战事与政局剧变影响，人数大减，仅有304人出国。此外文成、瑞安、永嘉等县也有相当的数量，如文成县1911年至1945年共有1245人出国，其中1920—1939年间有1205人，占96.8%。[③]

表1-12　1800—1949年青田出国人数一览

年份	人数	年份	人数
1800—1899	2180	1920—1929	5298
1900—1909	1700	1930—1937	2462
1910—1919	4772	1940—1949	304

资料来源：浙江省华侨志编纂委员会编：《浙江省华侨志》，第71页。

30年代由于永嘉、青田等地青壮年男子出国成风，以致引起地方人士的忧

① 浙江省华侨志编纂委员会编：《浙江省华侨志》，第71页。

② 《侨德华商返国后之谈话》，《新闻报》1919年4月15日。

③ 浙江省华侨志编纂委员会编：《浙江省华侨志》，第71页。

虑，认为如此下去，温州必成老幼之区，会影响当地经济建设，要求国民政府外交部设法予以阻止。为此外交部“拟定三项取缔办法，分饬有关各方遵照”。1937年4月12日《申报》报道说：外交部近据浙江永嘉青田两县士绅呈称，近有无业流氓，招致工人出国，影响地方建设，请为制止等情。外部据呈后，业已拟定取缔工人出洋办法三项，分饬实行。兹为分志如下：

呈请阻止工人出国

温籍士绅具呈外交部文云：南京外交部国际司公鉴：谨启者敝省人民出洋为工为小贩者，以青田温州人为最多。近有一般失业流氓在温州沿海各地，以欧洲获利之容易、生活之舒适为宣传，凡壮健有用工人皆受其愚，出国者几无月无之。查出洋贸易，原无不可，但该工人等出国之后，非流落于异邦，即娶妻生子久居海外，致本乡土地惭次荒芜，对于地方建设，不免蒙其影响。且最近又有大批无赖由沪抵此，作种种宣传，谓意大利邮船公司，于本月份起优待华人。凡每次有一百人出国者，可将船价对折计算，仅需国币二百余元，即可到达意国。苟到意后，无工可做，亦可由意人派往阿比西尼亚开垦荒地，可获巨量工资等语。民等调查过去工人已到意国者，约有一万多人。倘若每月如有工人源源出口，则三数年之后，温州必成老幼之区。民等为救济农村，不忍缄默。为特请呈钧部迅予阻止，地方幸甚。

外部规定三项办法

外部接到电文后，即拟定三项，阻止工人出洋办法：一、通令各发照机关停止温州青田人出国护照，二、函请意大利使馆转令意邮船公司，以后勿装温州工人，三、通令中国驻意使馆注意，如见有此种工人在意上岸者，随时予以原船押回中国。①

在浙东宁波、舟山及嘉兴等地沿海各县通过在外轮上做船员，其中部分

① 《外交部严厉取缔工人出国》,《申报》1937年4月12日。

人携亲带友侨居海外成为华侨。如宁波北仑大碶镇是近代宁波海员重要故乡之一。清光绪末年该地顾春林在香港创办“顾春记”船头馆，招募大批同乡当海员，顾阿法就是其中一员，他于1918年28岁时应招赴港。当时“在香港的大碶户主，76%是海员”[①]。而素以渔村著称的鄞县环东钱湖及姜山一带也是宁波海员的重要来源。该地居民，“习于风涛，自耕读外，多出洋捕鱼”[②]。因习于航海，这里不少人转而从业于外轮，充当水手等职而寓居国外，稍久，便携带亲友出洋。陶公山曹凡生、殷家湾郑家云、姜山定桥陈纪林为其中著名者。陈纪林于1908年离开家乡，去香港谋生。1915年经香港随北德轮船公司去德国汉堡。1920年设立水手馆，负责招募华籍海员。在其引导下，不少鄞县人在德国从事水手等业。1929年，陈纪林发起创办汉堡中华会馆并担任首届会长，成为当地华侨领袖。其后，其子陈顺庆、孙陈名豪均继承祖业，在当地侨界享有威望。另据1920年4月15日宁波《时事公报》报道：“鄞县东乡殷家湾地方居民多以墨鱼为业，每年于阴历四月间放洋，统计四五百家，并设有永宁公所，公举该乡巨绅郑世璜担任董事。”[③]故该地居民也有不少从业于外轮，充当水手等职，有的转而移民海外。

近代嘉兴海盐县澉浦镇也有一些人出国当海员。1900年前后，该地葫芦湾村金大坤经上海到英国轮船上工作。1920年前后，他引荐金孝坤、金法坤等亲友8人到英轮上做海员，到1930年前后，共有38人在外轮上工作。[④]

（三）东南亚等地

浙江人赴东南亚各地谋生创业即所谓在清末时已有记载，进入民国后，沿海人民赴东南亚有增无减，特别是1923年日本大地震后日本军国主义的排华政策，迫使温州等地沿海人民改变出国流向——赴日本人数大为减少，转而前往东南亚发展。

文成县1930—1939年，去新加坡的有361人，占出国总人数的45.8%，去马

---

① 浙江省华侨志编纂委员会编：《浙江省华侨志》，第68页。

② 张传保、陈训正、马瀛等纂：民国《鄞县通志·文献志·礼俗》。

③ 《永宁会公所董事易人》，《时事公报》1920年4月15日。

④ 浙江省华侨志编纂委员会编：《浙江省华侨志》，第69页。

来亚的有 92 人，占出国总人数的 12%。[①] 此外永嘉、平阳、乐清等地也有不少人赴新加坡等地谋生。他们大多从事木工、矿工等苦力。30 年代马来亚最大的丁加奴龙运铁矿厂雇佣矿工 4000 名左右，其中温州籍华工 1000 余人。[②]

30 年代，还有温州人前往台湾矿区做苦力的记载，1936 年 3 月 23 日《申报》报道说："（厦门通信）近数星期中，温州籍工人自厦门附轮往台湾者甚众。闻系为应台湾基隆金圭山矿区之邀，盖该矿区于民元以来，即由日本企业家开采金煤等矿产，最近因所谓非常时期之需要，加紧开采，需工甚亟。矿主方面除声明将提高工资外，一面令在矿区华工邀致其亲友前往工作；一面派员来闽募工，因而迭决日船往台，均有大批温州籍工人，应募前往，携眷偕行者有之。闻金矿工薪月可五十元日金，煤矿三十余日金，伙食一切自己负担，路费亦自出，赴台工人入口证缴费十三元左右，商人则略昂二三元。废年后，络绎往台者千余人，福清工人由福州出口往者亦不少。近安溪亦发现有人派发传单，招工赴台，闻凡入矿区工作者须先受训练云（三月二十二日）。"[③]

宁波等浙东一带赴南洋谋生者人数不及浙南一地，但其中不乏成功者。如鄞县人胡嘉烈于 1924 年在他 13 岁时赴新加坡做一华商企业学徒。1935 年胡创办立兴企业公司，从事汽灯购销业务，后来自设五金制造厂，生产各种五金用品，并设分公司于东南亚及加拿大、英国等地，执新加坡国际贸易之牛耳。后来享誉海内外的影视大王邵逸夫也是 1926 年随三哥邵仁枚到新加坡，为其兄邵醉翁创办的上海天一影片公司放映电影。他们遍历当地大小城镇与广大乡村，历尽艰辛，终于站稳脚跟，随后开设游艺场与电影院。1928 年成立"邵氏机构"。30 年代，邵逸夫向美国购买"讲话机器"，配合电影放映，使无声电影变为有声。1937 年成立邵氏南洋影片公司，并将其拍摄基地从上海移往香港。到 1938 年，他在东南亚已拥有 79 家电影院。尽管 1941 年 12 月日军占领香港后，邵氏影业陷入困境，但战后迅速恢复并于 1949 年在香港成立邵氏兄弟影业公司，为以后的大发展奠定了基础。

---

① 浙江省华侨志编纂委员会编:《浙江省华侨志》，第 73 页。

② 浙江省华侨志编纂委员会编:《浙江省华侨志》，第 73 页。

③《台湾招募华工开矿》,《申报》1936 年 3 月 23 日。

1922年温州木器工友联合会、1923年温州会馆、1934年新加坡宁波同乡会先后成立，说明当时侨居该地的温州、宁波同乡已有一定的人数。[①]

30年代后特别是40年代末前后，鉴于大陆战乱与动荡的政局，以旅沪宁波商人为代表的浙江商人纷纷从上海等地移居港台地区，或以港台为跳板，转向日本、东南亚和南北美洲等地发展，其中港台地区占人数的80%左右。他们抓住战后世界经济发展和港台“独特”的历史机遇，凭借其在内地长期从事工商业的丰富经验和资本积累，艰苦创业，奋力开拓，迅速在竞争激烈的海外社会站稳脚跟并取得成功和发展，成为活跃在世界经济舞台上颇受海外注目的上海帮的中坚力量，对所在国家或地区社会经济的发展与进步有着重要的作用，特别是为战后港台地区的发展与繁荣做出了独特的贡献。

第三节　渔盐民的生活与组织

浙江沿海以渔盐业为生的渔盐民为数达几十万，其生活状况与晚清相比有所变化，有的地方甚至近代化的痕迹已相当明显，但总体上并没有大的改善，特别是随着外部生产环境的恶化，30年代中期后沿海渔盐民生活纷纷陷入困境，尽管这一时期政府当局也为改善渔盐民生活做了不少努力，但收效不大。其间，渔盐民组织呈现出传统的公所与近代的行业公会及工会等并存的局面，渔盐民合作社更是受到政府的倡导，但渔盐民并没有有效地组织起来，也没有对他们的生产生活产生多少影响。

一、渔民的生活与组织

（一）渔民概况

浙江省东临大海，海岸蜿蜒曲折，港湾错综，岛屿林立，为我国海洋渔业生

---

① 浙江省华侨志编纂委员会编：《浙江省华侨志》，第177—178页。

产的重要基地。北至江苏省界之黄龙岛，南至福建交界之星仔岛，两岛之间的浙海洋面，就是浙江渔民从事海洋渔业生产的区域。

浙江省渔产区共分宁波、台州及温州三大区，定海、镇海、鄞县、奉化、象山、宁海、温岭、黄岩、临海、三门、永嘉、瑞安、平阳、玉环及乐清等十五县为渔区范围。

出渔季节（指出外洋捕鱼），分冬、春、夏、秋四汛，渔汛以秋、冬两汛最旺，除鄞县、奉化、镇海三县秋、冬两汛出渔，定海等 12 县渔区均全年出渔。

据 1948 年 7 月间的统计，当时浙江全省渔民、渔船及渔获物的数量分列如下：

渔民：定海 38140 人，象山 1998 人，宁海 4926 人，奉化 1397 人，镇海 617 人，鄞县 546 人，温岭 11154 人，黄岩 1252 人，临海 7777 人，三门 2263 人，永嘉 1376 人，瑞安 5033 人，平阳 10971 人，玉环 4276 人，乐清 1287 人，15 县共计渔民 108807 人。

渔船：定海 4689 艘，象山 603 艘，宁海 701 艘，奉化 294 艘，镇海 91 艘，鄞县 89 艘，温岭 1607 艘，黄岩 994 艘，临海 879 艘，三门 264 艘，永嘉 296 艘，瑞安 576 艘，平阳 2003 艘，玉环 2784 艘，乐清 271 艘，15 县共计渔船 15357 艘。

渔运船：宁波渔区 2391 艘，台州渔区 215 艘，温州渔区 297 艘，3 渔区共计渔运船 2903 艘。

渔获物：渔种分墨鱼、黄鱼、带鱼、鳗鱼、鲳鱼、虾、蟹及什鱼等，年产量 25458880 市担。[①]

当然，上若统计数字显然偏低，就渔民人数来说，仅据 1936 年鄞县渔业调查，当时该县渔民集中在东钱湖、咸祥、姜山三地，而东钱湖一地居民直接或间接从事渔业即达万人以上。[②]

---

① 《浙江渔业概况》，《新闻报》1948 年 7 月 27 日。

② 《鄞县渔业调查》，《浙江建设月刊》1930 年第 4 期。

（二）渔民的生活

渔业衰落，渔村破产，渔民穷困，此为民国时期浙江渔民社会之总括。1936年，渔业管理会张则鳌、王华赴浙江沿海各县调查渔业情况，据其所查，鄞县、定海、镇海等各区渔业艰难，“渔民深感痛苦，殷望政府救济”，政府亦体察民情，决定优先放渔款3万元与东钱湖渔民。[①]政府的救济虽对渔村经济有所助益，对渔民生活之窘迫情势有所缓解，然而毕竟是杯水车薪，并且不久抗日战争全面爆发，使得战前既已破败萧条的浙江海洋渔业再遭重挫，渔民生活之窘境在民国时期长期存在。

1. 渔民经济及生存状态

（1）渔民生产生活概况

民国时期，浙江沿海渔业日趋衰落，直接影响渔村经济及渔民社会。当时宁波地区的渔村，经济情况相对较优者，有鄞县东钱湖及定海沈家门二地。东钱湖渔民所居房屋，较宁属各地渔村高大整齐，由表面观之，渔民生活似乎是安居乐业，但考其实际情况却并非如此。该地渔民除所居房屋及渔船、渔具外，“概无恒产，其全部收入，几悉赖捕鱼”。据说在渔业衰落以前，该地渔民依赖捕鱼尚能自给自足，而渔业日衰后，渔民收入锐减，工作较之前更加辛劳。并且，其捕鱼所得收入亦只能勉强维持生计。以东钱湖大对船为例，平均每年每对大对船之渔获物价值为5000元，除去3000元的资本外，平均每人所得不过一百四五十元，这是青壮年渔民工作的年收入。如以该地人口计算，则每4个人中仅有一个生产者，故此一百四五十元之数，即一家四口生活之所系。按照当时的消费水平，以此数维持3人1年或1人4个月的伙食，即使在消费水平最低之乡村，已感不足。因此，当时东钱湖渔民之经济状况已入不敷出，一届渔汛，非借贷不能出海。至于定海沈家门，在渔业盛时，每次出渔均赖鱼栈之资助，而鱼栈则靠银行、钱庄的贷款，然自从1935年宁波发生金融风潮后，全部收回720万元的渔款，并且中国银行亦停止放款，所幸鱼栈资本充裕，故而渔业未遭受影响。但鱼栈对渔民放

① 《各区渔民殷望救济》，《镇海报》1936年10月8日。

款之条件甚为苛刻，渔民借款后，其渔获物必须交鱼栈代售，取佣5%，至于利息则长期为25%，短期借款则为月息1分。如此观之，该地渔村经济虽得以勉强维持，但仍属困窘。[①]而距东钱湖不远的咸祥镇，渔村经济则远不如前述两地，渔民生活甚是窘迫，自鱼价低跌、渔船减少后，该地渔民穷困不堪。"即其日常之生活，亦专赖借债以维持。"[②]

1937年全面抗战爆发，次年初，浙江沿海被日军封锁，沿海众多渔民生计顿绝，一些渔民特别是温台一带渔民转而投军入伍，参加抗战，上海《新闻报》报道说："顷据由温州来客谈，江浙沿海自被封锁后，首蒙其害者，当以渔民为最巨。祇以浙省洋面而言，渔民总计不下百余万。若辈每年冬季，即须下海捕鱼，至春季大渔汛时，多满载而归，一年生计全系于此。本年因战事关系，沿海渔民均不能下海捕捉，以致百余万渔民生计，顿告断绝。惟渠等多属壮年男子，自经此次事变后，愤恨强暴、乃纷纷投军入伍。故目下江浙沿海渔民，多投入军营，是以沿海突增此数十万壮丁，沿海防务巩固异常，且是项渔民对于军事常识，平日亦有相当训练，一经入伍，即可迎战。倘温台发生战事，日军必遭强烈之抵抗云。"[③]

抗战胜利后，渔民的处境也没有多大改善。1946年《浙江工商年鉴》载："渔民出海捕鱼设备简陋，易遭风暴袭击，往往船毁人亡，兼之海匪抢劫勒索，渔业资本家、鱼行层层剥削，生活大多穷困。"舟山地区1945至1949年的不完全统计，渔民因生活被迫卖儿女的有2000余户，高亭镇8个渔村卖儿女的有95户。[④]

（2）渔业资金不足

浙省渔民普遍穷苦，渔业资金不足，出渔所需渔船渔具，"除少数渔民自备或拼置者外，概以巨金租赁"。资金成本很高，据1946年调查，一条渔船租用一汛（约3个月），有索取40石米作为租赁费的，按当时市值计算，约合法币200

① 《渔业银团调查苏浙近海渔业状况》，《申报》1937年2月17日。

② 《鄞县渔业调查》，《浙江建设月刊》第10卷第4期。

③ 《浙海渔民生计断绝纷纷投军卫国》，《新闻报》1938年5月22日。

④ 浙江省水产志编纂委员会编：《浙江省水产志》，中华书局1999年版，第462—463页。

余万元；一艘冰鲜船租赁一汛，有索取租米70石的，约合法币490万元，劳动渔民每季渔获所得，除租金外，余款无几。[①]另据同业李象元赴定海、沈家门等处调查，舟山地区渔民租船经营渔业者，约十分之五六，大对船租费，每汛白米160石，每年八九月出渔，雇工15人，除老大2人外，每人白米7石，出渔前须筹资金500万元方可周转，大对船自9月至次年4月全部开支，以租船经营计算，至少需一千五六百万元。而1945年冬至1946年春，成绩最佳之渔船，其渔获量为小黄鱼600担，带鱼300担，共计时值一千七八百万元。[②]及至局势风雨飘摇之1948年，2月春汛时，宁波沿海渔民几乎已无力出洋捞捕。当时，宁波地区渔船除大对船已放洋外，其他大捕、溜网船等皆做好准备投入即将开始之捞捕。然而因物价狂涨，渔具、工资随之增高，"渔网一顶须3000万元，船伙以米计薪，3月薪金，每人需米约计10石，每船5人即需米50石，故只薪给一项，即需款1亿余元，再加各项渔具等，即需资本四五亿元。政府渔贷与渔行贷款，为数有限，无济于事"。当年春汛，渔民因乏资捞捕，大都无法出洋，致使浙江省沿海捕捞渔船大量减少，渔民生活更是雪上加霜。[③]

（3）苛捐杂税

1937年，时任浙江省政府主席兼浙江省渔业管理委员会主任委员的朱家骅，力主彻底废除苛捐杂税。以浙省征收护渔经费，系属增加渔民负担之一，1937年经浙江省政府委员会第899次会议议决，取消浙江省护渔费，并令浙江省外海水上警察局积极整顿，加紧巡护，在护渔费取消后，决不能稍有松懈。[④]战后政府又重申1930年3月28日颁布之《豁免渔税令》，明确"一切鱼税、渔业税均在豁免范围之内，可无疑义"[⑤]。然而，据李象元所述，战后宁属舟山地区之渔税仍包括"护洋费"，"由省属渔管处征收之，每船每吨10000元，附加手续费2000元，例如14吨之大对船一只，每年须缴142000元"。此外还有"使用牌照税"，"由县

① 上海鱼市场编印：《水产月刊》复刊，第5期。

② 上海鱼市场编印：《水产月刊》复刊，第4期。

③ 《宁波沿海渔民无力出洋捞捕》，《申报》1948年2月29日。

④ 实业部上海鱼市场编印：《水产月刊》第4期。

⑤ 象山县海洋与渔业局渔业志编纂办公室编：《象山县渔业志》，方志出版社2008年版，第419页；《省府关于渔业生产的各类文件》，宁波市档案馆藏，档案号：2-1-22。

级征收机关征收之，每年每船3000元”。[1]可见，此费并没有取消。1946年10月18日，上海市海产运销联合会在上海市西藏路宁波同乡会召开成立大会，会上谈及浙江战时渔业损失及战后渔税摊派甚重之问题，当时渔税“鱼商须负担8%鱼捐，6%以上的鱼栈佣金，渔民亦须负担5%”，并且“摊派名目至繁”，多系地方自卫大队以武力强迫征收，且从来不给收据，虽然渔会曾向有关方面申请减轻渔税，但地方恶势力弁髦法令，渔民又无组织，因此一直没有结果。[2]无疑，苛捐杂税仍是影响渔民收入的重要因素。

（4）盗匪之横行

长期以来，浙江沿海渔区治安状况一直未见改善，散兵莠民啸聚为匪，纵横海上，绑架行劫时有所闻。如1913年1月31日《申报》报道：“定海县属东靖乡五桂山地方，居民大半业渔，现届冬汛，鱼花收成尚好。讵日昨突有大帮海盗登岸，向各户求借食物，该乡民知非善类，佥谋戒严，继乃少与以物。讵是夜二更余，群盗竟整队抄入，手执凶器，宣言借贷不遂，非实行掳劫不可。首从张姓家起，用刀恫吓，致该家属伏地求饶，仍被抢去银洋无数，旋至林王徐俞孙李刘各家大肆劫掠，约共损失银洋2000余元，直至黎明始回船乘潮逃逸，不知去向矣。”[3]

40年代后，渔民欲出海捕鱼，必先向匪众纳费领取匪照，俗称“匪片”，否则人船均不得幸免。而海上盗匪帮股不一，甲股之片不能通行于乙，而乙股之片又不能通行于丙，因此较大的渔船或者出渔渔区距离县城较远的渔船，常常需要购买匪片数张，每艘每汛需纳费约二三十万元，多者达100万元。据1946年统计，当时浙江全省渔船全年供养匪众之款约有10亿元以上。[4]宁波地区战后海盗甚为猖獗，如定海县属六横附近的南韭山、蚊虫山一带洋面，时有大股海匪用大捕船、大对船六七艘往来劫掠，时值1946年渔汛，渔民闻之都不敢出洋捕鱼。而战后石浦海外之南渔山岛（靠近当时三门县南田区），当时则被台州股匪盘踞。该匪向北渔山渔网户强借粮款300万元，又向住户勒索200万元，扬言如若不从

---

① 上海鱼市场编印：《水产月刊》复刊，第4期。

② 上海鱼市场编印：《水产月刊》复刊，第5期。

③ 《海盗猖獗》，《申报》1913年1月31日。

④ 上海鱼市场编印：《水产月刊》复刊，第5期。

则倾巢犯扰，迫使该岛岛民“纷纷挈妇携雏，搬箱带笼，渡海向南象南延昌乡逃避”。再如，流窜舟山岱衢一带的股匪首领吴阿宁，于1946年10月3日上午，率匪50余名，假扮定海县自卫大队，洗劫大羊山，不仅将参议员、乡长等人扣押，而且随后缴集全部自卫队枪械，并劫去物品7大船，轰动一时。[①]至于时局动荡之1948年，因政府无力清剿，海匪则更为嚣张。海军定海第一巡防处虽协助护渔，但因渔区广大，顾此失彼。特别是渔汛旺期，海盗愈加活跃。时值夏初四月半，旺汛将届，“奉化帮渔船被海匪徐小玉股包围于岱山，挟船勒索枪械食米，领取旗照，方可出海捕捞。渔民以无力缴纳，进退两难”，而像山帮渔船在此前已应徐小玉匪索，“每船缴纳食米4石，领取旗照，满望即可出海”，但又听说该匪还欲勒索枪支，渔民们恐一旦出海被围则难以回返，于是决定牺牲渔汛，中途折返，如此一来，当时数十万渔民的生计则又陷于困境当中了。[②]据当时记者向渔民探悉，海匪徐小玉在舟山群岛征收的保护安全费，“每年二季征收大对渔船食米4石4斗，小对渔船2石2斗，如抗缴者即有生命之虞”。1948年，米价飞涨，舟山群岛食米1石已涨至3500万元以上，“渔民实不堪负担”[③]。

（5）鱼行栈之压榨

渔民穷苦，且无储蓄素习，因政府渔贷不敷应用，出渔资金则仰给于借款，渔民向鱼行栈或高利贷者借贷，利率多在月息30分以上，其最高者达每月百元纳利45元。而一般鱼行栈贷放船头（亦称“行头”，即出渔资金），虽号称无利，但变相之剥削，如侵蚀价数、克扣斤两、浮收佣金等，尤甚于高利贷。例如舟山沈家门，鱼栈林立，渔民向鱼栈借款，其条件除利息外，全部渔获物须由放款鱼栈经售，抽取佣金1/10。渔民在渔汛旺期，因须争取时间从事捕捞，所有渔获物常由特约鱼行栈所属冰鲜船收购转运销售，价款待回港时再结算，鱼行栈每借此机会，欺弄渔民，巧取盘剥。[④]鱼行栈还借口币值低落，在渔民辛勤捕获的渔款中加扣5%，就是所谓“九五扣现”（亦称“九五圆账”）。沈家门地区，待到清明

---

① 上海鱼市场编印：《水产月刊》复刊，第5期。

② 《渔汛旺期海盗活跃》，《申报》1948年5月19日。

③ 《浙江渔业概况》，《新闻报》1948年7月27日。

④ 上海鱼市场编印：《水产月刊》复刊，第5期。

节渔场北移之后，渔船在嵊山将渔获物赊买与冰鲜船，回洋后仍须在沈家门经过放款鱼栈收款，而渔民售鱼与鱼商时，每百斤只能算 88 斤，即所谓“重八扣秤”（亦称“八八扣”）。鱼行栈付款时，第一次一般付 30%，以后短则一月，长则三月，甚至渔汛结束时再结算。并且由于战时交通不便，物价飞涨的关系，鱼栈常常利用渔款囤货转运，坐致暴利，而对渔民则延不偿付，等到脱货付款，物价已高涨了。有的鱼行栈对经营的渔需物资常以次充好，缺斤短两卖给渔民，抵付鱼款。有的甚至谎称亏本，或推说鱼货在销售途中遭匪抢劫，拒付鱼货款，称“吃倒账”。因盘剥苛重，渔民习称它是“四六行”或“四六栈房”，意指每百市斤鱼经鱼行栈转手，60 斤被鱼行栈吞没，渔民实得仅为 40 斤。[①] 凡此种种，皆让渔民受尽剥削而无处申诉。

2. 渔民衣着、饮食、住房

民国时期，浙江沿海渔民在衣、食、住方面，较之别地渔民，有一定的特点。

（1）衣着

渔民的服饰，一直都比较简单、粗陋。普遍以大襟左衽的栲衫和大裤裆、大裤腿且前后裆处缀裥如网的拢裤作为常年穿着。冬寒时节，渔民用长巾缠头，身穿栲汁浆染的赭色大襟衣，玄色长裤外再套加一条拢裤，脚穿土布鞋；盛夏酷暑，贫苦渔民则袒裸上体，或以家织的麻布染成青色，缝成衣裤，脚趿木屐。由于出海劳作不便重衣厚裹，为防御海浪沾濡，渔民只能身穿蓑衣、蒲草肘套和围裙进行保护，钓船舢板后手甚至赤脚踏在防水斗里。

（2）饮食

浙江沿海渔民消费的食物，主要是米和豆、麦、薯等杂粮。菜肴大体上以自产的海味为主，间或搭配青菜、豆类。渔民中流行的民谣称：“潮涨吃鲜，潮落点盐”，“钓鱼人吃乌郎（即有毒的河豚）”。有时，渔家妇女腌制的小鱼、鱼肚、蟹酱，以及从海滩岩凹中采挖的海螺、藤壶也被充作菜肴。但靠天吃饭使渔民在生产上缺乏保障，每当粮价上涨或政府摊派税捐时，他们就只能以薯丝干掺米粒

---

① 上海鱼市场编印：《水产月刊》复刊，第 3 期；舟山市政协文史和学习委员会编：《舟山渔业史话》（舟山文史资料第十辑），中国文史出版社 2007 年版，第 442—445 页。

熬成稀饭果腹。

（3）住房

浙江沿海渔民出于加强联系、共同防御自然灾害的需要，一般选择海岸滩岙就势建筑，聚居成村。当时各渔村分布零散、相距遥远的特点，决定了渔民之间不可能结成大规模的生产协作关系。因此，无论出海捕鱼，还是经营水产品加工、购销，大多是由同一个居住区域内或相邻渔村的渔民完成的。渔民修造房屋，通常遵照传统的背阴向阳的居住习惯，采用梁柱式结构。在战时，一些房屋毁于战火，使渔民失去了仅有的立锥之地，生活更加困苦。

3. 习俗与娱乐

习俗方面，渔民有自己的信仰。以玉环渔民为例，他们讲究船祭，在渔船上设"天后妈祖"神位，奉其为保护神，早晚进行祝祷，请求庇护。浙江沿海渔民在婚丧嫁娶、岁时等方面的习俗，基本与渔业生产有关，虽不乏对新生活的向往和追求，却显然充斥着一些迷信思想。

娱乐方面，渔民出海风险巨大，因此渔民大多"缺乏进取心，无储蓄观念"，他们的娱乐，也仅限在渔汛旺季，"狂饮聚赌，任青挥霍"。渔民受教育程度不高，则文化程度低下，而文化程度低下，则修养不高，因此极易沾染恶习。渔民普遍习性恶劣，在此方面，全浙渔民普遍相同，"渔民于渔事清闲时，未有不嗜烟赌者，烟馆藏垢纳污，为淫盗之媒，而赌最能使人倾家败产，杀身惹祸，海盗之养成，此为其最大原因"[①]。例如，镇海渔民，于渔隙之时，多沉湎于酒，或从事赌博。咸祥渔民，其大莆船每年上半年往岱山捕大黄鱼，下半年则在象山港附近捕什鱼。因此，咸祥渔民在海上的时间较多，与家庭之关系甚少，家庭观念十分淡薄，尤其以无妻室子女之渔民为甚。此类渔民"每于渔汛期间，一有收入，则烟、酒、嫖、赌无所不至"，且该地渔民颇有"今朝有酒今朝醉"的倾向，微有收入，莫不尽量浪费。[②]渔民如此恶习，导致其愈发贫苦交加。虽然沿海各地政府曾间或组织过一些运动会、文艺竞赛等，但渔民受教育程度低、兴趣爱好窄，加

---

① 渔业善后物资管理处研究训练所发行：《新渔》，1948 年第五、六期合刊。

② 浙江省建设厅编印：《浙江建设月刊》，1936 年第 4 期。

之疲于生产，以致很少有人参加。[①] 1937 年，实业部派赴江浙沿海一带视察渔业状况的饶用泌、刘崇德等人，在视察过后，提出："关于渔民生活，实应迅谋改善。其迷信之重及卫生之不讲究，使渔民往往妄送生命。同时，烟酒嫖赌之风甚炽，年来若干处虽严禁烟赌，但酒色之事其风更甚，故今后一方面应举办与渔民有密切关系之特殊教育，同时举办各种正当娱乐。"[②]

由此观之，渔民生活维艰，除渔业经济衰落的外因而外，尚有渔民自身的内因。

虽然浙江省的渔业在经政府大力扶持及渔业团体促进后，有一定改善，然而近代中国长期动荡导致的渔业经济创伤，亦并非一朝一夕之功可以弥补，故浙江渔民长期处于贫穷困苦、生活维艰的状态。1948 年 10 月出版的《鄞县概况》在述及宁波鄞县地区的渔民社会时，概括如下："渔民出入惊涛骇浪之间，栉风沐雨，蹈冒危险，生活十分艰苦。在洋面捞捕得失，又难预卜，鱼类聚集地点，更难推得。辛苦经营，忧虑不能温饱，且本身又不检束，好勇斗狠，嗜赌爱嫖，生活腐败不堪设想。"[③] 这确是民国时期浙江渔民生活的真实写照。

（三）渔民的组织

民国时期浙江沿海渔民组织，主要有三个，依时间顺序分别为：渔业公所、渔会、渔业生产合作社。

1. 渔业公所

源于清代中期的渔业公所进入民国后仍是渔民主要的组织形式。据 20 世纪 30 年代李士豪所著之《中国渔业史》载："渔业公所为封建式之渔业团体，与在欧洲中世纪之行会相似。我国千余年前，已有此种组织，其作用为免去同业之竞争，限制同业之人数，维持生产之价格，而又利用同乡或朋友之关系，实行互相帮助，互相救济，如我国手工业工艺之鲁班殿，以及各种以区域分帮口的会馆公

---

① 黄晓岩：《民国时期浙江沿海渔会组织研究——以玉环渔会为例》，浙江大学硕士学位论文，2009 年。

② 《浙省沿海渔业情况》，《申报》1937 年 4 月 14 日。

③ 周克任编著：《鄞县概况》，三一出版社 1948 年版，第 78—79 页。

所等，均为此种组织之典型。渔业公所，即是此种组织之一种，发展较迟，以浙江为最发达。当清雍正二年，镇海张网渔民首先发起，成立南浦公所于宁波。同年镇海北乡帮渔民，另组北浦公所，而定海张网渔民，则亦加入南浦公所。”南浦公所至1936年“仍为张网渔业之总机关”。自雍正至清季，浙江沿海地区普遍成立渔业公所，如象山东门帮之太和公所，奉化栖凤帮之栖凤公所，定海帮之靖安公所、人和公所、南定公所、镇定公所，及其他各帮之永安公所、永泰公所等等。民国初年，又有蜇皮公所、永丰公所、镇海公所之设立。1918年11月间，玉环仍有渔业公所的设立，11月20日《新闻报》以“温州议设渔业公所”为题报道说：温属玉环坎门洋面，每届冬令，渔船齐集，设有冬钓局一所。民国以来，由道署派员主政，并派巡船二艘游，藉资保护。每年各船领旗纳费，约有3000余元。本年春间护商局裁撤，该局连带取消。兹闻该地又有人仍仿旧章，设立渔业公所，业经具呈县署请予备案，未识能批准否也。直至1937年前后，浙江省除有极少数渔业公所改为渔业合作社外，余均如旧。[①]

据1927年7月15日出版的《浙江月刊》（第1卷第4号）刊登的《定海渔盐志》以及1947年7月27日《新闻报》的《浙江渔业概况》一文记载，浙江全省渔业（商）公所共有88个，其中渔帮组成的渔业公所66个，渔商组成的渔商公所22个。外省在浙江也建有渔业公所，清同治元年（1862），福建省闽属各帮冬季钓船480艘，建立八闽渔业公所，驻在沈家门；光绪二十三年（1897）和二十八年（1902），江苏省崇明南汇各帮张网船和南汇白龙港帮冰鲜船40艘，分别建立升平公所、南汇渔业公所，驻在崇明枸杞（现属嵊泗县）、定海衢山；1913年，福建省惠安崇武帮渔船，建立崇武渔业公所，驻在象山石浦；1916年，福建省福建帮渔商船，建立闽定公所，驻在沈家门；1926年，福建省趸尾帮钓冬船，建立螺峰公所，驻在沈家门。

1929年，国民政府公布《渔会法》。1933年9月，浙江省建设厅督促各地渔民组织渔会，以期取代公所，但不少地区渔业公所仍然存在，直到抗日战争胜利后，国民政府用行政手段在各地建立渔会，又让原在各公所的董事、“柱首”之类

① 李士豪、屈若搴：《中国渔业史》，商务印书馆1937年版，第95—96页。

实权人物，充当渔会理事，公所才基本上被渔会取代。[①]

2. 渔会

渔会，属近代渔民组织，因1922年农商部公布之《渔会暂行章程》而产生。1926年，浙江省实业厅一度筹设渔会，要求宁、台、温属沿海各县三个月内一律设立，但鲜有成效。[②]南京国民政府成立后，于1929年10月26日由立法院第五十六次会议通过《渔会法》，同年11月明令公布。[③]《渔会法》第一条规定："渔会以增进渔业人之智识技能，改善其生活，并发达渔业生产为目的。"[④]究其实质，系工商同业公会之特别会。[⑤]渔会成为法定渔民团体组织后，各地渔业公所陆续被明令取缔。[⑥]同时，渔会在一定程度上亦为政府所掌控。[⑦]20世纪30年代后，浙江沿海渔业公所势力开始衰落，抗战胜利后，渔会成为渔民团体之主体。

浙江省在20世纪20年代始有县渔会组织，1937年曾有浙江省渔会筹备会的发起。最早成立渔会的是温岭县，1921年11月，温岭石塘庄余珍等12人发起组织"南方渔业公会"，1922年冬奉令改组为渔会，1923年11月正式成立温岭渔会，驻地设在温岭县钓浜天后宫。1925—1932年，宁海、玉环、瑞安、绍兴、平阳、象山、南田、鄞县等县渔会相继成立。1933年2月，定海县政府曾由韩钟耕筹备定海县渔会，结果失败，后由国民党区分部书记楼谷仁于1936年筹备，并1937年正式成立。到1937年，全省建有县渔会14个，县渔会分会7个。1938至1945年，抗日战争时的沦陷区，原建的渔会都自行解散。1945年，抗日战争胜利后，原建渔会又恢复活动。据农林部江浙区海洋渔业督导处和浙江省渔业局汇总，全省各地渔会自建后，有些渔会几度改组或重组，到1947年全省共有渔会80个，其中县级渔会30个，县渔会分会43个，咸鲜（鲞）货同业公会7个。以

---

① 浙江省水产志编纂委员会编:《浙江省水产志》，第871—876页。

② 《实业厅筹设渔会》，《时事公报》1926年7月27日。

③ 李士豪、屈若搴:《中国渔业史》，第96—97页。

④ 浙江省政府农矿处编:《渔业法规》，杭州正则印书馆1930年版，第21页。

⑤ 《省建设厅宁海县府省渔管会等单位关于令发省渔业管委会组织规程等令饬选送合格渔业人员训练由及规则章程等》，宁海县档案馆藏，档案号: 旧1-10-226。

⑥ 《省建设厅宁海县府六区专员公署等单位关于鱼行鱼栈渔捞户等调查表督饬填送县渔会沿海各乡镇为抄发护渔暂行办法仰知照由》，宁海县档案馆藏，档案号: 旧1-10-229。

⑦ 黄晓岩:《民国时期浙江沿海渔会组织研究——以玉环渔会为例》，浙江大学硕士学位论文，2009年。

上渔会，1949年陆续自行解散。[1]

另外，1938年编撰的《瓯海渔业志》对于该地区即永嘉、瑞安、平阳、玉环渔会设有专节予以介绍，兹转录于下：

第一永嘉　永嘉渔业以运销业较为发达，其市场大都集中永嘉东朔门一带，渔船则集中于永强蒲州状元桥一带，民国二十六年七月间，永强王冰忱等在本处与永嘉县政府督促指导之下，始发起筹备组织县渔会，在此以前，则仅有永嘉鱼行业、永嘉鲜咸业及永强鱼行业同业公会，而无渔会之组织。迨渔会成立，本厅处以鱼行业公会之设，于现行法已失其根据，且该公会等各立门墙，纠纷时见，实有予以裁并之必要。概令并入永嘉县渔会，尚未将该公会等完全遵办，兹将永嘉县渔会组织概况分述于下。

（1）组织名称：永嘉县渔会。

（2）区域：永嘉城郊及瓯江沿岸之永嘉状元桥蒲州一带。

（3）会址：永强天河乡。

（4）会员人数：约300人。

（5）会员资格：渔民及鱼行业商。

（6）会员权利及义务：会员有依法取得渔业权及请求本会在法令范围内作为之权利，同时会员负有纳费及遵守法令与本会决议案之义务。

（7）内部组织及负责人：设理监事会，常务理事王冰忱。

（8）成立年月：永嘉县渔会系于民国二十六年八月正式成立，主管官署为永嘉县政府。

（9）经费、该会经费系抽收渔民鱼贩会费，每一入会渔船或鱼贩，月纳会费2角至5角，鱼行加入后，纳费办法尚未定。

（10）会产：该会成立伊始，尚无产业设置。

（11）整理意见：应速令原有各鱼行业公会克日加入，充实其组织，以统筹全县渔业之发展，保护真正渔民之福利。

---

① 浙江省水产志编纂委员会编：《浙江省水产志》，第876—882页。

第二瑞安　瑞安县渔业以北麂为重心，渔会则设于瑞安县小东门外，过去为当地权绅所把持，现因政府干涉之结果，绅权已渐式微。兹将瑞安渔会概况分述于下。

（1）组织名称：瑞安县渔会

（2）区域：瑞安北麂全岛（内分大岐铜盆、长拔、北龙、冬瓜屿、东落等处）。

（3）会址：瑞安小东门外校场官。

（4）会员人数：352人。

（5）会员资格：均系渔民。

（6）会员权利及义务：入会会员有取得渔业权，请求行政官署保护水产动植物，经营繁殖之权利，同时会员应缴纳会费，及负有遵守渔业法令之义务。

（7）内部组织及负责人：设理监事会，理事会设理事5人，候补理事2人，监事会设监事3人，候补监事1人，理监事会互推常务理事会及常务监事会各1人，主持日常事务，该会负责人，常务理事朱松如、理事张楚卿、蔡心夫、蔡宝钱、蒋伯明。候补理事陈宗海，蒋物时。常务监事吴普铎，监事陈竹轩，吴光义，候补监事金阿生。

（8）成立年月：瑞安县渔会于民国二十年二月二十三日成立，民国二十三年七月三十日改选，成立第二届理监事会，主管官署机关为瑞安县政府。并经于民国二十三年八月三十日实业部备案，奉颁浙字第一四一九号备案指令。

（9）经费：该会经费来源，分征收会员入会费暨月费两种，入会费每人1元，月费迄未征收，该会每月预算计100元。

（10）会产：该会并无原有财产，其事业之推行，虽合于渔业法令，而渔民未曾受到实惠。

（11）整理意见：询据瑞安县党部负责人云，该会自民国二十三年七月改选以来，所有理监事任期早经届满，尚未改选，各项工作，无甚起劲，最近奉令将鱼铺业及渔业两同业公会撤销，原有会员饬即加入县渔会，现已在计划派员整理。本处意见该会应在该县渔产所在之北麂岛设一分会，以利渔业推行。

第三平阳 平阳渔业以南麂为重心，渔会则设于古鳌头。兹将其概况分述于下。

（1）组织名称：平阳县渔会。

（2）区域：平阳南麂全岛，包括竹屿平屿、马安、大山等处。

（3）会址：暂设鳌江康宁街门牌四十四号。

（4）会员人数：270人。

（5）会员资格：均属操鹰捕大网夹网等渔业人。

（6）会员权利及义务：入会会员有取得渔业权，请求本会转请行政官署保护水产动植物经营繁殖之权利，同时会员应缴纳会费，及负遵守一切渔业法令之义务。

（7）内部组织及负责人：分理事监会，理事会负责人，常务理事温良材，理事翁奇玉、周尚民、李良业、林铁臣。监事会常务监事林性石，监事潘定友、冯子萍。

（8）成立年月：该会于民国二十六年九月十五日成立，主管机关为平阳县政府。

（9）经费：该会经费来源，分征收会员入会费及月捐两种，入会费5角，月捐2角（尚未开征），征收方法，给发收据。

（10）会产：该会并无原有财产，对于事业之推行，尚无显著成绩，现亦正在计划举办合作社。

（11）整理意见：该会虽非操纵于鱼行商，而因鱼行贷放渔民用款关系，不无受其干预之处，将来渔业团体归并后，对于人选问题，应注重选定真正之渔民负责，并扶助发展其能力，俾可减除居间剥削之痛苦。

第四玉环 玉环县渔会在温属方面，成立最早，历史亦最长，其原因因玉环渔业以坎门为重心，当地大小钓船及福建崇武帮大钓渔船，数目最多，收入最厚，会费之征收亦最易，当地人士以其有利可图，故把持不放，每届改组，逐鹿者大有人在，过去接洽护鱼事务，并借此抽收巨数护费，引起重大纠纷，其详已见护渔事务一节。兹将玉环县渔会概况，分述于下。

（1）组织名称：玉环县渔会。

（2）区域：玉环坎门鹰东教场头大小里岙等处。

（3）会址：设玉环坎门教场头。

（4）会员资格：凡住居同一区域内年满16岁以上渔业人或经营水产之制造运输保管者，均得为会员。

（5）会员人数：约2000人。

（6）会员权利及义务：会员取得有发言建议选举被选及享受会中所办各项事业之权利，及转请官署保护之权利。但会员应依章尽缴纳会费之义务。

（7）内部组织及负责人：设理事5人，监事3人，由会员大会依法选任之，理事中互推主席1人，常务理事2人，下设总务调解二股，各股设股长1人，干事1人，并设会计1人，征收员1人，书记1人，本届主席李宗祥。

（8）成立年月：该会民国十八年为渔业公会，十九年筹备改组为县渔会，二十年三月奉浙江省党部令准组织成立，二十六年因内部组织尚欠健全，奉第八区行政督察专员令饬玉环县政府会同县党部派员整理，重行登记，同年九月整理完竣，召开渔民大会，选举理监事，李宗祥等5人当选理事，项三富等3人当选为监事，主管机关为玉环县政府县党部。

（9）经费：经费之来源，向会员收取入会费、常年费，常年费先由大小钓船舵工代扣，再由会派员向该舵工收取，预算收入方面，分春冬二季。春季以船内人工计算，收费方法，计大约25只，每只4元，小钓300只，每只2元，冬季大钓215只，每只10元，小钓300只，每只2元，以8折计收，年计收入1960元，支出方面，分三项，第一项薪饷月支117元，第二项办公费月支33元，第三项预备费月支13元333厘，年计支出1960元。

（10）会产：新建筑会址一座，价值3000余元，会内器具值500余元。

（11）整理意见：该会加入会员，系以每一渔民为单位，其会费亦系按人计算再按户抽收，核与渔会法施行细则第五条，凡同一区域内之渔业人民愿入会者，每一渔户或行店均以一户为限之规定显属不合，应予纠正，又该会历来负责人员，均非渔民中人，亦与会章不符，嗣后应令改选渔民充任。[①]

3. 渔业合作组织

我国的渔业合作事业，与国外渔业合作事业及国内其他合作事业相比，起步较晚，且缺乏早期数据统计。自清季到民初，渔业管理组织虽几经变更，而“对于渔业行政，则仍旧贯，渔业统计缺乏材料”。至1932年，实业部统计长办公处成立，“始制渔业调查表格，令由各省市政府，填报及由该处派员直接调查”。[②]1932年以后，上海各银行颇留意于农村合作放款，其中中国银行沈家门支行开始从事渔业放款，为银行投资渔业之始。1935年，中国银行、交通银行、浙江地方银行、中国实业银行、上海四明银行、中国农民银行及宁波本地金融界受浙江省建设厅之请，承接渔业贷款，以扶助定海沈家门渔业，投资该地渔业合作社。[③]同年12月，渔业专家屈若搴撰文呼吁“愿合作事业向渔业界推进”[④]。1936年，实业部联合上海各银行组织渔业银团，提倡渔民组织合作社，办理渔业贷放款项，建造新式渔轮租赁与渔民。[⑤]同年5月12日，行政院第262次例会通过《实业部渔业银团办法》。[⑥]据1937年2月27日实业部公布之《实业部渔业银团组织规程》规定，该银团以提倡渔民合作、流通渔业金融、调整渔产运销、促进渔村建设为宗旨。同年，渔业银团呈请实业部令各渔区所属县政府指导渔民组织合作社，以救济日渐衰落的渔业经济，并作为贷款之对象机构，配合渔业银团放款。[⑦]1937年3月1日，实业部渔业银团正式成立。[⑧]在此之前，因渔业银团筹备近半载未能成立，而冬汛又届，渔民亟待救济，遂先由四行储蓄会、中汇银行、

① 辑自浙江省第三区渔业办事处编：《瓯海渔业志》，内部印行，1938年。
② 国民政府主计处统计局编：《中华民国统计提要二十四年辑》，商务印书馆1936年版，第559页。
③ 《中交等六银行投资浙省渔业合作社》，《申报》1935年10月22日。
④ 《愿合作事业向渔业界推进》，《申报》1935年12月16日。
⑤ 李士豪、屈若搴：《中国渔业史》，第98页。
⑥ 《行政院通过实部渔业银团办法》，《申报》1936年5月13日。
⑦ 《国民党浙江省府宁海县府省渔管会等单位关于令发修正外海护渔办法等仰知照由》，宁海县档案馆藏，档案号：旧1-10-227。《上海市水产经济月刊》第6卷第1期，上海市渔业指导所出版，1937年版，第10页。
⑧ 《救济渔业衰落渔业银团昨日成立》，《申报》1937年3月2日。

新华银行集款 12 万元贷与渔民，其中 5 万元贷与宁波之渔业合作社。渔业银团正式成立后，该批渔款转归渔业银团继续办理。[①]然而渔业银团成立不足半年，全国抗战爆发，沿海各省渔业合作事业均受挫严重。虽然抗战前各省对于渔业合作社的指导，以及渔业放款的进行，已经有相当的成绩，但就总体而言仍属进展缓慢。究其原因，在于国民政府大力推行的合作事业业务重心不在于此。当时渔业合作社之业务，大多属生产合作业务及特产合作业务，亦有少数属运销、供给及信用业务。而我国合作业务在抗战全面爆发以前，多偏重于农村信用合作，全国抗战开始后，中央合作当局为配合战时经济设施，平抑物价，增加生产，才加意推行消费及生产合作。[②]1942 年，国民政府颁布《渔业合作推进办法》，但当时处于战时，无力推进。抗战胜利后，农林部因事实之需要，加强渔民合作组织建设。[③]

浙江省政府留意渔业合作事业较他省为早，1928 年初，浙江省政府委员兼民政厅长朱家骅即已有拟派县长赴日考察之提案，并获省府委员会议通过，其中便有考察日本重要渔业组合与合作社之项目。[④]同年 10 月，江浙渔业会议之讨论亦涉及筹办渔业银行、组织消费合作社等议案。随后，浙江省政府拟筹办渔业银行提案，付委员会讨论，并认为在筹组渔业银行之前，应派员指导渔民组织信用合作社。[⑤]1930 年，浙江省建设厅拟定发展渔业计划，拟“设立渔业指导所，并指导渔业合作社之组织”。[⑥]次年，浙江省建设厅“派员先就渔业最盛之鄞县、镇海、定海三县，着手调查渔业状况、渔民生活情形”。旋即订定《浙江省沿海各县指导渔民组织合作社

---

① 《秋季渔汛已届三行集款贷放渔民》，《申报》1936 年 10 月 22 日；《渔业银团昨日成立筹备处》，《申报》1936 年 11 月 8 日；《救济渔业衰落渔业银团昨日成立》，《申报》1937 年 3 月 2 日。

② 行政院新闻局印行：《中国合作事业》，1948 年版，第 30 页。按：据此材料，全国抗战开始前偏重于农村信用合作之原因有二：一是自华洋义赈会在华北以救济农村之形态提倡合作，即侧重信用合作之推行，嗣后政府亦致力于信用合作之推行；二是中央合作当局对其他合作业务，并未注意提倡，多系听其自由发展。其他业务类型的合作组织，并非不存在，只是所占比率不高。

③ 行政院新闻局印行：《渔业》，1947 年版，第 35 页。

④ 《浙省拟派县长赴日考察提议》，《申报》1928 年 2 月 2 日。

⑤ 《江浙渔业会议昨日开幕》，《申报》1928 年 10 月 2 日；《江浙渔业会议之第三日》，《申报》1928 年 10 月 5 日；《浙省将办渔业银行》，《申报》1928 年 10 月 14 日。

⑥ 《建设厅发展本省渔业计划》，《时事公报》1930 年 2 月 12 日。

应注意事项八条》，通饬沿海各县遵照办理。[①] 宁波的渔业合作事业，大约为浙省渔业合作事业之发轫。1931 年春，鄞县县政府奉令筹办农村及渔村合作实施区，择定东钱湖为渔村合作实施区，但由于种种原因，渔业合作社未能成立。直至 1934 年 7 月 2 日，[②] 东钱湖无限责任外海渔业捞捕兼营合作社在大堰头正式成立，社员 25 人，共认股 52 股，计 520 元，所有股金于举行成立大会时一次缴足。[③] 1934 年，浙江省建设厅又拟督促渔民组织运销及其他各种合作社。[④]

然而即便浙江省政府对渔业合作事业早有提倡，但究其发展情形，亦尚属迟缓。考其缘由，则如前所述，中央政府推行合作事业之业务重心有所偏侧，而浙江省亦如是。浙江省的合作业务，初期以信用业务为主，1936 年以后，开始推进特产业务，抗战期间又转为供销业务。[⑤] 故在 1936 年以前，浙江省的渔业合作事业总体而言亦属进展缓慢，"办渔业合作社的极少"。其实，直至 1937 年，非但渔业合作社极少，渔会亦极少，渔业中介组织绝大部分仍为旧有之渔业公所等机构。[⑥] 1936 年 7 月 1 日，省府成立了浙江省渔业管理委员会，主任委员由省政府主席兼任，负责指导推行渔业合作事业工作。[⑦] 1938 年春，成立了温区渔民合作金库。[⑧] 又于 1940 年拟筹设宁、台区渔民合作金库，并拟增筹温区

① 中国合作学社编辑刊行:《合作月刊》1931 年第 9 期。

② 《鄞县姜山渔业合作社案卷》，宁波市档案馆藏，档案号: 31-1-8。

③ 丁龙华:《民国时期宁波地区渔业合作组织研究》，宁波大学硕士学位论文，2014 年。

④ 《浙建厅发展水产事业拟定办法六项》，《申报》1934 年 7 月 14 日。

⑤ 浙江省银行经济研究室编:《浙江经济年鉴》，浙江文化印刷股份有限公司 1948 年版，第 653 页。按: 据此材料，抗战期间，为适应环境的需要，凡肥料、种子的供给，日用品的分配，大半由合作社负责办理，所以合作社业务的经营转变为供销业务。此外，另据《十年来之中国经济建设》可知，民国二十五年后，浙江省政府推进特产业务合作主要在"推进稻麦棉合作组织"、"推进桐油生产合作"、"推进蚕业合作事业"三方面，而对于渔业合作亦尚未着重提出加以推进。参见中央党部国民经济计划委员会编:《十年来之中国经济建设》，下篇，第四章，"浙江省之经济建设"，南京扶轮日报社发行，1937 年，第 10 页。

⑥ 《浙省府派孔雪雄考察沪鱼市场》，《申报》1937 年 2 月 18 日。

⑦ 浙江省水产志编纂委员会编:《浙江省水产志》，第 412 页。按: 民国时期，浙江渔业先归浙江省实业厅管理，后属浙江省建设厅管理。浙江省渔业管理委员会是浙江省第一个直属省政府领导的渔业机关，后因全国抗战爆发，于 1937 年 11 月被撤销，为时不长。参见浙江省水产志编纂委员会编:《浙江省水产志》，第 698 页。

⑧ 行政院新闻局印行:《渔业》，1947 年版，第 5 页。

渔民合作金库股金。[①]1942年，浙江省合作事业管理处颁布《浙江省渔业合作社指导方针》和《浙江省沿海各县推进渔业合作社注意要项》。[②]但都因战争而成为纸上谈兵。

1946年，浙江省渔业局正式成立，负责"推广渔业，编组渔港，暨改进渔民福利"，"督导考核各渔业团体目的、事业之推进"。[③]此外，抗战胜利后，浙江省政府拟定《浙江省合作事业复员计划纲要》，"作为浙省合作事业复员的准绳，并规定合作业务以推进特产为中心。三十五年度起，即分别在特产区域，筹组专营合作社，作为推进特产的基本机构"，并且"沿海各县，即规定以促进渔业为工作中心。三十六年度，除在沿海各县发动组织渔业合作社外，并且在温、台两区，组织渔区联合社"，至1947年，渔业合作事业已有相当成就。[④]

据1948年的统计资料，浙江省沿海各县渔业合作组织，计定海8社，奉化4社，三门4社，永嘉8社，瑞安2社，平阳13社，玉环14社，乐清13社，鄞县5社，象山、宁海、临海各6社，镇海、温岭、黄岩各1社，共计92社。[⑤]分为生产合作社、产销合作社、产制合作社、产制销合作社、产制信合作社和综合性（除产、制、销、供外，还包括保险、信贷）等6类渔业合作社。合作社性质、业务：（1）必须认股出资，才能参加入社为社员；（2）银行贷款对象是合作社的

---

① 浙江省建设厅编印：《浙江省廿九年度建设工作报告》，1940年版，第67页。按：关于拟增筹温区渔民合作金库股金一节，据该报告称"该库已拟就征集股金进行计划，随时征求各渔业合作社入股"，而关于筹设宁、台区渔民合作金库一事，据该报告称，"因中央补助款十万元，尚未汇到，是以仍在筹划进行中"，后或因抗战军兴而未能成立。目前笔者所见之统计，尚未有此二区渔民合作金库的相关内容，仅有温区渔民合作金库，且抗战胜利后，浙江省合并宁、台、温三区渔业管理处，与温区渔民合作金库，成立浙江省渔业局，亦并未提及有宁、台区渔民合作金库之存在。参见行政院新闻局印行：《渔业》，1947年版，第5页；浙江省建设厅编印：《浙江省廿九年度建设工作报告》，1940年版，第51页；浙江地方银行总行发行：《浙江经济统计》，浙江印刷厂，1941年版，第150页（注：其注明资料来源为前者，即《浙江省廿九年度建设工作报告》）。

② 浙江省水产志编纂委员会编：《浙江省水产志》，第413页。

③ 《省建设厅宁海县府省社会处等单位关于催报渔民固有组织概况及其活动情形由》，宁海县档案馆藏，档案号：旧1-10-230。按：据该档案显示，在浙江省渔业局正式成立以前，浙江省沿海各县渔民团体（渔会、渔业合作社、渔盐合作社等）业务之督导，均系浙江省政府建设厅授权县政府会同渔业管理处办理。

④ 浙江省银行经济研究室编：《浙江经济年鉴》，第653、655页。按：据该年鉴说明，渔区联合社，台区已经组织成立（全衔：浙江省台州区渔业联合社，见该年鉴第642页），温区在积极筹备，温州方面还在策划设立合作工厂，专制鱼类罐头。

⑤ 《浙江渔业概况》，《新闻报》1948年7月27日。

社员，入社者可由有经济实力的商行（鱼行栈）担保，通过合作社可获渔业贷款；（3）入社者业务除共同办好鱼货运销、信贷、保险等外，对出海捕鱼、产品处理、收益等均为各生产作业渔船自主经营，船网工具归社员船主自理，雇工生产。因此，当时的渔业合作社，渔工、贫苦渔民由于缺乏经济实力，无法参加合作社，只能是入社者的雇员，而入社者的社员绝大多数是掌元和渔业资本家或当地士绅。1949 年后，以上渔业合作组织陆续消失。[①]

二、盐民的生活与组织

（一）盐民概况

民国以前，盐民入盐籍，自由受限制。民国时期，盐户不再有法定专籍，制盐人只需申请制盐许可，经政府批准确认其盐工身份后，便可从事晒盐。盐工可以停业或转业，无强制性规定。[②]

浙江的海岛及沿海地区均属产盐区，盐民众多。民国时期，“余姚盐场为全浙冠，产盐极丰，设有盐廒，转掌买卖，行销各省，营业素称发达”[③]。该盐场“长达百余里”，“可算浙东首屈一指的盐区。至于盐的出路，大都是由盐商雇人在盐区设立收盐蓬，由蓬长向盐民秤购，再由盐商运至各地售卖。江浙一带的盐，差不多都仰给于余姚盐区”。在余姚专以晒盐为生的盐民，总数在 10 万以上（实际盐民为 2 万余人，计家属在内，总 10 万以上）。[④]全国抗战开始初期，余姚的人口总计为 64 万，而盐民的数目就占着全县人口的 1/6，可见其人数之众。在余姚，农民人数最多，其次为盐民。[⑤]象山也有不少盐民，最大的玉泉盐场设于象山石浦镇，辖火炉头盐厂，蒲湾、小湾、金鸡山、下洋墩、中泥等处，共计有盐田

---

① 浙江省水产志编纂委员会编：《浙江省水产志》，第 421—418 页。

② 浙江省盐业志编纂委员会编：《浙江省盐业志》，中华书局 1996 年版，第 427—428 页。

③ 《余姚盐业与盐民》，《申报》1938 年 11 月 12 日。

④ 《余姚盐业与盐民》，《申报》1938 年 11 月 12 日。

⑤ 《盐潮中之盐民生计》，《申报》1935 年 11 月 13 日；《余姚盐业与盐民》，《申报》1938 年 11 月 12 日；《王阳明的故里姚江近情》，《申报》1946 年 8 月 25 日。

4047.5 亩，灰溜 995 只，晒坛 944 座，煎灶 100 座，年总产量 133816 担（1933 年、1935 年、1936 年平均数），内晒盐（俗名粗盐）约占 75%，煎盐（俗名细盐）约占 25%。长亭盐场设尖坑塘，辖花舜岩、柳塘、上敖、月边、高湾等处，共计有盐田 1450 亩，灰溜 430 只，煎灶 308 座，晒坛 92 座，每年约可产盐 4 万余担，其中煎盐约占 80%，晒盐 20%。玉泉及长亭二场，每年盐产量总计 20 万担左右，其中食盐最多，渔盐不到 5%，宁海、象山、南田、天台、仙居、临海等县，皆为其销售区域。该二场从事制盐者，共 2443 户，9975 人，其中佃盐占 70%，自有灰溜者占 30%。[①]

表 1-13　民国两浙盐民丁户数

历史纪年	公元纪年	盐民		资料出处或附注
		户	丁	
民国三年	1914	17049	85472	《浙江通志稿》
民国三十二年	1943		23139	抗日战争期间未沦陷区仅有 7 场
民国三十七年	1948	38134	76344	省盐务局：《浙江盐务概况》
民国三十八年	1949	35284	192994	含家属人口及兼业盐民

资料来源：浙江省盐业志编纂委员会编：《浙江省盐业志》。

表 1-14　民国初年两浙各场盐民丁户调查表

场名	专业人数	兼业人数	总计	户数	附注
仁和	168		168	14	
许村	194		194	108	
黄湾	513	1547	2060	781	
鲍郎					该场煎丁并非专业，家庭人数皆无一定
海沙	40	120	160	40	
芦沥					未报
曹蛾	30		30	3	

① 铁明、余皓、汪缉文等：《三门湾调查简报》，浙江省土壤研究所刊行 1937 年版，第 32—33 页。

续表

场名	专业人数	兼业人数	总计	户数	附注
金山	144		144	12	
东江	212		212	31	
钱清	132		132	11	
三江	190		190	19	
党山	65	69	134	62	
余姚	19679	24506	44185	8169	
岱山	4216	5526	9742	2160	
穿长	212	318	530	346	
清泉	159	224	383	244	
大嵩	179		179	115	
黄岩	178	6400	6578		
杜渎	19	1720	1739		
长亭		749	749		
玉泉	311	1847	2158		
双穗	2258	2657	4915	1071	
长林	2392	3882	6274	2384	
永嘉	150	230	380	75	
玉环	1886	1526	3412	991	
平阳	634	190	824	313	
总计	33961	51511	85472	17049	

资料来源：本调查表原载《重修浙江通志稿》第99册。

（二）盐民的生活

民国时期对盐户不再列入专籍，盐民可以兼事农业或其他行业，然而多数盐户生活仍在贫困中挣扎。

盐民的生产，多以租佃（佃盐）的方式进行，自有灰溜者较少。佃盐的纳租方法，可分两种：第一种，租晒。业主将灰溜租给佃盐，一只灰溜，每年纳租金自70至170元不等，视灰溜大小而定，一次纳足。“但盐民穷苦居多，何能筹此巨款，故采此法者甚鲜。”第二种，分晒。业主放租灰溜于盐民，所产盐量，业佃均分，至于一切人工费用，悉由盐民负担，业主则负责纳税的义务。大多数的盐民以这种方式进行生产，其中像山玉泉、长亭二盐场“采取此法者，占全佃户70% 以上”。

盐民不能直接将制品销售外地，否则即为“私盐”而受严厉查处。盐场设有税警，稽查十分严格。晒成的盐必须经秤放局过秤，售于厂商，盐价每担 100 斤 1 元左右，由厂商完纳国税，每担 2 元 3 角，而后运销外埠，是为“官盐”，售价每担约 5 元至 6 元。

有时盐商因销路不畅，停止进货，盐民即发生恐慌，在迫不得已的情况下，或损价求售，或铤而走险贩卖私盐，“官民冲突，于焉纷起，酿成惨案矣”[①]。1935 年，余姚盐场“廒方以存货山积，连年亏蚀，不收新货，于是十万盐民之生计顿告断绝，若贩卖走私，律有禁条，盐民不敢轻于尝试，致鬻妻货子者时有所闻，自杀饿毙者一日数起”。余姚盐民迫不得已而集合团体，数次向廒方要求开秤收盐，但由于盐廒经理早已逃避，盐廒无人负责，以至于盐民求告无门。盐运使周宗华氏鉴于事态严重，于是召盐商会议。最后通告廒方依报额六折收盐，但盐民以依报额六折收盐生计难以维系，不愿出售，嗣后经过竭力劝导，“有迫于穷境者忍痛出售，尚有坐以待毙者，不知凡几云”。[②] 所谓铤而走险，这种情况极易酿成事故。1936 年，余姚场盐民因饥寒交迫无法生活，而聚众“吃大户”，即强行要求大户人家布施。3 月 22 日上午，有盐民 200 余人，集合至中区魏永顺家要求布施。“魏因无力拒之，致略有纷扰”，后来由庵东保卫队长黄干水出面调停，最后，“由魏给每人铜元十枚八枚不等，盐民始行他处”。当时，盐民共在余姚吃大户五六家，但未酿成意外。之后盐民又组成“求乞团”，向慈溪等县求乞。[③]

1937 年全面抗战爆发后，（南）京沪各地相继沦陷，而江浙沪一带原是余姚盐的重要销售区域，被日寇占据后，盐商停止收运，盐民生活因此更加困难。抗日战争时期，未沦陷的场区销路不畅，沦陷场区盐民更是备受敌伪蹂躏。如沦陷

---

① 铁明、余皓、汪缉文等:《三门湾调查简报》，第 3—33 页。

② 《盐潮中之盐民生计》,《申报》1935 年 11 月 13 日。

③ 《姚场盐民被迫吃大户》,《申报》1936 年 3 月 28 日。

以前，定海岱山盐场所产之盐，每年除了当地新老两廒收买以外，“尚有盈余，可供他邑采购”。1925 年，台州府城鼎新廒就因玉泉盐场产量缺乏，而向岱山盐场公茂廒购买，“以资救济，使临海居民无淡食之虞”。[①]1939—1945 年岱山沦陷期间，敌伪占盐田、毁盐板，拉民夫筑路、修碉堡，盐业生产遭受严重破坏。时有民谣曰：“吃吃六谷糊，做做汽车路，钞票一点无，性命捏在司令部。”[②]1945 年岱山光复时，据岱山盐民代表刘令昭等 36 人统计，被日军拆毁、焚烧的盐村民房占总数 20%，毁坏盐板占总数 30%，其中岱西塘墩、小山、林家、虞家、塘角、俞家等村，被毁盐板 13000 余块，占总盐板数 50% 以上。卖儿鬻女和冻饿致死、无辜遭枪杀者不可胜数。[③]

总体而言，民国时期浙江盐民的生活，至为困苦。1922 年，屠急公在余姚盐场调查后，曾撰文称：“盐民日赴盐场，早起鸡啼，晚间星齐，终日营营，无时休息。胼手胝足，不胜其苦。饭食粗粝，菜少鱼肉，肆以菜根佐食。蓬壁茅舍，聊避风雨，一遇风潮之灾，住舍倾颓，盐板飞扬，生产为之摧残。”[④]

在盐区内，盐民们的日常消费品，大都由盐商顺便带进去，在盐区内公开售卖，但是价钱昂贵，往往要较市价贵上一半。

高利贷的剥削，更使得盐民生计日趋支绌。余姚盐场的高利贷，“每月利息竟有 20% 以上，而生盐钱则在月息 80% 以上，卤晶钱则在月息 60% 以上”[⑤]。

盐民绝大部分未受过教育，识字者很少，迷信的观念也深入人心。[⑥]

20 世纪 40 年代后，政府为鼓励增产原盐，调整盐价，并及时收购，准许盐民缓服兵役，举办文教医疗等福利事业，盐民生活有所改善，甚至有的略胜于农民。其中舟山盐民 1947 年盐业丰收，生活较好。1949 年因特大风潮灾害与国民党军队破坏，盐民再次陷入困境。

---

① 《台商采运岱盐》，《时事公报》1925 年 3 月 19 日。

② 朱去非主编：《舟山市盐业志》，中国海洋出版社 1993 年版，第 256 页。

③ 政协岱山县委员会文史工作委员会编：《岱山文史资料》第四辑，1992 年版，第 82 页。

④ 浙江省盐业志编纂委员会编：《浙江省盐业志》，第 430 页。

⑤ 《余姚盐业与盐民》，《申报》1938 年 11 月 12 日。

⑥ 《余姚盐业与盐民》，《申报》1938 年 11 月 12 日。

据舟山盐务分局1953年调查统计，新中国成立前三年岱山（不包括衢山）盐民毛收入（含生产费用）如表1-15。

表1-15　1947—1949年岱山（不包括衢山）盐民毛收入一览

年份	全年产盐收入折米（市斤）	户均（米市斤）	人均（米市斤）
1947	16995436	5210	1815
1948	12536080	3851	1135
1949	5802224	1806	478

资料来源：朱去非主编：《舟山市盐业志》，第256页。

由政府举办盐工（民）福利事业，始于抗日战争时期。1943年，两浙局设置盐工福利委员会，黄岩、北监、长林、南监、双穗、长亭6场设立分会，举办盐工福利事业。黄岩场规模较大，分会设基金保管委员会、盐工子弟学校校董会。办事部门有总务组、会计组、盐工服务处、合作社（生产、消费、公共、信用合作）、盐工诊疗所、盐工子弟学校等。北监场首届分会委员中，除场长兼任主任委员外，并聘请当地党政军商各界首要人物为委员，内有玉环县县长、县党部书记长、县司法处审判官、商会会长、楚门区长、银行主任及地方士绅十余人，独缺应选盐工代表4人。1945年余姚等沦陷场区收复后，也逐步建立盐工福利分会。翌年6月，撤销两浙局盐工福利委员会及各场分会，改由各场筹组盐工福利委员会。场长为主任委员，盐业劳资双方（指盐业工会及场商办事处，分别代表劳方和资方）代表为委员，接受两浙局监督指导。舟山办理盐民福利事业始于1945年底，定岱盐场设盐工福利委员会（1949年1月定岱场分治后，分别设定海场和岱山场盐工福利委员会），由场长兼主任委员，盐业工会和场商办事处各选代表若干人为委员。委员会下聘用主任干事1人，干事和雇员若干人，开展具体工作。[①]

盐工的福利事项，主要为医疗卫生和教育事业。1943—1946年，黄岩各场先后办起高小及初小盐工子弟学校40所，入学儿童多为盐工子女。盛时黄岩场就读盐工子女占应入学的88.2%，免缴学费。未设盐校的地方，酌发助学金资

① 朱去非主编：《舟山市盐业志》，第258页。

助入学。开设盐工诊疗所 8 个，有门诊、巡回施诊、夏季施药等医疗事项，盐民及其家属可享受减免费优待。其中 1946 年 8 月岱山东沙设立盐工诊疗所，有医师、司药、工友计 4 人。仅有一般医疗器械，无病床。经常免费为盐工及其家属治病，春季施种牛痘，夏季注射防疫针，并赠送时令药品如十滴水之类。其中 1950 年 1—5 月计门诊 1559 人，其中盐工及家属 556 人，占 36%。其余为盐务机关与盐务税警人员及其家属。同年又种牛痘928 人。[①] 战后舟山盐场也在盐民子弟教育上投入了很大的精力与财力。1946 年 9 月，舟山开始创办盐工子弟小学。初设岱山官门，后推广至各地。1947 年计有宫门盐工子弟中心小学 1 所，念亩岙、茶前山、泥峙、摇星浦、大盐场、北峰山、南浦、衢山、田螺峙、平阳浦、王家墩、前山、盘峙、西蟹峙、六横盐工子弟初级小学 15 所，有教员 40 人，校工 21 人，班级 34 个，入学盐工子弟 1609 人。学费、书籍费、文具费均免收。至未设盐工子弟学校各区，则查明就学盐工子弟人数，每名每学期议给津贴若干元。1949 年，将念亩岙初小扩大为代用中心小学，又增设剪刀头、板井潭、浪激咀、司基、下盐灶、茶山浦、马鞍、大支、北马峙 9 个初级小学，撤去西蟹峙小学。是年计有盐工子弟学校：中心校 2 个，初小 22 个，有教员 62 人，工友 10 人，班级 52 个，入学盐工子弟 2236 人。仍依前免收学杂费，并对在其他学校就读的盐工子弟给予津贴。[②]

福利经费的征收不同时期有所变化。1943 年，在场价内代收盐工福利费，按煎盐不超过 4.4%、晒盐不超过 6.6% 为原则，调整盐价时随之变动。翌年 12 月，按《职工福利金条例》有关规定，改为不分煎晒盐，一律按 5% 计收。1946 年，福利经费由场福利委员会委托场署按场价的 2.5% 代收，另由盐务总局统筹拨发盐工福利补助费，分配各场，并入全年经费内使用。1948 年又改在盐场建设费内拨充。据《舟山市盐业志》记载，1949 年 7—12 月，岱山盐场盐工福利费实支为：盐工福利委员会机关经费 1678.22 元（银圆券，下同），教育事业经费 2484.97 元，医疗事业费 629.02 元，三者合计 4792.21 元。其中机关经费占 35%，直接用于盐

① 朱去非主编：《舟山市盐业志》，第 260 页。

② 朱去非主编：《舟山市盐业志》，第 261—262 页。

工福利之教育、医疗事业费只占65%。1948年6月，两浙盐务管理局曾通令各场禁止盐务人员眷属充任盐工福利委员会职工。但据上述经费实支纪录，盐工福利委员会本身开支仍偏多。①

对于盐工的管理，1943年6月，盐务总局颁发《盐工管理通则》，盐工应办理就业、移转、失业、撤销四种登记，编组管理，并与盐工缓役相结合。浙江当时大部分盐场沦陷，所余浙东南沿海6场均于翌年办理完毕。其中最大的黄岩场（境跨今温岭、黄岩、临海、椒江4县市）8800余人经登记后取得盐工资格，发给“盐工身份证”，享受合法待遇。再由盐工福利委员会服务处分区进行组织训练。另选部分青年盐工作为骨干培训，为盐区保甲长、自卫队班长提供后备人力。

全国抗战时期，盐源短缺，严重影响税收，政府采取鼓励增产政策。财政部于1939年拟定盐工缓役办法。因盐工缓役影响兵源，部令不能贯彻，盐民多有被抓丁或出逃。至1943年，行政院颁发《修正战时国防军需工矿业及交通技术员工缓服兵役暂行办法》，盐工缓役始得实行，各场生产随之增长。当时黄岩场共有盐工8827人，批准缓召兵役的盐工有6822人。②

抗战胜利后币值狂跌，1948年收购盐价，每担折米10斤上下，仅为盐米传统比值“担盐斗米”的2/3，1949年又降至1/3。③

表1–16　板晒区余姚场及坦晒区北监场1948年盐民经济状况

场别	占全场盐户之百分比			附注
	赤贫	穷困	生活尚可	
余姚	21	49	30	专业
北监	28	62.5	9.5	盐农兼业

资料来源：浙江省盐业志编纂委员会编：《浙江省盐业志》。

由表1–16可知，尽管这一时期政府大力改善盐民的生活，但是由于时局动荡

① 朱去非主编：《舟山市盐业志》，第259页。

② 浙江省盐业志编纂委员会编：《浙江省盐业志》，第432—434页。

③ 浙江省盐业志编纂委员会编：《浙江省盐业志》，第430页。

等因素影响，盐民的生活还是十分艰难。

（三）盐民的组织

民国时期，中央盐务署称盐民为盐工，盐民的组织，主要为盐业公会、盐业工会。[①]

20世纪30年代中期后，各盐场盐业公会多有设立，其中1939年7月岱山盐业公会成立，会址桥头。是年7月28日，开成立大会，出席代表532人。选举刘令照等25人为执行委员，毛中豪等5人为候补执行委员，夏良才等5人为监察委员。后因日伪当局干涉，一度停止活动。1942年初，再次筹组，同年4月12日在司基东岳宫开选举大会，到会员代表211人，选举黄葆仁等53人为执行委员，冯阿青等7人为候补执行委员，并由执行委员互选冯天宝等9人为常务委员，又由常委委员互推刘令照为主席，并通过岱山盐业公会章程。会务活动费按销盐每担2角（伪储备券，下同）计收。该会以合法身份积极为盐民谋福利。举其大者有：1.1941年4月，提出“篷长之优劣，对于盐民之利害，关系甚重”。要求篷长由盐民“公举”，并经该会呈请上级备案加委，如有篷长营私舞弊及危害盐民等情，得由该会呈请上级撤换。结果，岱山蓬长17人全部由盐民选举并接受该会之监督。2.1942年5月，因日伪封锁海岸，只准东沙、高亭两处停泊船只，盐民从产地挑盐去东、高两地出售，近者四五里，远者20余里，往往因卖一担盐而抛弃整天工作，损失巨大。该会向当局要求开放海岸，创办驳运，并提出若不亟行开放和驳运，则本年份认缴之食盐35万担“势必大受影响，属会实难负责办理”。3.1942年7—8月间，一再要求提高盐价，结果每担由12元增至18元，又增至20元，同年10月再增至22元。日伪当局曾以该会唆使盐民抗拒缴盐、致走私日益猖獗之罪名，传该会主席刘令照去定海“听候训斥”。但该会未屈服，1943年1月再次要求提高盐价，坚持按千盐石米之标准随时调整。[②]

20世纪20年代末30年代初，浙江各地曾出现过由共产党领导的盐民协会，

---

① 乐清县地方志编纂委员会编：《乐清县志》，中华书局2000年版，第734页。

② 朱去非主编：《舟山市盐业志》，第265—267页。

但是由于政府的干涉，盐民协会不得不停止活动。根据国民政府的相关法令，30年代各地开始组织盐民工会，但成效不著。因为将盐民组织起来，成立工会，相当困难，其原因“在于盐民俱无智识，对社会完全隔膜”[①]。日寇全面侵华后，沿海沦陷区及前线地区的工会均陷入停顿。自全国抗战开始后，工会组织大致局限于后方各地。抗战之时，浙江沿海乐清、瑞安等县已成立盐业工会。至1945年底，经社会部核准备案的盐业工会，全国仅34个。[②]到抗战胜利后，盐民工会一度得到恢复与发展。

1933年4月，乐清长林盐场遵照两浙盐运使颁布的《工会实施法》组织长林盐业职业工会，制订会章40条，以国民党乐清县党部为指导机关，长林场公署为主管机关，会址设翁垟镇。1939年，盐业工会进行整顿，有会员1339人。是年召开第九次代表大会，修改工会章程。1946年，盐业工会归县政府主管。工会委员会由理事长、理事、监事组成，下设文书、教育、储蓄各股。1948年4月统计，全场共有会员3179人。[③]

1935年，定海盐业协会成立，仅北蝉、长峙等少数盐民参加，李定任会长。1937年后停止活动。1945年12月，定海县盐业工会成立，鲍富宝任常务理事。次年6月，定海县盐业工会岱山分会成立，同年12月，定海县盐业工会停止活动，岱山分会改称定海县岱山盐业工会，于当月召开会员代表大会，选举产生理事会和监事会，陈全庚为理事长。1948年6月，定海县岱山盐业工会改组为定岱场盐业工会，时有会员3826人。1949年1月，定岱盐场分治，定岱场盐业工会分为定海场盐业工会和岱山场盐业工会。[④]根据《舟山市盐业志》记载，盐业工会会员规定以直接从事盐业之工人并领有盐工身份证者为限，其雇主或代表雇主行使管理权者不得入会。又规定选举盐业工会理监事，盐工当选不得少于1/2，有盐板而从事制盐工作者不得超过2/5。但实际上仍有不直接制盐之板主参加并当选为工会理事或常务理事。盐业工会会费规定最多不得超过盐工实际收入2%，

---

① 《余姚盐业与盐民》，《申报》1938年11月12日。

② 陈达：《我国抗日战争时期市镇工人生活》，中国劳动出版社1993年版，第167—169页。

③ 乐清县地方志编纂委员会编：《乐清县志》，第734页。

④ 舟山市地方志编纂委员会编：《舟山市志》，浙江人民出版社1992年版，第632页。

初按场价1%计收，1948年9月起改按场价1.5%计收。又按规定会费应直接向盐工征收，实际是收税时一并向盐商或渔民征收，再由其付盐价时向盐工收回。此法曾遭盐商、渔民反对，但未改正。其间盐业工会还为盐民办了不少事情，主要有：1.1946年10月向定岱盐场公署提出九项要求：（1）现任篷长均非民选，请早日实行民选；（2）要求盐价达到千盐石米标准；（3）要求普遍设立学校、医院；（4）要求救济，增添盐板；（5）要求及早实现民制、民运、民销、就场征税、自由运销之新盐法；（6）要求各港口均开放，不限于东沙一处；（7）要求免除盐田登记；（8）要求扶植真正民营之盐业运销合作社；（9）要求撤换在日伪时期任伪篷长之陈梅卿。2.先后领导1947年5月22日、10月28日及1948年4—7月一再要求提高盐价之盐民斗争。3.1949年7月24日特大台风灾害后，及时召开临时代表会议，处理善后，提出清查漂失盐板卤桶及具体处理办法，防止纠纷，又报请县府及场署救济。①

1935年11月，余姚县盐业产业工会在庵东成立，会员4994人，理事长阮鸿鉴，常务理事应竹安、朱公侠。②1941年4月，温岭县盐业产业工会成立，会址岙环，会员4600人，后改为温岭县盐业工会。③1942年，三门县盐业产业工会组织成立，会员890余人。④

1950年以后，浙江省各县盐业工会被盐民协会取而代之。

---

① 朱去非主编：《舟山市盐业志》，第266—267页。

② 余姚市总工会编：《余姚市工运简史》，1998年版，第55页。

③ 李光云、周雪艇等：《温岭县民国时期大事记（二稿）》，《温岭县志通讯》1988年第1期。

④ 三门县政府编：《三门年鉴（第一辑）》，三门县政府编印1942年版，第98页。

第二章
沿海城乡变迁与转型

进入民国以后，浙江沿海地区延续清末以来的势头，所谓的社会经济转型已经在城乡各地全面展开，并在 20 世纪 30 年代中期达到发展的顶峰；另一方面，这种发展或曰转型的程度相当有限，甚至可以说仅仅处于起步阶段，而且由于地区差异，沿海各地发展的不平衡性相当严重。同时尽管这一时期无论是经济成分还是社会变动新的因素在沿海地区层出不穷，新陈代谢的现象随处可见，但传统的成分与影响似乎在各个领域仍占据着优势地位，这无疑在很大程度上制约了浙江沿海社会经济变迁与转型的进程，特别是 30 年代开始的日本侵华战争更是彻底打断了这一进程。

第一节　沿海城市的发展

城市发展包括两个方面的内容：一方面是城市化，即人口向城市适度集中，这是城市的外延性发展过程；另一方面是城市现代化，即城市产业结构的不断优化、城市设施的更新改造以及城市功能的不断完善和提高，这是城市的内涵性发展过程。这里我们选取地处浙江沿海的宁波、台州与温州府城所在地城市的发展并对这三个城市的发展进行比较，从中找出民国浙江沿海城市发展的共性与个性的东西。

一、宁波

纵观民国时期宁波城市的发展进程，我们可以发现，一方面其城市化进程较之晚清时期有所加快，到30年代中期达到鼎盛，另一方面，其发展速度仍然相当缓慢。这从城区经济的发展、人口的增长变化、城市规模的扩大、城市道路交通等基础设施的改善及城市公共设施的数量等方面都可以得到反映。

（一）城市规模较大

1. 城区人口数量基本稳定

尽管近代宁波城区的具体境域曾发生过多次变动，但总的范围大体稳定，1928年城区的人口数量较之1912年增加50%，但此后也趋于稳定。尽管有所增长，但幅度不大，其中1934年为有记录以来的最高峰，达30万余人，受战乱影响的1942年为最低，达18.8万余人。具体如下表：

表2-1　民国时期若干年份宁波城区人口统计一览

项目	户数	人口
1912		141617
1928	44607	212397
1931	48134	244151
1934	56917	300955
1942	51724	215815
1946		188234
1947	50896	220012

资料来自：俞福海主编：《宁波市志》，中华书局1995年版，第286页。

从表2-1中我们可以看出，从民国初年到抗日战争前，宁波城区的人口呈增加趋势；在抗日战争期间，人口则是下降的。从总体上看，城区人口的数量还是比较稳定的。不论是增加还是减少，幅度都不大。这从一个侧面说明，宁波城市化的进程是比较缓慢的。在1928年国民政府公布的城市方面的文件中明确规定：

普通市的设市标准是城市人口要达到 30 万，而特殊城市的人口最少得达到 20 万。由于当时宁波市政府人口总数没达到 30 万人的要求，因而成为地方废市主义者的口舌，以致在他们的压力下，宁波市政府被迫于 1931 年 1 月废除，其存在时间仅仅三年半。

2. 城区面积得到了一定的拓展

宁波城市规模长期囿于城墙之中，唐长庆元年（821），明州的州治由小溪（即今鄞江）迁到三江口，刺史韩察率民筑子城，到唐晟筑明州罗城（亦称外城），周长 18 里。[①] 从此宁波开始有了城墙之设。在此后的很长时间里，宁波的城区就限制在这城墙之中，直到 20 世纪初，随着城市商业的发展，拆城被提上日程。1927 年 7 月宁波市政府正式成立后，拆城工作全面展开，到 1931 年 1 月废市并县后，只有一小部分城墙没有拆除，由鄞县县政府工务处继续推进。

（二）城市道路交通设施的建设

城市的交通设施建设是城市化水平的重要标志。纵览民国时期宁波城区的交通建设历程，分为两个阶段：1920 年之前，宁波城市道路建设相当缓慢。虽然清末在江北岸已建有马路，但因路窄且为条石铺成，难以适应当时江北繁荣的局面。而 1920 年之后，随着宁波市政筹备处的成立，宁波城区的道路建设则真正被提上日程。1927 年 7 月后宁波市政府及 1931 年 1 月废市并县后鄞县政府的继续努力，宁波的道路等交通基础设施建设取得了长足的发展。在这一时期，不仅城区旧有的道路、桥梁得到了修建，还建起环城马路、鄞镇路、宁穿路等一大批新的道路。

1. 城市道路建设的正式起步 —— 市政筹备处的成立

1920 年宁波市政筹备处成立，以城区道路为中心的近代宁波市政建设开始起步。其间，以商人为代表的社会力量积极参与市政建设，成为当时市政建设的重要乃至主要力量。

宁波落后的市政设施引起了旅沪宁波帮人士的关注。进入 20 世纪以后，上海城市建设突飞猛进，体现近代城市文明的市政设施比比皆是，长期居住于此的

---

① 参见俞福海主编：《宁波大事记》，《宁波市志》上。

旅沪宁波人感触尤深，进而看到家乡宁波与上海的差距，造福桑梓的责任感驱使他们略图改变家乡的落后面貌。1920年，旅沪宁波同乡会会长朱葆三、王正廷、傅筱庵鉴于“市政之要首重道路，道路不辟，交通不便，凡属设施，无由进行，即欲整顿，也不过因漏补苴，难改旧观，故主张以拆城筑路为改良市政入手之第一步”，于是会同宁波就地绅商胡叔田、张申之等向宁台镇守使王宾、会稽道尹黄涵之提出设立鄞县市政筹备处。[①] 不久即获北京政府内务部、陆军部及浙省“军民两长”批准备案。据称，该筹备处系属地方团体。“以办理拆城、筑路、兴拓市场等事，全属民政范围。”由道尹署直接监督，实际上是官督民办的市政机关。[②] 组成筹备处之人员以本地绅商为主，公举贤能以董其事。成立之初，办事人员由地方公推筹备员13人，分别担任。但“鲜有成绩者，盖一半由于经费之难筹，一半由于制度之不当也”。1922年后，筹备处“改变方针，缩小范围，择其轻而易举，且切于需要者，先行入手，两年以来，不无成绩”。[③] 到1926年，在以下诸方面取得进展：其一，拆耳城，筑干路，“其经费则以拆卸耳城，余地变卖充之”。到1926年时，终于筑成东西干路。其二，展平桥梁，甬城三江汇合，桥梁众多，但由于“阶级过高，车轿难行，为交通上莫大之障碍”。从1924年6月起，将桥梁次第展平。其三，置备地名牌，“以示途津而利行人”。其四，拆让街路。[④] 以上诸端，尤以兴修道路为人所称道，时人认为“市政筹备处兴修道路，节节实行，确为市民之福”[⑤]。

在此值得一提的是，为开展大规模城市建设做准备，当时市政筹备处还“延请技师从事测量，将城垣内外马路、桥梁、街道绘成图样”，并将应行筹备各事，如造桥、筑路、填河、浚闸及添设停车场、小菜场、图书馆、市政厅等种种计划编成预算。在此基础上，于1925年制定并公布《宁波市政筹备处工程计划书》。洋洋数千言，实为宁波城市历史上第一份城市建设系统规划书，“大致规划具体已

---

① 《宁波之市政》,《时事公报》1925年1月1日。

② 《市政筹备处准归道辖》,《时事公报》1920年10月8日。

③ 《宁波之市政》,《时事公报》1925年1月1日。

④ 《宁波之市政》,《时事公报》1925年1月1日。

⑤ 《市政停顿之督促声》,《时事公报》1925年10月8日。

备”。该计划书，共分建设、拆除、收支“三章二十七款”。其中第一章建设又分：1. 道路：环城马路，四大干路、支路、路面；2. 河工：江、壕河、新开河道、修筑桥梁；3. 公共建筑物：小菜场、停车场、公园、公众运动场、图书馆及通俗书报社、商品陈列所、自流井、消防局、屠宰场、公共会集厅、市政办公处所、路灯、公厕、垃圾柜。第二章拆除又分：1. 城墙及翁城；2. 关于障碍及卫生。第三章收支，收入总价约计25万元，而所有工程建设支出总计达17万余元。[①] 此计划后来因诸多变故未及一一实施，但无疑为后来宁波大规模城市建设提供了蓝本。正因为此，《鄞县通志》称“鄞县之建设实创自宁波市政筹备处，虽属大辂椎轮，然其首功，要不可没”[②]。

宁波市政筹备处在其存在的数年时间里，一直备受非议。或称其徒靡公款而少有建树，或指其垄断市政，“惟拆城卖地是图”。1925 年 7 月，甚至有人致函市政筹备处，要求其“将标卖基地停止进行，而从速调查选民，改组正式机关，使宁波市政速观厥成，并乞诸公将三年来经手收支款项，于一星期内登报详晰宣示，以释群疑”[③]。

20 世纪 20 年代影响甚远的市民公会最初发起时即以反对市政筹备处为宗旨，“鉴于地方市政，常由少数人包办，是以发起市民公会，俾免少数人之操纵，以期大公”[④]。尽管后来各市民公会事业范围并不以市政为限，但所在地区市政问题显然是各市民公会最为关注的，甚至有主张将市民公会改组为市政协会。[⑤] 各公会一般都设有工程股或路政股，西郊公会则设有道路委员会。在市民公会经手诸事中，其兴修道路等市政建设也是最为显著的成绩。其筑路方式一般募捐自建，或敦请市政筹备处修筑。如 1925 年 11 月，西郊公会鉴于成立以来，创办学校，改建桥梁，“已稍有成绩，而独于修路一事，忽忽三载，未竟全功”。于是议决修筑西大街干路，并援照江东公会加捐筑路成案办理，拟就路线

① 张传保、陈训正、马瀛等纂：民国《鄞县通志·工程志》，第 8—16 页。
② 张传保、陈训正、马瀛等纂：民国《鄞县通志·工程志》，第 7 页。
③ 《责难市政筹备处之声又起》，1925 年 7 月 8 日。
④ 《市民公会筹备会纪》，《时事公报》1922 年 4 月 3 日。
⑤ 《鄞东公会拟改名为江东市政协会》，《时事公报》1925 年 2 月 28 日。

所经之处，附加房租两成，以资补助。为此，西郊公会召开全体市民大会，获一致通过后呈报县知事批准备案。[①]

在各市民公会筑路活动中，以江东公会成绩最为显著。时人称，当时在以江东公会为代表的社会团体努力下，江东一地“大街小巷，差不多都已修理完备，他们是多么受人称赞啊！”[②]江东公会自成立以来，致力于所在区域道路的修筑，至1925年10月间，“各大干路均已修竣，支路正在续修”[③]。在此基础上，该会名誉会长梁文臣又提出新的筑路计划，以“圆满其事”。也有由各公会发起修筑而由市政筹备在经费上予以补助，如1926年5月1日，宁波市政筹备处开会，其中议决事项有：委员徐赓馥报告查勘西郊公会西郊甲段干路，确已完成，其应领该段补助费1000元，准予给发。而江东公会函请派员查勘已修道路，并领全数补助费1700元，市政筹备处则议决请工程股查勘后再议。[④]

当然在20年代宁波城市道路修筑过程中，除了市政筹备处、各市民公会外，还有许多宁波绅商直接出资或组织同志之士修筑城厢各路。1923年时，江东即有道路改良会之组织。当年9月6日《申报》在以“江东市政新气象”为题的相关报道中说：“鄞县江东人士，数月来对于市政颇有一番新现象，如大教场之天水沟戏台与征君庙跟之自流井，均已告成，改造镇安桥，亦已于日前完工，和丰纱厂与南北号各会馆，在酒井弄泥堰头三官塘、东胜街、树行街等处建设条石道路，费款甚巨。兹闻该区人士，复有江东道路改良会之组织，将在咸塘街、百丈街、灰街、大戴家弄等干路，重行建筑，公推韩乐书为干事长，陈器伯等为总务股，沈企旦等为工程股，严康悆等为财政股，又推定各街分段干事张葆荃等69人。”[⑤]

1922年初，江东绅商周友胜仿上海工部局，组织江东道路工程局。从较宽阔的地段入手，以上海马路为样式，“次第择要修筑，经费则由各住户、店铺摊捐款充之”。后来的资料表明，该局并没有虎头蛇尾，虚张声势，而是持续进行筑

---

① 《西郊公会筑路之计划》，《时事公报》1925年11月22日。
② 《鼓励修筑西郊道路》，《时事公报》1925年11月8日。
③ 《江东公会呈请备案》，《时事公报》1925年10月11日。
④ 《市政筹备处会议纪事》，《时事公报》1926年5月3日。
⑤ 《地方通信·宁波》，《申报》1923年9月6日。

路工作。1925年底，江东所有干路，“悉加修筑，或由私人负担，或有公家资助，莫不荡荡平平，先后告竣。行人利赖，口碑载道”，但“惟自干路之外，尚有支路”。为了筹集筑路经费，江东道路工程局于1925年12月发出募捐通告，要求江东市民“振再接再厉之功，收尽善尽美之效也，因述微旨，辄尘清听，请乞赞襄”。[①]1924年5月，和丰纱厂继任经理卢某继承前任修路之志，由该厂出资6000元，修筑自厂跟到三官堂广润木行约里许的道路，大大改善了该路段的交通，行人车辆受益匪浅。

2. 道路建设的全面展开——宁波市政府时代

1927年7月—1931年1月是宁波历史上的市政府时代，在这期间，宁波市政府在市政处建设的基础之上又出台和制定了各项建设政策及计划并且也采取了积极的措施。尽管市政府时代存在的时间比较短，但其所开创的全面建设局面，标志着宁波的市政建设步入了一个新的阶段。

1927年7月宁波市政府正式成立以后，首任市长罗惠侨在其就职宣言中就明确宣布兴办各项事业，如户口的调查，城墙的拆除，河道港湾的浚填，公园和公共体育场的兴建，以及筹设自来水厂等。[②]

1930年3月，接替罗惠侨的杨子毅在上台2个月后就颁布了《宁波市政——市政府最近建设计划与工作》，该《计划与工作》将“展筑马路”和“改建老江桥和新江桥”列为下一步建设的重点。其中对城区马路的建设情况做了详细的阐述：

“现在进行者有糖行街、南昌衙、濠河至永宁桥、环城马路、大沙泥路、玛瑙路、滨江路至濠河马路、小江桥至糖行街、水弄口、洋船弄、缸甏弄、江北后街等。将兴筑而正拟进行者有南昌弄至东门、环城路、宫后城基马路、香客弄马路、自荚桥至狮子桥马路、小沙泥街马路等路。现今后计划分为一、二、三期举办。属于第一期者六条：（1）滨江路拟建为宽13尺之碎石路……（2）江东百丈街为江东之东西干路，拟筑宽13尺之碎石路……（3）江东后塘街为江东南北贯通要道，自老江桥至木行街长500公尺，拟建为宽13公尺之碎石路……（4）江北外滩

① 《江东道路工程局劝募筑路费》，《时事公报》1925年12月16日。

② 罗惠侨：《我当宁波市长旧事》，《宁波文史资料》第3辑。

为轮船停泊之所，商业繁盛。自新江桥至洋关弄一段长1280公尺，拟建宽20公尺之柏油路……（5）马路弄为火车站至外滩要道，自洋船弄经玛瑙路达火车站长290公尺，拟建宽10公尺之碎石路……（6）竹巷弄为火车站至新江桥要道，长500公尺、宽定10公尺，拟建为碎石路……属于第二期者有三条：（1）南北干路……（2）南北支路……（3）东西支路……属于第三期者：（1）环城马路利用城基筑成马路，与东西南北干路相接……（2）东西干路：东门至西门为甬市繁盛之区，有筑干路之必要……”①这份计划书不仅列出了正在进行的道路工程项目，也列出了将要动工建设的道路，并且根据其重要性按照轻重缓急依次分为一、二、三期进行。

《计划与工作》也对“改建老江桥和新江桥”做了介绍：“新江桥为通江北要道；老江桥为通东七乡要道，来往行人至为挤拥。而老江桥材料老旧，每遇秋洪暴发时将铁索冲断，尤为危险，急需改造钢桥以利交通，其建筑费约40万元。”②为了推动宁波城区道路交通的快速发展，宁波市政府还组织成立了宁波市建设委员会。筹募捐款改建老江桥案成为建设委员会关注及讨论的重点之一。③尽管在市政府时代，老江桥并没有予以改造，甚至连改造的经费都没能落实，但是宁波市政府还是为此做出了积极的努力。

为了更好地筹集筑路经费，市长罗惠侨拟定了《甬市筑路征费暂行章程》。该《章程》经过浙江省法规审查会审查后，由浙江省政府二读通过实施：“第一条，本市内开辟整理或改宽道路得向道路两边业主征收筑路费。第二条，本章程所称筑路费包括路基、路面、沟管、工料各费。第三条，筑路费之征收以筑路经费总额60%为最大限度分向道路两边业主征收，每边业主之权负最多不得超过筑路经费总额30%。第四条，筑路费之征收依其房屋沿道路所占长度及其内部面积支配之。其标准如左：一、沿道路所占长度应负担所征费总额30%。二、内部面积应负担所征费总额70%。第五条，每路筑路经费总额应征筑路费总额及依第四条规定各款。每小方公尺应征收由工务局呈准市政府公布之。第六条，应征之筑路费，业主应自

① 杨子毅：《宁波市政府最近建设计划与工作》，《宁波市政月刊》，第3卷第4号，第2—4页。

② 杨子毅：《宁波市政府最近建设计划与工作》。

③ 《宁波市建设委员会纪》，《申报》1928年7月11日。

接受工务局通知书后，分两次征纳：第一次于道路开工前征纳；第二次于工程过半征纳。前项应征筑路费，如业主不在当地而不按次缴纳时，应由管理人或租户代缴，由业主归还之。第七条，业主依定章应得之拆让费、迁移费及开辟或改宽道路之土地收用费等均得于应行缴纳之筑路费内抵算。第八条，已缴筑路费之地段未满三年，因邻近道路开辟或改宽致征费地段有复时，其有复部分得免征筑路费。第九条，凡公产及公墓均免征筑路费。第十条，凡寺庙、庵观、坟地等得减半征收筑路费。第十一条，业主之土地因筑路收用后，其余剩土地宽度不满四公尺，深度不满三公尺者得免征筑路费。第十二条，业主逾期不遵缴筑路费者，得由工务局通知公安局饬警催缴。经屡次催缴仍不缴纳者，得呈请市政府处以应缴筑路费百分之五、之四罚金。第十三条，本章程自呈奉省政府核准后公布施行。”[①]

在宁波城市建设上，政府还注意发挥宁波旅沪人士的作用。1928年聘请旅沪著名宁波商人袁履登、虞洽卿、孙梅堂等为建设委员会委员。[②]

市政府时代，主持市政建设的机构是工务局，其主要职责是负责市政工程的规划、测绘及建筑等业务。1927年宁波市政府成立后，继续将市政筹备处未竟的事业推向前进。东西干路是市政筹备处时期所规划及动工建筑的。其间因时局的关系，东门一段、鼓楼前一段及西门一段未能按期完工。计东门内一段路面长度为20947方丈，阴沟长为16716丈，阴缸26个、出水瓦筒2161丈；西门内的一段路面长为16465方丈，阴沟13136丈，阴缸20个、出水瓦筒1692丈；鼓楼前一段路面长为18938方丈，阴沟15113丈，阴缸23个、出水瓦筒1909丈。1927年，工务局制定了建筑东西干路施工细则以招商投标，后由中标的合兴、莫鸿记两石作公司负责建筑。在东西干路完竣后，宁波市政府又把南北干路建设作为建设的重点。由于经费的困难，先从道前至长春门一带入手，分段测绘、建筑，以期建成以鼓楼为中心的东西、南北干路网。[③]

在建筑主要道路的同时，工务局还对宁波城区的街道进行修理。“城内各街

---

① 《省府公布甬市筑路征费暂行章程》，《时事公报》1930年1月11日。

② 《市长讨论建设问题》，《申报》1930年5月15日。

③ 罗惠侨：《改组前之经过工作及今后设施报告市民与商榷》，《宁波市政月刊》第1卷第4号，第14—15页。

道可谓圮颓至蔑以加矣。兹拟择其最要者改筑小石片路，以先筑2500方为限度。其沟渠亦一律改筑洋灰瓦筒，预算为5万元左右。”[①]此外，工务局还将商务繁华的江厦等地段街道拓宽列为工“当务之急而刻不容缓之工程也”[②]。

从1927年7月宁波市政府的成立到1931年1月宁波市政府的废除，前后约为三年半的时间。就是在这么短的时间里，尽管宁波市政府制定的很多计划最后并未予以落实，但就道路建设一项而言，则取得了一定的成绩。“市政建设如柏油路之建筑有：东渡路、公园路、滨江路、药行街、糖行街、江东灰街、江北同兴街等。碎石路及弹石路则有灵桥路、大沙泥街、江北玛瑙路等。”[③]市政府时期，宁波城区兴建或改建的道路情况如表2-2：

表2-2 宁波市政府时期城区兴建（改建）道路一览

道路名称	具体情况
公园路	1927年，改建公园路为城区第一条沥青表面处治路面
望京路	1928年筑成马路
人民路	1928年，杨善路至车站路段改建成沥青路面，宽9.6米
江厦街	1929年，江厦街北段200米改建沥青路面，路宽7米
灵桥路	1930年，宁波拆城垣修建此路。北段宽12.8米，南段宽19.2米
长春路	1930年建成，宽19.2米

资料来源：钱起远主编：《宁波市交通志》，海洋出版社1996年版，第247—257页。

当然，在道路交通建设上也存在一些不尽人意的地方，许多计划还停留在纸上。对此，首任宁波市长的罗惠侨也是深有感触，他曾在回忆中说道：“在三年半时间内，市政设施或则雷声大，雨点小；或则见其首，不见其尾。”[④]造成这种情况的原因是多方面的：一方面是囿于政府财力相当有限，当时筑路的经费主要是通过发行公债、向富裕的绅商劝募、征收沿线铺户捐、拍卖地基、以公产作为担

① 罗惠侨：《改组前之经过工作及今后设施报告市民与商榷》，《宁波市政月刊》第1卷第4号，第15页。
② 罗惠侨：《改组前之经过工作及今后设施报告市民与商榷》，《宁波市政月刊》第1卷第4号，第15页。
③ 张传保、陈训正、马瀛等纂：民国《鄞县通志·工程志》，第29页。
④ 罗惠侨：《我当宁波市长旧事》，《宁波文史资料》第3辑，第52页。

保向商会借款等多种途径。这种情况决定了很多工程的进度受到筹募经费时间长短及难易程度的影响。另一方面也是困于来自地方利益集团或风俗习惯的阻力。“拆建南北干路，也遇到房地产主的阻碍，始终未能打通。南大路北段也只能就原有路基加以修建，曲折迂回，未能拉直。江北岸沿江马路，因白水权问题没有解决，而沿江产权，大半属于天主堂所有，无法进行，只能先建同兴路（中马路）和后马路。”①

在市政府时代，“终至全市街道计划（连同下水道）粗具规模，几条主要道路建成了……并且筑成了环城马路”②。宁波市政府制定的一系列政策、规章及其所采取的措施为日后宁波地方政府继续推动市政建设做了重要的铺垫。纵观近代宁波市政建设，可以说，宁波市政府时代标志着宁波城区道路交通建设的全面开启。

3. 道路交通的快速发展——“废市并县”之后

1931 年 1 月，在地方废市运动推动下，宁波市政府被废除，并入鄞县。鄞县县政府在延续了市政府时代未完成的建设项目的同时，也就宁波的整体交通建设做出了重大的规划，奠定了日后宁波城市交通的整体格局。

1931 年 1 月，浙江省政府第 368 次会议议决裁撤宁波市政府，将原宁波市政府辖区范围并入鄞县县政府行政范围。同年 2 月 1 日，宁波市政府正式并入鄞县县政府。“初拟设市政委员会，以辅助县长擘划市政之进行。已制颁章则，正在选举委员、进行组织手续之际，奉内政部令以县组织法中无市政委员会之设，对于省请求备案之市委会章程未予准行，遂而中止。”③尽管鄞县县政府申请设立的市政委员会未能得到内政部的批准，但县政府接受前宁波市政府各部门的同时，对事关建设的重要部门做了过渡，并竭力推进道路等公用事业的建设。“本府接收后，虽际市建设费山穷水尽之时，初由建设局设临时工务处，旋即完全并课办理。然以为事关要政，不能不兼筹并顾，竭力进行。所有一切规划章则，均一一加以整理修正。”④

---

① 罗惠侨：《我当宁波市长旧事》，《宁波文史资料》第 3 辑，第 63—64 页。

② 罗惠侨：《我当宁波市长旧事》，《宁波文史资料》第 3 辑，第 64 页。

③ 鄞县县政府秘书科：《鄞县县政统计特刊》第 2 集，1932 年版，第 1 页。

④ 鄞县县政府秘书科：《鄞县县政统计特刊》第 2 集，1932 年版，第 15—16 页。

鄞县县政府在道路交通建设上的举措集中体现在以下几个方面：

首先，为推进道路建设，在筑路及拓宽街道中对被拆户给予补偿。从宁波市政筹备处成立后到宁波市政府成立，对于在展宽街道、建筑马路过程中所有拆屋让地的户主一概不给补偿。这使得政府在拆屋筑路中遇到了很大阻力。

直到《土地征收法》颁布后，宁波市政府遂规定对于拆让后余地不足的户主给予一定的补偿，当然这种补偿不仅数量不足且附有条件。“废市并县”以后，县政府“以筑路虽关公共利益，但其损失亦应公共负担；遂一面对于拆迁费及地价依法给予，一面则参酌杭、沪、津、京、粤各埠办法，体察本县情形，拟具筑路征费规则，以期公益公损，平均分配于公众。经呈准省府施行”①。鄞县县政府对被拆户进行补偿的做法得到了广大民众的认同及支持，在很大程度上减少了筑路工程来自沿途户主的阻力。

其次，推进江北岸的道路交通。早在宁波市政府时期就曾将整顿江北岸的码头及改善江北岸的交通状况列入施政的计划中，只是因为江北岸线的白水权②一直由天主堂据有，加上当时经费困难而迟迟未能动工。据曾担任过宁波市政府建设科长的倪维熊回忆说：“当时的江北外滩还是一条狭窄的旧式石板路，轮船到埠，拥挤不堪，拓宽马路是急不容缓之事，但苦于没有经费。”③1931年“废市并县”后，“县府认为宁波以通商口岸著名，所重在外海交通，轮埠驳岸工程非列为首要不可”④。为此，鄞县县政府一面积极地收回江北岸的“白水权”，一面息借商款，并登报招商建筑江北岸外滩马路。从新江桥堍起到何家弄（即现在的车站路），全长660公尺，把原宽仅为6公尺左右的街道拓宽为19.2公尺。⑤外滩马路的建成也在很大程度上改善了江北的市容。抗战胜利后相关工作继续推进，据1947年11月19日《时事公报》报道：“本埠江北岸外马路自上月间动工兴修，已于昨日完竣。向之破碎面目，今则焕然一新，对该区市容整齐不少。”⑥

---

① 《鄞县县政统计特刊》第2集，1932年版，第16页。

② 所谓“白水权”指的是码头岸线的管理权。

③ 倪维熊：《收回宁波天主堂“白水权”的经过》，《宁波文史资料》第9辑，第64页。

④ 《鄞县县政统计特刊》第12集，1932年版，第16页。

⑤ 倪维熊：《收回宁波天主堂“白水权”的经过》，《宁波文史资料》第9辑，第64—65页。

⑥ 《外马路修筑完竣》，《时事公报》1947年11月19日。

江北岸外马路建成后，1935年初，鄞县政府为便利交通、繁荣市面，开始将江北岸的中马路列入拓宽的计划中，要求街道两旁的屋主依照《鄞县协助街道征费章程》拆让房屋。[①] 对于不配合拆迁的户主，则采用强制拆迁的做法。[②]

再次是环城马路全面建成。1931年“自市府将城石标卖以来，尚未拆完，县府继续催拆。城土则任人搬运，附近人民往往移城土垫地基，故进行甚速。南门至西门一段则由第一区区公所主持，扒平泥土；城中乱石则由政府准予抵工。西门至盐仓门一段亦正在由人民运取泥土并担任扒平，一经扒平，路基可谓已成，其余工程当不难设施矣”[③]。鄞县县政府完成了宁波城垣的拆除任务后，将市政府时代未完成的环城马路建设事业继续推进。环城马路的建设办法由最初的招商投资改为后来的标卖地基来筹集筑路经费。对此，《时事公报》也做了报道：“本埠环城马路……前原拟采用招商投资办法。曾经县府拟具计划、预算呈奉建厅核准，一面并垫款先行兴筑。旋以接洽招商投资条件，未能妥协。复由县府提交前建设委员会筹议，决定变更办法。利用城泥填塞本县城区江心寺跟及方井头濠河，卖价拨建。业于民国二十四年八月十七日拟具标卖计划及预算呈送民、财两厅鉴核，并将详细缘由先后缕析陈明在案……”[④] 鄞县政府兴工建筑环城马路，发动民众挑土填基，相继建成了东门、灵桥门、南门、西门、北门、咸仓门、咸仓门至东门等各段马路。1935年环城马路全部建成，沿途还栽植了行道树。[⑤] 1936年2月，浙江省建设厅派技士徐绍广来宁波验收环城马路。[⑥]

最后是改建老江桥。老江桥横跨奉化江上，是宁波老城区连接江东及鄞县西南部的主要通道，“每日行人以万计”。老江桥原为浮桥，以船排连锁而成。每遇雨季，奉化江水势湍急，时有险情发生。“一遇风潮，动辄偾事，辛酉壬戌间，连年水浸，遭灭顶者，更时有所闻。”[⑦] 由于时局动荡，改建老江桥计划一直未能付

---

① 《中马路拓宽路面》，《时事公报》1935年4月11日。

② 《中马路木行路将强制执行拆让路》，《时事公报》1935年3月13日。

③ 《鄞县县政统计特刊》第2集，1932年版，第17页。

④ 《县府呈请建厅验收》，《时事公报》1936年1月10日。

⑤ 《环城马路完成在即》，《时事公报》1935年4月16日。

⑥ 《建厅派徐绍广验收环城马路》，《时事公报》1936年2月4日。

⑦ 改建老江桥沪南筹备委员会编：《重建灵桥纪念册・建桥劳绩者之姓名及事实》，1936年印行。

诸实施。由于当时政府无力承担这一重大工程，于是宁波商人就自觉地承担起这一重任。1931年，地方人士乐俊宝、张继光、张申之、陈蓉馆等人再次邀集旅沪及在甬的绅商组织老江桥筹备会，分设筹备处于上海和宁波两地。一面由鄞县建设局派人竖立水标，测绘附近地区平面、两岸及江底剖面等图，以作为计划的依据。一面由筹备处聘请上海租界工部局工程师为顾问，经过多次考察，最后决定建筑钢桥。[①] 该工程通过招标来进行，在域内外宁波人的大力支持下，工程进展顺利，到1936年正式建成通车。其间，横跨余姚江的新江桥也由当地商人发起，将其由浮桥改建为钢骨水泥桥。老江桥与新江桥的改建加强了江东、江北与中心城区的联系，也大大增强了宁波城市功能的发挥，由此使宁波作为一个近代城市初具规模。

为了保障道路建设的顺利进行，鄞县县政府还出台了文件，为工程的开展提供政策依据。为了明确筑路征费的细则，县政府经过多次讨论后通过了《筑路征费章程》。[②]1932年2月，鄞县县政会议通过了《鄞县建设事业之五年计划》（以下简称《计划》）。[③] 在《计划》中的“市政工程”一栏对“展筑马路”的情况做了具体的介绍。不仅列出了宁波市政府时代所建成的马路名称，也列出了“废市并县”以后筑成的及正在建设的马路名称。《计划》将日后的马路建设分为三期举办：“‘关于第一期者’：（甲）完成环城马路……（乙）完成江北岸外滩马路……（丙）完成滨江马路……（丁）建筑新河头马路……‘关于第二期者’：（甲）建筑江东百丈街马路……（乙）建筑竹行弄马路……（丙）建筑自洋船弄等玛瑙路达火车站马路……（丁）建筑江东后塘街马路……‘关于第三期者’：（甲）南北干路……（乙）南北支路……（丙）东西支路……（丁）东西干路。”[④] 这项计划的出台为日后宁波城区道路的建设描绘了一幅完整的蓝图。在之后的五年里，在地方政府的领导下，宁波城区的交通建设成绩显著，基本上完成了《计划》中所列举的建设任务，城区的道路交通网络格局基本上形成。

---

① 《鄞县县政统计特刊》第2集，1932年版，第17页。

② 《鄞县县政会议通过筑路费章程》，《时事公报》1931年12月17日。

③ 《鄞县行政会议之第三日》，《时事公报》1932年1月23日。

④ 《鄞县建设事业之五年计划》，《时事公报》1932年1月25日。

“废市并县”以后，鄞县县政府在道路交通上所取得的成绩是显著的。在当时的执政者看来，市政建设就是修筑马路，修筑马路成为当时市政建设最重要的内容。[①]为此在道路交通建设上，鄞县县政府格外重视，并投入大量的人力与物力。可以说，“废市并县”以后，在鄞县县政府的主持下，宁波城区的交通事业在宁波历史上达到了发展的高峰。随着鄞镇、鄞慈镇、宁穿等过境公路的建立，基本上形成了一个以城区为中心的放射性交通网络。在宁波城区，南北干路、东西干路分布在以鼓楼为中心的地带。此外，纵横的支路及街道便利了宁波市民的交通及出行，城市面貌为之一新。

1947年10月，宁波商人陈如馨在谈到宁波市政时说道：“宁波的市政虽比不上京、杭、沪、汉，也可算在三等之列。胜利以还，许多的同乡都要回到故乡来看看战后情况，今年的国庆日是胜利后第二周年。常听到回乡来的同乡说：宁波的市政不错；也有人说：宁波的市政远不如战前的。这两种的论调都不错的，说宁波市政不错的，他是比较其他都市受战时损坏迄今尚无力恢复而言；说宁波市政还不如战前的话，倒是实在情形。现在虽经逐渐建设，因经费支绌，进展迟缓……余以为市政之建设不全在马路，就整顿市容而言，在已修理完成之马路尚有五点，极希望各商铺有逐渐改善之必要：（1）修理行人道：在马路两旁之行人道多残缺不完，急需修理。（2）整饬市房……（3）在□口未装铅水溜者，应即配置，以免滴水落在行人身上或地面。（4）行道树应加以保护……（5）改装日光灯……”[②]可见，当时人们也感受到了宁波市政（主要指道路建设）的成绩。

（三）建立近代公用设施

城市公用事业是近代城市建设的重要组成部分，城市公用事业发展水平如何，成为近现代城市文明的重要标志。对于宁波城市公用事业的建设，宁波商人也是功不可没。近代宁波的电力、电话、自来水等公用设施多由商人承办。旅沪宁波商人孙衡甫早在1897年即投资1.47万元在宁波城区战船街办起电灯（即电力）公

---

① 陈如馨：《谈谈宁波的市政》，《时事公报国庆增刊》1947年10月10日。

② 陈如馨：《谈谈宁波的市政》，《时事公报国庆增刊》1947年10月10日。

司，向城区江厦街、东大街、甬江大道头等商业街区和少数居民提供照明用电。对于这一现代文明的引入，当时人们欣喜不已，时人形容其“焰火亮如皓月，光耀射目，与市上灯烛比之，相差天涯也”[①]。1914年4月，虞洽卿、刘鸿生、孙衡甫、周仰山等集资13万银元，在城区北门创建永耀电力公司，并成立董事会，虞洽卿任董事长。次年2月，永耀电力公司即建成发电。当时仅供城中部分商店、居民照明，后经4次增股，5次更新设备，机组单容量从120千瓦扩大到1600千瓦，1936年又从上海禅臣洋行购进德国产的3300千瓦发电机组、瑞士产的3200千瓦发电机组各1台，为宁波城市发展提供了动力支持，其供电范围还扩大到慈溪、镇海等地。

1911年，宁波商人王匡伯、王仰之集资数万元，成立宁波电话股份有限公司。1913年5月起通话，两年后用户增至200户，并购进原址地基，建造西式楼房3间，装置容量为400门的信号管磁石式交换总机，同时铺设江北、江东水底电缆各50对。由于营业萧条，于1920年4月解散。不久，由债权人刘翰怡、厉树德等承购公司全部财产和营业所有权，并充实资金，改进设备，组成四明电话股份有限公司。至1934年，交换机容量增至2400门，用户2000余户。

水是生命之源。宁波人长期饮用不洁水，引起了有识之士的忧虑并力图加以改变。清末民初时，为找到可以饮用的水源，江北工程局相继在江北岸外人居留地挖掘自流井。虽然井水不适于饮用，但这些努力使宁波人开始关注饮用水问题，此后本地人士也尝试改进饮用水水质。为保护水源，市政筹备处于1925年制订《宁波市工程计划书》时，提出设屠宰场于江东道士堰，洗染坊于北门、南门外，即将污染水源工场搬出城外。但宁波人饮用自来水的历程可谓好事多磨，历经坎坷。1920年，裘天宝银楼业主投资开办通泉源自来水公司，以深井水为水源，铺设管道于东后街至东门口一带，输水管道近千米。1931年7月，因水质差、用户少而关闭。而其间，宁波市政府多次筹办自来水工程并拟有多项计划，终因经费浩大而放弃。1934年9月，和丰纱厂董事长俞佐宸等多名绅商集资10万元，于通泉源水厂旧址开办宁波自来水股份有限公司，新建50立方米铁制水箱、水塔，并建6立方米过滤池于地下室。1936年元旦起向居民供水，解决了城区5000

① 《德商甬报》1898年12月28日。

余户市民的饮水问题。

民国以来，尽管时有筹建公园之议，但由于经费问题一直没有着手进行。1927年初宁波市政府成立后，宁波各界发起筹建以孙中山先生之名命名的“中山公园”，并组成筹建处。同年9月，筹备处副委员长金臻庠发表《为筹办中山公园告吾甬父老书》，号召人们行动起来，积极支持这一社会事业。（1）对于此项工程，当时宁波市政府也予以大力支持，“由市政府工务局绘图设计，筹备处招工承筑”。（2）在社会各界的大力支持下，公园建设工作顺利进行，并于1929年秋落成，“占地约60余亩，费银11万元”。该款项全由募捐而得，其中商会捐款28000元，殷富捐款18300元，承源、敦裕等钱庄借垫16000元。

（四）宁波城市公共卫生事业之进步

公共卫生是指与公众有关的卫生问题，与个人卫生相对而言。广义地说，公共卫生泛指通过社会共同努力，改善公共环境卫生（如垃圾、粪便的处置等）、公共饮水卫生、公共食品卫生、普及卫生知识以及各类疾病特别是严重影响公众健康的各类传染病的防治。公共卫生问题与人类社会相始终，有社群生活，就有公共卫生问题存在。特别是随着人口的积聚、经济的发展，这一问题日益突出，公共卫生事业成为影响人类生命与生活质量的重要因素，其状况如何是关系一地社会进步与否的重要指标。长期以来，宁波一地公共卫生事业严重滞后。在以商人为代表的地方社会的大力支持参与下，进入民国特别是20世纪20年代后宁波公共卫生事业终于艰难起步，并在30年代取得重要成就。

1. 近代宁波城市公共卫生的滞后

近代伊始，宁波就被辟为通商口岸。随着商业化进程的加快，人口积聚趋势更为明显。1928年宁波城区人口已达到21.3万，鄞县人口达到51.8万。[①]同时，人员流动也相当频繁。据浙海关统计，仅进出宁波港的人数进入20世纪后每年即达到100万人次以上，1924年更高达223万多人。[②]如此集中的人口与频繁

---

① 陈梅龙、景消波译编：《近代浙江对外贸易及社会变迁》，第127页。

② 引自竺菊英：《论近代宁波人口流动及其社会意义》，《江海学刊》1994年第5期。

的人员往来对城市公共卫生问题构成了严峻的挑战。与此不相适应的是，清末民初宁波一地公共卫生事业严重滞后。对此，长期居住在甬城的浙海关税务司感同身受。他在对“保守性很少”而与之友好相处的近代宁波人大加赞扬的同时，对这里的公共卫生状况却不敢恭维。1911年底，税务司柯必达在海关十年（1902—1911）报告中提到，除江北岸外人居留地外，当地对“环境卫生并没有采取什么措施。城市里的街道很不清洁，跟以前一样。通过闹市区的下水道仍然有大量绿色沼泽”[①]。甚至进入民国后，这种糟糕的情况也没有什么改变，其中密布宁波城乡的厝棺与坑厕就是当时宁波城市突出的公共环境卫生问题。

民国《鄞县通志》说：“本邑有恶俗，为随地设厕与厝棺，外来旅客至有五步一厕、十步一棺之讥，其妨碍卫生与观瞻殊甚。”[②]长期以来，由于宁波山地稀少，而入土为安——土葬习俗又根深蒂固，城乡各地百姓往往将棺木停放在城厢旷地待葬，或浅埋以待厚葬，但日后由于种种原因，不少棺木任凭日晒雨淋而无人过问，以致“城厢内外各处旷地摆歇荒棺，安置浮厝，不分街衙要道及近接人烟稠密之处，触目皆是，其沿袭已久。从前市政不修，卫生不重，至今尚相沿成风，实有积重难返之势”[③]。此不但影响观瞻，并造成死人与活人争地的局面，而且遍布城厢的这些露棺历经风吹雨打，“秽气充塞，酿成疫疾之媒介”，严重影响公共卫生。

近代宁波城市公共卫生事业的变化首先来自江北岸外人居留地，并且这种变化最终推动整个宁波城市公共卫生事业的进步。早在19世纪80年代，这里就成立了一个公共市政委员会（俗称道路委员会，由5个外国人和4个中国人组成）。由居住在这里的中外居民自动捐助基金，“用来街道照明、铺路及保持整洁、购买消毒剂。雇佣的工人主要包括2名街灯管理员和5名清洁工。平均每月有21个夜晚亮着路灯，白天灯熄灭后送至巡捕房清理。清洁工的职责是每天上午10点前清扫街道并保持整日的干净以及消毒排水沟和公共厕所”[④]。其间，设在这里的治安力量——巡捕还把影响公共卫生的行为如“在禁止时间内倾倒粪便、清洗马

---

① 陈梅龙、景消波译编：《近代浙江对外贸易及社会变迁》，第94页。

② 张传保、陈训正、马瀛等纂：民国《鄞县通志·政教志》，第2153页。

③ 《廓清后棺之办法》，《时事公报》1920年12月8日。

④ 陈梅龙、景肖波译编：《近代浙江对外贸易及社会变迁》，第34页。

桶，在街道内干坏事，乱扔污物和垃圾，阻塞交通以及把牲畜关在赛马场内”作为“违章事件”，交巡捕房处理。据浙海关统计，1881—1891年间，类似的“违章事件”共有196件。[①]

1898年，公共市政委员会改组为江北工程局，由6名外国人和6名中国人组成。“税务司作为道台的代理人，任主席之职。”而经费“靠商人、行会自愿捐助以及对货物征捐（通常每件3文铜钱）来维持”。[②]据说，这个机构采取一切可能的手段来改善江北岸外人居留地的环境，确实取得了一些成效。“街灯很糟，但仍旧亮着。厕所也建立起来，但数量实在太少了……排水装置必须重新建造但资金不够，因此委员会不得不对通往河流的下水道每年作一次彻底的检修。”[③]

进入20世纪20年代，受五四新文化思想影响以及江北岸外人居留地的示范参照作用，近代宁波人的公共卫生观念有了较大进步。不少有识之士对宁波落后的公共卫生状况提出强烈的批评，并纷纷提出对策，由此使宁波各界对公共卫生事业予以前所未有的关注，特别是民间社会开始积极参与公共卫生事业建设，成为推进宁波公共卫生事业近代化的重要力量。在普及公众公共卫生知识方面，如上所述，当时活跃在宁波城厢的宁波青年会卫生演讲队发挥了重要作用。此外，群学社、妇女益智社以及医院等团体或医疗机构都经常举办卫生演讲。如1922年2月25日，群学社举行演讲会，由总干事美国人李佳思演讲“卫生要道”，邹昌汝翻译。李佳思认为：中国人寿命低，婴儿死亡率高，与美国人相比差距很大，“即在卫生讲与不讲卫生耳”[④]。为提高民众公共卫生意识，早在1923年5月，宁波青年会等团体发起成立宁波城市卫生促进会，“以图宁波卫生发展为目的”。其事业范围有下列诸项：（1）关于饮水及用水清洁事件；（2）关于污物处置事件：甲、厕所，乙、垃圾；（3）关于传染病之预防及扑灭：甲、饮食物取缔，乙、传染病病院，丙、消毒。促进会下设调查、计划、宣传、执行4部。“经费

---

① 陈梅龙、景消波译编：《近代浙江对外贸易及社会变迁》，第33页。

② 陈梅龙、景消波译编：《近代浙江对外贸易及社会变迁》，第94页。

③ 陈梅龙、景消波译编：《近代浙江对外贸易及社会变迁》，第94页。

④ 《群学社演讲会纪》，《时事公报》1922年2月27日。

由各团体之认款及会员之会费充之，但不足时，得由干事设法募集之。”[①]1924年，该会于6月22—23日，“在城内开展览会演讲会10日，并映放卫生活动电影，分送卫生传单、小册子等，统计集会9次，所请演讲员13人，到会者3500余人”[②]。

2. 近代宁波城市公共卫生事业的起步与发展

（1）北洋时期

如上所述，宁波一地公共卫生事业长期滞后，进入民国后，在地方社会的推动与促进下，近代宁波公共卫生事业开始起步，并取得一定成就。

① 清理厝棺

对于危害城乡公共卫生的浮厝问题，当时官方与民间社会首先予以关注，并采取切实措施为解决这一顽症做出努力。

1920年新任会稽道尹的黄庆澜对此问题相当重视，上任伊始就督促属县知事切实办理，并将办理情形“具复到道”。尔后又要求各地“毋托空言”，“随时查办，勿令有名无实，是为至要”。[③]对于宁波城厢，黄道尹一再要求宁波警察厅、鄞县公署会同县、城自治会设法办理，后由县、城自治会委托体仁局、敦安公所及协仁局办理，并由警察厅派员协助，但进展相当缓慢。“惟此项办法，掩埋者自掩埋，而暴露者自暴露。自春及冬又不知摆有是项荒棺者多至凡几？”[④]为治本计，1920年底，宁波警察厅拟订了廓清厝棺办法并经黄道尹批准施行。其办法分三步进行，“先以掩埋荒棺为第一步，禁止摆歇荒棺与浮厝为第二步，催迁浮厝为第三步”。其中当务之急的掩埋荒棺办法为：“有主无力者议定每具给予葬费若干，限阴历十一月末前邀地保赴各善堂具领，该户领费后三月内将棺迁葬。其领费而不如期迁葬，照所领费处以10倍以上之罚金，并仍勒令迁葬。至十一月末日前，不领费亦不迁葬者，即自阴历十二月初一日起由各善堂照无主者一律埋葬。其无主及无从调查者统由各善堂于本年阴历十一月末日一律掩埋。”为有效杜绝厝棺公害，该办法还规定，“嗣后城厢内外一律不准摆歇露天棺木，拟由厅仿照省城

---

① 《卫生促进会开会近讯》，《宁波旅沪同乡会月刊》第11期。

② 中华基督教宁波青年会编：《宁波青年会1924年度报告》，宁波市档案馆藏。

③ 《掩埋事项毋托空言》，《时事公报》1920年7月27日。

④ 《廓清厝棺之办法》，《时事公报》1920年12月8日。

办法，通令城厢各住户，嗣后如有出柩，均应先向该管署所报明安葬地点及出柩日期，请给执照。其执照由厅制定三联单，发给各署所填用，不得索取分文，以便稽查”。但禁止摆歇荒棺与浮厝后必须为之解决“去处”问题。为此，该办法提出：“禁止摆歇荒棺必须于离城相当处择一荒地或荒山，辟为义冢地方，俾使贫民得有安葬之所，或由公家购买或原有公地指定藉便安葬。”[①]

随后根据黄道尹的指令，由鄞县知事、警察厅长会同市政筹备处暨县、城自治会协商实施办法。为此，12 月 19 日，林厅长邀同城内各商绅开会成立泽仁公会，具体经办此事。泽仁公会董事会由地方官员、著名绅商组成，其中黄道尹为董事长，下设文书、会计、调查、庶务、工程各股，分股办事。并“议定先将监毙、路毙各棺及各处孩尸分批掩埋，其余各处露棺先行出示登报并函致旅沪同乡会，先请官厅传谕各地保鸣锣挨户晓谕”[②]。经过一年多的努力，到 1922 年春，第一步工作即“露棺已收肃清”[③]。但第二步工作即迁葬浮借问题却相当棘手。原议有人管理之浮厝于 1922 年 7 月止来会报告，“后为体恤贫民起见，又展期 3 个月”。但到同年 10 月止，来会报告者，仅 500 余家。对此泽仁公会诸董事十分着急，“若再任其延宕，何日方能廓清”[④]。在此情况下，10 月 12 日，泽仁公会召开董事会，当场议决“一面再贴布告，一面登载甬上各报，作最后之催迁。至十月底止，若再不来会报告者，认作无主棺木办理，准由会内代为迁葬，其有主者限于阳春三月底为止，亦一律迁移”[⑤]。当时泽仁会拆棺迁厝颇著成绩，无奈后来“政局更张，该会无人负责，业已取消，迁葬之事遂告停顿”[⑥]。迁葬浮膺工作到 30 年代借助政府的力量才基本上得以完成。

与此同时，以商人为代表的民间社会也积极投入到掩埋厝棺、改善公共环境的行动中来。其实，民间善堂对贫病不能殓者的关注由来已久。清末民初以来，

---

① 《廓清厝棺之办法》，《时事公报》1920 年 12 月 8 日。
② 《廓清厝棺之办法》，《时事公报》1920 年 12 月 8 日。
③ 《泽仁公会开会纪事》，《时事公报》1922 年 3 月 13 日。
④ 《泽仁公会董事会纪》，《时事公报》1922 年 10 月 13 日。
⑤ 《泽仁公会董事会纪》，《时事公报》1922 年 10 月 13 日。
⑥ 《第十七次市务会议》，《宁波市政月刊》第 1 卷第 3 号。

宁波一地成立了一大批专以施材（有的涉及掩埋）为职志的民间善堂，这种情况尤以乡间为普遍。同样值得注意的是，随着公共卫生意识的普及，丧葬诸事在不少人看来不仅事关“道德”或“天良”问题，而且也影响公共环境卫生。为此，原来专以施材为事的慈善机构有的兼任掩埋，还新成立了一批专以掩埋为事业范围的慈善机构。成立于1921年6月初的寿义材会是20年代宁波城区颇有影响、专以施材为事的慈善团体。该会成立之初以会费为施材之用，会员分为普通会员与特别会员。到1922年时拥有特别会员45人，普通会员130余人。1921年施材40具，1922年施材50具。[①]但到1924年，该会考虑到“吾鄞幅员辽阔，贫窭繁多，时有亲骸乏地安葬之虞，或欲葬而无资，或浮厝而待迁，种种因循，不胜枚举”。于是邀集同志开会议决设立寿义安葬所。“嗣即采购义山二方，一在鄞东金童山地方，系骸属自费安葬；一方在鄞西山下庄地方，系备贫户无力安葬而设，倘贫户欲葬乏费，并由所捐资捐物，以成人美。庶棺骸不至于暴露，浮厝可得而安葬。”此事呈报鄞县知事后，后者认为此举“实于公益卫生有裨非浅”，即予批示备案并出示布告。[②]为从源头上解决浮厝问题，当时一些有识之士开始有创办公墓义举，以使百姓有安葬之所。1920年，鄞县公民傅滋润在南乡楼君庙、西乡潘家贩两处创办同仁堂公墓，分收费区、免费区两种。1921后，城区还设有永安寄棺所、永德施材公所、鄞江四明公所、协仁义会等专司或兼施棺掩埋、收殓义葬、寄棺运柩等事宜，置有义家、义地、义山数百处，还有义塔、殡舍、公墓等多处。[③]

② 环境卫生

清末时，环境卫生诸事称为清道。如上所述，清末时，除江北岸外人居留地已有环境卫生方面的设施外，其他包括老城区基本上没有公共卫生事业可言，饮水卫生更是很少讲究。即使进入民国以后仍沿袭传统的做法——“靠的是雨水和运河水，但外国居民却要花费太多的钱，由专门的船从姚江上的大隐山运来泉水。”[④]1913年，开始由城自治董事会负责清道工作。向居民征收清道捐，雇佣清

---

① 《寿义材会开会纪》，《时事公报》1922年4月5日。

② 《寿义安葬所成全义举》，1925年1月9日。

③ 张传保、陈训正、马瀛等纂：民国《鄞县通志·政教志》，第1484—1491页。

④ 陈梅龙、景消波译编：《近代浙江对外贸易及社会变迁》，第74页。

道夫清扫马路与街道，但其规模一直“未有多大发展”。其中，每年清道收入计1600元，支出需5600元，收支相抵，每年尚少4000元左右，一直由城自治在其他捐款项下拨用。[①]尽管有这一治理环境卫生之举措，但效果看来并不如意。在海关十年（1912—1921）报告中，浙海关税务司甘福履说：“这十年当中，当地的公共卫生设施等没有什么进步。城市主要街道清扫得一点也不彻底。清洁工人是自治会雇佣的。”[②]据说，清道不力的原因，“大都因清道夫不能集中，故往往每日上午尚见清道夫在街上清扫，及至午后，皆散漫无纪”[③]。与此同时，根据北洋政府有关规定，各地警察机关负责各该地区卫生事务。据此，成立于1914年的宁波警察厅内设有卫生科，由卫生巡警处理公共卫生事宜。应该说，该警察厅颇重视有关治安与公共卫生方面的制度建设，曾制定颁布了一系列相关规定与条例，其中不少是有关公共卫生问题的。如《卫生巡警勤务规定》、《卫生巡警指挥清道夫规则》、《河道取缔规则》、《市街扫除规则》等。该厅还通过鄞县公署、宁波商会及各警署等，对一些事关公共卫生的问题做出规定或要求，如《函鄞县公署请饬城自治议会拟禁停柩冢中及浮厝城内文》、《饬各属倾倒及挑运垃圾须照自治会指定区域及时刻文》、《饬各属限日查报小便处所文》、《饬各属查禁销售疫牛文》、《令各属督饬卫生警办理卫生事务文》等。此外，宁波警察厅还就一些公共卫生问题做出告示，如《示居民速种牛痘防止天痘文》、《示民人规定挑粪时刻并粪桶加盖文》、《示民劝告预防霍乱吐泻文》、《示民人禁止厕外便溺文》、《示商民取缔贩卖熟食摊肆各置纱罩文》等。[④]从后来的情况看，这些颁布于1914—1918年的规定似乎并没得到很好执行，以致进入20年代的宁波公共卫生状况仍成为众矢之的。

其间，鄞县城自治会与宁波警察厅对清道管辖权的争执颇为激烈。警察厅几次想把清道事宜收归旗下，但城自治会根据地方自治章程，认为清道事宜为自治范围，予以力争，使警察厅“几费争执，未成事实”。1922年，会稽道尹黄庆澜整顿清道时，又以城自治办理不善为词，亦欲归并警察厅办理。但当时尚处在

---

① 《议决清道事宜之办法》，《时事公报》1922年7月6日。

② 陈梅龙、景消波译编：《近代浙江对外贸易及社会变迁》，第109页。

③ 陈梅龙、景消波译编：《近代浙江对外贸易及社会变迁》，第74页。

④ 周综署：《浙江宁波警察厅警务概略》，1918年1月印。

筹备期的鄞县市民公会及地方士绅认为此事万不能改为官办。在此情况下，鄞县知事邀集就地士绅开会讨论办法，结果决定“清道夫归警察督促，经费归自治支给”[①]。然后由警察厅在各分署设立清道夫局，配备夫目、夫役与大小船只，以便督率。其清道时间，夏秋定为上午6时至11时，下午2时至6时，春冬另定。清道夫出门由各署卫生警带领出发，除由岗警随时督察外，“巡长及卫生警于无岗警之冷静街道随时巡梭，督令清扫。清道夫扫地时，须带箩筐，俾可随时挑垃圾落船”。以上各条于当年8月1日起实行，并规定各清道夫薪资一律，如有勤惰者，由各分署员酌予赏罚。“还决定添设垃圾桶，俾人民不至将垃圾散于地上。”[②]各条措施实行后，宁波城区公共环境卫生有所改观。

20年代风行宁波城区的市民公会都以改善所在街区环境卫生为己任，积极参与公共环境卫生的整治。1922年7月，鄞县市民公会筹备会以为本埠坑厕林立，有碍卫生，致函警察厅，要求加以取缔。对此，警察厅回函表示认可，但须筹款设立肥料公司后才可将“私有坑厕一扫而空”[③]。后来，虽然有肥料公司发起，但因“粪价过昂，担粪夫反对而中止”[④]。

两年后即1925年初，城区又有肥料公司之发起，公民陈行达还详细拟订筹办方法大纲，警察厅、市政筹备处还多次商议，但始终处于筹备阶段，直到1928年间，由民生、民丰公司及农人肥料合作社承办市区粪便。困扰宁波城区公共卫生多年的坑厕即露天粪缸问题才开始解决。其间，各公会议决的事项有不少都涉及公共环境卫生。如江北公会，1926年7月25日议决致函警署取缔招商局后之油豆腐摊。江东公会董事会则于同年3月间因征君庙前江东楔“污积不堪，臭气逼人”，致函鄞县水利局请为取缔，并禁止倾倒垃圾。同年6月，江东公会因三眼桥污水汇积，“对于饮料空气，妨碍公众卫生，殊为重大”，决议筹款“设法腐水用清防器抽打净尽，再将清流放入”。为此函请水利局在五河桥口设闸。[⑤]

---

① 《议决清道事宜之办法》，《时事公报》1922年7月6日。

② 《城自治清道会议纪事》，《时事公报》1922年7月9日。

③ 《取缔坑厕之先决问题》，《时事公报》1922年7月15日。

④ 东篱：《对于肥料公司之管见》，《时事公报》1925年2月14日。

⑤ 一蝶：《江北公会之议案》，《时事公报》1926年7月26日；《江东公会董事会纪》，1926年3月11日；《江东公会请实行二事》，1926年6月16日。

1926年6月，为“清洁街道事宜”，进一步改善公共环境卫生，宁波就地官绅发起成立公共卫生处，地点设在鄞县第一公立医院内。并设立董事会，互推常务董事11人，由常务董事敦请正副主任并推选各街监事人。开办费由董事酌量负担，城自治原有清道经费暂归公共卫生处领用。又警察厅每年拨付1200元。其所列事业为清道、防疫、清洁饮料、处理粪厕以及其他公共卫生事宜。[①]由于有这些措施，使城区卫生面貌有一定程度的改善。

（2）南京国民政府时期宁波城市公共卫生事业的发展

20世纪20年代后，宁波城市公共卫生事业有所起色，但仍未根本改观。1927年宁波市政府成立后，高度重视公共卫生工作，积极采取多种措施，支持发展公共卫生事业并加大行政干预的力度，努力整合各种卫生资源，从而使宁波一地公共卫生事业在20世纪30年代取得较大成就。

① 建立公共卫生管理与监督体系

北洋时期，宁波公共卫生事务向由警察厅办理，而清道、河棚等事项则归城自治管理。[②]由于政出多门，管理混乱，且范围狭窄（局限于卫生警察），难有作为。1927年3月底设立的宁波临时市政府成立伊始即重视卫生工作，初设有卫生局，7月正式成立市政府后，也设有卫生局的机构。10月，市政府由于经费难以维持，不得不缩小机构，改教育、卫生局为科。其中卫生科职责为“掌理市公共卫生，取缔医生及药房之营业，监督公立、私立医院，管理公立市场、小菜场、屠宰场、浴场、浴室、酒楼、饭店、厕所及街道、住宅之清洁卫生等事项”[③]。9月间，宁波市政府还颁布《宁波市卫生委员会条例》，成立卫生委员会。尽管这一咨询性质的委员会与后来奉令成立的各级卫生委员会在人员组成与工作职责方面有很大不同，但这一主动行为可以反映出当时公共卫生事业已经受到地方政府的高度重视。

1929年后，宁波市、鄞县卫生委员会相继成立，并各在辖区成立分会组织。1931年1月宁波市撤销后，合并成立鄞县卫生委员会及其分会。根据章程，该会

---

① 《官绅会议组织公共卫生处》，《时事公报》1926年6月16日；《公共卫生处简章入手起草》，《时事公报》1926年6月17日。

② 《前卫生局长报告成绩》，《时事公报》1927年7月20日。

③ 《宁波市暂行条例》，《宁波市政月刊》第1卷创刊号。

成员分当然委员、聘任委员。当然委员为县长、宁波公安局长、县公安局长、教育局长、鄞县县政府主管卫生行政人员2人，县立民众教育馆馆长、各区区长、县执委会代表，县公款公产委员会代表，县商会代表，县农会代表，县教育会代表各1人，聘任委员额定10人。任期一年，主席由县长兼任，下设总务股、设计股、宣传股、调查股。委员会职权如下：1. 筹议全县公众卫生之应兴应革事宜；2. 规划全县公众卫生经费；3. 调查地方疾病及搜集卫生统计材料；4. 讨论县政府交代及其他机关或人民团体建议之卫生事项；5. 筹议卫生教育之设施及宣传事宜；6. 督促各属卫生分会之进行。① 可见这是一个相当有权威的官方组织。

当时在宁波公共卫生事业建设中，还有一种连片的推进形式，那就是进行卫生试验区的尝试。1930年8月，宁波市卫生委员会议决江北区为卫生试验区。为此制订《江北卫生试验区计划大纲》，计划进行以下事项：1. 设立卫生办事分处，设卫生专员1人，调查员2人，公役1名，推行一切预防疾病工作，如种痘、注射防疫苗及普通疾病救护；2. 执行卫生科交办事件；3. 平时定期卫生演讲及调查区内公共卫生状况并改良计划，每隔3日将工作情形呈报市政府查核。②1932年，鄞县又制订卫生事业五年计划，以指导推动本县公共卫生事业之发展。③

由于宁波公共卫生事业长期滞后，有关法规建设也存在着不少空白。1927年后，宁波地方当局十分重视公共卫生制度建设与管理，先后颁布了数十个法规、条例、细则等。仅1927年7月1日市政府设立卫生局到9月10日卫生局改组为卫生科两个多月的时间内即出台有关公共卫生管理的规则、规定、通告近30个，其中有《取缔理发店清洁规则》、《取缔浴室清洁规则》、《扫除道路条例》等。20世纪30年代前后颁布的见之于《鄞县通志》的有关公共卫生管理法规也有30多个④，由此初步建立起保障公共卫生事业的法规体系。

当时公共卫生法规主要涉及城市流动人口相对集中的餐馆、食品店、戏院、浴室、厕所等公共场所。通过对这些场所卫生措施实行严格监督，力图凭借法律

① 张传保、陈训正、马瀛等纂：民国《鄞县通志·政教志》，第674—675页。
② 《宁波市政月刊》，第3卷第7、8号，第17—19页。
③ 张传保、陈训正、马瀛等纂：民国《鄞县通志·政教志》，第679—680页。
④ 张传保、陈训正、马瀛等纂：民国《鄞县通志·政教志》，第699—762页。

的权威建立起一种经营规范。而食品质量检验、室内清洁、卫生设施齐全、确保服务者身体健康诸项是有关规定的基本内容。如《取缔茶馆清洁规则》规定，“茶壶、茶杯及供客所用之各种器皿及灶房所用各器须不时用沸水洗涤、清洁”，“凡已经供客用过之器皿非经洗涤洁净后不得再供他客之用”。《取缔理发匠清洁规则》规定：凡为理发匠者须具健康体格、性情安静及学技精练方为合格，倘有下列之一者不得充理发匠：1. 肺病；2. 精神病；3. 患疮毒及各种皮肤病；4. 性情粗暴者；5. 目力短视者；6. 年龄幼稚而技艺未精者；7. 年力衰弱而失于视觉者；8. 留养指甲及发辫者。[①]《清洁道路规则》规定：“凡挑运粪便及一切污染之物必须加盖，勿使臭气外泄，并不得沿途倾溢，任意停留。”“偶不注意，倾泻道路，应责令挑运人立时扫除清洁。”《管理菜市场规则》规定：“场地除逢星期日大冲扫一次外，应由清理员每日散市后洒扫一次。”[②]这些法规与条例的颁行与实施，对于依法管理宁波公共卫生，向公众灌输公共卫生观念、卫生规范方面显然具有重要的作用，也有助于居民养成讲卫生的良好习惯。

② 开展卫生运动，整治环境卫生

从20世纪20年代初起，由宁波青年会等社会团体发起的卫生运动年年进行。进入1927年后，青年会的卫生运动继续进行，如1927年7月24—27日，青年会举办“大规模的卫生运动”，内有展览、演讲、游艺、电影。为此宁波青年会还发表“卫生运动大会宣言”。[③]但不久，青年会等社会团体在卫生运动中就退居协助与配合的地位。

1929年后，根据国民政府卫生部《污物扫除条例宣传纲要暨卫生运动大会施行大纲》要求，宁波市及各县于每年5月15日、12月15日，“各举行大扫除一次”。如1929年5月，宁波举行卫生运动大会。“原在5月15日，本市因天雨延期于25日开始举行。会场借中山公园游艺场，有卫生专家演讲及化妆演讲，民众参加大会者约数千人。是日，并大扫除游行，各机关各公团参加人员约5000

---

① 《宁波市政月刊》，第1卷创刊号，法规。

② 张传保、陈训正、马瀛等纂：民国《鄞县通志·政教志》，第732—761页。

③ 《大规模之卫生运动》，《时事公报》1927年7月22日。

余人。”[1]政府显然是这些卫生运动的发起者与组织者，而宁波青年会等社会团体则积极予以配合。如1930年夏，宁波市政府为举办卫生运动大会，特组织筹备会，“分股办事”，下设宣传股、总务股（由卫生科科员负责）、纠察股（由公安局负责）。其中规定宣传股承担下列事项：1. 文字宣传，请报馆刊发卫生专号，稿件由医师公会及卫生科供给；2. 口头宣传，致函各村里委员会并会商教育科函令各校学生；3. 组织演讲队分担宣传；4. 电影宣传，请青年会代表负责办理；5. 化妆宣传，请青年会服务团及铁路公会负责并请妇女协会参加。届时，“集合各公团机关学校游行街市，分发标语口号”。同时，县政府于县区内分为集士港、黄古林、鄞江桥等11处，通饬县卫生委员会各分会、各公安分局、各村里委员会一体同期举行，以资引起民众注意。[2]显然，此时的卫生运动已完全是一种政府行为。

为配合卫生运动，提高民众公共卫生意识，当时宁波地方当局经常进行卫生宣传活动，如在各大报刊上刊登宣传文章，并在中等以上学校开展卫生教育。从1930年起，决定从检查学生体格入手，添设学校护士，分任各校指导清洁及维护学生健康等事宜。[3]为普及公共卫生知识，20世纪30年代后，鄞县县政府还经常举办卫生展览会，由本府会同各社会服务团体分别举行。展览会除陈列各种生理卫生标本、模型、图书，张贴标语，分发传单小册子，放映卫生教育影片与幻灯外，并请富有医药卫生学识之人士演讲，同时举行体格检查及预防疫病之注射。[4]

至于作为整治环境卫生重点的取缔粪坑、拆迁浮厝及清道诸事，一直是宁波城厢的老大难问题。从1928年起，地方当局加大行政干预力度，使这些老大难问题到20世纪30年代中期基本得以解决。

为解决“市上坑厕林立”这一棘手问题，宁波市政府一方面赶造公坑，将市区公私坑分别采取改建、废除、新建三种方法加以清理；另一方面将市内粪溺招商承包，于1928年12月由民丰、民生两肥料公司及鄞县农人肥料合作社分区承办，其中合作社承办城区东南部，民生承办城区西北部及江北区，民丰

---

① 《宁波市政月刊》，第2卷第9号，第8页。

② 张传保、陈训正、马瀛等纂：民国《鄞县通志·政教志》，第686—689页。

③ 《宁波市政月刊》，第3卷第4号，第10页。

④ 张传保、陈训正、马瀛等纂：民国《鄞县通志·政教志》，第111页。

承办江东区。[①] 为规范肥料公司及粪夫行为，宁波市、鄞县县政府先后订立《取缔肥料公司规则》、《肥料公司运输规则》，并派清洁稽查 4 名，“分发各肥料公司承办区域内督率指定之粪夫洗扫”[②]。同时，为充分发挥公坑作用，维护公坑秩序，市、县政府还先后订立《管理公坑规则》、《设立公坑、取缔私坑规则》。

1932 年，市政府与三星、厚生等肥料公司订立承办处置各区粪便合同，并要求各肥料公司按甲、乙、丙三种公坑图式建筑相应数量的公坑。[③]

关于城厢坟墓及浮厝清理问题，1928 年后，这一工作每年于 11 月至次年 4 月 1 日由市救济院掩埋所负责进行。为此，市政府先后订立《宁波市政府取缔坟墓及浮厝暂行章程》、《宁波市处理停柩暂行章程》。由于当时穷苦人家及育婴堂等慈善机构的婴幼儿死亡率相当高，故常有将孩尸及死畜随意抛弃的事情发生。为此，1928 年 7 月，宁波市政府特在四明孤儿院设立临时掩埋孩尸办事处，并订立《掩埋孩尸及死猫死狗简则》，加强对相关问题的管理，随意抛掷孩尸及死畜的现象大为减少。

为有效解决城厢浮厝问题，1932 年 9 月，鄞县县政府再次要求各区公所张贴布告，规定自当年 11 月至 1933 年 4 月底为限期拆迁之期限，“饬掩埋所于此六个月内将旧市区浮厝一律迁葬净尽”[④]。据统计，1929—1934 年六年间，“浮厝之棺凡拆迁万有余穴，城厢一带已非如曩昔之冢墓累累矣”[⑤]。（详见表 2–3）至此，困扰宁波城厢多年的浮厝问题终获解决。

表 2–3　鄞县救济院施棺掩埋所 1929—1934 年掩埋浮厝穴数年表

年份	1929	1930	1931	1932	1933	1934
拆厝穴数	906	951	1572	1943	2771	2580
原材穴数	12	24	61	68	72	69

资料来源：张传保、陈训正、马瀛等纂：民国《鄞县通志·政教志》，第 2153—2154 页。

---

① 《宁波市政月刊》，第 2 卷第 10 号，第 17 页。

② 张传保、陈训正、马瀛等纂：民国《鄞县通志·政教志》，第 75 页。

③ 张传保、陈训正、马瀛等纂：民国《鄞县通志·政教志》，第 754 页。

④ 张传保、陈训正、马瀛等纂：民国《鄞县通志·政教志》，第 756 页。

⑤ 张传保、陈训正、马瀛等纂：民国《鄞县通志·政教志》，第 2153 页。

但厝棺由城厢移诸乡村并非长久之计，为此，从1935年起鄞县县政府开始建造公墓，拟订《县公墓章程》，并对私立公墓加以扶持与管理。同时，对城乡已有坟墓进行登记管理。1931年12月，订立《鄞县各区乡镇举办坟墓登记办法》，力图规范坟墓拆建行为。

清道方面，早在宁波市政府成立之初，即订有《清理道路规则》，要求"凡属市内居民均须一律遵守"，并增设卫生勤务员、卫生警与清道夫。"将全市区划分五区，每区卫生警4名，设一卫生勤务员督率之，使考察卫生警勤惰及巡视清道事宜；有时饬其复查卫生警报告及市民请求各事件。"同时，在城厢各地增设垃圾桶等，并对卫生警加以训练，"俾其略得医药学识及急救方法"。[①]仅1928年，市区即建造水泥垃圾柜24只，木质垃圾桶330只。"所有垃圾或由清道夫挑至江干，俟甬江退潮的时候，倾入江中，使随潮入海；或由清道夫运至老龙湾空地堆积，经过发臭发热的步骤，由腐烂而变为肥料售与农民。"[②]如何处理日益增多的垃圾，1930年市长杨子毅曾考虑改用焚烧法——建垃圾焚化场、投弃法——用垃圾船投海，无奈费用太高而未曾实施。

从1930年3月起，鄞县县政府还曾组织大规模灭蝇运动，并于次年7月订立收买苍蝇办法及奖励捕蝇队办法。[③]1930年9月起，鄞县政府又订定《鄞县各县立医院附设戒烟所简章》。至1934年，各县立医院均设有戒烟所，大力开展戒烟事宜。

③保障卫生事业经费，改善公共卫生设施

必要的经费是各项事业得以开展的基础。自1927年7月宁波市政府成立后，宁波以及后来的鄞县地方财政一直处于拮据状态。在财力十分有限的情况下，宁波地方当局尽力保证卫生事业经费开支，从而推动各项公共卫生事业的开展，不少公共卫生设施得以建立健全。当时宁波公共卫生事业门类繁多，各项开支均列入政府预算。进入20世纪30年代，由于地方财政更加紧张，于是在1931年度预算时"乃将支出各款，一律减去16%，以求勉合收数"。本次办公经费包括政

---

① 罗惠侨：《改组前之经过工作及今后设施报告市民与商榷》，《宁波市政月刊》第1卷第4号。

② 宁波市政府秘书处：《宁波之过去现在和未来》，宁波明华书阁印刷部1929年版，第34—35页。

③ 张传保、陈训正、马瀛等纂：民国《鄞县通志·政教志》，第698页。

府机关都被“减折”16%，唯卫生与建设两项“专款未曾减折”[①]。当年列入宁波市款岁出预算的卫生事业费包括保健费28018元（内分屠宰场、菜市场经费，中心医院、卫生试验所补助费，施种牛痘费等）、清洁费15696元（内分清道夫经费、卫生警经费）、卫生委员会经费1440元、各场修缮及添置费870元，共计46020元，约占当年市政府全部预算的20%以上。[②]地方当局对公共卫生事业的重视可见一斑。

其间，宁波地方当局致力于建立社会医疗与防疫设施体系，并充分调动民间社会的办医积极性，整合民间卫生资源。到1932年，鄞县县立、公立、私立医院已达48所（县立5所，公立7所，私立36所），鄞县县立医院原有4所，初称公立，后因补助县费若干，遂改称县立。其中由第一医院改组而成的县立中心医院在城内，设施比较齐全，初具规模，并将性病检验所、卫生实验所归附该院。“盖将以之为各院模范，且拟使为卫生行政之主干。”[③]据统计，1934年在该院“住院者640人，门诊57425次”[④]。其余县立第一（在五乡碶）、第二（在甲村）、第三（在鄞江桥）、第四（在凤岙市）医院，每年补助县款若干。各院还组织以当地绅商为主的董事会进行管理并负责“房屋设备及经常不足各费”[⑤]。

县立、公立医院收费一般较私立低廉。对于贫病者，“县立各医院均办理免费施医，公私立医院也有免费者”[⑥]。1930年9月，鄞县县政府订立各医院附设免费专科办法大纲，以惠家境困难的患者。[⑦]

当时其他公共卫生设施也多有添建，如兴建菜市场、屠宰场。1934年鄞县政府与省立医院合办平民产院一所，“住院产妇每日酌收膳费二角外，所有针药、手术、房金等费一概免收”[⑧]。同年还与省立医院暨本县姜陇乡公所合办姜陇汾安医

---

① 《鄞县县政统计特刊》，第2集，弁言。
② 张传保、陈训正、马瀛等纂：民国《鄞县通志・政教志》，第516—520页。
③ 《鄞县县政统计特刊》，第2集，弁言。
④ 张传保、陈训正、马瀛等纂：民国《鄞县通志・政教志》，第2117页。
⑤ 张传保、陈训正、马瀛等纂：民国《鄞县通志・政教志》，第2117页。
⑥ 《鄞县县政统计特刊》，第2集，弁言。
⑦ 《九月份鄞县政府工作概况》，《时事公报》1930年10月7日。
⑧ 张传保、陈训正、马瀛等纂：民国《鄞县通志・政教志》，第110页。

院。对于各类传染病防治，宁波地方当局也高度重视，其方法一般“由政府供给痘浆疫苗，委托各院免费办理，各院亦均能尽力协助”[①]。《鄞县通志》也说“鄞县县政府关于预防时疫，年有准备，如举行夏季卫生运动会，指定医院及直接派员赴各公共场所，或应各机关各团体之请求，施行霍乱预防注射，设立时疫医院，分区举行卫生展览会及夏季时令病之宣传等，行之甚力”[②]。

可以说，在地方政府的主持与民间社会的大力支持下，到 1936 年底，一个遍及城乡、惠及贫民的公共卫生事业体系业已初步形成（详见表 2-4）。尽管因经费严重缺乏等原因，这一体系还存在不少问题，但地方政府所做的这种努力应予以肯定。当然民间力量的介入对于这一体系的完善与发展是十分重要的（如表 2-4 所示），除菜市场、屠宰场及未注明的牛乳场外，私人在各项公共卫生事业中都占了很大比例，成为支撑当时公共卫生事业的主要力量。

表 2-4　1936 年鄞县公共卫生概况统计表

<table>
<tr><th>种类</th><th>性质</th><th>数量</th><th>附记</th></tr>
<tr><td rowspan="3">医院</td><td>县立</td><td>1 所</td><td rowspan="3">设立城区者 11 所，乡区者 2 所，共计 13 所</td></tr>
<tr><td>公立</td><td>1 所</td></tr>
<tr><td>私立</td><td>11 所</td></tr>
<tr><td rowspan="2">助产所</td><td>省县合办</td><td>1 所</td><td rowspan="2">共 15 所</td></tr>
<tr><td>私立</td><td>14 所</td></tr>
<tr><td rowspan="2">医师</td><td>服务医院者</td><td>45 人</td><td rowspan="2">共计 88 人</td></tr>
<tr><td>自设诊所者</td><td>43 人</td></tr>
<tr><td rowspan="2">助产士</td><td>服务医院者</td><td>7 人</td><td rowspan="2">共计 21 人</td></tr>
<tr><td>自设助产所者</td><td>14 人</td></tr>
</table>

① 《鄞县县政统计特刊》，第 2 集，弁言。

② 张传保、陈训正、马瀛等纂：民国《鄞县通志·政教志》，第 715—716 页。

续表

<table>
<tr><th colspan="2">种类</th><th>性质</th><th>数量</th><th>附记</th></tr>
<tr><td rowspan="4">公墓</td><td rowspan="2">已成立</td><td>乡镇公所经营者</td><td>6 处</td><td rowspan="2">共计 15 处</td></tr>
<tr><td>私人经营者</td><td>9 处</td></tr>
<tr><td rowspan="2">正在筹办</td><td>乡镇公所经营者</td><td>5 处</td><td rowspan="2">共计 8 处</td></tr>
<tr><td>私人经营者</td><td>3 处</td></tr>
<tr><td colspan="2" rowspan="3">诊所</td><td>县立</td><td>4 所</td><td rowspan="3">设立城区者 50 所，乡区者 9 所，共计 59 所</td></tr>
<tr><td>公立</td><td>1 所</td></tr>
<tr><td>私立</td><td>34 所</td></tr>
<tr><td colspan="2">药房</td><td></td><td>18 家</td><td></td></tr>
<tr><td colspan="2">中医</td><td></td><td>412 人</td><td></td></tr>
<tr><td colspan="2" rowspan="2">药师</td><td>服务医院者</td><td>2 人</td><td rowspan="2">共计 3 人</td></tr>
<tr><td>经理药房者</td><td>1 人</td></tr>
<tr><td colspan="2" rowspan="2">药剂生</td><td>服务医院者</td><td>7 人</td><td rowspan="2">共计 23 人</td></tr>
<tr><td>服务药房者</td><td>16 人</td></tr>
<tr><td colspan="2" rowspan="2">菜市场</td><td>县立</td><td>10 场</td><td rowspan="2">共计 11 场</td></tr>
<tr><td>区立</td><td>1 场</td></tr>
<tr><td colspan="2">屠宰场</td><td>县立</td><td>2 场</td><td rowspan="2">第 1 场宰牛，第 2 场宰猪羊</td></tr>
<tr><td colspan="2">牛乳坊</td><td></td><td>22 家</td></tr>
</table>

资料来源：张传保、陈训正、马瀛等纂：民国《鄞县通志·政教志》，第 764—765 页。

二、温州

温州素称浙南重镇，历史上一直是浙东南政治、经济中心。进入民国后，尽管受经济条件与战争等因素影响，发展相当曲折，但城市近代化水平仍有明显提高。温州城市的发展可以从温州城市的规模、人口以及城市化水平等方面加以了解。

（一）城市初具规模

温州建城始于东晋明帝太宁元年（323），该城周围 18 里，东西宽 7 里，南北长 5 里。城区面积约 3.8 平方公里。1927 年拆除积谷山一段城墙，建造中山公园。1934 年，城区面积扩充到 4.8 平方公里。1945 年，旧城墙基本拆尽，仅华盖山上至今还残存一处古城遗迹。

从布局来看，温州城市四面环水。南、北以会昌湖和瓯江为天然护城河，东西为人工挖掘壕堑，东壕（现环城东路一段）长576丈，西壕（现九山外河）长670丈。瑞安、永宁两门旁各开一座水门，引会昌湖之水，注入城内各河渠，汇于奉恩水门（现海坛陡门），流入瓯江。城内一渠一坊、河道纵横，时有轻舟往来。"楼台俯舟楫，水巷小桥多"，颇有江南水乡的风貌。[①]至1937年抗战全面爆发时，"水巷"密布的城市肌理依然存在，并演变为"一坊、一街、一河"的双重水路系统结构。但同时不可否认，经过30年代的建设，温州古城水乡格局开始遭到很大破坏，古城许多河道被填埋或改建为水道。[②]

民国时期，城区划分为九镇，道路布局"二纵四横"。1932年曾制定城厢路政计划，将主要街道划分为五等：一等街37条，宽度由原16市尺拓宽为36市尺；二等街52条，由原12市尺拓宽为28市尺；三等街72条，由原9市尺拓宽为18市尺；四等街62条，宽度14市尺；五等街22条，宽度8市尺。当年开始拆除五马街店屋，拓宽路面，由原来18市尺拓宽至36市尺。接着南北大街等11条都相继拓宽。但由于经济陷于困境，规划未能全部实现。[③]据调查，到1933年，温州全城大小道路增加至244条。[④]

民国时期温州城市的规模不仅反映在城区面积的扩充，也反映在人口数量的变化上。由于民国时期温州城区人口资料记载的缺乏，仅找到两个年份城区人口的资料。具体见表2-5：

表2-5　1933、1942年温州城区人口统计

年份	面积（平方公里）	户数	人口数（万）	密度（人/平方公里）
1933	4.8		11.2	23333
1942	12.5	30288	13.61	10885

资料来源：根据《永嘉县志》第238页、《温州市志》第866页内容整理。

① 温州市志编委会编：《温州市志》，中华书局1998年版，第854页。

② 童宗煌、林飞：《温州城市水空间的演变与发展》，《规划师》2004年第8期。

③ 温州市志编委会编：《温州市志》，第854页。

④ 温州市志编委会编：《温州市志》，第866页。

从上述两则材料中可以看出：从1933年到1942年近10年间温州城区面积扩大了1.6倍。城区人口的数量增长缓慢，平均年增长2678人。当然，这种情况与抗日战争的环境有一定的关系。从人口密度来看，民国时期温州城区的人口密度很大：仅以1942年为例，当时永嘉全县人口密度为188人/平方公里，其中温州城区人口密度为10885人/平方公里。通过数据对比，可以明显看出：民国时期，温州城区人口的密度很大。从1933年起九年间温州城区面积的大幅度拓展与城区人口数量多、人口密度大密切相关。

（二）市政建设

民国时期温州市政建设主要包括城市基础设施建设、公共事业的管理和建设等方面。

1. 城市基础设施建设

（1）交通设施建设

民国时期温州城内道路格局没有大的变化，城区交通设施建设主要集中在以下几个方面：

① 道路拓宽与改造

1934年，温州城区开始拆让街道，放宽路面，铺筑马路及人行道。至次年，完成五马街、南北大街，府前街自打锣桥至中楼下，府头门，道前街及府城殿巷（今广场路），小南门街，康乐坊、百里坊，信河街等11条街路。[①] 经过一番拆让和改造后，温州城区形成了“二纵四横”的道路骨架：“二纵”为南北走向的两条主要道路：一为大街（今解放路），由南门至朔门，一为信河街，从来福门通麻行门。“四横”为东西走向的四条主要道路：一是百里坊通西门，二是康乐坊通东门，三是府城殿巷、道前街、府头门及打锣桥连成的一条（今广场路），四是五马街、蝉街、县城殿巷（今公园路）连城一条。解放初，温州市区道路仍十分狭窄。大街一般只4米—5米宽，坊巷仅2米—3米宽。1932年翻修的新路五马街

---

① 汤一钧编：《温州市公共交通志》，黄山书社2000年版，第32页。

为最宽，也只有 12 米。人力车成了市区唯一的交通工具。[①]

② 桥梁新建与改建

1933 年，将府前桥、洗马桥（大同巷）、通道桥（晏公殿巷）、大洲桥等高桥改建放平；同时新建双孔石拱的飞霞桥与钢筋混凝土的中山桥。1935 年，将大街第二桥和纱帽河桥条石桥面改为钢筋混凝土桥面。同年改建涨桥（永东桥）。民国期间，温州总共新建桥梁 5 座，放平 4 座，加宽 11 座，架设临时桥 3 座。[②]

③ 城区排水管网建设

主要有两个方面：一是河道疏浚。1933 年，疏浚南北大街后河、信河及象门河。为了调节城内水位，在西湖头开通涵洞，引城外清水入城，又在白莲塘新建象门水闸，导城内污水入江，以加速泄洪排污能力。1934 年城区建广化陡门（内），抗日战争胜利后改建广化陡门（外）。[③] 1945 年，维修东安陡门，并在海坛、东安两陡门安装手动机械，以启闭闸门。[④] 二是改建沟渠。1934 年，将五马街南侧河道改建为 40 × 50 厘米石砌下水道。次年，又将瓦市殿巷小河改为石砌下水道。[⑤]

温州城区的街道小巷在 1917 年开通，以适应该年 12 月引入本地的人力车通行需要。据瓯海关统计，至 1921 年底，人力车约有 300 辆。[⑥]

民国时期，温州与外界的联系曾发展为立体式，不仅有传统的水路，还有公路及空运等新式的运输方式。

A. 在水运方面，温州独特的地理位置使其海运及内河运输非常发达。民国时期温州的海运具体包括远洋运输和沿海运输。二三十年代，曾有朝鲜、越南、美国、英国、法国、意大利、葡萄牙、苏联、荷兰、挪威、泰国等国轮船来温。其中温州与日本长崎之间也有商船往来，直至 1931 年九一八事变后中断。温州至

① 汤一钧编：《温州市公共交通志》，第 32 页。
② 温州市志编委会编：《温州市志》，第 871 页。
③ 温州市志编委会编：《温州市志》，第 876 页。
④ 温州市志编委会编：《温州市志》，第 875 页。
⑤ 温州市志编委会编：《温州市志》，第 875 页。
⑥ 杭州海关译编：《近代浙江通商口岸经济社会概况》，浙江人民出版社 2002 年版，第 448 页。

香港船舶往来增多，1939 年 4 月后逐渐衰落，至 1941 年 4 月完全中断。①

在海运方面，1905 年后，航行温沪线的客货轮，除公营轮船招商局的“海晏”轮外，还有私营的“益利”、“台州”、“大华”、“鸿兴”等轮船。抗日战争初期，温州港成为我国东南沿海一个中转港，一度异常繁荣。其中外籍船舶行驶于温州至上海、宁波、福州、厦门、汕头等地，有数十艘之多。1941 年 12 月太平洋战争爆发后，轮船停顿，而许多木帆船参与沿海运输，偷运至沈家门。抗战胜利后，温州沿海轮船运输一度恢复，1948 年渐趋衰落。② 此外，还有温州至楚门、坎门、鲜迭、洞头等短程客运航线。抗日战争期间大多停航。

在内河运输方面，早在 1906 年已有“小火轮”拖带客、货驳船航行于温瑞塘河。进入民国年间，内河汽轮船逐年增加。抗日战争前夕，经营温州内河客货运的有永乐、同益、济瓯、通济、安平、通利、仁济等 7 家，有几十艘拖轮，开通 14 条航线。抗战结束后，先后有 26 艘私营船舶计 4300 多吨位从事内河运输。其中安澜、大有、永泰、安利 4 条轮船航行于温州至塘下、莘塍、九里间。③

B. 在公路运输方面，温州较全省其他地区为迟。1917 年，浙江省议会通过浙闽正线议案，计划该线从省会杭县经绍兴、鄞县（宁波）、临海、永嘉至福州。1921 年，修正从嵊县、新昌至临海，与南朝开辟的古道基本相同。1922 年，温州境内公路开始动工修建，当年仅建成永嘉南门至龙湾状元桥支线 12 公里路基。1924 年江浙战争爆发后工程中断。此后修建工作时断时续，直至 1934 年 11 月，杭福公路泽（国）清（江）温（州）段和龙（游）永（嘉）公路丽（水）清（水埠）段建成通车，温州始有公路汽车运输。1937 年又建成永（嘉）瑞（安）平（阳）公路，至桥墩门止。至此，温州通车里程达 231.02 公里。抗日战争全面爆发后，国民政府为阻滞日军南犯，于 1938 年下令全线破坏公路，温州境内公路彻底毁路为田。抗战胜利后，国民政府曾三令五申抢修沿海公路线，但因破坏甚重，至 1949 年 4 月前，除乐清至港头段路基修复外，其余路段均未修复，温州公

① 温州市志编委会编:《温州市志》，第 963 页。

② 温州市志编委会编:《温州市志》，第 964 页。

③ 温州市志编委会编:《温州市志》，第 967 页。

路汽车运输中断达 12 年之久。[①]

C. 在空运方面，由于温州陆上交通落后，航空运输较早受到关注。1933 年 7 月，中国航空公司开辟的上海至广州民航班机，途经温州，在城区江心屿江面设水上飞机降落点，是为温州民用航空运输之始。此航班在温州开航 4 年，至 1937 年抗日战争爆发后撤停。在此期间，温州南郊，西郊及乐清县先后建成 3 个机场，但这些机场后来并没有保全，有的在日军撤退时被炸，有的则成为荒墟。[②]

1931 年 12 月 31 日，瓯海关税务司周子衡在他的《瓯海关十年报告（1922—1931 年）》中谈到温州的“交通”时这样写道：“本埠附近，迄无铁路建设，观夫山道崎岖，及财政支绌状况，最近将来，恐无兴筑之望也。至言公路，亦未克与他埠媲美，绍平（绍兴至平阳）线，接近本埠一段，期初业已兴工，嗣以款项不济，中道而止，仅本部南关至状元桥一段，长约三英里，建筑完竣。附近各县县路，近由省府督促修筑，并规定由各乡村拨用民夫，担任工作，以免路政因经费困难而影响也。”[③] 周子衡这番话一语道破了温州公路建设发展缓慢的两大制约因素：一是受制于地理环境；二是建设经费不足。

2. 城市公共事业建设

（1）城市电力设施建设

1912 年，宁波籍商人王香谷在温州城区购地 7 亩，建楼房 5 间，招股筹办协利电灯公司。后以 5000 银元转让给李湄川、何醒南创办温州普华电灯股份有限公司。1914 年 3 月 27 日发电，地址在小南门外。时有美国奇异牌 100 千瓦汽轮发电机 1 台及廷墩卧式锅炉 1 座。继而先后四次添置新机，陆续扩建厂房，至 1938 年装机容量达 2096 千瓦，年发电量 4207160 千瓦小时。1947 年 2 月 4 日停止发电。10 个月后，恢复城区供电。[④]

1914 年 4 月，温州市区开始有路灯，采用短管挑 16—20 瓦白炽灯。1936 年，增加到 1163 盏，设有专线，电压为 110 伏，与照明用电 220 伏线路分开。抗日

---

① 吴炎主编：《温州市交通志》，海洋出版社 1994 年版，第 3 页。

② 吴炎主编：《温州市交通志》，第 4 页。

③ 杭州海关译编：《近代浙江通商口岸经济社会概况》，第 456 页。

④ 永嘉地方志编纂委员会编：《永嘉县志》，方志出版社 2003 年版，第 586 页。

战争后期，路灯设施渐毁。至1949年，只剩下223盏。[①] 民国时，路灯由普华电灯公司经营管理。在1912—1922年这10年间，街道照明除有少数电灯由旁边商铺付钱以外没有任何发展。[②] 据说1922—1931年，"电气材料亦因本埠电灯发展，进胃（口）甚强"[③]。

（2）近代通信设施建设

近代通信设施主要是指电报和电话建设，这方面地方政府是主导者。早在1902年，温州就开始设立电报子局，1913年改称温州电报局，后又更名为永嘉电报局。[④]20世纪20年代末，浙江省各县长途电话线亦由建设厅陆续敷设。温州长途电话局于1930年9月开始通话，但通话效果不佳，"仅于夜阑人静时，通话始较清晰也"[⑤]。1943年2月，二局合并为永嘉电信局。其间，温州工商界于1919年3月集资创办东瓯电话公司，是为温州市内电话之始。1937年5月，永嘉县乡村电话管理处成立。[⑥]

民国温州的电报业务具体分为有线电报和无线电报两大类。从线路来看，1924年，温州电报局所辖的线路有：温州至缙云报线分辖（至谷坑段）78.5对公里，电杆1120根，温州至黄岩报线分辖（至水涨段）135对公里，电杆1466根。1935年，计有永嘉至乐清线路86.4公里，电杆1105根；永嘉至缙云线路156.1公里，电杆1752根；永嘉至瑞安路线40.3公里，电杆531根；并设永嘉至上海莫尔斯机电报电路。至1948年12月，温州通信线路有永嘉至瑞安双铜线1对、永嘉至青田单铁线1条、永嘉至乐清双铁线1对。[⑦]

1938年，永嘉电报局开通至上海无线电路。1943年，有至福州、宁波、晋江3条无线电路。1946年，有至上海、杭州、鄞县（宁波）、定海、衢县、台北6条无线电路。[⑧]

---

① 温州市志编委会编：《温州市志》，第878页。
② 杭州海关译编：《近代浙江通商口岸经济社会概况》，第448页。
③ 杭州海关译编：《近代浙江通商口岸经济社会概况》，第451页。
④ 温州市志编委会编：《温州市志》，第1009页。
⑤ 杭州海关译编：《近代浙江通商口岸经济社会概况》，第456页。
⑥ 温州市志编委会编：《温州市志》，第1009页。
⑦ 温州市志编委会编：《温州市志》，第1012页。
⑧ 温州市志编委会编：《温州市志》，第1012页。

从业务来看，1945年，永嘉电信局报务相当繁忙，为此从丽水调来莫尔斯机及人员支援。1947年开始经转临海、瑞安、丽水、古鳌头、乐清、缙云、平阳、青田等局发往全国各地的电报。1948年下半年，电信局营业处出现排长队打加急电报的现象，每天来往电报高达2000多份。[①]

民国时，温州民间力量投资近代通信设施建设且成绩突出的无疑是东瓯电话公司。1919年，温州地方士绅杨雨农从上海归来后，即邀集吕文起、徐之纲（四明银行）、杨直钦（五味和）以及李志竞、林醒民、黄伯蕴等人商议，一致同意杨雨农为发起人，创办"东瓯电话公司"。初定资金为1万元（银元），设在城区打锣桥边春花巷。1923年增加资金3万元。1929年因大火而化为焦土。1933年，公司资金已增加到5万元。抗战期间遭到日军的严重破坏，新中国成立前夕，因地方政府要员的干扰，公司濒临破产。[②]

东瓯电话公司创建时，电话用户为57户。[③]而在1922—1931年营业甚形发达，用户已由最初的180家增为394家，每月电话费，住宅由银元3元增为4元，商店由4元增为5元，机关仍收5元。[④]

（3）城市饮水问题突出

如何解决城区饮水一直是沿海地方政府头疼的难题。1928年，永嘉县政府曾倡议兴办自来水厂，以工程艰巨而作罢。1935年，县政府又派募捐款，拟开凿自流井解决饮水困难，因水源不足而未能如愿。[⑤]1934年，根据永嘉县卫生事务所绘制的《第一区环境卫生分布图》，当时城区有公井135口。[⑥]但因地表水受污染，河水可汲引的水源日减，井水质量也下降，旱天更是常闹水荒。1935年，永嘉县城府按户派募捐款，拟开凿自流井5口以谋解决城区饮用水。当年，先后在府头门钟楼旁、县政府门前右侧开凿三口，但不得水源。1937—1940年，先后在

① 温州市志编委会编：《温州市志》，第1014页。
② 黄伯蕴口述、孙孟桓记录：《东瓯电话公司创办始末》，《温州文史资料》第4辑，第254页。
③ 温州市志编委会编：《温州市志》，第1024页。
④ 杭州海关译编：《近代浙江通商口岸经济社会概况》，第456页。
⑤ 温州市志编委会编：《温州市志》，第911页。
⑥ 温州市志编委会编：《温州市志》，第917页。

沙帽河（巷）、周宅祠巷天主教堂、董若望医院（今第三医院）等处开凿机井（深64—80米），均因水源短缺，水质欠佳而不能用。①

1929年，曾有当地殷富士绅计划投资兴办自来水厂，邀请德国工程师到温勘测，因工程浩大，效益甚微而作罢。②

（4）城市环境卫生

民国时期，温州城区卫生状况相当糟糕。据瓯海关报告，20世纪20年代"城内河流纵横，惟仅数处堪行小船，多数系污浊积聚，不啻倾倒垃圾渊薮。每届夏季，烈日蒸熏，秽气逼人，殊碍卫生。此外，附近井水，亦以污流渗入，均成混浊。该项城河，开凿之初，原属宽度平均，以资运输货物，而为街道之佐，不意历年既久，积污淤塞，竟成卫生障碍"③。

其间，温州城区环境卫生设施极为简陋，并无公共厕所，无垃圾堆放场。粪便、垃圾由城市贫民和郊区农民收集运往农村。1929年，永嘉县政府曾配备卫生警察和清道夫管理环境卫生，但未能根本改变城区环境脏乱状况。④据统计，市区环境卫生设施仅有20余只破旧垃圾箱，8辆手拉垃圾车，而当时私人设的茅坑达到1178座，小便桶2000余只。⑤

北洋时期，城区环境卫生，归永嘉县警察局管理。1929年开始，全省各县设卫生警察、清道夫。永嘉县设卫生警察2名、清道夫10名。城区主要街道的垃圾由清道夫摇铃收运，沿街店铺前人行道及居民住宅区地面，均实行门前自扫。⑥1937年，永嘉县立医院改名为卫生事务所（主管医疗卫生），负有环境卫生的规范和检察责任。⑦

城区粪便，向来是市郊和毗邻各县农田的主要肥源。新中国成立前，粪便收倒一直沿袭"粪地"封建把持制。以居民30人每两天出粪便1担来计算，叫作1担粪地，全年值500斤稻谷。粪地可买卖、出租或转让。1934年1月20日，永

---

① 温州市志编委会编：《温州市志》，第917—918页。

② 温州市志编委会编：《温州市志》，第918页。

③ 参考《温州市志》和《瓯海关十年报告（1922—1931）》。

④ 温州市志编委会编：《温州市志》，第939页。

⑤ 温州市志编委会编：《温州市志》，第940页。

⑥ 温州市志编委会编：《温州市志》，第942页。

⑦ 温州市志编委会编：《温州市志》，第941页。

嘉县政府成立第一区粪便事务委员会，向粪地占有者征收粪捐，以充教育、卫生事业经费（粪捐为18000元），一直延续到温州解放。挑粪者除向居民户送草纸钱外，还要向粪地霸头缴纳粪捐。新中国成立前夕，温州市区人口仅15万人，日产粪便约2500担，挑粪人员却有2000余人。他们从一家一户居民住室内提出马桶倒入粪桶，挑至埠头倒入粪船，运往乡下自用或卖给农户做肥料。①

温州市城区的垃圾，历来由城市贫民俗称“畚扫客”和进城积肥的农民收集，转卖给农户做肥料。1936年3月6日，永嘉县政府曾以此招商投标，年承包金额3600银元，于当月28日开标。后因经营不善，街衢反更污秽，有失去订约承包的初衷，于同年10月撤销。垃圾仍由城市贫民与积肥农民收集。直到解放初期，市区沿江一带还有30多家垃圾“堆栈”，其中有10余家集中在麻行僧街，屋内室外堆满垃圾，极不卫生。②

民国时期，永嘉县政府用于环境卫生的经费极少。城区街道添置垃圾箱和从事清卫工作等所需费用，由城区各镇自筹解决。③经费的缺乏无疑在很大程度上制约了温州城区环境卫生的改善。

（5）城市休闲场所的建设与保护

民国时期，温州城区休闲场所建设方面的最大成就是中山公园的建立，当时对于城区的休闲场所，政府和民间也予以了积极的维护。

1927年，为纪念民主革命先驱孙中山，温州地方政府拆除城墙，在东门之南、华盖山与积谷山之间辟建中山公园。历经四年，费银3万元，于1930年11月建成。面积5.09公顷，其中水面面积1.33公顷。④“园前辟有水池一方，园内布置幽丽，东门城垣业已拆除，故自园中凭栏远眺，附近田畦山景，一览无遗，胸襟为之一畅。”⑤1936年11月，园内设立了中山纪念堂。

1947年，因年久失修，该园管理处呈准永嘉县府组织兴修委员会，发起义演

---

① 温州市志编委会编:《温州市志》，第941页。

② 温州市志编委会编:《温州市志》，第943页。

③ 温州市志编委会编:《温州市志》，第944页。

④ 参考《温州市志》和《瓯海关十年报告（1922—1931）》。

⑤ 杭州海关译编:《近代浙江通商口岸经济社会概况》，第459页。

募捐，并制定修理计划：第一期修理园内道路，第二期修葺亭榭，共需款2000余万元。[①]1948年，中山公园管理处鉴于“永嘉中山公园为本埠唯一名胜，每值盛夏，游人如鲫。惟园中电灯尚付阙如，难免发生意外之事”[②]，计划将园内道路全部装置电灯，并请普华公司派员计算所需木材、电线及灯泡材料所需数量及费用。为不增加人民负担，该主任呈请县府将前由参议会删除该园园丁二人生活补助费，改为装备费，全数拨为装灯之需。[③]

除了中山公园，在40年代温州城区还新辟了中正公园。1943年，温州城区落霞镇镇民代表徐立等提议开辟松台山一带为中正公园一案，当经该代表会一致通过。民众周焕泉闻此消息，自动将自用城石35000斤全数捐献该园，以充建筑之需。[④]据说驻扎该地的“×部周连长亚障发动兵工布置环境，成绩大有可观。”[⑤]

在近代，公园的出现是个新事物，人们对于这样一个公共休闲场所的保护意识缺乏，因此出现一些恶意破坏公园的行为。如1948年华盖山尼姑庵后面有八株椰子树遭人砍伐，合计价值在五千万元左右。[⑥]1949年4月，温州城区风景松台山岩遭一股无知石匠偷采图利，以致该山西首山岩几乎夷为平地。[⑦]

针对破坏公园、景区设施的行为，地方政府采取了积极的措施予以打击，并设置了中山公园管理处，对公园的设施进行管理。1948年3月，永嘉县政府以本埠华盖山半腰近有民人擅建茅舍一所，复再在其旁安置地盘，希图再行添建。并发觉常有民人盗掘泥土，损毁名胜，影响观瞻。“特令饬中山公园管理处立即派警勒限拆除，恢复原状。并对盗土者亦着即查明拘送法办，以儆效尤。闻该处奉令后，决即遵照执行云。”[⑧]

1949年3月，县民教馆长谢印心兼任中山公园管理处主任后，力事整顿，对

① 《中山公园开始修理》，《温州日报》1947年8月17日。
② 《中山公园计划装灯》，《浙瓯日报》1948年8月14日。
③ 《中山公园计划装灯》，《浙瓯日报》1948年8月14日。
④ 《落霞镇筹建中正公园》，《温州日报》1943年12月6日。
⑤ 《松台山一带辟中正公园》，《温州日报》1943年12月26日。
⑥ 《中山公园椰树遭人砍伐》，《浙瓯日报》1948年3月29日。
⑦ 《松台岩石遭人偷取》，《浙瓯日报》1949年4月12日。
⑧ 《华盖山擅建茅舍》，《浙瓯日报》1948年3月29日。

于公园设备，无不计划充实。[1] 并悉该处为保护林园计，拟在四周建筑围墙，俾可保管。同时为适应商业需要起见，决议在该墙四周预留广告地位，以供各商业大单位之用。“闻本埠正华、万象、紫金鞍、云裳、同益、孚华、百亨、顺源等各大商号，以公园为万人瞩目之所，对于园墙广告，无不乐于捐认。”[2]

（三）城市管理

民国时，温州城市管理举措主要体现在设立市政建设机构、取缔有损市容的非法行为、规范门牌管理等。

1. 成立城市管理职能部门

20 世纪 30 年代，温州已设立专门负责、管理市政建设的机构。地方政府重视城区道路的规划、整顿及一些重大市政建设，并且成立永嘉县政建设委员会、永嘉县政府设计委员会等机构。这些机构的职责是讨论市政建设并制定市政工程建设项目书以及对工程的可行性进行论证，同时也积极推进建设工程的进展。1937 年，永嘉县政府以城区西街、仓桥街、馒头巷、渔丰桥等四条街道在限定的拆让时间内尚未动工，令县公安局长迅即派警勒令克日报告拆让，“如再敢故违，着即拘办”[3]。民国时，温州城区道路取缔、改建、新建以及河道疏浚、市容的维护等都属于地方政府职能范围。

在地方政府的主导下，20 世纪 30 年代，温州城区的市政建设成绩显著，特别是在路政整顿与河道疏浚等方面，地方政府着力推进。如 1935 年 8 月 30 日的《浙瓯日报》报道：“城区路政，自上年开始拆让放宽后，不但交通日臻便利，兼且市容为之一新。惟迄今全部拆让完成及将完成暨正在缩让中者，计有五马街、府前街、小南直街、南北大街等处，惟以街心路基及两旁人行道，尚多高低凸凹不平之处，实欠整齐，每值大雨滂沱，街心积水不去，以致行人车马，裹足不前，殊属美中不足。永嘉县政府有鉴于此，闻现拟于建设经费项下，拨垫 1000 元，

---

① 《中山公园重建计划拟就》，《浙瓯日报》1949 年 2 月 10 日。
② 《公园拟筑围墙》，《浙瓯日报》1949 年 3 月 19 日。
③ 《百里坊等街道 县令克日拆让》，《浙瓯日报》1937 年 4 月 4 日。

就府前街及小南直街两处，招工铺筑街心标准石子路，以为人民准则，至两旁人行道，则责由各家自行出资铺筑。”①

2. 取缔有损市容的行为

民国时，温州地方政府大力推进道路交通建设的主要目的在于改善市容，利于观瞻。地方政府改善市容的做法不仅表现在路政的整顿上，还体现在以下方面：

整顿城区广告乱贴现象。1938 年 4 月间，永嘉县警察局，以本城各街巷公私墙壁向来任意张贴广告，参差不齐，殊属有碍观瞻，“兹为整饬市容起见，特于城厢内外适宜地点，择定广告场 60 所，专作张贴各项公告之用。闻该局昨已分函各机关团体查照，并转饬收发人员注意，以资划一云”②。此外，永嘉县政府还对城区的乱搭现象进行取缔。1936 年 7 月 25 日《浙瓯日报》报道说：“永嘉县政府以本埠大南门底第一桥街南面河道久被地民侵占，搭盖桥棚，该项草搭，类多倾斜破烂，殊与市容有碍，且棚下堆积垃圾，河水污浊，对于卫生，尤属不合，于昨日转令饬县公安迅即限令拆卸，并督饬清除河中垃圾，以重卫生云。”③

组织市容整顿委员会，并于 1943 年 12 月 30 日下午召开会议讨论市容整顿问题，通过的议决案具体如下：（1）通过永嘉县疏浚城河实施办法草案。（2）通过分期实施路政拆让。（3）通过分期修理城厢公共码头，以利战时交通案。（4）关于划一市区各街道店屋临时篷帐请公决案，议决：① 先取缔各街道商店现用破旧帐篷；② 新搭帐篷样式及材料应妥为计划，交下次会议讨论。（5）通过城区一二等街道遍植人行道树木。（6）关于西门外大殿前（即和平路）至西门底保宁殿前一段原有路线曲折改成直线，河上架设木桥，以利交通，议决由县府派员勘定实际情形拟订计划，提交下次会议决定。（7）通过取缔沿街店屋出檐案。④

早在 20 世纪 30 年代初，温州城区的小南门、大南门等被拆除。抗日战争期间，永嘉县政府奉浙江省国民抗敌自卫团总司令“着将县城即日兴工拆除，以免

① 《府前街暨小南直街将铺筑石子路》，《浙瓯日报》1935 年 8 月 30 日。
② 《县警察局整饬市容》，《浙瓯日报》1938 年 4 月 13 日。
③ 《第一桥街南面桥棚县府限令拆卸》，《浙瓯日报》1936 年 7 月 25 日。
④ 《县府开会决定整顿市容》，《温州日报》1944 年 1 月 4 日。

妨碍市区之发展”的命令，将温州城区的城墙拆除。[①]

制定城区环境卫生督导办法。永嘉县政府为督促城区环境卫生，制定城区环境卫生督导办法。1944年7月，永嘉县为扩大卫生清洁运动起见，特定7月29日、30日两日发动城区全体保甲长，并指派警察及自卫队士兵200余名，整日督导市民举行清洁大扫除。第一日规定先完成海坦、城东、莲池、广化、南市五镇，第二日完成中央、城南、集云、落霞四镇所有小巷、河埠、沟渠及任何公私隙地僻静处所，垃圾污物瓦砾荒草，均须督责居民一律扫除净尽。如各住民经过督促仍延不遵行者，将拘局依法从严罚办云。[②]

取缔停柩，勒令迁葬。温州城区大南门外卖麻桥下有黄土山一座。远近住民擅将灵柩停留于该处，为数颇多，且年久未埋，棺木朽烂。现际天时渐暖，臭气四溢，且该处有水井一口，附近居民赖为饮料，倘若污汁渗入水井，对于卫生大有妨害。该处公民陈时翼为谋大众利益起见，特于昨日具呈警察局请求取缔，勒令柩主迁葬。警局据报，业经批准交卫生组依法迁葬云。[③] 此外，1947年10月间，永嘉县府以城郊地区停柩累累，其中有年时久远者遭风雨侵蚀，有碍卫生，而尤以三角门外清明桥一带为最多。“出示布告停柩家属迅予整理迁葬，如有尸骨暴露者，应即掩埋，遗棺焚化。”[④] 其中清明桥旧厝舍停柩，自经迁葬会发动迁葬后，除由家属领葬者外，其无主及贫苦停柩1400余具，“已经该会迁葬于雪山后所建之公坟”[⑤]。地方政府通过行政命令的方式取缔城区乱停放灵柩的现象，无疑有利于城市卫生及环境的改善。

3. 统一整编门牌路牌

温州城区定期对门牌路牌进行整顿，并统一式样。据1947年5月13日的《浙瓯日报》报道：“永嘉城区各镇门牌业已全部制就，即日开始编钉。惟各户应缴门牌费，尚有多数未缴，将在编钉时随收归垫，旧有门牌同时作废，撬下收回。是项新门牌编钉，依照整编门牌路牌办法规定，须钉门牌编钉，依照整编门

---

① 《永县府令兴工拆除县城》，《浙瓯日报》1938年12月7日。

② 《城区举行清洁大扫除》，《温州日报》1944年7月29日。

③ 《卖麻桥停柩》，《温州日报》1948年2月22日。

④ 《清明桥停柩》，《温州日报》1947年10月9日。

⑤ 《清明桥棺柩迁葬完成》，《温州日报》1948年2月5日。

牌路牌办法规定，须钉门楣之正中，如系石质门或无门楣者，则须钉于门之左上方。闻县府已饬各分驻所指定警士两名按日领取，分别挨户编钉，预定15日前办竣。”[①]

纵观民国时期温州的市政建设，以下几个特点相当明显：

第一，从经费来源看，充分利用商民力量。在当时温州城区地方政府财力有限的情况之下，市政建设能有条不紊地推进，并基本上按照地方政府事先设计的蓝图实现，不能不说是一个奇迹。温州地方政府在市政建设方面已经摸索出一条成功的路径，如在路政建设经费的筹措方面，政府主要负责道路修筑费用的筹措，至于道路两旁的人行道的建设费用则由两旁受益的店家来承担。这样可以大大减轻政府的财政压力，充分利用商家的力量实现市政建设的蓝图。在市政建设中，地方政府充分利用地方上的资源。如1935年，温州城区政府饬令游教所选派精壮游民20余人由组目率领拆除大南门城墩。[②]又如1935年，永嘉县政府将温州城区民权路（府前街）自标准钟楼下至王木亭一段铺筑青砖马路，并规定所需转料一律采用本县永临实验乡出品，以提倡土产。[③]政府筹措的建设经费主要自地方政府建设费拨款、省府拨款以及公产出租所得资金。支撑民国期间温州市政进行的主要是商业。正是充分利用了商民力量，大大弥补了政府财力的不足，基本上实现了仅仅依靠政府财力无法实现的建设目标。

第二，从实施情况来看，政府是城市建设的规划和推动者。对此，可以从当时温州地方报纸的报道标题中见其一斑：《路政拆让如延不遵行将予强制执行》（1935年5月3日）、《本县建设会改划东门外路线复勘意见已通过》（1935年5月6日）、《建设会决议茶院寺头至帆游船河道路》（1935年5月1日）、《县府拟于日内招商拆除东南城门》（1935年6月1日）、《县设计委员会昨开成立大会》（1935年8月6日）、《中山马路县府决积极建筑》（1936年1月12日）、《永嘉县府招商投标筑民权路人行道》（1936年1月30日）、《永县府县政会议通过修整中

① 《编钉门牌》，《浙瓯日报》1947年5月13日。
② 《游教所派遣游民拆大南城墩》，《浙瓯日报》1935年8月15日。
③ 《民权路标准钟楼下至王木亭铺筑青砖马路》，《浙瓯日报》1935年11月8日。

山公园》（1936年4月16日）、《第一桥街南面桥棚县府限令拆卸》（1936年7月25日）、《县公安局筑火警瞭望台》（1936年12月27日）、《设计委员决议建设下水道》（1937年3月31日）、《百里坊等街道　县令克日拆让》（1937年4月4日）、《本县设计会议改直西门路线》（1937年4月4日）、《县府令广化莲池两镇筹款建筑永西桥》（1937年4月8日）、《警察局整饬市容》（1938年4月13日）、《永县府令兴工拆除县城》（1938年12月7日）。以上仅仅是选取了《浙瓯日报》1935—1938年的新闻标题，从中不难看出温州地方政府在推动城区建设所发挥的作用。

第三，从发展阶段看，抗日战争前特别是20世纪30年代，温州的市政建设成绩斐然。城区的一些主要干道，如五马街、南北大街等都是在这时完成了拆让、改造、改直，实现了拓宽。同时兴建了中山公园、火警瞭望台等，修筑了中山马路、拆除东南城门、建筑公共码头、改划东门外路线、疏浚城区河道等等。[①]抗日战争期间，温州城区建设缓慢，主要对之前的市政工程进行维护和修葺。到了40年代初，“市内重要街道，如五马街、南北大街等，因年久失修，破坏之处甚多，商民住户运输交通均感不便，以致年来翻修马路呼声甚嚣尘上”[②]。地方政府认为将市内重要街道改为石条路所费巨大，于是让道路两旁商民住户负责将所有残缺凹下活动凸起之处修平，等到抗战胜利后再实施大规模工程。[③]鉴于已修竣好的南北大街、五马街、打锣桥街、小南大街等路面多系砖石砌成，质地极脆，一经重压，每易破碎。永嘉县政府为使路面经久耐用起见，饬令警察局：“五马街等砖石路绝对不准载重板车通行，以保路面，若敢故违，即予扣办。”[④]抗日战争结束后，温州的城市建设又被提上日程。1946年1月25日，温州永强区东平陡门于修建完竣。[⑤]1946年5月20日，永嘉郭溪区仙门益寿桥由本地人集资重建后落成。[⑥]1947年，永嘉县政府鉴于城区各街道路面凹凸不平，下水道设备简陋，且

---

① 参见孙焊生编:《温州老新闻（1933—1939年）》，黄山书社2012年版。
② 《永县府发动修葺街道》，《浙瓯日报》1943年3月6日。
③ 《永县府发动修葺街道》，《浙瓯日报》1943年3月6日。
④ 《砖石路修竣》，《温州日报》1943年7月13日。
⑤ 《东平陡门昨日落成》，《温州日报》1946年1月26日。
⑥ 《仙门益寿大桥昨行落成典礼》，《温州日报》1946年5月21日。

无系统，以致大雨之后，积水无可宣泄，车马行人均感不便，特订定城区街道修理办法："规定经费由住户业主各半负担。"[①]然而两个月后，始终未见街道兴修的动静。[②]在抗战结束后，温州市政建设的主要任务是恢复在战争中遭到破坏的设施，可以说百业待兴。当然，基于政府财力的有限，一些市政设施难以落实，多数往往停留在设想上。如早在1943年，永嘉县长在城区校长工作检讨会上一再提出筹设"永嘉儿童乐园"的建议。他认为："永嘉城市这样大、商业这样繁荣、儿童这样多，却没有一个儿童的'乐园'，让他们过合理的且能以调剂他们生活，受良好的战时教育，这不能不说是一件很大的憾事！"[③]但筹设"永嘉儿童乐园"的主张直到1946年才被提上日程。永嘉民教馆为筹建儿童乐园，于1946年3月31日召开筹备会，决定于4月4日起在市中心五马街南北大街等处设置献金柜，欢迎民众自动献金，献金款将专户存储，作为筹建儿童乐园经费。[④]

总体看来，民国时期，温州城市的总体框架已基本成型。温州城区的市政建设呈全方面展开，尽管中间也曾出现中断的局面。但30年代掀起的大规模的规划与整顿基本上奠定了温州的城市格局。民国时期设市的要求为："现时人口在10万以上，合于设市条件者应依法先行划分市区绘具详细区域图说五份，并编拟市政府或市政筹备处组织规程草案并咨内政部呈核。"[⑤]依据这样的条件，当时的温州已经符合设市的要求。早在1946年7月初，温州八区行政会议上讨论的民政部分提案中就有划永嘉城区九镇，成立温州市，仍归县府管辖，以利市政建设案。[⑥]据1947年4月4日的《温州日报》报道："现时温州人口为212613人，面积为2725.96方市里，已确合设市标准，并附有市区图说及组织规程等，设一室七科二局。一、秘书室掌理文书出纳庶务及不属其他各科局事项；二、第一科掌理民政事项；三、第二科掌理财政事项；四、第三科掌理教育文化事项；五、第

① 《修理城区街道两旁店屋同时缩让》，《温州日报》1947年8月7日。

② 《本埠决定兴修街道两月来竟未见动静》，《浙瓯日报》1948年9月12日。

③ 《创设儿童乐园》，《浙瓯日报》1943年4月4日。

④ 《永民教馆发起筹建儿童乐园》，《浙瓯日报》1946年4月1日。

⑤ 《温州设市已合标准》，《温州日报》1947年4月4日。

⑥ 《建议温州设市》，《温州日报》1946年7月7日。

四科掌理卫生事项；六、第五科掌理社会事项；七、第六科掌理地政事项；八、第七科掌理军事行政事项；九、工务局掌理市政工程及建设事项；十、警察局掌理保安及警察事项。”[①]1947年4月，经浙江省参议会通过，并报行政院核准，温州设市。[②]

三、台州

如上所述，近代宁波、温州城市发展历经坎坷，但毕竟有所发展，其中宁波于1927—1931年设立宁波市，后并入鄞县，1946年11月，宁波、温州两地经行政院核准，设立为市。[③]与之不同，近代台州城市发展却经历了一个此消彼长的过程，其中一直作为台州府城的临海尽管城市建设也有起步，但由于交通等条件的限制而无可挽回地走向衰落，而其所属的海门由于地处海口，迅速发展成为浙江沿海中部一个新兴的工贸与港口城市而引人注目。这里主要就台州传统城市临海在民国时期的变迁做一概述，而有关海门的内容则在下一节介绍。

（一）从城市规模来看

1. 城区人口数量过少

一定的人口集聚是城市得以成立的前提条件，也是城市兴衰与否的重要尺度。长期以来，作为台州府城，临海城区一直是台州政治经济的中心，也是台州人口最为集中即人口密度最高的地方。但进入民国以后，这种情况发生了戏剧性的变化，所谓天下熙熙皆为利来，天下攘攘皆为利往，由于远离海口，临海城区经济一直不振，对人口的吸引力自然降低，大量的人口涌向地处海口同属临海的海门一地。这从以下两个人口统计材料中可见一斑：

---

① 《温州设市已合标准》，《温州日报》1947年4月4日。

② 温州市志编委会编：《温州市志》，第51页。

③ 《宁波温州设市政院原则核准》，《申报》1946年11月25日。

表 2-6　清末临海人口分布表（部分）

名称	户数	人口数	其中	
			男	女
城区	13074	51422	24928	26494
大部镇	17568	69732	34045	35687
涌章镇	16088	63412	31194	32218
海葭镇	13167	51297	24677	26620
芙桃镇	12809	50695	24767	25928

资料来源：临海市志编纂委员会编：《临海县志》，浙江人民出版社 1989 年版，第 86 页。

表 2-6 选取了清末临海人口分布最多的五个区域，从表格中可以看出，临海城区人口总数仅次于大部镇和涌章镇，约占临海人口总数的 9.1%。可见这个时期，临海城区人口数量仍有一定规模。

表 2-7　1946 年 4 月 1 日临海人口分布表

名称	户数	人口数	其中	
			男	女
城区	6151	23627	11587	12040
海门	21989	89998	45930	44068
涂桃	34121	151379	77940	73439
筱溪指导区	15530	65224	34403	30821
双港指导区	22456	96091	51223	44868
东塍指导区	21228	90355	47419	42936

资料来源：临海市志编纂委员会编：《临海县志》，第 87—89 页。

从表 2-6、表 2-7 可以看出，经历了近半个世纪，临海城区人口不增反降，且下降了一半多，仅仅占临海全县人口总数的 4.6%，远远低于其他五个城区人口数量。事实上，民国时期临海人口总数基本稳定，在 52 万人左右。[①] 所谓此消彼

① 临海市志编纂委员会编：《临海县志》，浙江人民出版社 1989 年版，第 81—82 页。

长，民国时期临海人口仍基本上在本地流动，只不过流向发生了变化。城区人口数量不但未增反降的事实说明：随着台州府这样一级政区的撤销，临海的政治中心地位有所削弱[①]，人口向经济较为发达的海门流动。

1928年，据浙江省政府调查，临海县人口密度为每平方公里67.13人，黄岩县114.16，温岭县154.7，天台县54.92，仙居县36.64，宁海县43.15（三门时属宁海、临海两县）。[②]从这一数据可以明显发现，台州人口主要分布在沿海、平原地区，特别是温黄平原一带。临海县城区人口密度过小既是临海这一传统城市衰落的自然结果，也在很大程度上制约和影响城市的发展。

2. 城区面积过小

民国时期，临海城区面积约3平方公里。由于限于周边山川河流的影响，在府城确立后的1000多年的时间里，台州首邑临海城区的面积始终未有大的拓展。城区面积相比于临海面积，乃至整个台州面积，过于狭小。而在交通条件有限的时代，城区的拓展相当困难。

站在东湖边的长城之上环视临海，此地三面环山，一面临江，真乃兵家之重镇。在冷兵器时代，选择此地作为区域府城所在地不愧是明智之举，然而当城市由传统向近代演进之时，山川阻隔之下的城市弊端也日渐暴露。

总的看来，临海城区面积过小与城区所处的地理位置和环境有很大的关系，而这种地理环境因素也严重影响到临海的交通和临海人的出行。当时一位临海的青年在讲到临海的交通时，这样写道："临海的交通情况，在现代，的确太落后了！临海地区地处僻隅，四面环山，交通诸多不便。其可乘船航行于外进，则仅灵江一水而已！至于陆路方面，汽车路虽已竣工，然尚未完成。火车路之能否与吾人相通，亦不得而知。"[③]作为台州首邑的城区，它的闭塞势必影响对周边区域的辐射。"吾台地处山僻，在本省各旧府属中，向称贫瘠之区，文化落后，工商不振，人民生计，异常困难。考其原因，由于山岭重叠，道路崎岖，交通不便，山

① 尽管从1932年起，台州行政督察区专员公署除五年左右驻在海门外，其余时间均驻在临海城区，但只是省政府派出的机构，不属于正式的地方行政管理机构。

② 台州市志编纂委员会编：《台州地区志》，第93页。

③ 周钦贤：《临海的交通》，1933年第3期。

多田少，水利不兴，以致之耳。”[①]

（二）从城市化水平来看

一般而言，一地的城市化水平直接反映城市发展的程度，主要体现在城市经济、城市建设和城市生活等方面。民国时期临海城市化水平有所提高，但比较有限，落后于甬、温两地。

1. 城市经济的兴衰

城市经济的发展决定城市发展的程度及其走向。进入近代，传统城市不可避免地受到近代因素的冲击与影响。[②]地处沿海地区的临海这样一座千年府城也难以例外。在民国时期，近代化的浪潮也冲击了临海，城市中也出现了一些近代的因子，但受地理位置偏僻、多山缺地、未能成为开放口岸等因素的影响与制约，致使临海城市经济和过去相比未有较大的改观，传统经济成分仍占据着很大的优势。民国时期，临海城区经济主要包括传统的手工业、商业以及近代的工业和商业。

临海手工业素称工艺精湛，其中油纸伞畅销国内及日本等地。但临海近代工业的发展相当缓慢，不仅企业的数量很少，而且规模很小。新中国成立前城区只有几家木机生产的小织布厂，两台手摇车床铁工厂和一家仅36千瓦的耀明电灯公司。

临海作为台属首县，商业素称发达，有“府城日日市”之称。新中国成立前商店以五金、中药历史最久，烟纸杂货最多，南北货、绸布、盐业资本最厚。据1931年《浙江经济调查》记载：全县商店有1045家，资本总额为122万元。抗日战争时期，县城两次沦陷，城乡遭日寇轰炸，商业衰落。抗战胜利后，一度复苏，又因通货膨胀，苛税成灾，重陷萧条困境。据新中国成立前夕统计，城内商店不上百家，奄奄一息，朝不保夕。[③]临海城区辅助商业发展的金融机构数量不多，据1933年《台州钱庄调查》显示：临海城内钱庄只有晋丰（在灰行街）、慎隆（在揽巷口）、益源（在大街）、公利（在大街）等4家。[④]

---

① 王象贤：《治理灵江水患的意见》，《灵江潮》第4期。

② 戴均良主编：《中国城市发展史》，黑龙江人民出版社1992年版，第301页。

③ 临海市志编纂委员会编：《临海县志》，第4页。

④ 《台州钱庄调查》，《灵江潮》第4期。

从民国时期临海手工业、近代工业以及商业发展的情况来看，可以得出以下结论：第一，临海城市经济仍以传统的手工业、商业经济为主。第二，临海在民国时期已经出现近代化的工业，但数量极少，且规模很小。正是因为临海城市经济主体仍以传统为主，近代化的经济力量极其薄弱，从而使得这座古老的城市仍然延续着传统，脆弱的近代化经济因素无法使临海城市发展由传统走向近代。

2. 城市基础设施设

受经济发展等条件的制约，近代台州城市基础设施建设相当缓慢，乏善可陈，主要在城市交通、通讯、卫生以及照明等方面有所动作。

（1）城市交通建设缓慢

民国时期，临海城内有大街小巷 54 条，总长 1.49 万米。纵向的大街及横向的东西直街为主街道，其交叉处称大街头。[①] 自大街头至白塔桥一段为闹市区。街道狭窄（约 5 米），石板路面。[②] 自民国成立后的近 20 年间，临海城区的交通未有大的变化，与外界的联系仍依托于灵江的水运。进入 30 年代，1931 年 6 月，浙江省建设厅将临海道路划为四大干线，即由城区分别至铜岩岭、黄土岭、白水洋、百步各为宁海、黄岩、仙居、天台四县县际要道。[③] 1934 年始筑公路。北越猫狸岭，过仙人桥出天台，南经三洞桥，逾黄土岭至黄岩；境内 57 公里。是年十月一日，首辆汽车自新昌达临海。

经过 30 年代的一番建设，临海城区与周边地区的陆上交通状况得到了一定的改善。如 1934 年 9 月，临（海）黄（岩）公路通车；10 月 1 日，新昌——天台——临海公路通车，临海至宁波的公路通车；1935 年 7 月 1 日，临海城关到杭州的长途客运汽车开通。1936 年 1 月，临海城关到温州的客运通车。[④] 随着黄（岩）泽（国）路北延经黄岩、临海、天台、新昌的公路分段筑成，第一条纵贯台州的公路干线全线筑成。公路的建设也推动了公路汽车运输业的发展，以临海为中心，逐步形成北线和南线：北线，临杭运输由萧绍、嵊新、新天临三私营公司

① 台州市志编纂委员会编：《台州地区志》，第 509 页。
② 临海市志编纂委员会编：《临海县志》，第 385 页。
③ 临海市志编纂委员会编：《临海县志》，第 395 页。
④ 李一、周琦主编：《台州文化概论》，中国文联出版社 2002 年版，第 75 页。

联营、兼办上海客运联票；南线，临海至黄岩。1934年10月，临海东门外首设北站。1935年江下街浮桥南端设南站，南北站间建有汽车码头，趸船一只，长13米，年客运量约3.5万人次。1936年，北站迁至天宁寺，称临海总站。[①]到抗战全面爆发前夕，临海公路建设达到民国时期顶峰。

临海不仅加强了与周边的温州、宁波和杭州之间的陆上交通，并且也建立了完整的临海城区至台州其他县域的陆上交通。公路方面交通的突破缓解了临海城区对灵江水运的依赖，在很大程度上改善了临海城区与外界的交通，也便利了人员、物资的交流与流动。

但到了30年代后期，随着日军掀起大规模的侵华战争，临海与台州其他县城以及与周边大城市的公路网遭到破坏。1938年，为防日寇扰城，曾毁临黄公路及三洞桥桥梁。1948年5月陆续恢复，但因质量差，晴通雨阻。新中国成立前夕，全县仅有杭温过境一条公路，总长57公里。[②]

水路运输在民国时期交通业中的地位仍举足轻重，其中灵江上游两条沟通仙居和天台的永安溪和始丰溪仅通浅舟（俗谓长船），客货兼营，遇急滩则船工涉水负舟以行。[③]民国时期，临海城区经灵江与海门、黄岩、石浦联系的水路，也使用了新式轮船作为内河的主要班船，如1929年10月间，从临海城外的江夏开往临海海门镇的小轮有怡昌、升昌、莲大三艘。因不敷装运货客，影响商业，士绅周劼自、孙纶等特集银洋5万元，向上海定购铁壳小轮一艘，每日夜往来四班。[④]

1941年，据浙东临海船舶运输队统计，全县木质帆船有3个中队、27个班、120艘、249人，城关仅12人。分布于灵江上游永安、始丰两溪。[⑤]这说明在当时采用新式轮船的不多，主要的运输船只还是以旧式帆船为主。1945年，东大河（东门至大田段）河道竣工。

尽管20世纪30年代，台州临海的陆上交通有了大的突破，但从其年运输的

---

① 临海市志编纂委员会编：《临海县志》，第406页。

② 临海市志编纂委员会编：《临海县志》，第4页。

③ 临海市志编纂委员会编：《临海县志》，第399页。

④ 《章安商轮将开驶》，《申报》1929年10月19日。

⑤ 临海市志编纂委员会编：《临海县志》，第407页。

客流量来看依然很少，无法与价廉、舒适且载重量大的水运媲美。总的看来，民国时期，台州临海的交通仍然以水路运输为主。

（2）近代通信设施艰难起步

民国时期临海通讯方式主要为邮件、电报、电话等。1929年，临海城内设长途电话局。1944年7月，电话局和电报局合并为临海电信局。

台州电报局于1906年5月设立于临海城内，为三等甲级，但业务甚少。至1929年尚无专线，靠长话线路兼输，仅电机1部，手摇发报。到1933年，台州电报局南与海门、黄岩、温岭、乐清、永嘉等地联络，北与宁海、奉化、宁波、杭州、上海相通。[①] 解放初期，临海至海门、宁波等地共有报路6条，均使用幻线，配莫尔斯发报机和音响机，人工收发和电话传递，业务少，质量不稳。[②] 无线电报向无民用，邮电部门虽配有无线收发讯机，但只供战时或受灾线路中断时紧急备用。

1929年，临海始设长途电话局。1937年在西大街成立浙江省长途电话局临海支局。当时仅有4条长途单线，即至天台2.6F一条，至仙居、三门、黄岩4.0F各一条。至杭州须经天台转接。1949年，温州至宁波2.9C一对经过临海。[③]

民国时期，临海电信局只办理长话和电报，没有市话。城区各机关及商号所装电话，皆接入乡话管理所总机，农、市话不分，合用2部磁石交换总机，共100门，出局皮线仅50对。

民国期间，县内自办邮路5条，干线计有临海至天台、仙居、珠岙3条，间日班长途挑运步班邮路；县内乡线计有临海至黄坦、长甸2条步班邮路，单程共长73公里。去海门、黄岩二县邮件，均委托两地小轮船带运。[④]

1943年7月，临海县成立乡村电话管理所。至1946年，初步建成南、东、西、西北四乡等4条农话线路，共长300余公里。[⑤]

总的看来，民国时期台州临海城区的通信设施建设起步较晚，且设施简陋。

---

① 《灵江潮》，第3期，第4页。

② 临海市志编纂委员会编：《临海县志》，第413页。

③ 临海市志编纂委员会编：《临海县志》，第414页。

④ 临海市志编纂委员会编：《临海县志》，第411页。

⑤ 临海市志编纂委员会编：《临海县志》，第415页。

其主要通讯范围集中在台州范围之内，而与周边大城市的电讯联系呈现空白。

（3）电力设施建设尚处萌芽状态

1928年7月，临海耀明电气公司设于城关镇后山路古佛岩脚，仅供照明，为股份有限公司，资本25000元（银元），年总产值1560元，拥有德国产65匹柴油配套45千瓦发电机组一套，工人10名，管理人员4名。抗战时期，改装木炭引擎，发电量减少，经常亏损。照明线路仅2公里，照明灯从2000盏（15瓦）减至500盏，年发电量约2万度。

民国时期，临海县城曾装设路灯。1948年，台州医院启用X光机，开始医疗用电。新中国成立前，因电费昂贵，一般居民不用电。据1949年5月5日调查，每盏15瓦电灯（每月用电约2.5试），计铜板378枚，每度电价相当于大米12.6斤。

1937—1946年，临海县城区迭遭日本侵略军侵扰破坏，供电时断时续。留驻城内的英籍传教士义某和法籍安卓萝（女），于仓头街（今广文路与文庆街交会处）普济医院居所房顶配装风力发电设备，以所发电力作照明及收音机电源。[①]

总的来看，民国时期台州临海电力设施规模小、发电量少，电力主要用于照明，且电力供应不稳定。

（4）公共文化、休闲设施建设滞后

民国时期，临海已建立了一些公共文化设施，主要有图书馆、民教馆等，不仅数量相当有限，而且是在城市建设及维护方面存在诸多不足。

在公共文化方面，有几个设施值得一提：

首先是临海县立图书馆的建立。1918年9月，当地士绅项士元捐献书籍3万余卷，成立临海县图书馆，编制2人，项任馆长。对于临海县立图书馆的建设，《申报》也给予了关注，1924年7月17日该报报道说："临海公立图书馆设立劝学所内，该馆长项元勋因馆址不敷应用，于民国七年间捐募经费一千余元，另择该邑栖霞宫建筑洋房七间，后因经费困难停止。兹悉该县孙知事准县议会之请，将因利局经费提拨一千元及该馆十三年度经费三分之二、拨充重兴该馆之用，委

① 台州市志编纂委员会编：《台州地区志》，第437页。

任县参事员秦枏严秉钱为监工员。”[①] 从1924年募款选址建设，到1926最终建成西式楼房一幢。[②]1927年，图书馆并入三台民众教育馆，称图书部。30年代重新单独建馆。1939年，为防日机空袭，图书大部分移往黄沙。[③]

其次是县立体育场的建立，又称道司公共体育场，位于城关广文路北侧，哲商小学南首，1918年发起建造，占地面积20亩。30年代初，场内添置司令台、跑道、篮球场、沙坑、天桥、浪木、秋千、吊环等设施。跑道周长300米，共6条，每条宽1.1米。新中国成立后，称人民广场，是临海群众集会主要场地。[④]

再次是民教馆的成立，作为普及民众教育的重要形式，南京政府成立后重视民教馆的建设。临海民众教育馆于1927年成立，是台州地区成立最早的民教馆，1932年改为县立三台民众教育馆。[⑤]

在城市休闲设施建设方面，临海在民国时期也未有大的举措。民国时期，临海城内的风景名胜区主要有巾山、北固山和东湖。一位身在杭州的学子在回忆家乡临海时这样写道：“天然的有两座山羁留城内，一叫巾子山，一叫北固山，两山树木，终年常青，禽鸟亦四季歌唱不绝。巾子山在南城城畔，全山分两段落，前有双峰突起，每处建了一座塔，山上又有许多寺庙，建筑都是十分庄严宏伟。还有什么听涛阁，望江楼，不浪舟，读书阁，等等，都是给游人休息和宴会用的。北固山是一座很幽静的山，山左端一片桃花树，每逢春光花开时节，游人很多，出东门有东湖，湖中绿水常盈，分前湖和后湖，前湖建大小两亭，亭颇玲珑幽雅，可容数十座，大亭高三层，石桥曲曲，跨水而进，后湖是房屋，现设蚕桑学校，及农民协会面统是桑田，供该校与农民协会所用。”[⑥]

然而，临海的这些风景名胜区未能得到很好的维护。临海东湖所处的位置有如杭州西湖，景色迷人。凡是生长在临海城中的人，以及寄籍临海的青年学生和

---

① 《派员监工图书馆》，《申报》1924年7月17日。
② 《县立图书馆落成》，《申报》1926年4月6日。
③ 临海市志编纂委员会编：《临海县志》，第543页。
④ 临海市志编纂委员会编：《临海县志》，第605页。
⑤ 临海市志编纂委员会编：《临海县志》，第545页。
⑥ 可君：《可爱的故乡》，《灵江潮》，第2期，第11页。

客居临海的旅客游子，每在余暇之时，无不游迹至此。1931 年，东湖改为中山公园，但名不副实。据说，在外地的临海青年听到这个消息很是高兴："讵知回家以后跑到向负湖山优美的东湖一看，天晓得，名实全不相符，湖山是依然展放着自然的美景，而亭屋的破碎，将有坍落之势，桥梁的倾斜，将有垂入湖底之虞，道路秽物的堆积，有不可胜数之处，只有三五垂钓者，坐立湖边，颇知游鱼来往之乐，如此一个富有自然美景的东湖，冷落如故，真令我不相信改名中山公园以后，仍旧是挂羊头卖狗肉的一副冷清清的景象。"①

实际上，民国时期，临海城区的景区未能得到很好保护的主要原因在于政府财力的不足。当时虽有提出拆毁东湖破亭，重建新屋的提议，但在当时遭到人们的质疑："以目前临海人民生计看来，试问哪里能负担得起重建古亭的一笔建设费，即便有这样的一笔经费，是不是可以造得起同样的雅丽壮观？"②

此外，在城市管理方面，临海县政府缺乏专门的城市管理部门与机构。城市管理职能不健全在很大程度上影响城市建设的开展。当然，民国时期临海地方财政的薄弱也影响到市政建设的进行。

总之，从民国临海城市的规模及城市化发展水平来看，我们不难得出以下结论：民国时期临海的城市发展及其程度仍然徘徊在传统城市的框架之内，尽管已出现了近代化的因素，但因临海自身偏僻的地理位置、脆弱的近代经济等因素的作用，使得临海在城市近代化的大潮中难以迈出大的步伐。

根据以上宁波、台州和温州三地城市发展情况的概述，通过对三个城市的比较，从中可以得出以下结论：

第一，从城市规模来看，出现明显的不平衡。以城市面积为例：1929 年宁波市全区的面积是 68423 亩，计 45.6 平方公里。其中陆地为 680873 亩，计 40.6 平方公里。江河面积为 7550 亩，计 5 平方公里。③而台州临海城区面积始终维持在 3 平方公里左右，温州城区面积直到 1942 年才达到 12.5 平方公里。并且宁

① 洪福华：《从临海建设说到改善东湖风景》，《灵江潮》1934 年第 9 期。

② 洪福华：《从临海建设说到改善东湖风景》，《灵江潮》1934 年第 9 期。

③ 罗惠侨：《我当宁波市长旧事》，宁波文史资料，第 3 辑，第 48 页。

波城区面积是台州和温州城区面积之和的近3倍。再以城区人口数量为例：1912年，宁波城区的人口已有141617人，到1928年宁波设市时，人口已达212397人。1931年，宁波城区人口为244151人。1934年，宁波城区人口已达到30万人。[①]温州直到1942年，温州城区人口才达到13.61人。而台州临海城区1946年的人口总数为23627人。宁波城区人口总数远远超过台州和温州城区人口总和。从这些数据对比中不难看出，民国时期浙江沿海城市发展不平衡：宁波城市规模较大，温州其次，台州城市规模则较小。

第二，从城市类型来看，呈现传统与近代并存的局面。就民国浙江沿海城市的发展来看，宁波和温州已具备近代城市的特点。早在1920年宁波就开始有了市政筹备处，之后宁波就开始了拆城墙、修马路。而到了1927年宁波市政府成立后，大规模的市政建设也随之开始了。温州大规模的市政建设则开始于1935年。尽管温州没有专门的市政机构，但温州在20世纪30年代也出现了建设委员会、设计委员会等推动市政建设进行的类似机构。宁波和温州在城市交通、通讯以及公共卫生、城市休闲场所建设等方面颇有建树。相比之下，台州在这些方面也有所行动，但尚未形成气候。纵观整个民国时期，台州人依然束缚在传统的府城城墙之内，尽管台州也出现了电报、电话、电灯、汽车、体育馆、图书馆等一些具有近代化因素的成分，但这些数量极少，且尚未对当地的民众生活产生大的影响。和走出城墙的宁波、温州不同，台州城依然在传统城市的框架内徘徊。即便我们今天去临海，依然可以看到大量明清式的建筑矗立在那里；依然可以感受到民国台州城的基本格局。在民国时期，台州城日益走向衰落，其原因主要在于台州城地处偏僻，且本土近代化的经济因素过少。这些都在一定程度上左右和影响台州城市的近代化。

第三，从港城关系来看，台州与宁波、温州明显不同。宁波、台州、温州三地都濒临东海，港口在城市发展中起着极为重要的作用。随着近代新式交通工具——轮船的出现，沿海地区的交通格局也出现了一些新的变化。宁波、温州和台州城区分别通过甬江、瓯江和灵江（下游叫椒江）和大海相连。宁波城区中心

---

① 俞福海主编:《宁波市志》，第286页。

三江口距离甬江口航道长22公里[①]；温州城区距离瓯江口20公里[②]；台州临海城区距离椒江口60公里[③]。从这三城距离出海口的距离来看：宁波和温州离出海口的距离差不多，而临海城区距离海口较远。

宁波和温州在1843年和1877年分别正式对外开放，在这两个通商口岸分别设立了浙海关和瓯海关管理港口的贸易。由于宁波和温州的城区距离出海口很近，随着进出口贸易的发展及人口、物资的流动，港口对于城市发展的推动作用尤为明显。同时，城市的发展也改善了港口的码头、航标等基础设施。港口与城市在发展中形成了良性互动。此外，宁波和温州城区就是一个港区，港口与城市基本上融为一体。

而在台州则出现了港口与城市分离的现象。由于台州临海距海口较远，其位置与宁波、温州相比显得闭塞、内陆，这些都影响到近代化的新事物快速传入到临海城区。在近代新式交通工具的推动之下和自己独特的有利位置，海门港迅速崛起，日益发展成为台州对外经济、贸易往来的主要港口。随着海门港的发展，海门也由一个普通的镇逐步发展成为一座具有近代化气息的工贸港口城市，发展成台州的经济中心。由于当时海门隶属于临海县，临海是台州的政治中心也是当时台州的经济中心。但临海内部出现政治中心和经济中心分离的现象：政治中心依然在临海城区，而经济中心则转移到海门。这种现象不利于临海城区近代化因素的成长，也不利于临海城市的近代化转型。

第二节　沿海城镇的变迁

城镇是连接城市与广大乡村的重要节点，在区域变迁与发展中具有重要的地位与作用。长期以来，浙江沿海地区城镇星罗棋布，进入民国后，它们挟海洋之利与开放之便，得到了一定程度的发展，但由于所处位置不同，不仅发展程度不

---

① 俞福海主编：《宁波市志》，第704页。

② 温州市志编纂委员会编：《温州市志》，第140页。

③ 《椒江市志》编纂委员会编：《椒江市志》，浙江人民出版社1998年版，第127页。

一，在发展道路上也各有千秋。在此，我们选取沈家门、石浦、海门（椒江）、坎门等具有代表性的沿海城镇，通过梳理这些城镇在民国时期的变化，以求得对这一时期浙江沿海城镇的大致了解。

一、东海渔港重镇——沈家门

定海沈家门位于舟山群岛东南部，由舟山岛东南端及鲁家峙、马峙、小干岛组成。东、南与普陀山、朱家尖、登步、蚂蚁岛隔海相邻，西与定海县荷花乡交界，西北与勾山乡相连，北与芦花、展茅乡接壤，东北接螺门乡。呈狭长形，长约 20 千米，宽约 1.5 千米。陆地面积 27.67 平方千米。1932 年置镇。[①]

（一）浙东渔产重地

民国时，沈家门凭借其优良的避风港的优势，发展成为浙东渔产的重要集散处，执浙东第一渔产区——舟山群岛的牛耳。[②]沈家门所在的舟山为我国第一大渔场，以盛产大小黄鱼、带鱼、乌贼、鳓鱼、鲳鱼、鳗鱼、鯺鳎、马鲛等经济鱼类著称，尤以黄鱼、带鱼为最多。为此吸引了江浙闽渔民来此从事渔业捕捞，浙江沿海渔民更是长期在此“安营扎寨”。如 1919 年 3 月，驻扎沈家门的宁波暨台瓯各属渔户因春天寒放洋船只较晚。为此甬温台各渔帮先期在沈家门会议，公举领帮，计放洋渔船甬帮 1600 名，温帮 2000 名，台帮 800 名。并且春汛期，宁、镇、定三县所出对渔船皆寄椗沈家门。[③]1922 年，此处有大对渔船 754 艘。[④]

民国时，在沈家门渔港经营水产行业的都称作鱼栈。鱼栈的兴盛促进了沈家门渔港的发展与繁荣。据统计，民国后期，沈家门各鱼栈“放行头”的本帮 65 家 835 对渔船。至 1950 年沈家门解放时，全港区有大小鱼栈 95 家。在海上保鲜和水产经营方面，仅 1933 年泊于沈家门港的冰鲜船有 200 余艘，其天然冰多从宁

---

① 普陀县志编纂委员会编:《普陀县志》，第 21 页。
② 《沈家门的阴影》，《时事公报》1947 年 8 月 25 日。
③ 《春汛渔船放洋》，《申报》1919 年 3 月 16 日。
④ 《浙江名镇——沈家门》，第 435 页。

波等地购买。沈家门较大的水产加工厂有 6 家，桶容量 12000 担。[①] 从这些数据可以看出当时沈家门鱼栈经营已形成了一定的规模。

沈家门各鱼栈有兼营墨鱼鲞者，该项墨鱼鲞大半运销于闽广及香港等处。起初经营此业者为数甚少，故多获厚利，后彼此效尤，经营推广。到 1937 年 5 月，从事劈晒墨鱼鲞之大小厂家达五六十家之多，其年产量在一二万担以上，计值五六十万元。据称："各厂家深恐货多价跌，一面又恐一般从中牟利者之垄断，影响售价，致耗血本。经营是业者有鉴于斯，爰集合各大厂家组织合作社以资划一市价；一面筹划资本，预备做临时墨鱼鲞抵押借款，使一般小资本经营者不至于因本短而将首批鱼鲞贱卖乱价云。"[②]

由于沈家门渔业资源丰富，前来该地作业的渔户云集，由此引发大量的社会治安问题。1935 年初，浙江沿海各县长奉省令筹设渔业警察，决定在定海沈家门设立渔业警察所。渔业警察经费分经常、临时两种，由各县向渔业团体征收之，其开办费除就地筹措外，呈请省政府拨补之。[③] 渔业警察局除负责渔区治安外，还从事渔业整顿工作。1936 年 1 月 13 日，宁波渔业警察局沈家门分局长韩文彬在赴宁波渔业警察局报告时对记者称："沈家门渔业整理委员会业已组织成立。本局对于渔业兴革事宜现已逐步计划进行。渔民最近登记者亦颇为踊跃。"[④]

20 世纪 30 年代，浙江省建设厅第一区渔业管理处为推进渔业、便利渔民起见，在沈家门新街 22 号设有第一分处，并于泥街头地方分设渔盐发售所一处。[⑤] 1947 年初，浙江省政府以沈家门为沿海渔业中心，决定在沈家门筹设鱼市场。[⑥]

除政府组织的渔业警察局对渔业进行管理外，渔会等社会组织也纷纷在沈家门成立，以维护渔户利益，如渔业大县玉环渔会在沈家门设立了临时办事处，以保护该地玉环籍渔户的利益。[⑦] 1936 年 7 月，经浙江省执委会核准，定

---

① 陈鸣雁:《陈顺兴鱼栈》，载《普陀文史资料》第 1 辑《中国渔港沈家门》，第 324—325 页。

② 《定海沈家门墨鱼鲞旺产》，《时事公报》1937 年 6 月 1 日。

③ 《定海沈家门设渔警所》，《时事公报》1935 年 3 月 29 日。

④ 《沈家门渔警分局长韩文彬昨来甬报告防务》，《时事公报》1936 年 1 月 14 日。

⑤ 《沈家门渔管分处遭渔民捣毁》，《时事公报》1938 年 11 月 25 日。

⑥ 《沈家门鱼市场五月间可成立》，《宁波日报》1947 年 3 月 29 日。

⑦ 《温州驻沈家门渔会办事处省府准设立》，《时事公报》1936 年 2 月 3 日。

海县渔会移设沈家门。[①]1936年12月，沈家门渔民因官督商办之盐业推销处收渔盐佣金，“近竟有抽收至2角或2角5分不等，按一渔民或鱼商年销渔盐以千万斤计、递增之数足以惊人。如任其额外抽收，所受损失为数不赀”，要求定海县渔会做主。[②]

为有效保障沿海作业渔民的海上安全，进入民国后，政府对沈家门渔港的相关设施进行了改善，如添建无线电测候台和气象台等。1915年沈家门设立测候台。1925年初，全国海岸巡防处在沈家门设立无线电测候台，并计划设立“浮标灯号等类”。当时《时事公报》报道说：浙属沈家门港澳，为船舶经行之孔道，每届渔讯，尤为渔船荟萃之区。全国海岸巡防处查勘情形，实为重要，特在该处设立无线电测候台，随时报警。俾各船知所趋避，以免危险。所有建筑款项，全由政府拨付，既无丝毫增累于民间，更不摊派取偿于船户。“须知本处设立本旨，原系保卫航商起见，设备宜求完善，推行不厌周详。该地临近之处，如有应设浮标灯号等类，可以航行者，可由各船商随时来处声明，本处即当察酌办理。所有建筑费用，亦均由本处担任。当此开办之初，诚恐或有误会，为此剀切布告，仰即一体知照，切切。”[③]

1936年8月，定海测候所在沈家门青龙山建成。翌年5月，中央气象所主任竺可桢至所视察。[④]抗战期间该所被毁。1946年10月间，中央气象局鉴于舟山群岛渔商船只遭受暴风倾覆之惨，“爰即恢复沈家门气象测候所，并派许鉴明为主任，着手筹办恢复”[⑤]。1947年，农林部以沿海渔船风灾为患，影响渔民海上安全至巨，呈准行政院转饬中央气象局将定海原有气象台恢复扩充，“并转饬定海县政府在沈家门地方觅屋十余间，以供该台台址云”[⑥]。

---

① 《定海渔会移设沈家门》，《时事公报》1936年7月28日。

② 《沈家门销盐处浮收渔盐佣金》，《时事公报》1936年12月24日。

③ 《沈家门实行建筑无线电台》，《申报》1925年4月3日。

④ 普陀县志编纂委员会编：《普陀县志》，第1057页。

⑤ 《沈家门测候所即可恢复》，《宁波日报》1946年10月9日。

⑥ 《定海气象台设在沈家门》，《时事公报》1947年2月10日。

（二）城镇化水平不断进步

1. 近代交通得到发展

由于沈家门所在的舟山岛四面环海，对外联系的交通主要依赖海路。早在20年代，沈家门与定海、岱山、嵊山间就有固定的海上班船往来。1930年，定海至螺门的航线经过沈家门，岠山至黄龙四嶕的宁五航线也停靠沈家门。沈家门不仅与舟山岛内各地往来密切，同时还与宁波、上海及台州、温州保持了联系。1903年，营运宁波至温州的航线中途在沈家门弯泊。1913年，宁波三北公司之慈北与姚北两轮首开宁波至沈家门的定期航线。1921年4月10日《时事公报》报道说：宁波三北公司之慈北轮船向由甬行驶定海、沈家门、普陀山等处，营业颇为发达。[①] 到1936年，在甬沈线营运的共有7艘轮船。1937年，"鳌山"轮开辟上海至沈家门航线。1947年11月，宁海厚记轮局旗下的荣成轮每逢国历一、六上午7时从宁波直放沈家门。[②] 1949年4月，中禾实业股份有限公司旗下的新中和轮船从宁波开往沈家门。[③] 海上交通的便捷使得沈家门成为舟山地区的商业中心。

1939年，占领舟山的日本侵略军因战事需要，胁迫民工修建定海至沈家门的军用公路。

抗战期间，沈家门的交通设施和运输工具均被日军控制，直接为其侵略战争服务，沈家门的交通运输业遭到严重破坏。抗战胜利后，沈家门客运线逐渐恢复。[④] 1945年，定海至沈家门班车开通。[⑤]

除了海陆交通，沈家门的通讯业在民国时期亦有较大的发展。

2. 近代通信设施出现

沈家门镇内电话创办于1925年，商办定海电话公司架设定海至沈家门电话杆线，在沈家门设15门交换机，用户14户。1935年，沈家门商人合办电话公司，置70门交换机，日军入侵时破坏。1947年5月，复置100门交换机于文心印刷

---

① 《慈北轮推广航线》，《时事公报》1921年4月10日。

② 《荣成轮直放沈家门》，《宁波日报》1947年11月17日。

③ 《宁波晨报》1949年4月14日。

④ 彭宪初：《海岛交通沉浮录》，载《舟山文史资料专辑》第7辑，第161页。

⑤ 彭宪初：《海岛交通沉浮录》。

所，初装32户。1949年4月，杆线被毁、废弃。[①]长途电话创办较晚。1945年商办定海电话公司架经甬东至沈家门1条铁质电话单线，属定海县电信局。同年11月，沈家门电信营业处以1部磁石电话单机受理长途电话业务。[②]

沈家门电报开办较晚，1932年12月，沈家门建15瓦短波电台于鱼栈公所，与定海电台互通电报。1934年7月，电台迁入邮局，1937年末闭歇。1945年11月，沈家门东横塘设电信营业处，利用沈家门至定海电话线路话传电报。1947年4月，置15瓦短波电台，与定海电信局通报，逢电台故障差人送定海拍发。[③]

20世纪20年代电力开始进入沈家门。1924年，商人王守锷、宋景华等创办沈家门电灯公司，置有电机一座，商民装灯四五百盏。[④]

3. 金融业快速发展

由于沈家门渔业交易数量大、金额多，加上沈家门一带海盗活动猖獗，金融安全尤为重要，这些因素催生了此地金融业的发展。

时人称："沈家门为渔业荟萃之区，每年贸易出入数达三百余万，是以金融市况颇形发达，除中国及中国实业、宁波实业三银行有分行外，其他银行之办事处为数亦多，但以中国银行之营业最盛，大有掌握牛耳之势。"[⑤]沈家门中国银行开设于1922年11月，办理一般银行业务。"汇费从廉，各种存款利息格外克己。如有舟山汇款亦可照理。营业时间照当地习惯均可随时交易。"[⑥]同年，中国通商银行沈家门支行成立。[⑦]1934年2月，定海交通银行自新行长张赞修接任后，力谋扩充营业，在沈家门设办事处一所。1934年4月12日，定海交通银行沈家门办事处开始营业，临时行址设在东街。并在上街择定基地，自建三层洋楼，为将来办公之处所。[⑧]除银行外，钱庄在沈家门也有相当势力。1936年时，该地有大小钱庄16家，

---

① 普陀县志编纂委员会编：《普陀县志》，第559页。
② 普陀县志编纂委员会编：《普陀县志》，第559页。
③ 普陀县志编纂委员会编：《普陀县志》，第559页。
④ 参见陈训正、马瀛等纂：《定海县志》"交通·电灯"，1924年铅印本。
⑤ 《沈家门中国银行营业广告》，《时事公报》1923年2月22日。
⑥ 《沈家门中国银行营业广告》，《时事公报》1923年2月22日。
⑦ 《沈家门交行设办事处》，《上海宁波日报》1934年2月3日。
⑧ 《沈家门交行办事处已开始营业》，《上海宁波日报》1934年4月13日。

总资本31万元（法币），办理存放、汇兑。[①] 此外，在沈家门还设有老凤祥等银楼。1946年底，沈家门老凤祥银楼接连发布启事："谨启者，敝楼在沈家门开设有年，所出品之金银首饰式样新颖、技术精良、成分准确，早蒙各界所赞许。兹为谋顾客利益起见，特联络沪甬之大银楼互相保证，概不去水等情，以昭信实。"[②]

4. 医疗卫生事业进步

1917年，本地绅商刘德裕、陈永藻、曾川流、王春生等捐款建存济医院，设中西医士4名，看护人等6名，共有正厅5间、余屋12间。[③] 后来，该院一直存在，在改善沈家门医疗卫生条件方面做出了贡献，特别是在治疗疫病方面得到了社会的认可。1946年7月间，宁波地方报纸《时事公报》接连刊登朱家尖乡民鸣谢沈家门公立存济医院的启事："本乡虎疫流行，死亡相继，幸经沈家门存济医院隔离病室收容暨各大医师悉心诊治，各位护士昼夕看护，染疫病人藉得起死回生，什九获救。乡民等感再生之德，无以为报，敬登报端，藉表谢枕。"[④] 此外，沈家门还设有同善诊疗所。1947年3月间，沈家门明林斋余余瑞祥接连两次登报感谢同善诊疗所鲍周南医师。[⑤]

其间，一些社会团体也纷纷聘请医师来服务于地方贫困民众。1947年，定海县沈家门镇社会服务处设立妇科贫病施诊所，并聘国医宋光辉为妇科医药顾问。该诊所设在沈家门镇西大路大吉号，"嗣后每逢农历十六至月底在沈应诊。凡贫病妇女无力求医者可向宫墩本处申请免费或半费挂号就诊"[⑥]。1948年，中华理教会沈家门支会设立戒烟除酒之宝元堂，"自经成立，对于宣传戒除烟毒及办理地方善事甚为努力。最近又举办义务施诊，聘请中医裘梦莹、吴企梅诊治内科，周清扬诊治眼科，魏其刚针科。如贫民病家乏力购药者凭保甲长可证明，向该会领取免费拆药证医治取药"[⑦]。

---

① 舟山市地方志编纂委员会编:《舟山市志》，第408页。

② 《定海沈家门老凤祥银楼启事》,《宁波日报》1946年12月19日。

③ 陈训正、马瀛等纂:《定海县志》，第249页。

④ 《鸣谢沈家门公立存济医院》,《时事公报》1946年7月20日。

⑤ 《鸣谢沈家门同善诊疗所鲍周南医师启事》,《时事公报》1947年3月29日。

⑥ 《定海县沈家门镇社会服务处设立妇科贫病施诊所暨聘国医宋光辉先生为妇科医药顾问通告》,《时事公报》1947年5月3日。

⑦ 《沈家门理教会免费施诊施药》,《宁波日报》1948年5月7日。

沈家门还设有存仁善局等善堂，存仁善局创办于道光间，主要从事舍施棺木、药物及救济难民等。拥有天后宫前正屋5间、东西厢房各5间。该局常年经费由沈家门米行及闽商认捐，公举司事、司年管理。[①]

总之，由于拥有丰富的渔业资源与良好的港口条件以及发达的海上交通，使得沈家门很快成为舟山群岛区域的经济中心，沈家门不仅出现众多的金融机构，同时还成为区域商家货物的供给地。其城镇化水平得到一定的提升，市政建设亦得到社会的认可："本县之沈家门市为本岛首屈一指之工商市场。外地各帮船舶多麇集于斯地，故商业益形繁盛。最近该市对于道路交通积极兴筑。市街亦竭力整顿拓宽，较昔日之湫隘有天渊之别。"[②]

5. "小上海近貌"

1946年5月底，宁波《时事公报》记者陈英烈游历舟山各地，事后发表了通讯——《舟山纪行》，其中有一段是记述沈家门的，题为"小上海近貌"，辑录于下，可对40年代后期的沈家门有一个立体的了解：

> 廿九日，记者拟游沈家门，承李后贤将军拨调小汽车一辆应用，并蒙何仁良书记长顺便伴行，《定海日报》胡王二君也同行。上午九时车出新东门进发。
>
> 天公不作美，雨大路泞，车行甚缓。沈家门在舟山本岛格东，公路傍海岸线东向，惟两旁仍是高低山峦，将近沈家门时始见海面；有一段路与海并行，自车中望之，好似海水激幢轮下，最觉兴趣。十一时许车抵沈家门。
>
> 如果说舟山是定海的经济政治重心，那么沈家门应是商业重心，向有"小上海"之称。全镇固定人口两万余，因渔、商两业流动性极大，所以流动人口最多时可达万人。社会组织极为复杂，五色人等应有尽有，且教育不普遍，文化水准甚低，兼之近海民性刚强粗暴，所以社会秩序甚难维持。在教育方面，还有一个致命伤，是定海人错具排外心理，对外籍小教排挤甚力，而

① 陈训正、马瀛等纂：《定海县志》，第249页。

② 《定海沈家门电器改装木炭引擎》，《上海宁波公报》1942年11月1日。

本籍小教却多是小学毕业生，上次省督学来沈家门，竟发现学生作文簿上有“文不对题”的批语。这个致命伤，普及全定海，想不透是什么道理，近海的人照理应该在海面景象的潜移默化下，眼光远大，胸襟宽阔，而事业上却竟十分短视偏狭，只求限前获利，对百年大计的教育，冷淡得惊人。据悉，定海县中经费奇绌，教师生活极苦，但喊破喉咙，乏人援手；小学更是如此。所以欲建设定海，先须普及教育，健全师资，增筹经费。

不过沈家门有一个特点：富庶。这是受惠于附近各岛的渔民，他们几月辛勤所得，不知积蓄，“回洋”后多麇集来这“小上海”豪赌极奢，挥金如土，到下次放样时，上次挣得的钱已逐渐流泻到社会各阶层，而渔民却需要重利债本了。社会因之富庶，地方公益事业因之发达，诸如社会服务处（编壁报、办夜校）、民众游乐场（演越剧）、运动场、儿童游戏场、小公园（有喷水池等，由一座小山改筑而成）、公立存济医院（有七光灯）、电灯厂（供助路灯，较宁波尤为光明）等等，都在修筑兴建，办得极有成绩，较之宁波的外表浮华，底层溃烂，公益事业沉寂无闻，真有霄壤之别。

这里还有一个极妙的组织，叫作“鸣社”，设在一家书店的二楼上，由热心社会事业人士组织而成，社员每月各出常费若干。里面只有一间房子，但修筑得精致华贵，陈列沙发数张，桌椅茶杯若干，凡社员均可来此闲谈、看书报、着棋、讲生意、交换消息、讨论问题……嬉笑怒骂，悉听自由。如果有闻人大官来此，也可作招待场所，真可称为高雅的俱乐部。社员们因之而不良嗜好戒绝，地方消息灵通，相互感情增进，生活情绪提高……种种优点，不胜枚举。这当然是富庶、悠闲的社会产物，但如果在宁波有人这样做，我相信也必能成功，而且不益于社会。

今年沈家门最大的厄运是渔汛不利，据统计仅获平时1/2左右，渔民大多有亏本之虞。因之公益事业大受影响，夏秋之间社会秩序不堪设想，一般人士深为忧虑。记者等曾讨论这个问题，觉得根治的办法莫好于提高渔民教育水准和养成渔民储蓄习惯，唯有这二个办法始能使渔民脱离原始式的生活。[①]

---

① 《舟山纪行》，《时事公报》1946年6月3—5日。

二、浙东渔商巨镇——石浦

象山县属石浦镇，地当三门湾之咽喉，系浙东渔商广集之所。[①]石浦位于象山县城南部、象山半岛南端，面临石浦港，与东门、南田两岛相望。先民聚居大金山东麓峡谷中，以“溪流入港处山岩直逼海中”，故名。明洪武二年（1369）置石浦巡司，洪武二十年（1387）徙昌国卫于东门山，置二千户所于石浦，为抗倭重镇。1912年一度划属南田县，翌年仍归象山。1947年，署名大木者在《旅象琐记》一文中这样描述石浦：“（象山）县内最大之市镇，首推石浦……石浦距城约百里，市面繁盛，时有轮船通上海、宁波、温州、海门诸地，渔汛时则更形热闹。将开辟者尚有南菲岛，据云内有可耕之田数万亩，且物产丰富，饶有鱼盐之利，是诚象山之宝藏焉。”[②]

（一）浙东海上交通要道

石浦镇是浙东沿海的重要航线要道，为台州、温州、宁波、上海、福建等沿海商轮往来必经之处。早在1896年，宁波至石浦的甬石线已由外海商轮公司开通，但此时的航线尚不属于直开，而是由宁波至海门的航线中途弯泊定海、石浦。进入民国，有多条航线开通石浦。到1936年，参与营运甬石的有8家公司的8艘轮船。同时石浦也是南田县与外界联系的海上重要通道。根据1933年《南田县概况》调查显示：“全县各海均有航路，每日开驶至象山县属之石浦镇。该镇离南县仅十余里，每日沪甬温台各商轮行驶过镇，故该镇实为南县交通商业之枢纽，南县商情完全听从该镇之商情。”[③]

40年代后期甬石线还出现了快轮运输，1946年8月7日铁壳特快华速轮开往海门兼湾石浦。[④] 1947年6月24日上午，宁波的新海盛快轮开往石浦、海门。1947年9月6日上午，鄞余镇快轮开往石浦、海门。1947年9月17日，华象商轮开往石浦、海门。1947年12月10日华逊商轮开往石浦、海门。1948年2月华

---

① 《侵占海岸之质问》，《时事公报》1922年6月25日。

② 大木：《旅象琐记》，《宁波旅沪同乡会会刊》复刊号1947年1月5日。

③ 《南田县概况》，《上海宁波日报》1933年10月29日。

④ 《华速轮开往海门兼湾石浦》，《时事公报》1946年8月5日。

强轮船开往石浦、海门。1948 年 2 月 21 日，宁海厚记轮局旗下的荣成快轮开往石浦、海门。1948 年 5 月，宁波鑫记商轮局所属的海盛轮开往石浦、海门。

由于石浦交通运输便利，当时宁波、石浦还出现了一些办理进出口业务的公司。1940 年 11 月 22 日，丰余公行在《时事公报》上刊登办理宁波石浦段运输启事："本行办理宁波石浦段进口、出口各货运输并报关等手续。沿途皆设办事处，有堆储栈房，照料周密，运输迅速，特此通告。"① "石浦大达水陆长途转运号办理湘赣金甬段运输，该商号专营沪石进出口运输报关事务。"②

在民国时期，路上交通落后的情况之下，石浦的对外交通更多依赖于海上，也正是凭借优越的地理位置与天然的航运条件，使得石浦与沿海的上海、宁波、温州、台州等保持着密切的交往。1920 年 9 月 16 日《时事公报》称"象山石浦镇为象南二县之中心地点，近来商业繁盛，台温宁沪商轮往返经过，日盛一日"③。

（二）浙东重要渔港

石浦离全国最大的舟山渔场近在咫尺，又是浙东沿海著名的避风良港，每当台风来袭，大批在舟山渔场作业的渔船纷纷进港避风，得天独厚的条件使石浦很快发展成为浙东乃至全国著名的渔港。

由于渔业发达，石浦在象山经济中具有重要地位。"石浦这个地方，当每年春汛的鱼市季节，市面繁荣，异于往昔，海上五六千条渔船，集合了各地的渔人，给县财政上增加了不少的收入。"④ 时人乘船游历石浦后对该地渔业也有深刻的印象："当我们的船驶进铜门时，望见海旁两石峰，对峙如门，峰下海苔麇集，色似古铜，海鸥成群，回翔其上。入门转弯以后，便现出一个深藏不露的大海港，港中渔船云集。岸上渔家倚山筑屋，风光奇绝，远看仿佛海上仙山，怎不叫人为之狂舞呢？船，终于在石浦所靠了岸。这所位于南田岛之北，明设石浦巡司，建前后二千户所，清置石浦厅治此，民国废，今为著名的渔港。港中有一条长长的古

① 《丰余公行办理宁波石浦段运输启事》，《时事公报》1940 年 11 月 22 日。

② 《时事公报》1940 年 1 月 20 日。

③ 《香烟公司竞争营业》，《时事公报》1920 年 9 月 16 日。

④ 《象山近貌》，《时事公报》1947 年 7 月 19 日。

老大街，街道不宽，依山凿成。居民多为渔户，故沿街遍设鱼摊，腥味极浓。每当晨光曦微中，若闻鞭炮声不断，那就是又有大批渔船出海作业去了。但当他们满载归来，全街欢腾，渔获形形色色，无不应有尽有。其中有一名叫‘礁角’的海产，生长得天衣无缝，而且非常的硬，但肉味鲜美，使人百食不厌。因为是渔港的关系，每到渔汛，海边帆樯林立，旗帜缤纷。渔船出海以五日来回一次为一水，每船每水可得黄鱼四千条。所以从海滩上一直到石堤边，都堆满了黄鱼，称之为鱼山、鱼城亦无不可。但因无冷藏设备，又无制罐工厂，除了少数可以装冰鲜船外运外，大多数的黄鱼就只好在石浦等地制成了黄鱼鲞来出售了。石浦虽属象山，但与象山县城相隔六十里，一路都是崇山峻岭，反不如打从海路来得方便。”①

当时石浦亦是南田渔获销售的一个重要场所。因南田并无商市，均由渔户随捕随往石浦销售。南田县“金漆门一带海面之鱼，均由渔户随捕随往象山之石浦销售，为数颇巨，商贩由鸭嘴至象山之石浦，海道十五里，小轮航船，均可通行。金漆门龙泉塘，各由该处海道经达石浦，约四五十里”②。

由于石浦为本省著名渔埠，向为产鱼最盛之区，在全省渔业经济中具有重要地位。1922 年初，华侨林熊征等在石浦创设渔业公司，并曾在此基础上筹划集资组织三门湾渔业股份有限公司，并获得农商部批准备案。③1932 年 8 月，江浙渔业管理局在该处设立象山办事处。④为协调与推进渔业的发展，1932 年 9 月，象山县渔会在石浦成立，拥有会员 109 人。⑤渔会理事蔡中正等于 1933 年 4 月间发起组织象山县第五区石浦渔民水产品无限责任运销合作社，并经呈请县政府核准，于当年 9 月正式成立。⑥象山县政府对石浦渔业的发展颇为重视，1936 年初派合作指导员赴石浦在渔业公会召集各渔商讨论组织大规模渔业运销合作社。⑦

① 《石浦渔家日夜忙》，《宁波同乡》第 157 期。
② 魏颂唐：《三门湾经济志料》，1946 年印行。
③ 《时事公报》1922 年 9 月 12 日。
④ 《渔业局在石浦设象山办事处》，《宁波民国日报》1932 年 8 月 4 日。
⑤ 象山县志编纂委员会编：《象山县志》，浙江人民出版社 1988 年版，第 437 页。
⑥ 《象石浦渔民成立水产品合作社》，《时事公报》1922 年 12 月 15 日。
⑦ 《象石浦筹组大规模渔业合作社》，《时事公报》1936 年 1 月 11 日。

在渔业发展以及交通便捷等因素的推动下，石浦镇的商业日益繁荣，城镇化水平也得以提高。

（三）城镇化进程加快

石浦的城镇化进步不仅表现在行业公会、商会等商业团体的出现，还表现在电灯公司的创设、近代金融业的发展以及文教事业的进步等方面。

1. 创设电灯公司

1922 年 12 月，当地公民郑先恒、郑光显、周如松等十余人，为发展商业起见，特勘定地址，“创设电灯公司，预定资本二万元，已由各发起人筹有半数以上。当推定郑先逢为名誉经理，周如松为常驻经理，萧瑞清、冯桂馨为董事，同时并派妥员赴上海购办机器”①。这就是日后的石浦明星电灯公司。

石浦明星电灯公司成立后，为满足周边乡镇装设电灯之需要，于 1925 年接线至周边乡镇，装设电灯，使该地得以通线放光。②由于电力不足，当时石浦电灯往往不能“全夜放光”。据《时事公报》报道，1925 年年关之际，商务忙碌，经广大商铺要求，公司“实行全夜放光”③。为满足市场需求，1935 年，该公司扩充设备，增加电力供应。1936 年 1 月 31 日《时事公报》报道说：“象山石浦明星电气公司因械力不胜负荷，向上海中华煤球厂购添德国道奇厂 BHBC 四十匹马力柴油机一座，价格银 2200 元。又向上海懋利洋行购备瑞典 ASEA 厂 24 匹电机一座，计银 1048 元。于 1935 年 9 月间呈报建设委员会审查，准予备查在案。兹已装设竣工，呈请县政府派员莅厂查验，业于 1936 年 1 月 28 日派第五科长姚一新前往查验。”④

2. 区域金融中心

晚清时期，石浦已有当铺、钱庄的设立。至 20 世纪 30 年代，有乾康、源生等 6 家钱庄，资本总额 6.16 万元，营业额 17.5 万元。⑤银行的开设则迟至 30 年代后，1932 年，中国银行在石浦设代理机构，称石浦寄庄，有职员 2 人，发放渔

---

① 《创设电灯公司先声》，《时事公报》1922 年 12 月 15 日。

② 《各乡镇之电灯消息》，《时事公报》1925 年 3 月 25 日。

③ 《石浦电灯全夜放光》，《时事公报》1925 年 1 月 19 日。

④ 《象山石浦明星电气公司改装机器》，《时事公报》1936 年 1 月 31 日。

⑤ 象山县志编纂委员会编：《象山县志》，第 292 页。

业贷款，兼办存款、汇兑业务。1935年停办。1936年初，浙江省地方银行开始筹备石浦办事处，1936年2月2日《时事公报》报道说："1月26日，象山县胡县长赴甬与浙江地方银行朱董事长接洽筹设石浦地方银行寄庄事宜，接洽结果颇为圆满。"① 当年10月，石浦办事处成立，资本由总处调拨。1939年迁丹城。1936年初，石浦邮政局奉上级命令，开始兑换法币，以本县未设银行，各户所有银币困于兑换，指定该局为兑换法币处，但每一期总额以300元为总限。俟换足后寄甬，再领再换。凡积有多数银币者，可每次总换数百元。②1938年初，上海建昌钱庄为沪同乡汇款至石浦等处便利起见，特设汇兑部于石浦福华行内。③ 可见，到30年代，石浦一地已有多种金融机构，是当时全县的金融中心。

当时石浦金融行情影响到南田县的金融业，由于南田县境内商市未兴，金融周转赖有石浦，以致难有农渔产业，而不能自成主体。"运货均用驳船，大都不按品计算，只论每船运货若干，市面钱币，大洋银角铜元，皆听石浦行情，以为涨落。"④

这些足以证明渔港石浦是象山县与南田县及周边地区的金融中心，从石浦地区设立的金融机构来看，已具有近代色彩。

3. 文教事业进步

民国时期，石浦的文教事业得到了较快的发展，不仅办有小学多所，还设立了平民学校、省立民众教育馆等，20年代还发起筹设石浦图书馆。

在兴办学校方面，外国教会的作为颇为引人注目。早在清末时，教会就在石浦兴办学校。1910年6月6日《四明日报》报道说："近有基督教会在石浦镇发起郇山学堂，订定科目天文、舆地、国文、历史、图绘、算术、体操、英文、罗马文、唱歌十门，脩金每年初等二元、高等三元，宿读膳费每月三元，监院大美国主教罗安德，办事教师吴英裴，现已聘定各科教习，定于七月初一日开校，遍贴招生广告矣。"⑤

---

① 《地方银行筹设象山石浦寄庄》，《时事公报》1936年2月2日。
② 《石浦邮局兑换法币》，《时事公报》1936年3月25日。
③ 《时事公报》1938年3月15日。
④ 魏颂唐：《三门湾经济志料》，1946年印行。
⑤ 《教堂兴学》，《四明日报》1910年6月6日。

进入民国后，教会在石浦兴办学校的热情不减，1912 年，体仁会在昌国卫创办体仁女子初级小学。同年，中华基督教循道公会在石浦创办斐迪小学。1920 年增设高年级。1921 年校长黄美成接办。[①] 同时进入民国后，本地人士也先后发起创办或扩建学校。1924 年，清末时石浦敬业高等小学堂改建为石浦中心小学，全国抗战开始后，称石浦小学。[②]

1924 年，象山正社在石浦发起募捐，筹创图书馆。兹录其募捐启原文如下："石浦轮舶汇集，人物喧闹，户口繁密，远逾邑城而图书馆之举，阒焉无闻，不亦都人士之差乎？本社有鉴于此，不揣绵溥，期肩巨任，拟于今年在石浦城隍庙后廊楼上，设立图书馆一所。惟创办之始，建馆购书在在需费，敢为将伯之呼，宁见琳琅之颁。诸公同居象地，对于发展文化，人具热忱，必不令病失学者，长乏精神之粢粮也。所有例规，见如左方：一、本馆为正社所设立，定名为象山正社时属图书馆，购备中西图书、期刊、日报等，供市民之阅览，所有章程，另行规定。二、各界人士，捐助本馆银钱或图书价值一元以上者，加奖玉照，百元以上者，更照捐资兴学褒奖条例，代呈请奖。三、所捐图书，均标明捐助人姓名于上。四、倘有珍本图书，不忍割爱者，列名馆中，十元以上者可定期寄存于本馆。五、所捐银钱图书，均于六月三十日以前汇交本社，掣付收条为凭，并于正言报上鸣谢。"[③]

20 世纪 20 年代，石浦一地还有多所平民学校设立。1926 年，石浦青年范爱华等，爰集同志，发起设立平民夜校，定额 50 名，举黎树南为校长，凡学生书籍笔墨，一概校给，其经费由警所长助洋 10 元，明星电灯公司马佑康捐助电灯，不取燃费，其余由发起 10 人分任之，已于前月初十开学，现在每夜到学生 40 余人云。又圣道公会邵师母及黄美玉女士等，鉴于男子已有平民学校，而女子中不识字者，较男子更多，乃会议立一女子平民学校，经费由发起人担任，已于阴历本月二十日开学，报名者较男子更形踊跃云。[④]

1936 年 2 月，象山县政府呈省政府教育厅请在石浦设民教馆，电文如下：

---

① 象山县志编纂委员会编：《象山县志》，第 507 页。

② 象山县志编纂委员会编：《象山县志》，第 507 页。

③ 《石浦创设图书馆之动机》，《时事公报》1924 年 2 月 14 日。

④ 《石浦平民学校之发达》，《时事公报》1926 年 6 月 4 日。

"阅报载，藉悉省政府教育厅拟在鄞镇象定四县之中择定需要地点设办省立民教馆一所。窃以石浦地处重要、交通辐辏、住户稠密、商贾麇集，惟民智浅陋，民风锢塞，对于国家社会不知爱护，实宜设立大规模社教机关，期与生产教育、国防教育相辅并进，特电呈请转呈，准将民教馆馆址设立石浦等语。"[①]不久，该馆即予设立，称为省立宁波民众教育馆。同年7月，原先设立的象山县立石浦民众教育馆在开办了近一年后被撤销，其馆内的一切用具及图书被并入舟山民教馆。[②]1937年1月，全国木刻展览在石浦省立宁波民众教育馆举行。《申报》报道说："全国木刻轮流展览会自出发巡回展览以来，已历多日，日内将至象山石浦展览，会场假省立宁波民众教育馆，展览品计七百余件，大都含有国防意义。"[③]

石浦一地文教事业的发展，在一定程度上改善了当地粗鄙、简陋的社会风气，有利于石浦地方社会的整体进步！

民国时期，石浦镇不仅是浙东重要的海上交通枢纽，亦是浙东重要的渔埠。正是由于自身优越的区位优势、丰富的渔业资源及便捷的交通等因素的综合作用，使得石浦镇走向繁荣，成为当时中国东部沿海中部著名的渔港。随着经济的发展，石浦镇也逐步成为区域的经济中心，其文化、教育等事业也得以发展。在当时，石浦镇不仅有警察所，还有省级民教馆、报关行、地方银行办事处、邮局等等，甚至还设有石安、浦安、平安、永安四组水龙会，共有会员276名。[④]1934年，著名导演蔡楚生率领30多位电影人，为反映渔民生活，深入石浦体验生活并拍摄电影《渔光曲》，为时一个多月。后在上海公映，创造了连续84天上座率爆满的记录，并在莫斯科的国际电影节上获得荣誉奖，成为中国第一部获国际奖的影片。影片外景地石浦也因此闻名遐迩。

三、因港而兴的海门镇

海门地处椒江口，因江北之小圆山和江南之牛头颈山对峙，状如大门而得名。

---

① 《象县府呈教厅请在石浦设民教馆》，《时事公报》1936年2月6日。

② 《象县石浦民教馆撤销》，《时事公报》1936年7月8日。

③ 《全国木刻展览》，《申报》1937年1月23日。

④ 《调查石浦消防设施》，《时事公报》1936年3月28日。

明洪武二十年（1387）筑城始称海门卫。[①] 清代起，海门初步成为浙江中部沿海一个重要的港口。进入民国，海门凭借其独特的地理位置及区位条件，在港口发展的推动下很快成为浙东一个新兴的工贸城市。

民国时海门镇隶属于临海县，包括椒西镇和椒东镇，共21保、251甲。[②] 根据1946年4月1日人口统计显示：海门镇人口总数为4234户、15913人。[③] 1947年，海门镇有20033人（男10301人，女9732人）。[④] 随着港口商埠繁荣，海门镇城区向北、西扩展。1929年拆北城墙筑中山路，宽12米。后陆续拆除城墙，辟为街道。1949年，共有32路13街21巷23弄，总长17公里，建成区面积1.2平方公里。[⑤] 至此，海门镇的城市格局已基本形成。

民国时，海门镇不仅是台州的第一门户，也是台州地区物资进出的一个重要集散地。据我国现代著名生理学家罗宗洛先生回忆："记得二三十年代，笔者在宁波读书时，每年寒暑假从宁波乘海船南归度假，轮船经过台州海门镇（后改称椒江市）时，冬天的海门港，港口停泊了很多运黄岩柑橘的商船，各个码头上也堆满了金黄的橘子，煞是壮观。"[⑥] 同时，海门港亦是台州内地与外界联系的一个主要交通要道。此外，海门还是台州地区的经济中心，一些新式工业率先在这里出现。20世纪30年代，海门曾两度为台州专员公署驻地。由此可见海门镇在台州经济、政治中的地位及分量。

（一）城镇基础设施建设

1. 交通建设

海门自明筑城以来，其街巷在清代略有发展，而到了民国，交通建设速度明显加快。1914年，在东新街北新建东振市街。至1948年建成西振市街。1929年，

---

① 《椒江市志》编纂委员会编：《椒江市志》，第1页。

② 临海市志编纂委员会编：《临海县志》，第58页。

③ 临海市志编纂委员会编：《临海县志》，第81页。

④ 《椒江市志》编纂委员会编：《椒江市志》，第98页。

⑤ 台州市志编纂委员会编：《台州地区志》，第511页。

⑥ 黄宗甄：《罗宗洛》，河北教育出版社2001年版，第2页。

拆北城修建中山路，是为海门修筑的第一条碎石马路，通人力车于海门至葭沚之间。民国成书的《海门镇志》也对海门镇街巷的发展做了记载："近今以中山路、中正街、东新街、振市街等处为最盛。中山路筑于民国十八年，拆除北门一带土城，即以城脚为路基，阔 4 丈 8 尺，夹道植树，东至东山济公坛，西至椒西葭芷村，横亘椒市葭芷间。中正街道路宽度同。新街江城路为次要街道，宽度为 36 市尺，行人道每边各 6 市尺。全市有人力车 50 余辆，交通称便。"[①] 经过 1929 年的拆城筑路后，海门城区的发展突破了明代卫城墙的限制而向北、向西进行了拓展。

海门江河纵横，桥梁是交通建设的重要环节。民国时期，海门桥梁建设成就显著，有力地改善了该地内外交通。

表 2-8　民国时海门镇新建的桥梁一览

桥名	位置	结构	建造时间	备注
江城桥	在人民路西端，横跨在江城河上	初为木桥梁，上铺 3 块石头板（俗称三脸石板）后改建成条石桥台，条石桥面	1924 年	
通衢桥	系东、西通衢路横跨江城河之桥	块石桥台，条石桥梁	1918 年	1939 年遭日寇兵舰炮击，桥梁炸断，用木板搭便桥
万济桥	在万济街与江城北路连接处，横跨江城河上	条石桥梁，石板桥面	1932 年	
西中桥	在燕贻桥西，南通甬兴弄	钢混拱桥，水泥栏杆	1936 年	重建
马路桥	在中山路横跨江城河上	岩石桥台、圆木桥梁	1929 年	

资料来源：《椒江市志》编纂委员会编：《椒江市志》，第 204—205 页。

从表 2-8 中桥梁的结构来看，既有传统的木桥梁、石桥梁，也出现了钢混拱桥。甚至还采用水泥这样的新式建筑材料，说明民国时期海门的桥梁建设呈现传统与近代并存的局面。

---

① 项士元纂：《海门镇志》卷 2《街巷》。

1932年，全长14公里的椒江至路桥的路椒公路建成通车。商营黄泽路椒汽车公司先后进口汽车13辆，其中客车10辆、小客车2辆、货车1辆。公司在港口的百家道头建立海门车站，是海门最早的汽车站。抗日战争期间，海门镇的一些道路交通亦受到影响。如1941年4月18日，日军登陆海门后，海门大街的店屋多遭焚毁，市面萧条。为阻止日军进攻，路椒公路被拆毁。抗战胜利后，海门大街夹道新建西式市屋，一度辉煌雄伟，市容繁盛，为海门之冠。1946年12月，海门区署奉令修复路椒公路，"发动椒东、椒西、葭芷、葭南、百川、汇海等六乡镇壮丁，以义务劳动服务办法积极赶修"①。

从海门与外界的接通情况来看，陆上主要是椒江至路桥的公路，水路则有连接黄岩和临海县城的内河交通，还有连接温州、宁波、上海的海上交通。水路运输在海门与外界的交通中占据着重要地位。到1930年，海门已有外海轮船23艘，内河轮船16艘，成为浙江省第三大海港。

表2-9　1930—1937年海门港沿海运输航线航轮表

航线	轮船数	公司数	吨位	主要公司
椒沪	7	7	7189.87	舟山、达兴、穿山、公茂、信记、亚细亚、美孚
黄椒沪	2	2	443.21	茂利、达兴
沪椒瓯	1	1	789	益利
甬椒黄	7	7	3131.16	南海、宁台、湖广、黄岩、新海门、新永川、海宁
椒甬	2	2	603	新宁台、安海
甬椒瓯	3	3	1767.64	平安、新宁海、宝华
椒厦	1	1	127	海通
合计	23	21	15050.88	

资料来源:《轮船航线表》，载建设委员会调查浙江经济统计课:《浙江临海县经济调查》，建设委员会调查浙江经济所1931年版，水陆交通第3页;金陈宋主编:《海门港史》，第124—125页。其中吨位数中海宁、安海公司只有登记吨，没有总吨数，表中合计以登记吨计入总吨，数字下降为15050.88，实有总吨数为16954.4。

① 项士元纂:《海门镇志》卷2《街巷》。

表 2-10　海门商轮公司行驶各埠轮船表

公司	船名	到达地	经过地	行驶班期	里距（公里）
宝华	宝华	温州—宁波	坎门、石浦、定海、镇海	宁波周日进口周二出口	438.11
永安	永安	同上	同上	宁波周五进口周日出口	438.12
新海门	新海门	同上	同上	周四甬开瓯周日瓯开甬	438.12
黄岩	黄岩	黄岩—宁波	石浦、定海、镇海	宁波四九进口二七出口	365.91
宁海	南海	同上	同上	宁波二七出口五十进口	365.92
海宁	鳌江	同上	同上	五十甬开黄二七黄回甬	365.92

资料来源：项士元纂：民国《海门镇志》卷 6《船舶》，第 69 页。碇泊地均为海门。日期除记周外，其他为旧历日期。

抗战全面爆发后，海门成为当时浙江对外联系与交通的一个重要海口，抗战初期曾一度出现了短暂繁荣。后为防止日军入侵，海门港实行封禁，海外交通断绝。抗战胜利后，海外交通逐渐恢复。仅至上海航线，就有上海泰昌行“江苏”轮船，载重 600 余吨，上海东南公司“茂利”轮船，载重 600 余吨。当时“海门各码头大小轮船靠埠，因停泊时间关系，往往有前轮未开，后轮即靠于前轮之外边，甚有三四只轮船同靠一码头”①，呈现一派繁忙景象。

随着海门海上交通的发展，一些相应的安全规定或措施也出台了。1923 年农历正月十五日，行驶金清港与宁波间之“永清”轮船在海门关外川礁头触礁沉没。事后，旅甬台属同乡会即拟定取缔台属商轮规则十一条，当年 4 月经会稽道尹核准实行。鉴于海门各码头大小轮船靠埠相当混乱，30 年代时海门区署为保障旅客安全，出示布告并通知各轮船局，“嗣后无论任何轮船遇有后来船只靠埠时，一律均须让埠，候旅客货物起卸完竣，始仍由先头开驶之船只靠埠，并须遵守秩序，依次停泊”②。

① 项士元纂：《海门镇志》卷 6《船舶》。
② 项士元纂：《海门镇志》卷 6《船舶》。

总之，随着近代交通工具汽车的引入和固定轮船航班的大量出现，海门对外交通状况有了根本改善，进而有力地推动海门经济和社会的发展。[①]

2. 通信设施发展

民国时期，在经济发展的驱动下，海门的通信设施亦得到快速发展。除了原先的民信局，还出现了邮局、电报局和电信局等近代通讯机构。

（1）邮政

海门邮政局成立于 1902 年，局址设在东新街九号，下辖杜下桥、葭沚、章安 3 个邮政代办所，兼管太平县（温岭）各邮政代办所。设局长、捡信生、杂役各 1 人，普通信差 3 人，邮差 2 人，另有邮政代办人 10 人。民国时隶属浙江省邮政管理局，初为二等乙级局，1946 年改为二等甲级局。局址先后变动 3 次。[②]

从邮路来看，清朝时海门有外海水道干线邮路两条，一路经舟山至上海，计 450 公里；一路经石浦至宁波，计 263 公里。时台州各县邮件均由海门邮局转发交外海航轮运递。内江有海门至临海、黄岩 2 条邮路。并且还开通了海门至乐清的步班邮路。1927 年开通至温岭街、大溪、箬横内河邮路 3 条。1932 年，开办海门至路桥汽车邮路 2 条，至路桥、新河各 1 条。1940 年，开辟椒江南北两线步班乡村邮路，南线海门至沙田途经 9 处乡村投递点，北线由海门至溪口途经 12 处乡村投递点。两线日行程 80 公里。至 1946 年，海门共有外海水道邮路 2 条计 713 公里，内江邮路 2 条计 90 公里，快船邮路 11 条计 353 公里；自办步班路 2 条计 120 公里，委办脚伕邮路 5 条计 87 公里，总计 22 条邮路，1363 公里。[③]

总之，民国时，海门邮政有了较大的发展，不仅表现在邮路数量由清末的 5 条增加到 22 条，还表现在邮路类型的变化上：除了清朝已有的外海、内河及步班邮路之外，还出现了汽车和快船邮路。此外，邮路由城镇向乡村延伸。当然，民国时期，传统的民信局依然在发挥着传递通信的作用，直至 1934 年才退出海门市场。[④]

---

① 陈国灿：《江南农村城市化历史研究》，中国社会科学出版社 2004 年版，第 278 页。

② 《椒江市志》编纂委员会编：《椒江市志》，第 174 页。

③ 《椒江市志》编纂委员会编：《椒江市志》，第 176 页。

④ 《椒江市志》编纂委员会编：《椒江市志》，第 174 页。

（2）电报

海门电报局成立于1906年9月，址设盐号弄。设局长1人，职员3人，工役3人。置莫尔斯式收、发报机各1台，初与台州、宁波、黄岩、奉化、宁海等处开通报务。民国时属浙江省电政管理局，为三等甲级局。抗战时局址毁于火灾，后移至东新街七号。[①]

海门有线电报开始于1906年，民国时期有了一定发展。1912年，在闸门头立杆接线入黄岩县城，连接临海至海门电报线路。1927年，年发报2198份，收入7200元。1931年利用至路桥乡话线，与路桥开通报务。同年，温岭利用温黄报路添挂单线，经路桥与海门接通。1934年，海门至葭沚架通12号铁线一对，后陆续架通洪家、界牌、三甲、东山、西山等乡话线，设报话代办所，办理话转电报业务。至1945年，海门有直达报路4条，乡村话转报路6条，发往沪、杭、甬各地电报均由临海局经转。1949年开通海门至鄞县特快电报。[②]

海门无线电报的出现相对较晚。1928年，浙江省政府设广播无线电台，在海门设收音机1台，并配收音员办理新闻电讯业务，属浙江省无线二区管理。省台派无线机务员驻海门局，维修管理海门、临海等12个县、区无线接收台。1948年下半年，海门设小型无线电台，安装15瓦手摇发报机，先后开通宁波、杭州、温州三处无线报路。1949年5月10日开通海门至上海无线报路，5月25日停止。[③]

民国期间，海门电报业有所发展，经历了从有线电报到无线电报的飞跃。海门镇不仅与临海、黄岩等一些台属县份有了电报业务往来，还开通了海门与杭、甬、温以及上海的电报业务。但这一时期，海门镇与周边杭州、宁波、温州等城市电报的往来大都经过临海，这在一定程度上制约了海门电报业的发展。

（3）电话

1930年5月，海门电话分局成立，隶属省电话局，址设西沙岸，设主任1人，话务员6人，机匠、线工各1人，话差2人。

---

① 《椒江市志》编纂委员会编:《椒江市志》，第175页。

② 《椒江市志》编纂委员会编:《椒江市志》，第181页。

③ 《椒江市志》编纂委员会编:《椒江市志》，第182页。

民国时，海门电话事业发展具体表现在市内电话、长途电话与农村电话发展上。市内电话开通于1932年，时海门电话分局置磁石交换机两台容量110门，其中100门供市话装接交换，实装用户57户。抗战时遭破坏，业务衰落，将100门改装50门。[①]

长途电话开通于1930年3月，当时海门至黄岩线路架通，始办长话业务。当年5月，设电话分局。1931年，接通海门至路桥14号铁线2对，计25对公里。1934年省话局借用临海、海门电报杆路，经三江口加挂黄岩至海门话线1对计20.7公里。至1935年，海门长话电路共5条，其中至黄岩、路桥各2条，至葭沚1条。海门至台州、沪、杭、甬各处电话均由黄岩接转。时长、市话合设，有磁石交换机两台，总容量110门（一台10门装接长话线，一台110门装接市话用户线）。[②]

农村电话开通于1931年，当时路桥至海门线路架通，始办农话业务，时农话、长话、市话合设。1933年，架设海门至葭沚线一对，至1937年共有葭沚、洪家、三甲、东山、西山、当角桥、界牌7处电话代办所，各设单机1部。后栅浦、岩头、山东线接通，由县政府自设单机通话。1949年，共有农话电路9条，总长度68.5公里。[③]

与电报相比，电话在海门出现要晚些，电话业务的规模也较小，其中长话业务开办要早于市话业务，并且电话业务服务的区域内和区域外线路基本上与电报线路吻合。海门至台州、上海、杭州、宁波等地的长途电话线路需要从黄岩接转。

1943年2月1日，报话两局合并，次年7月，改称电信局，1945年后划属南京第二区电信管理局。1948年下半年，二区局调15瓦小型无线电台接通与杭、甬、温无线通报，各陆线阻断疏通报务。人员亦相应扩充，解放时员工25人，下辖报话代办所6处。[④]

---

① 《椒江市志》编纂委员会编：《椒江市志》，第183页。
② 《椒江市志》编纂委员会编：《椒江市志》，第182页。
③ 《椒江市志》编纂委员会编：《椒江市志》，第183页。
④ 《椒江市志》编纂委员会编：《椒江市志》，第175页。

近代通信设施的发展，在很大程度上加强了海门与台属县镇的联系，同时亦加强了海门与周边城市的联系。便捷的对外交通与联系使得海门成为台州地区得风气之先的地区。

（二）城镇发展与功能完善

民国初年，海门卫城垛口已塌，城墙亦有不同程度坍损。1914 年，西门城基地由台州官府卖给同康酱园，作为建厂地址。1929 年呈省建设厅批准，拆除北城墙，修筑中山路。抗日战争期间，于 1939 年拆除东山山上城墙，以利居民防空疏散。解放初尚留南城墙东、西段和西城墙八佛堂河边一小段。① 民国时海门城区逐渐向城北延伸，以北大街、东新街、西新街、东振市街，中山路最为兴旺。1936 年最盛时统计有 680 家商店，抗战胜利后降至 535 家。②

民国时，海门镇在供电与照明方面有所突破。历史上海门镇居民均用菜油灯照明。进入民国后，煤油（当时称洋油）大量进口，用煤油灯照明较为普遍。1917 年，葭沚黄楚卿创办私营恒利电灯公司，装有柴油发电机组 15 千瓦，海门始有电灯照明。1919 年，在海门寿亭路（后改光明路）东侧新建 40 千瓦柴油机组发电厂，称恒利电气公司，架设线路 2 公里，有包灯 1400 余盏，仅晚上供电。1924 年开始夜间通宵供电。③ 民国时，海门镇的环境卫生由警察所管理，1946 年有清道夫 12 名，清扫主要街道。④

民国时海门镇不仅是浙东地区重要的港口，亦是台州地区近代工业的发祥地与商贸中心。1914 年在城内西门始建同康酱园酒厂，1917 年在葭沚建恒利电灯公司。同时交通的便捷使海门成为台州贸易的中心。如米业，史称“台属米业，皆集中于海门，故海门机器碾米业，亦因之而日盛”⑤。在工商业推动下，海门金融保

---

① 《椒江市志》编纂委员会编:《椒江市志》，第 216 页。
② 《椒江市志》编纂委员会编:《椒江市志》，第 221 页。
③ 《椒江市志》编纂委员会编:《椒江市志》，第 239 页。
④ 《椒江市志》编纂委员会编:《椒江市志》，第 240 页。
⑤ 建设委员会调查浙江经济统计课:《浙江临海县经济调查》，建设委员会调查浙江经济所 1931 年版，“工业调查”第 1 页。

险业也相当发达。中国银行、浙江地方银行、中国农民银行和临海县银行等纷纷在海门设立分支机构，钱庄等传统金融机构在海门也相当活跃。30 年代海门就有浙江地方银行海门支行、中国银行 2 家，钱庄 22 家。[①] 到 30 年代中期，靠近码头的振兴街、东新路十分繁华，商店行栈鳞次栉比，旅馆饭店星罗棋布，银行、钱庄和电报（1905 年）、电话等各种为商业、航运服务的行业也随之兴盛，东新路比喻成上海的南京路，海门也有所谓“小上海”之称。海门市区向北、向西扩展，到 1949 年有 32 路、13 街、23 弄 21 巷，总长 17 公里。[②] 30 年中海门市区又扩大一倍，台州行署也迁驻海门，成为浙江沿海中部最大的商埠，台州地区政治、经济、文化、交通的中心。

表 2-11　1929 年临海县海门镇商业经济概况表

	临海全县总额	海门数额	海门占百分比（%）
商店家数	1045 家	227 家	21.72
职工数	4089 人	1361 人	33.28
资本总数	1219704 元	511325 元	41.92
全年营业数	4446132 元	2014113 元	45.3
营业净余	55049 元	30055 元	54.6

资料来源：建设委员会调查浙江经济统计课：《浙江临海县经济调查》，“商业统计”第 6 页。

随着经济的发展，海门镇的城市功能日渐齐全。民国时海门出现了学校、医院、金融、贸易和文化娱乐等公共设施。民国时海门建有完全中学和多所小学及省立甲种水产学校。其中 1917 年 12 月创办的水产学校久负盛名，1927 年迁入定海，在海门办学达 10 年之久。[③] 同时海门出现了由私人建立的规模较小的医院。还出现了一些供公众休闲活动的场所，如椒江舞台、印山俱乐部及民众教育馆等设施。[④] 此外，受海门港为台州交通要埠、流动人口多等因素的影响，旅馆业兴旺，

① 海门支行：《海门经济现状》，载浙江地方银行编：《浙光》第 4 期。

② 丁贤勇：《新式交通与社会变迁 ——以民国浙江为中心》，第 266—267 页。

③ 浙江省教育志编纂委员会编：《浙江省教育志》，浙江大学出版社 2004 年版，第 37—43 页。

④ 《椒江市志》编纂委员会编：《椒江市志》，第 221 页。

民国时主要建有台州旅馆、海门旅馆、同和旅馆、新新旅馆等。[①]民国时期浙江省建设厅和临海县建设科还提出《改良海门市政之建议》四条和制订“海门市政建设十项计划”。其中有建筑新式码头、兴筑中山马路、整理街道、兴筑江滨马路、执行振兴公司管理地面工程监督权、迁移油池及染坊、规定工商业区域、疏浚市河及建闸、建筑海滨公园和设立公厕等。[②]

四、温台门户——坎门

玉环坎门之名，明代册籍已有记载。因坎门对面有黄门，古时又称黄坎门。坎门镇位于东海之滨玉环岛东南端。面积3.66平方公里。地形南北狭长，属岛屿丘陵。海岸线曲折，多岙口，较大的岙有教场头前沙、钓艚岙（旧称坎门大岙）、鹰捕岙、瓜子金岙、东沙岙及后沙岙，是闽浙海上交通要冲。

坎门镇包括教场头、钓艚岙、鹰东，历史上时有分合。1948年，坎门镇分为15个保。[③]1948年，坎门镇总户数2800户，人口11760人。[④]坎门镇在民国时期已经形成了一些繁荣的街巷，主要有中市街（新中国成立前此街出售鱼货，叫虾仔街，别称后街）、前街（原石板路，民国元年建）、五权路。[⑤]

民国时期，由于受到外来文明以及当地经济发展的推动和影响，作为温台门户的坎门镇在市政建设与社会生活中也出现了一些近代化的因素，具体表现在以下几个方面。

（一）近代交通艰难起步

由于坎门所在的玉环岛孤悬海外，其对外的联系主要依赖海上交通。正是通过沿海的航线，将一些近代化的因素逐步传递到坎门。

---

① 《椒江市志》编纂委员会编：《椒江市志》，第221页。

② 转引自丁贤勇：《新式交通与社会变迁——以民国浙江为中心》，第267—268页。

③ 玉环坎门镇志编纂办公室编：《玉环坎门镇志》，浙江人民出版社1991年版，第42页。

④ 玉环坎门镇志编纂办公室编：《玉环坎门镇志》，第328页。

⑤ 玉环坎门镇志编纂办公室编：《玉环坎门镇志》，第46页。

1. 水陆交通发展

陆上交通建设相当迟缓，主要成果是修筑坎门至玉环的石板路。1912 年秋，铺筑玉城至坎门（钓艚岙）石板路，全长 15 公里，历时 6 年告竣。为便于行人驻足，在教场头虾仔街（今中山街）西端、后砂岩下堂前、坎门岭各设路廊 1 座。[①]玉坎路的修筑也使得教场头渐趋繁荣，教场头街、日新街、前街等相继铺设石板路，路下设排水沟。[②]民国间，曾两次筹建坎门到玉环的公路，但均未成功。[③]1932 年，坎门始有人力车（黄包车）通玉环县城。

海上交通发展相对较快，成就比较突出。1914 年，甬温、沪温线轮船在坎门（钓艚岙）停泊的有永宁、永川、永安、宝华、平阳、大华、益利、新海门等轮。由郭源顺挂牌通告船期，并办理客货运输事务。当时坎门出口，主要是装桶鱼货；进口为布匹、广货、南北货。到 30 年代，坎门镇通过固定的海轮班线与沿海的上海、宁波与温州等地保持联系。1937 年抗日战争爆发后，日本军舰封锁我国沿海，坎门轮汽船全部停航，航运复用木帆船。抗战胜利后，坎门有汽轮开往温州，但并不稳定。[④]

为便于海上交通，其间坎门镇还对航运基础设施进行建设：一、改善轮船停靠点的基础设施。1914 年，在鹰捕岙桑叶嘴头建坎门外马道，钓艚岙岙口配角建坎门内马道。甬温、沪温等线轮船在坎门（钓艚岙）停泊，形成商埠。教场头当时有小轮船利泰通航温州。但钓艚岙和教场头都没建设停靠船舶的码头，货物靠搁浅装卸或用小舢板驳运（1937 年从事驳船者 57 人）。二、重视航标建设。1913 年，史火顺在东山头小屋用桅灯给来往船只信号。1925 年 10 月，钓艚岙人支鸿基在钓艚岙建普安灯塔，有专人管理。[⑤]

1930 年，坎门设有航管分所，对海上船舶进行管理。[⑥]

① 玉环坎门镇志编纂办公室编：《玉环坎门镇志》，第 58 页。
② 玉环坎门镇志编纂办公室编：《玉环坎门镇志》，第 49 页。
③ 玉环县政协文史资料委员会、玉环县水产局编：《玉环文史资料》，第 6 辑，第 36 页。
④ 玉环坎门镇志编纂办公室编：《玉环坎门镇志》，第 59—60 页。
⑤ 玉环坎门镇志编纂办公室编：《玉环坎门镇志》，第 58—59 页。
⑥ 玉环坎门镇志编纂办公室编：《玉环坎门镇志》，第 61 页。

2. 邮电业的发展

民国期间，坎门已经出现近代邮政所，并且也出现了长途电话和无线电话等近代通信设施，但这些设施的出现较晚，基本上集中在20世纪30年代。

1905年，坎门设有邮所。1917年设立邮政代办所，直至解放。代办所有邮寄代办人、普通信差各1人。坎门邮政代办所于1936年在钓艚岙设立信柜。抗日战争时期，外海邮路不通，邮包由一人肩挑至玉环县城。

1934年7月，在教场头天后宫设玉环县长途电话坎门代办所。

1937年4月17日，坎门至定海渔用无线电台首次通报。1938年5月28日，坎门电台奉令他迁；当年9月19日设立坎门军公电报代办处。1943年军公电报代办处改为电报收发处。①

（二）民众生活的变化

1. 照明设施的演进及其他

民国时期，坎门镇区也曾出现了煤油路灯、手电筒、电灯等新的照明设施与工具，但由于这些新事物在传入坎门后，往往由于成本太高，时断时续，发展十分缓慢。有的则因其昂贵，一般只有富裕者方可享有。

1929年、1945年，坎门镇区的通衢要道曾先后两度悬挂煤油路灯，但都不逾年即停办。夜行全借灯笼的微光照明。20世纪20年代桅灯传入本镇，但使用极不普遍，灯笼作坊的生意乃颇兴隆。30年代有手电筒出现，当时的手电筒有硬纸壳和铜壳两种。至40年代，桅灯和手电筒作为夜路照明工具使用的人渐多，灯笼仍被用作黑夜户外劳作的照明工具。②

1927年初，兴办电灯照明，但用户都系殷商富户，因使用旧机器发电，时有时辍。至1929年公司亏本而停办。凡此前后，家用照明基本上都采用油灯。早年用植物油明火点燃照明，灯具十分简陋，其昏暗犹如萤火。后有从国外进口“洋油”（煤油），坎门始用煤油灯，但难以普及。直至大家富室的照明工具进入

---

① 玉环坎门镇志编纂办公室编：《玉环坎门镇志》，第62页。

② 玉环坎门镇志编纂办公室编：《玉环坎门镇志》，第366—367页。

使用高档的“美孚罩灯”、“汽灯”时，一般居民才步入简易的煤油灯照明。[①]

2. 服饰

民国时，西式服装（西装）已传入坎门，俗称“西洋装”。社会上认定是侈靡洋服，盖因穿着的人不是纨绔子弟，就是士绅、富商，一般民众不敢问津。抗战胜利后，西装在坎门学界流行，不过有一个重要的分界：音乐、美术、体育的学生和老师常穿西装，而文科学生、教师则喜穿中山装。中小学生不分男女，流行中山装。[②]

3. 集市

民国初，坎门没有集中买卖的菜市场，一般沿街挨户兜卖，或星散设摊。至30年代，在教场头虾仔街（今中市街）设摊。后来辟现在的森火巷处（早年是空场）为集中菜场，由于该处僻隅，集市难成而日渐废弃。货卖者仍自行群集于中市街商铺外露天设摊。日久入市人众，按货物品种分段设摊，直伸延至日新街街口。[③]

可见，不论是在城镇的交通、通讯等设施，还是坎门镇民众的生活中，我们依然能够感受到近代化的气息，依然能够看到一些新的事物、新的变化。但由于这些新事物、新变化影响和涉及的主要是坎门镇的上流社会，而广大下层社会民众依然延续着传统的生产与生活方式。同时，我们也注意到一个现象，这些近代化的事物传入坎门地区显得较为迟缓，并且受到宁波和温州两地的影响较大。当然，地方经济力量的薄弱也在很大程度上制约了坎门镇社会的转型。民国时期，坎门镇经济以渔业为主，商业较为发达，手工业发展历史悠久，但近代工业相当落后，仅有电厂1间，碾米厂3间，印刷厂1间，织袜厂1间。并且这些企业经营不久，即告停业。至新中国成立前夕，仅存碾米厂1间。[④]

---

① 玉环坎门镇志编纂办公室编:《玉环坎门镇志》，第367页。

② 玉环坎门镇志编纂办公室编:《玉环坎门镇志》，第355页。

③ 玉环坎门镇志编纂办公室编:《玉环坎门镇志》，第357—358页。

④ 玉环坎门镇志编纂办公室编:《玉环坎门镇志》，第147页。

第三节　浙江沿海乡村鸟瞰

相对于浙江沿海城市与城镇，沿海乡村的面积更大，人口更为众多，无疑是浙江沿海地区的主体部分。进入民国后，受经济变动与所在地区城市与城镇发展等因素的影响，广袤的浙江沿海乡村地区也无一例外地步入近代化的轨道。可以说，较之历史上任何一个时期，民国时期浙江沿海乡村的变化更为显著，也更有成效。但由于浙江沿海乡村经济仍然以传统的农业与渔盐业为主，使这种变迁的广度与幅度都受到很大的制约，加之受战乱的影响，不仅变动的程度有限，而且相当坎坷曲折，20 世纪 40 年代后更是呈衰落景象。本节将主要辑录当年报刊有关记载与时人的回忆，尽管其相当分散，不成系统，但原始的记录也许较之抽象的叙述更能呈现当年浙江沿海乡村变迁的真实状况。

一、乡村举隅

就民国时期沿海乡村变迁情况看，不仅新旧并存、新旧相间的状况相当普遍，而且沿海各地乡村发展也相当不平衡，其中宁绍地区特别是接近宁波的一些县份如镇海、鄞县、慈溪相对好些，而温台地区则明显滞后。以下转录当年报刊的相关报道或时人回忆，以见其当时沿海各地乡村状况之一斑。

（一）20 世纪 30 年代前后的镇海

海天遥接忆蛟门[①]

蛟门，是宁波甬江出口处的海湾，属于镇海，两岸山岩拥峙，天然地势非常雄伟，设有炮台，是浙东重要的国防门户。该处水道很深，湾入度不大，一出蛟门口，则海天万里，波澜壮阔。相传戚继光御倭，率领舟师夜巡

① 高越天：《海天遥接忆蛟门》，《宁波同乡》第 30 期。按高氏 1928—1930 年间担任镇海县长。

海上到此，见巨蛟目如红灯，挽弓射了一箭，突然风浪大作，兵船颠簸，直至天明，各船所连的绳索都已断裂，只有三条竹索勉强维系着，戚将军和阵士方得泊岸。因此戚氏子孙在宁绍者，世世代代不食竹荀，作为纪念。这虽是齐东野语，但蛟门的名称，也因此而更响亮，成为镇海县的别称。

笔者于民国十七年出任镇海县长，当时国民革命甫告成功，全国初步统一，人心振奋，浙江更首先举办二五减租、土地陈报、户口调查、村里制等等新政。县长兼理司法，主管行政，职权相当集中。当时笔者为二十五岁青年，自信有勇气，有热心，但自知缺乏行政经验，因此于到任之前，在沪杭访候宁属诸先达，以及工商界的耆严，如周骏彦、陈屺怀、陈布雷、虞洽卿、方椒伯诸先生，多蒙他们恳切地对我谈了许多地方习尚，以及应兴应革的事情，希望我有所作为。尤其是布雷先生，他虽是慈溪人，但曾在镇海中学担任教员，时任教育厅长，对于地方教育问题，更是非常关切。而洽老邀我同乘新江天轮至镇海，轮上设席倾谈，他志在富国裕民，嘉惠乡梓，见解气概更令人钦佩。

镇海有甬江纵贯其间，轮泊到宁波必先经泊镇海，交通便利，民智开通。宁波开埠极早，人民外出经营工商业，在上海、汉口、天津各大商埠中成为巨子者不计其数，在航运、交通、金融各界，更多闻人。故虽境狭人稠，可是外面世界广阔，任何人只需有一技之长，诚笃可靠，出外谋一工作，并不是一件难事；兼以俗尚好义，彼此责善，少小离乡，得到长老汲引，不久事业即有成就。到了财多名立之时，或返乡置产，博施济众，或举家外迁，对故乡仍不断存问，力行义举。因此，各乡多道路修整，华屋渠渠。记得西乡有一所最大的房屋，是五大开间，两厢各三大开间，前后七进，每进各有花园，再加耳房下屋，如此巨宅，在国内各地，亦属罕见。至若小学等公共建筑，亦多宏敞，具有规模。县城是在甬江北岸，到南乡去须渡甬江，南乡各村，多林峦之胜，小港笠山下有李家花园，构造布置，幽胜独绝，且多名卉异木。灵峰则禅寺精严，风景宛如西湖的灵隐天竺，每年春季香会，甬人在外者，多不远千里，归来朝山购牒，享受故乡风味。香资一部分作为教育经费，为数颇多。塔棋岙中则松篁交翠，岩谷玲珑，远近高低的山家村落，处处可以入画。徐桴（圣禅）先生有一别墅在内，忆民国十八年隆冬，大雪弥天，笔者时适巡南乡，听得圣禅先生返里，便骑马冲寒入山，承留一宿，置酒围炉，醉蟹肥雉，齿颊留芬。次日，踏雪同游别业前后，寒梅未开，蜡梅和天竹子却在白雪中点缀着金红的彩色。

再说镇海北乡，龙山卫一带称为镇北，洽老在上海立业后，在故宅地址上兴建了三座大厦，巍峨并峙，美轮美奂。此外柴桥镇相当繁盛，蟹浦则名副其实，所产青蟹，大而充实，味美胜于他处。本来宁波虽近海市，说要尝新奇海鲜，却要到镇海来，所有望潮、蛎黄、石首、对虾、香螺、鲨鱼、海蜇等等，都是镇海特产，他处虽有，不免较逊一筹，较诸台湾的海味，自更不可同日而语了！

县治西乡，与鄞县毗连，从前镇海是鄞县的一部分，后始分治，所以西南各乡，堰堤水利，很多是王荆公（安石）宰鄞县时的遗迹。西乡庄市有一个设备非常完备的医院，由董杏荪捐集巨资所创建，是参酌北京协和医院和上海仁济医院而设计，但是范围略小。董先生每年都捐很多钱，诊费收的很低，医生标准很高，对于当地人民功德无量。笔者去参观，周历整个医院的病房、花园、手术室各处，宛如身在都市大医院之中，而不是乡村。花园一角却有一家古朴的农家，医院院长讲，这一家邻人，不管你出如何高价，绝不可能让售一分地基。笔者顺便访问这一位老农，探探他的意见，他说："董先生办医院办学校是好事。我有两个儿子，一个在船上，一个外出经商，他俩不久也会发财，发了财也要办学堂、造医院，我不愁吃、不愁穿，除非在地基上自造洋楼，却不能把祖上的地基出售。"

镇海县没有东乡，出东门就是招宝山，山外即是大海，炮台司令部在山麓，山巅为佛寺，庙宇建筑，非常宏伟。楼头夜宿，可以晓观日出。唐骆宾王灵隐寺诗："楼观沧海日，门对浙江潮。"诗是好诗，但灵隐离海数百里，离钱江亦一二十里，似乎远了一点。若在招宝山僧楼上望海观日，那真是"溟渤万里，金轮一丸"，都在眉睫之间，乃天地间的大观。当晴朗的时候，海平静得像一面镜子，反映着蔚蓝的天空，一直延展开去，直到海天混而为一，自顾此身，端的是"渺沧海之一粟"。有时逢到台风暴雨，海浪汹涌，咆哮奔腾，一阵又一阵的如山怒涛，向着岩石冲击，激起数十丈高的浪花，震撼着大地，更使人认识了大海变化莫测的威力。

笔者在镇海一任做了两年多，各乡都去过。乡间民俗敦厚豪爽，和田父野老们谈谈地方情形，问问他们有什么事要对政府讲，他们往往会海天阔地讲出一大套，有许多看法和想法，非常真朴而有趣。那时全县户口是40多万人，全县警察只有120多人。乡村却平静安宁，赋税也轻，凡有公债或建设教育等费用的负担，照例是旅居在沪汉各地的闻人富商，首先慨允负担若干，一呼而集，用不着本地人民费心。诉讼则民刑案件，一年只有数十起，民事案往往未经判决，双方就已和解。笔者在任三年之中，刑事案除了大碶口海盗登岸抢当铺，被军警围住，打死了2个，捉牢了3个，笔者当场验过一次以外，本地从无杀人放火的大案，至多不过是打架。

笔者于民国二十二年离开浙江，此后在西北、西南各省工作，到处碰到镇海人士，都欢然如故。

（二）20世纪40年代末的象山与三门

秋到象山[①]

今年的天气真作怪，过了中秋，还是闷热不堪，人们一碰面，就会脱口这样说，老热呵，秋天了，还会这样热，虽时势变了！呵！然而，曾几何时，一场大雨，凉意袭人，逼得人们非穿秋衣不可，于是人们又会说，秋天了，多变幻的天气呵，我们又得添制秋衣了，的确，现在是秋天了。秋已临到象山了。

秋天本是一个美丽的季节，所谓“风和日丽”“老圃黄花”，文人骚客每每引为无上快乐，但是这儿却很少有这种闲情逸致之人。这儿的人们几乎竟日为生活奔波着，物价是那么高，除了食米一项较他处便宜外，什么东西（即使是菜蔬鱼虾之类）都贵得了不得。这期间，最感苦闷的当然是公务员，

---

① 《宁波旅沪同乡会会刊》复刊号，1946年11月10日。

县级待遇本月份能否照新标准发给，至今这是个猜不透的谜。据一般人推测，象山经济不充裕，县库非常支绌，本月份恐无法照薪标准发给。虽然县府正在向各乡借支赋谷，准备加薪，但是并无十分把握。然而秋天来了，秋衣非添制不可了，他们一个月的总收入，只有一套大其制服可做呵，这怎不叫他们感到苦闷呢！唉，秋来了，秋天降温到小公务员的身上了。

你没有到过象城吧！假若你初次来此，我想你一定会感到惊奇的，城区并不大，市面很冷落，点灯尚未恢复放光。入夜后，几家较大的商店就点煤气灯，黄昏片刻颇热闹，一到九点左右，行人很少，店家也关门睡觉了，街上除了点缀着三五片点心摊外，简直一无所有了。

这儿还值得一提的是平房特别多，楼屋如凤毛麟角般稀少，至于水泥洋房，更不必说了。你若要在此地租一座房子，那恐怕比登天还要难几倍，因为这儿是没有空房子的。

胜利了，美国货源源运华了，这儿虽时滨海的小城，没有繁华奢侈的风气，没有穿用玻璃衣着和玻璃器具的公子少爷和太太小姐，但是投机的商人们总还想要以新奇的货色来吸引顾客们的注意或购买的，因此美国货也充斥市面了。什么玻璃皮带、玻璃袋、玻璃……以至于电池、蓝墨水、练习簿……在洋货店上陈列着的都是美国货，总之，这个简朴的山城已被美化了。

象城的交通很不方便，人力车只能通至陈山，此外都是小路或山岭，依赖肩舆来代步，所以象山来往的轿子特别多。相反地，人力车却少得可怜，在街上是喊不到车子的，因为它们有一个车行，全城所有的车子都集中在这片行里。你若要雇车子的话，就到这爿行里去雇好了。据说现在车子的价钱是每站（10里）2000元，轿子的价钱是每站4000元，但是车子生意还是轿子好，以其爬山过岭无远弗届也。

在战前原有一条象西公路，由县城至西泽渡江再由鄞横公路而达宁波，但在战时破坏后，迄今尚未修复，现在象城与各县的交通专赖海路，有“上海”号小轮往来于甬象宁各地。

象山的民众是困苦的，他们一面须负政府巨大的捐税，一面又受着土匪的吵扰。近来各乡匪风更炽，抢劫案件，时有所闻。据说今日上午有客商30余人由城赴陈山搭轮去甬，在离城10余里处，被土匪4人拦劫，抢去国币1000余万元，由此足见匪势之炽盛了。然而治安当局，毫无办法，一任匪势蔓延，让人民的生命财产置在土匪的威胁下，随时有死亡或被抢的可能。而目前，这种局势正在扩展下去，人民已普遍地担忧着不知如何方可安全地度过今年的年夕（因为盗匪以冬令期间最多，今年夏秋尚且如此，冬天更不必说了）。

县府奉令清乡后，即由党、政、警、团各机关法团组织清乡工作队，于本月十一日下乡积极发动清乡工作。全县共分四区，由军事科负责四区，青年团负责东区，警察局负责下南区，县党部负责上南区，其主要工作为举办联保连坐，民枪登记及缉捕匪犯等项，预定于月底结束。象山经过这次严厉的清乡，不法分子当可清除了，我们希望不会再有抢劫、绑架、吸烟、贩毒等字眼在报纸上出现。

象山共有二所中学，一是县立初级中学，校址在城内，一是私立立三初级中学，校址在墙头，此外还有简易师范学校一所，实际上该校附属于县中，与附属简师科无异，两校都创办于战时，没有完美的设备，一切都是因陋就简，将就了事。县中的校舍本来是丹城中心学校的校舍，现在丹城迁移至文庙后面，而把那部校舍让给县中了。该校共有教职员30余人，学生400余人，学习空气颇浓。同学大抵埋头研读学课，对外活动不多，在平常很少能见到该校的学生，但一到星期日，则街头巷尾，几乎全是年青的学生了。可惜这儿没有一片像样的书店，买不到一本新书或杂志，不能供给他们以必需的精神食粮，有之也不过是文具纸号，销售几册越剧戏考，越剧大全而已。

象山仅有一家私人创办的小报，叫大众日报，该报言论公正，报道翔实，虽于经济拮据不堪之情形下，仍力图改进，精益求精，致为全县读者所爱戴。近来该报为刊载石浦烟毒犯吴德谦等一案，其中言词有触及县司法处与石浦警所之处（按司法处与石浦警所为该案之主办机关），几掀起轩然大波，然而该报不怕强权，仍以严正态度辩驳之，卒使司法处与石浦警所无言可对。

记者是本月五日到此的，至今已将一月了，但是耳所闻，眼所看，手所触的都觉得象山是显得那么苍老、平凡、沉寂，而没有一丝前进，活泼清新的气象，这究竟是什么原因呢？

近几日来，天空满布着灰色的层云，凉风微微地吹着，细雨霏霏地下着，这景象很易引人感喟，“秋风秋雨愁煞人”。我自己并没有时人那样敏感而发愁，我倒是为象山的小公务员、小百姓而发愁。

的确，秋来了，秋到象山了。

三门的穷与苦[①]

三门——这抗战的产儿，地处浙东的一隅，靠近三门湾，在局外人看来，三门土地肥沃，蕴藏至厚，的确是一处得天独厚的富庶地区，谁人不这样的羡慕着三门。翻开三门湾的历史来看，废清末叶，意大利人不是想租借三门湾来开辟商埠吗？民初以来，不是有许多外来的资本家，想在三门湾投资，从事开发吗？然而，我们不否认三门是很有办法的县份。如果政府当局日后对三门湾能加以有计划的开发，来日的繁荣和富庶，的确是无可限量的。但是我们如以逼真的眼光来看今日的三门现状，谁不长吁短叹，为三门徒有富庶的盛名悲，为三门人民痛苦悲，为三门的财政枯竭悲，为三门的社会紊乱悲。

三门自二十九年七月间立县到现在，8个年头，虽未遭到兵连祸结的残酷蹂躏，但匪患的猖獗，农村的破产，民食的恐慌，这都是不容抹杀的事实。

这里只就三门目前社会现状，简短地写几件下来，供读者们看看，便知道我的话不是无病呻吟，和危言耸听的。

物价一天一天的高涨，正如脱缰的野马，无情奔驰，三门的农村经济，较往年尤为枯竭。全县25乡镇，15万民众，没有饭吃的人，差不多要在半数以上，一家有五六口度日全仗一身苦力换来微薄代价的农民，生活实在维持不下

---

① 张以荣：《三门的穷与苦》，《宁波日报》1948年6月1日。

去。多少10余岁的孩童，含着汪汪的眼泪，忍痛地离开了自己的爹娘，飘零他乡的深街冷巷里去过着流浪乞讨的日子。早在2个月前，蓬莱乡第四保仰天塘居民叶正堂的父亲，一个80多岁的白发老翁，因为家庭生计的艰难，不忍看见自己面多菜色的儿孙，一个个的饿死，就于某一个夜里，骗了他家里的人，偷偷外出，跑到无边黑暗的原野，高悬苦连树下自尽了。诸如此类的惨象，在贫苦者的一群里，都可以搜捡出惨不忍说的材料。

春，已经过去了，现在正是“割尽黄云稻正青”的时候。那么今春麦量的收成如何呢？当麦头垂老可以收割的几天，天不作美，连朝淫雨，达五六天之久，极目郊外，千顷麦浪，以致无法收割，待天放晴明，千家万户收割得来的麦多为虫蛆所害，根本谈不到什么收成。听说，三门全县麦量的收成，只有亭旁区，还比较好些。近日米价每斗已涨至54万元，升斗小民，没有一个不叫苦连天。

四月初，三门前县长俞履德调长龙泉，由新任县长吴则民继任，随吴县长到三门来干事情的职员很多，在未到三门，他们的一群，理想中都以为三门是富庶的县份，兴趣勃勃，踏上了三门的土地。可是吴县长下车伊始，开宗明义的第一件困难，就是县财政的枯竭，本来三四两月份员工生活每人发谷2石的，自五月份，县府决定减半发放，这真是公务员们的噩耗，尤其是那班携家契眷前来工作的职员，每月一石谷的待遇，叫他如何的维持最低的生活。

南田区孤悬海面的岛屿，旧为南田县，三门立县伊始，即并入三门辖管。与临时县治——海游，距离颇远，在三门，南田真是鞭长莫及的地区。南田区的地方情形，由于土匪多，地痞多，早已种下了糜烂的种子。抗战时期曾沦陷敌手，地方政治力量，完全操纵在少数拥有数百武装部队的一二人身上，年来匪事甚厥，前南田区长戴加恩的被匪枪杀，和区署枪械的被缴，实在使人寒心。烟毒的流行，赌风的滋盛，竟成公开。上次县参议会召开第一次县政检讨会，为民意代表的参议员，曾有“南田区政日非，应设法改革”的呼吁，可是因为政府力量的薄弱，地方积习已深，迄今仍是故态依然。

二、渔村举隅

就渔村来说，根据其具体情况的不同而分为纯渔村与一般渔村，前者如舟山一地许多岛屿居民全部以渔业为生，而宁台温不少地方如镇海蟹浦、郭巨，鄞县的姜山、咸祥等，不仅分布于一般农村之中，而且也有小部分居民从事渔业以外的行业。就其发展状况来说，一般来说，后者总体发展状况要好于前者。以下辑录有关报刊报道，以见当时浙江沿海各类渔村之一斑。

（一）20世纪30年代鄞县渔村

渔村概况[①]

鄞县无单纯由渔民组成之乡村，所有渔民，多零落散居各处。今为便利起见，特将各渔村，由地理及习惯上，分为东钱湖、咸祥镇、姜山镇三区，分述其概况如下。

东钱湖

地位形势 东钱湖位鄞县之东，距县城35里，四面环山，全湖面积71方里，湖水自72溪流而来，鄞、奉、镇三县之田，均受其灌溉。环湖有下水乡、韩岭镇、陶公乡、大堰乡、殷家湾、莫枝堰镇等六乡，陶公、大堰二乡在其西南，殷家湾在其西，此三乡居住渔民甚多，即所谓湖帮渔民也。

交通 该地交通颇便，水道有帆船及小龟船可与县城及各乡村来往。陆道有宁横路在其西，宁穿路在其北。由县城乘搭宁横路汽车，30分钟可抵冠英站，再徒步3里可抵陶公乡。为欲免徒步之劳，可乘宁横车至莫枝堰，换乘小艇，可直达各村，但所费时间较多。此外陶公乡、大堰乡等处，尚有电话线可与各地通话。

人口 环湖居民共有8330户，人口30569人。中以陶公乡最大，占

---

① 《鄞县渔业调查》，《浙江建设月刊》1936年第4期。

2346户，9126人；莫枝堰镇1707户，6433人；大堰乡1388户，5017人；殷家湾乡1107户，4955人；韩岭镇1782户，2647人；下水乡694户，2147人。

职业　该地诸乡，概属山地，无可耕之田，故居民除外出经商或营工者外，大都以捕鱼为业。渔业概分之为外海渔业及内湖渔业。外海渔业最主要者，为大对网渔业。此业在民国廿一年时，共有250余对，今所存者，仅120余对，计陶公乡62对，大堰乡27对，殷家湾35对，其余各乡每乡12对。其次为乌贼拖网渔业，以殷家湾为最多，共84只，其次为大堰乡，54只。廿一年时，直接从事此业者达5000余人，今直接从事此业者仅2000人。在湖内从事捕鱼者约1300余人；所用网具，多为旋网类及刺网类。总计环湖居民直接间接以渔为生者，为数总在10000以上。

渔民生活　该地渔民居住之家室，较各地渔村高大整齐，由表面观之，生活似颇安适。然考其实际，前数年捕鱼尚足自给，近年收入锐减，故工作较之往前愈加辛劳，除在渔汛期间，必须度其海上生活；在休渔之四月中，或在湖中捕鱼，或帮同修理船只，或往山中采樵割草等，虽无确定之工作，仍勤劳不息；妇女则专在家料理家务。

渔民经济　渔民所居之家室及渔船渔具外，概无恒产，其全部收入，岁悉赖捕鱼。今以大对船为例，平均每年每对之渔获金为5000元，除去3000元之资本外，平均每人所得不过一百四五十元，此为强壮青年每年工作之收入。如以该地人口计算，则每四人中仅有一生产者，故此145元之数，即一家四口生活之所。以此数维持3人1年及1人4个月之伙食，即在生活最低之乡村，已感不足；况该地均属山乡，杂粮之种植不易，故其日常所食，概以米为主，其生活程度较能产番薯等杂粮之地为高，故入不敷出，一届渔汛，非借贷不能出海也。

合作事业　合作事业在外国已收到伟大之效果，然在我国尚不多见。渔业上之合作更绝少，而该地竟能于去年成立东钱湖外海渔业捕捞合作社。该社最初得社员25人，共认25股，计共收股票520元。时因事属创举，渔民之认识尚浅，且限于能力，无显著之成绩；且因创立未久，基础未固，难取得外界之信用，故以前每向银行借款，多无结果。本年得县政府从中向各银行接洽，并以该社16名理事之船只房屋为抵押，借款30000元，为补助各社员出海捕捞之用。近年该帮各渔船得出海捕鱼者，赖该社之力不少。

教育　该地各乡村，小学教育尚称普及，且各校之收费办法，多视学生家庭经济而定，故贫家子弟亦得入学之机会。陶公、大堰二乡之失学儿童为数不多；渔民子弟亦岁有半数得受小学教育之机会。大堰乡且有建筑良善之乡村图书馆一所，足见当地对于乡村教育之重视。统计六乡中，共有高级小学4所，初级小学14所，共有学生1400余名。各校学生，亦多适合法定学龄，各生年龄大小之差甚微，故施教颇易；惜因经费关系，各校教室设备甚多简陋，对于光线空气及桌椅之高低，不能加以兼顾，此其最大之缺点。

卫生　该地各乡村，对于公共事业之提倡，颇为努力，然对于乡民卫生之指导，尚有无限缺憾。渔民在海上之环境尚佳，而乡居之情形则大异。乡道二侧，茅厕垃圾随地皆是，臭味逼人，不独有碍观瞻，又为传染病之媒介。对于饮水，亦不注意，不论用为洗涤抑为饮料，均取于湖水。如能在乡中，开掘水井，或设沙滤池，其对乡民之健康，当不无补益。乡民尤有一种更坏之习惯，棺木多不肯掩埋地下，露置于乡村附近，小孩死后多仅将草席裹其尸体，悬诸树上。以上种种，实有望办理乡政者切实注意改良之。

风俗　该地居民，朴素勇敢，对宗族观念甚深，喜聚族而居；且地处湖泽，人人深识水性，尤善操舟，故从事渔业者颇众。渔民富于服从性，对于领袖之信仰极深，故乡政之办理颇易。至于婚丧之礼，一如县城，惟对于婚礼之费用，尚嫌其过奢，每办一婚事，非三四百金不可。

信仰　本地庙宇随处可见，居民迷信颇深，尤以渔民为甚。每对大对船用于敬神之款，年达七八十元。其所信仰者为太保少保菩萨，过风涛时则呼天上圣母娘娘。查信仰在渔民社会中，作用甚深；盖渔民从事海上生活，至为危险，倘非深信生死祸福悉由神主，则凡遇风波之来，必至举动失措，故其信仰，能在险恶环境中，安其心，壮其胆，使其不致失去操舵之术，于渔业上不无小补。惜其所信非属高尚之宗教，又因此耗费若许之金钱，故仍有加以指导改正之必要。

咸祥镇

位置地势　咸祥镇在鄞县之东南，即在宁横路将修之一站，距县城76里，距横山6里。横山之东即象山港也。其所管辖区域，计有滨海、球南、咸祥、临海、蔡墩五乡，中含大小乡落50余。各乡面积总占地72方里，除滨海、临海二乡附近有少数盐田外，余则山乡水田各半。

交通　陆道交通专赖宁横路，由宁波至咸祥镇，需时1时15分；水道有大嵩江，然在交通上不甚重要，仅足供各乡小艇之往来，其余外方水道交通，悉由横山。横山有新得安、新永安二电船，往来象山间各处，每日往来数次；此外尚有帆船可与奉化沿海各乡交通，与定海交通亦甚便利，或由象山乘轮，或乘宁横路车至盛垫站，转购宁穿联运票，可达舟山各岛。

人口　该镇所辖各乡，除滨海、球南、临海、蔡墩数乡较大外，其余均系小村落，统计居民共3559户，13655人。

职业　该地为鄞县唯一通海之路，以形势论，应占该县渔业上重要之地位；然近年来渔业在本镇上所占之地位渐微，前赫赫有名之大莆船，今年存者，计外塘26只，化巴袋5只，横山3只，山茅岭4只，统计全镇共39只；此外尚有空钩钓艇8只，簖建网船5只，地曳网4顶；在内河捕鱼者，有缯网44顶。统计全镇直接从事捕鱼者，为数仅有400人。其余居民大部都以耕田及晒盐为生，尚有少数经商及业小贩。

经济　自鱼价低跌以来，渔民经济之窘迫，已成为普遍现象，观其渔船之逐日减少，已可知之。即其日常之生活，亦专赖借债以维持。此地渔民唯一借债之途，为岱山鱼行之放款；今鱼行方面因放款多无保障，故亦不敢多放。前大莆船信用较著者，可向鱼行举债600元，普通可300元。今则无论其信用显著与否，欲举百元之债，已难如登天；且百元之债，则6个月须缴利息11元，并须将所捕获鱼类，交行售卖，取佣4分，条件甚为苛刻。

渔民生活　大莆船上半年往岱山捕大黄鱼，下半年则在象山港附近捕什鱼，故其从事海上之时间较多，与家庭之关系甚少，对于家庭之观念甚浅；尤以一般无妻室子女之渔民为甚，每于渔汛期间，一有收入，则烟酒嫖赌无所不至。在休渔期间，有多数以耕田为副业，其大多数则无所事事，游手好闲之风气并随之而养成。

风俗习惯　居民尚称敦厚朴素，独渔民则远不如农民，颇有今朝有酒今朝醉之概，故微有收入，莫不尽量浪费，而嗜酒如命尤为渔民共同之习惯。

教育　该镇教育，不论其在量上或质上，远不如东钱湖。全镇计有小学6所，学生不满400人，而渔民弟子之得受教育者尤属寥寥。除一所镇立小学稍备规模外，余者均为私塾式之初级小学，校址多借用庙堂，既无专设之课室，又乏分担教务之人，仅以1人之身担校教2务，学生济济共聚一堂，授课时则此班听讲，彼班自修，仅有学校之名耳。

卫生　该镇街道，污秽异常，每遇天雨，则泥泞不堪，污水随地淤积，牛猪鸡犬与人杂处，而家室矮小，各具杂陈乱堆，塞得水泄不通，阳光空气更不用谈。有时固限于经济，无可奈何，然全数居民毫不知卫生为何物，竟安之如素，不肯稍加整理清洁，此实习惯上之问题也。

信仰　该地庙宇较少，然仍不能灭却渔民迷信之心，其所信仰者，仍以天后宫（圣母娘娘）为主。

姜山镇

位置地势　姜山镇在鄞县之中部，地多平原，位于东钱湖之西，宁波之南，距宁波26里，距东钱湖22里，与甲村相距10里。

交通　从宁波至横溪甲村等处，有汽船可通，而姜山附近河流交错，可用小艇与各地互相来往；惜各小河多生水草，故舟行颇或不便。陆道原计划筑宁道线，自宁波江东起，经姜山、甲村、横溪，以达与奉化境毗连之道岭，计长70里；惟此线至今尚未与筑，故陆道交通仍赖步行也。

人口　全镇居民共1636户，人口为6855人。

职业　姜山各乡概属平地，而水田甚多，居民大半业农，故此各地各乡毫无渔村气象，除外海帮从事捕鱼之时间较长外，余者每年仅出渔二月，不过为其副业之一种。计庙前乡、桥江镇、张黄村及姜山镇等处，共有墨鱼船830余只，其直接从事人数为3450余人，故斯业在该地仍能占相当地位。

经济　该地居民大半收入为农业，平均各人之收入，亦不能超于渔民，不过其日常生活所需，多由自给，故其生活可较各地渔民为低；且知节约，故其经济虽形窘迫，尚可勉强度日也。

教育　该镇教育，在质上言，实超越东钱湖之上，如校舍之建筑，课室之布置，地方之整理，学生之整齐清洁，尚可予人以一种比较满意之印象；然在量上未免少得太可怜，全镇仅有县立、私立小学各1所，学生未满300名。

卫生　该镇对于公共卫生，虽无特种之设备，然尚有相当注意，如对于居民卫生之指导，街道沟渠之清理，尚有相当成绩：居民对于卫生常识虽尚未能完全了解，然对街道沟渠之清洁，尚能遵守实行。由此可见乡民并非生来污秽，实由于指导不得其人，至养成一种习惯，负乡镇行政之责者，当知有所留意矣。

渔民生活　地渔民，分内海外海两种。内海渔民，年仅捕墨鱼2个月（由立夏至端午节），其后便度其日出而作日入而息之田园生活。此项渔民，对于海上生活不甚熟悉，故该地墨鱼船老大，多雇佣湖帮。此等渔民以其称为渔民，毋宁称为农民。外海帮则一年四季均从事海上工作，一年中仅于新年时节归家一行，其余时间，或捕墨鱼，或采淡菜、耙辣螺、钓（鱼免）鱼等。

合作事业　民国廿一年时，县府曾派员往各渔区调查，认各渔村有组织合作社之必要，并已拟具筹办姜山螟蛹鲞运销合作社指导计划，派合作事业指导员会同该镇办事人员负责筹备；惜该地人民对于合作事业尚无认识，故迭次召集会议，每告流会，搁置至今，尚无法筹办。

信仰　该地多属农村社会，故其对于迷信不如各地渔村之深刻，渔民所信之神与咸祥镇同。

（二）20世纪30年代瓯海渔村[1]

1. 永嘉属各渔村

（1）副业

该县各渔村经济既以农业为主，则农业自占重要位置，其以捕鱼为正业者，不过460余人，但多余兼营农业及渔业者，其家庭劳力之分配尚称合理，该地妇女多纺织编网以助家务，小孩则蓄养鹅鸭，在该地常见未满10岁之小孩，饲养成群之鹅鸭不异成人，与在都市中儿童之纯为家中分利者，不可同日而语。

（2）生活

渔民所居多属草棚，其低湿黑暗较普通农民所居尤甚，但该地农产尚富，每元可购米23斤，猪肉每市斤仅值小洋2毫，普通每人每月有3元之收入者，已能维持生活，劳工最高工资年为60元，中等40元，最低25元，可见该地生活之低廉，故渔民生活尚不至发生问题，至于渔区卫生情形，因各村住宅区内人烟稠密，加之家家饲养家畜，以致污秽淤积，各村所有河流，河水多不流动，而河畔居民食用之水一律取给其中，河水含有较多之有机物质作绿黑色，实为细菌滋生所在，每届夏季霍乱甚盛，秋冬疟疾，尤为普遍，而乡间医药缺乏，西医更绝无仅有，以故死亡率特大。

（3）风俗

寺前一带谋生尚易，故居民少进取之心，其习惯与县城无异，妇女所着多为浓妆丽服，雅好羞死，颇类都市之妇女，尤以厚嫁之风最坏，女子每以嫁妆之丰啬引为荣辱，家长则依次炫耀乡里，每一婚事动耗数百金，因此负债累累亦无顾惜，风俗陷入之深，亦可想见，渔民敬奉之神有陈府杨府龙母娘等，每年渔泛（泛）开始时，渔民必往庙中敬神，亦卜此年中之祸福休咎。倘得神之许可出渔，必将其炉灰取来，另设一炉，安置船中烧香敬奉，意乃求神临船保佑并许以捕鱼归后，谢奉资物，及至落帆，备齐所许物品，并将

[1] 该部分内容辑自浙江省第三区渔业办事处编：《瓯海渔业志》，内部印行，1938年。

安置于船中之香炉送还庙中谓之谢神。渔民年中用于敬神之款不造少数，此外天主教在当地亦占相当势力，但渔民信之者尚少。

2. 瑞安属各渔村

（1）副业

渔民除从事捕捞外，于渔闲期间则种山耕地，但亦有游手好闲赌博事挥霍不事副业者。

（2）生活

渔民生活原甚简单，布衣粗食于愿已足，虽工作任何艰苦均所勿辞，生活程度与永嘉渔村同，勤俭朴实则有过之，终年所获原可足衣足食，惜为债务所累，除去资本经营者外，类多衣食不给，而营养卫生更无论矣。渔民性较强悍，守旧、嗜烟酒，尤敬奉木偶，各村迎神演剧，时有举行。

3. 平阳属各渔村

（1）副业

近海人家多以渔盐为主，但农业亦颇为重要，各农村虽为山海所限，但地近热带，气候和暖，雨量充足，且山高泉旺，溪涧瀑布随处可见，故虽山高亦可以种植小麦、蚕豆、蕃茹、茶、松等农作。

（2）生活

渔民日常所食以番薯丝为主，故费用尚省，所居草棚约占3/5，矮小而无窗户，除一仅可容人进出之小门外，无阳光可以投进之处，所较差强人意者，为各村多有天然泉水供给，故饮用水较为清洁，且房屋多建高处，有相当之倾斜，污水之排泄较易，并无他处海滨之低湿，至于渔民污秽与不识卫生与别县渔民无异。唯身体尚多健康，得享高龄者特多。

（3）风俗

舥艚以南言语属金乡话，闽语亦可通，迤北则操温州地方言，因其交通不便，甚鲜与外人来往，故风气之闭塞较瑞安尤甚，渔民十之六七尚蓄辫发，民风之强悍亦较甚于各处，唯身体强壮，勇敢耐劳，是其长处，婚丧之费颇俭约，民多早婚，尤以童养媳为最普遍，贞操问题似不甚重视，夫死多再醮，渔泛（汛）过后，渔民大都闲游，赌风甚哉。

4. 乐清属各渔村

（1）副业

该县险山阻海，居民富保守性，滨海之家多籍渔盐及蛏蚶为生，山居者则耕山采樵，千百年来相传如此，毫无变更，昔清代广彭神有诗云“孤城四面绕桑田，渔瓦鳞鳞万井烟，近海人家无别业，生涯只有钓鱼船”。即为乐邑浦岐渔区之写真。

（2）生活

该县除各市镇人口居住较密外，乡村间人口之分布较为合理，所有耕地尚敷种植。故虽土地贫瘠，而农产品尚称丰足。农民日常所食米与番薯丝各半，渔民捕鱼时主食米，家中所食与农民同，该县渔户所经营者，多属小规模渔业，平均每人收入虽微，但该地渔民捐税上负担较轻，生活程度亦低，故自足自给，至于卫生情形，与各地渔村相同，饮用河水，膳食不洁，人畜杂处，人粪肥料随处堆积，家室衣服不加清理，居室黑暗低湿，衣服经久不易。

（3）风俗　近来交通日便，昔之厚嫁溺女及女子不事劳动外出等陋习已渐减少，但治丧饮酒亲亡延僧追及停棺不葬信神服药等陋习尚存，而同姓联为党援，常因细故发生两姓械斗，甚至流血伤生者，亦时有所闻。

5. 玉环属各渔村

（1）副业

渔民除捕鱼及养殖蛏蚶之外则从事耕田垦山，水田可种稻作，每年二熟，此外尚可种豆、麦、菜、苜蓿等，山地则专种番薯、豆、麦等旱作。

（2）生活

全县多属海石岩山，不宜栽植树林，故薪贵如桂，农作除番薯虽量可自给外，米谷须赖外来之供给，渔民终年所食为番薯丝咸菜虾酱等，利士头嘴白岩村一带，昔多养蛏为生，近年因养蛏失败，多不敢再行放养，全县除县城及楚门外，乏天可耕，山地又属荒瘠，全山濯濯，柴每毫仅可购10斤，生活甚苦，县北居民多脚筋发肿而面作黄色者。当系山居及营养不足所致，在江南区县城以北各乡，种痘极不普及，天花颇流行，每10人中，痳面者比有二三人。

（3）风俗

渔民大部分来自永嘉、乐清、福建各保持其来处之方言习惯，江南区之大钓鱼户常有一种习惯，当每年冬季渔泛终结时（即每年二月），由天后宫董事遍向各渔户查询此期中钓船之渔获量，后依各船渔获之多少出榜示众，凡得列入前一名者，赠以红旗一面，上书“第 × 名”为奖励，渔户得此认为无限光荣。在废历三月二十三日设宴胡庆，并演剧助兴，谢恩凡六日夜其一切事务，概由天后宫理事主持，费用则出诸渔户，各户应出费用之多少，则视当泛渔获额之高低及得利之厚薄而定，普通第一名者须纳费 80 元，渐次至第十名亦须纳费三四十元，最少者 5 元，渔户对此毫无吝啬，且以争第一名为荣。此种竟胜之心，倘能善于利导，其于业务上之发展，必有更大之助益，目前无非为渔棍地痞利用为兴赌敛财之机会耳。

三、海岛举隅

就浙江沿海星罗棋布的海岛来说，不仅大小相差悬殊，发展程度也是迥然有别。大者如定海、玉环、洞头及曾经的南田，都是县一级的建制，小者人口只有数百人、数十人乃至荒无人烟。就发展状况来说，有的到 30 年代还与世隔绝，基本上过着自给自足的生活，被时人称为桃花源，有的发展程度与大陆无异，甚至超过大陆，如定海相当繁华，有“小上海”之称。

（一）20 世纪 30 年代的镇海白山滩墟与南田

镇海之桃花源访问记①

春色妩媚，万物盎照，月之十日，得渔民之告，谓有一绝地之岛屿，千百年来尚保全净土之称，坚邀记者往游，乃于次晨，扬风帆，破巨浪而往，迨达该屿，小住二日始返。兹将见闻所得，撮要述之。

① 《宁波民国日报》1935 年 4 月 21 日。

史图无稽　是屿土名白山滩墟，属镇海县治，距县城约170海里。查县志及地图，均无是屿之记载，而屿之面积因未预备测量仪器，亦不知其若干方里，又兼人地生疏，致不克作遍处游，乃作简单之调查而已。

地方概况　屿上居民男女老幼，约计400余人，户数约120余户，而道途崎岖，露天粪坑尤多，其田地所植物，稻麦甚少，而杂粮蔬菜与家畜尚伙，居民大都系渔业者，惟墨守旧法，获量殊不丰盈。

教育一瞥　屿内有私塾式小学一所，注重字算，学童约40余名，间有赤足上课者，比比皆是。因华洋通商，近百年来，各国商品绝无点滴流入也，固无论其他礼教焉。至塾师待遇以年计，奈坚不告以薪水，惟告饮食由各学生家庭每日轮值供给云。

团结甚坚　屿内有自卫团一所，备五响快枪10余枝，团丁轮流服役，形如军国民教育之国家，守望相助。若有争执讼事，由当地年高德昭之辈调解，至为公允，故鲜有怨隙在怀者。然居民以生活简单，对于货币之物，需求甚感薄弱，故与外界接触多稀。至银行钞票，甚有不识者，亦有可噱者，见记者服学生装，咸示异态。间有妇女与小孩，低称记者为变种红毛人，闻之若有所感，乃询一邵某者，此地属于何县县治，则瞠目不能对，惟云老爷若要捐税，这里没有值钱产物，请恩宥云云。记者乃告以游历而来，始含笑无言云。

南田县概况①

一、土地

① 全县总面积739方里。② 田41290亩。③ 地26333亩。④ 山8272亩。⑤ 未开垦之荒凃约30000亩。

前项田地之价值，最高者值银70元，最低者值银8元，山之价格依森林状况及其土质而定之，每亩约最高数百元，普通每亩10余元。

① 《上海宁波日报》1933年10月27—29日。

二、人口

全县共有5436户，23699人；内男144046人，女9623人，20岁至40岁之壮丁3878人。

三、生产状况

南田系完全农业区域，除女子专理家事外，每一男子约种植6亩。内又除老年幼童不能种植外，平均每一能种植之男子，约15亩之数，按平均每人能力，只能种植5亩之数。今山地居已竟达3倍，所以不能兼顾其他，以致耘耕不足，肥料不施，生产低落，人稀地旷，故荒芜未种之田达6000亩以上。又海滨荒涂，其地位良好，而无资本开垦者，亦有30000之数。倘能从事开发，而全部生产，足供60000人之生活。一般以南县为海外荒岛，实系宝藏之区，按诸实际情形，而荒在人少，并非荒在地小。至粮食部分，除缴租及自给外，尚有3/10可余，稍遇灾荒，佐以番薯等杂粮，亦能生活，无给食之患。

四、社会状况

① 农村组织及风俗

南县系逊清光绪初年以前禁止人民居住，然地虽封禁，而人民仍私自入境，樵采耕种者，数亦众多。在该时情形，完全系无政府状态，人民遇有纷争，乏人处理，嗣后人众渐多，各家推选一人为柱首，兼处理纷争事务。此种制度，至今尚存，并适合今日之自治。至光绪初年，始设抚民厅，招民垦僻，由抚民委定岙长牌长等名目，以资统率自卫。浙江经济纪略所指之108岙即指此也。是项岙长，制度至民国十七年后始改办自治，设立区乡镇公所。现自治区域划全县为二区三镇31乡，206闾，1020邻。至农村内部与他县迥然不同，绝无聚族而居，良以全县人民均由他县移往而来，其外籍最多数，系玉环、温岭、黄岩，次之临海、平阳、象山、宁海等县，大都每帮分处聚集，例如黄岩人大都聚居于鹤浦镇。平阳大聚居于百丈乡。至风俗习尚，皆以其来自本县风俗为风俗，故南县之风俗各乡不同。

② 农村生活

人民生活以衣食住三者为先决问题。南田农民对于食一项，每年生产颇有剩余，兼之四面环海，又可得海产以助佐餐，故苦寒度日，不愁饥馑。衣一项就有问题了，南县全县无产棉之区，又无育蚕之家，更无织造之手工业，故所需布匹非向外购买不可。住一项更感困难，因南县人民都是外籍迁徙来的，初到此地，须谋衣谋食，又无裕资建造瓦屋，所以都盖茅舍而居，一则因经济之困难，一则可避风灾，故全县居民十之八九住茅舍，对于卫生大非所宜。至农村进步亦迟缓，故不能与其他各县所可比拟。总之，南县农民之生活以克勤克俭度日也。

五、农村金融

南县农民家有10余元之储蓄者为数甚少。每当春耕开始之时，因资本奇乏，群以冬衣典质以充资本。其无衣典质或离典当路远之处，则向富裕者告贷，月息3分，以青苗作底，收割后归还。如遇荒歉，此项债务即成宿债，日积月累，无法清偿。即使年足丰登，勤劳所获之盈余，亦仅只堪抵偿利息，甚或不敷。故中产之家，如负百元债，每年利息须36元，其尚能自拔耶？此种重利，在政府取缔甚严，无如此等债权人异常狡猾，当成立借据时，将利息并入本银之内，无从证明其利率。至渔业方面，借贷款项甚至有月利四分者，好在渔汛期短，获利较速较厚，渔汛一过，即可偿还，不若农民负月息3分者之无法自拔也。

六、租税

田地山等每亩应纳正税保卫团捐等列表如下

土地别	正税	附税	保卫团捐	合计
上田	0.158	0.222	0.480	0.860
上田	0.145	0.205	0.380	0.730
下田	0.109	0.151	0.280	0.540
地	0.054	0.072	0.280	0.406
山	0.014	0.022		0.036

地方财政概况

收入		支出	
名称	数目	名称	数目
地丁及抵补金	6953	党务经费	3600
附加税	8304	行政经费	14430
公款公产收入	6549	公安经费	2758
牙税	60	教育经费	4000
契税	1249	建设经费	2400
屠宰税	200	财务经费	1358
其他	2463	其他	10890
保卫团捐	17502	保卫团经费	17520
共计	43280	共计	56956

说明：上表收支各数以元为单位，右表系二十一年度统计，其余各年度大致相同。收支相抵尚不敷银14000元，或由省款拨补，或由地方公款亏垫。

七、农产林产渔产及工业品

① 农产

谷类——700058石。

番薯——188000石。

麦类——10084石。

以上各农产物均以全年计算。

② 南县虽则多山，然林业甚属幼稚，而全县可供建造房屋之木材为数极微，惟毛柴出产甚多，除供全县人民作燃料外，尚有10万余石出口。

③ 渔产

黄鱼2000万斤，约值60万元。

叶蛛60000斤，约值5000元。

蛏子35000斤，约值3500元。

蛤蜊30000斤，约值3500元。

淡菜及海蜒等7000斤，约值6000元。

南县渔产物甚巨，惟全县渔民甚少，每届渔汛，均系温台各帮渔民聚集捕捞，而全县渔民所获者，仅十之二三耳。

④ 工业品无

八、金融机关现况

① 当铺，全县仅有代步一所，开设于鹤浦镇，计资本2500元，附本3500元，架本8000元，典资月息2分，系黄岩人所开设。

② 贷款所，系县立救济院附设，仅1所，计资本700元。

③ 农民借贷所，计资本5000元，系招股设立，其股银大都属于不能流动之公债，现因合作社尚未组织成立，暂停放款，其主任由董事会各董事轮流继任。

九、教育

全县小学共31所，县立中心小学3所，区立5所，乡立23所，学子全县共650名，教员多数借用楚材。

十、商业

全县并无大商店，其最需要货物如杂货业全年营业约16000元。饮食品贩卖业约41000元，纺织工业贩卖业约30000元。所有商店均系本县人所开设。

十一、交通

① 陆路交通

全县大陆不与本省各县相连接，故陆路交通，系指本县内部而言。而南县系八海岛组合而成，各岛面积均甚狭小，兼之各岛内均有山岭阻隔，故南县对于陆路交通，不甚重要。其最大干路，仅县城至鹤浦镇马路一段，计长15里，有人力车通行，尚称便利，其余各支路，行者均感困难。

② 水路交通

全县各海均有航路，每日开驶至象山县属之石浦镇。该镇离南县仅10

余里，每日沪甬温台各商轮行驶过镇，故该镇实为南县交通商业之枢纽。南县商情完全听从该镇之商情。至南县内部，因均系海岛，故水路各处可通。总之，南县水路交通甚属便利，十数小时内可达甬沪，南达温台，将来南县发达航埠，建设交通，当益形便利也。

民国廿二年九月调查

（二）20世纪40年代的鱼山与岱山

地瘠民贫话鱼山[①]

从□头乘船西行，驶过岑港大沙狮马以后，便面临着一片汪洋，在这水天无涯、波涛万顷中间，横着一座狭长的小岛，那便是本县定海40余乡镇中最偏僻贫困落伍的地方——鱼山。

鱼山的开辟，在逊清中叶，已有百余年的历史，开荒的人民，大多从镇海慈溪一带迁来，在海滩前时常有城砖和古代的瓷器掘出，都是千余年前的遗物。据说那地方从前是大陆，因地震坍了，才成海岛，岛的长有十余里，阔却只有二里，形状狭长弯曲，活像一条龙，所以又叫作鱼龙乡。

全乡300余户，人口约2000左右，编为6个保，住处散漫分布在背山面海的10多个山岙中。每岙自数户至数十户不等，大部均为茅屋，瓦屋虽有数所，但也简陋非常。岛上居民，多以捕鱼种田为业，学界和政界，是一个也没有的，而且捕鱼只捕“洋生”一季，其他渔汛，都因资本无着，只得望洋兴叹，种田地呢，为了堤塘没钱修筑，滨海上卤的缘故，除了山脚下有几亩“靠天田”以外，大多种蕃茹和茹麦，因此那面居民的粮食，以茄丝为大宗，不论大家小户，终年到头，除买客临开有白米饭吃之外，平时都吃鲜茄合茄丝，其贫困之状，实非各乡所能及的。

鱼龙乡的成立，在民国三十四年八月间，乡公所设置龙王宫内，里面工作人员，计为事务、员乡队、附乡丁各一人，因为乡长是出外捕鱼的，乡中

---

① 《宁波旅沪同乡会会刊》复刊号，1946年11月10日。

事情，均由那两个人负责。此外为了保护居民的安全，更有一班乡国民兵队，队士们日夜在各处放哨巡逻，对防务颇为周密。

乡中识字的人极少，所谓识字者，也只能写写极简便的账和字条，公文布告那是谁也不会看的。地方上比较有些头面的人们，深感到自己不识字的痛苦，对教育颇为热心，所以在今春创办了一所国民学校，制购了不少校具，目下学生已有60多名，虽都是一年级程度，可是却都很用功而且懂礼貌。

鱼山的交通，比任何乡份来的困难，除了到大沙河岱山，有事有渔船往来外，和其他乡份，就完全隔绝了一般，因此民风闭塞，一切都保留着中世纪的色彩。譬如人们生了病，他们从不知道医药两个字，他们只知道祈祷鬼神，至于生死呢，那是有“大数”的呀。

妇女在那面的地位，更是低落的可怜，她们是男子的工具和牛马，在未嫁以前，可以随父兄专制的出卖，已嫁了以后，更得受丈夫无理的压迫和支配，打骂是家常便饭，甚至可把你无条件的遗弃，他们根本不知道“女权”和“爱情”是怎么一回事。

乡人的见识浅薄，地方纠纷特别的来得多，而且相争的事情，又都微乎其微，所以乡公所成了他们或她们的地方法院。调解的案子，每日必有数起。倘使有公务员下乡的时候，那更是他们“告状”的好机会，夜以继日的，直把你闹得临走才休。

为了地方的落伍，民众所受的痛苦也最深。机关部队到了那里之后，常常会做出别处所不敢做的勾当来。在沦陷期中，更饱受了敌伪的蹂躏，游杂的劫掠，以及奸匪的盘踞剥削。在这遥长黑暗的八年中，他们是受尽了人间的辛酸，养成了畏惧的心理。他们吃了苦没处申诉，也不敢申诉，所以当笔者在开会时，对他们说现在政治已上轨道，人民生命财产有了保障，及本县党政参当局，正在为他们兴利除弊那一番话以后，都兴奋得发狂一般，甚至笑得流下泪来。

鱼山的地方是偏僻的，贫瘠的，可是有的是广大的海洋，辽阔的沙渡，可以来发展渔业与兴建水利。鱼山的民众是愚笨的，落伍的，可是有的是诚朴的美德与刻苦耐劳的精神，可以来训练和教育成生产的能手。委座说“工作必重于基层，开发必趋于边疆”，希望贤明的当局，对于这贫僻的乡份，多作人力物力上的援助，更希望有志的青年们，去担任这艰苦的垦荒工作，使在不久的将来，这荒凉的小岛上，开满了建设成功之花。

东海蓬莱——岱山[①]

这里不是一般人所幻想中的仙岛，终岁在惊风骇浪中讨生活的盐民和渔民们，有谁知道他们的苦难呢？

岱山，又名蓬莱岛，为舟山群岛之一。这孤僻的海岛，向未被人们重视。胜利以来，笔者第一次到岱山，目睹各方情形，很有新兴气象，也许是值得向读者们报告的！

教育发展得很快

在日寇整整占领6年下的岱山，曾经受其破坏和奴化的教育，复员以来，已日新月异地在发展着。

由于少数热心人士热心于教育，到现今，几乎一岙一族之中，都有私立小学的设立。笔者曾经到过好多私立学校，要推岱西镇大盐场的植新，和岱东镇的京兆两小学为冠。这两校的优点是：一、组织健全，经费充裕。二、校舍适宜，设备完善（以乡村学校所需）。三、师资优良，学生整齐。再加以师生们的努力，无形有形中，已成为岱山的示范小学了。

岱山因为农民多，盐场公署、盐工福利会主办的盐工子弟学校，也相当有成绩，约占了岱山半数以上的学校。

至于各乡镇的中心学校，因为县府的薪给，很不容易领到，而且还要七折八扣，所以成绩比较差些。惟岱西镇中心国民学校，尚称优良，该校有教师12人，学生400余名。

---

① 何谋杰：《东海蓬莱——岱山》，《宁波日报》1948年3月4日。

两支文化动脉

友声社是几个小学中的青年教师组织的，所出版的月刊，是纯粹的文艺作品，专以学习写作为原则。读他们的作品，虽会觉得太幼稚，但还没有病态。一手抄写的钢板字，点缀着富有艺术气味的插图，都排列得井井有条。一月一期20余双页的油印本，足够使他们做教员的社员们忙碌了。每期约有七八十份，目的在希望人家给以批评和指教，社员们的求知欲是相当高的，他们学习的精神，为各界所赞许，他们所写习的作品，也为各界所重视，都认为这小小的园地，可能为启发岱山文化的导源。

青年壁报，是青年团岱山区队部主办的。每周刊出一次，地点在东沙角。壁报内容，是综合性的。他们的任务是：宣达政令，报道新闻和时事，以及带有学习性的文艺小品等。旨在揭发旧社会的黑暗，和新思潮的启蒙。

友声社和青年壁报，无疑的是岱山的两支文化动脉。岱山的文化，受了这两支热血构成的动脉灌溉，正迅速地在向前迈进。

风发得大，潮卷得高，海洋中呈现着一片险恶而可怕的景象。去年冬季的飓风，嵊山箱子岙被覆的渔船，岱山渔人没有例外。夜静时候，冷风携着波浪可歌可泣的悲声，那真会使人毛骨悚然，钻在被窝底下不敢声息。这正是丈夫或儿子在海上灭顶了，晚上撞魂的叫号，据说是海岛上常闻常有的惨情。

盐价贱、盐民穷

岱山的输出主要为渔盐，输入为米及布匹等，全岱的生命，是全靠渔盐和米的交换来养活的。由于航运的停止，盐停顿了，米涨价了，最近米价每石自224万元涨至300万元左右，民生本来是凋敝的，现在更凋敝了，尤其是盐民，石米千盐的原则，被狂风吹翻了。眼前1000斤盐的价值是80万元，而可兑得的米是多少呢？

因风而航运阻碍，虽然也是一个使米价上涨的因素（其他物价亦然，盐则例外）。然而造成盐民生活到不可挽救的地步，却不全在于风的作祟。这原因是：一、新加盐税太重，照政府原定的税收为每担12万元，这笔数目，盐商们已感到相当吃重，盐民们所得的盐价，初只每担3万，至目前也只8万。自本年起，新的税收又加至315000了。外再加上地方自治费，保营队费，教育经费等的税捐，每担至少要46万元了。少数的盐费，有时还可以赊欠，庞大的税费，则需要现付，那里还有这样大资本的盐商，来做此买卖呢！二、盐民向来是没有积蓄的，只知日继一日，得过且过。所以一旦囊空——货物（盐）运销停顿，就得捧着肚皮挨饿。这不过是目前困难中的少部分原因。三、是毫无疑义的，受了战事影响。浙东沿海禁止粮食出口，视海岛人民如夷族。上海长江米价昂贵，运输困难，抑且断绝。政府如果没有妥善方策来解决，盐民的生活，将堕于陷阱了。无知的盐民们，还是没有感觉，他们只知道盐贱，米贵，肚饥。然而两支枯瘦的手，还提着盐耙曲着腰身，在盐板上耙盐。

自卫力量坚强

区署裁撤后，恰遇邻岛盗匪猖狂，县府委王家恒为保营第二中队长，专负岱衢等岛治安之责。由于他带兵严肃，武力充足，在他所管辖的约占定海全县半个海面的防地，俨然是太平无事。

匪氛紧了，各处开始冬防。岱山的自卫力量，确实强大。各保各岙都有义勇保安队的设立。义勇保安队的队员，都是些地方上的青年，枪械也是自备的。一个洋布店的小开，穿着制服带着钢盔，照样要每夜去放哨。保安队虽然是各处地方民众的组织，而都受王中队长的领导和统一指挥，所以一旦有事，相互呼应，岱山的警卫力量，真和铁桶一般。

他们是享盐民的福

在岱山，简直没有一些都市气，除了一辆行驶东沙亭高间的老爷汽车，比较文明些外，其他所嗅到的是些卤鱼气，所闻到的是海潮声。

东沙角算为岱山繁盛的市镇了。多的是鱼行鱼场，其次是米店，百货店，酱坊等等，他们的生意特别好，多是盐民汗血换来的钱。

镇街上，稀有红男绿女，和拖着长辫子的闺女，时常出现。一个穷瘦的盐工朋友告诉我说：街道间来往的人，最多穿老布棉袄的，是盐民和渔民们。着绒线呢毛大衣，打扮得漂亮异常的女人无疑的是盐场公署的太太们。着洋装，骑自由车的是盐场公署的先生们，此外还有着比较精美军装的军人，是盐队长和盐警们。他们都是享我们的福呀！

第三章
西方教会势力的深入与沿海社会

晚清时期，西方教会在浙江各地已经相当活跃，尤其是在以宁波为中心的浙东地区，教会势力深入城乡各地。进入民国以后，西方教会在浙江的势力有增无减，并通过举办教会学校、医院与慈善救济事业及相关团体，对浙江特别是沿海地区产生了广泛的影响。需要指出的是，我们所称的西方教会实际上是指基督教，而作为世界上三大宗教之一的基督教，广义上包括天主教、东正教和新教。在我国，通常所称的基督教则单指新教。本章记述的基督教，即是新教，对天主教则偶有叙述。

第一节　传教活动的兴衰

基督教在浙江的传教事业虽然始于宁波，但不仅限于宁波。各差会受到条约的限制，在入华初期只能在通商口岸活动，将宁波作为一个传教基地和试验场，一个更加接近内陆地区的跳板。19 世纪 60 年代，《天津条约》、《北京条约》相继签订之后，传教士可以在中国各地自由传教，并且凭借这些不平等条约获得了更多的传教便利。此时，在宁波的差会也纷纷向外拓展传教区域，杭州、绍兴、嘉兴、温州、台州等地在数年间都建立了传教站，有的差会（如美国长老会）甚至派传教士远行至北京、山东开辟站点。

一、历史沿革

义和团运动之后，国人仇教排外的情绪日趋减少，而对西方文明也日益接纳，这样的社会环境有利于基督教的传播。所以在20世纪前20年，基督教在华的传教事业不仅恢复了元气，而且有了进一步的繁荣发展。浙江当然也不例外。

根据1920年的数据，全省共有55所差会总堂，900多处布道点，外国传教士344人分驻于34个站点，有受餐信徒27902人。[①]其中宁波一地，1893年已经有基督教堂30所，外籍传教士20人，天主教堂及传教所12个，外籍教士20人。[②]到20世纪30年代，仅鄞县一地，就有天主教徒2300余人，新教教徒2000余人。[③]而在定海，据20世纪20年代统计，信西方宗教人数已超过传统宗教，居全县之首。据该县县志记载，1924年时，信天主教、基督教者2948人，信佛教者仅249人。[④]

也就是在这一时期，一些具有民族意识的教中人士出于爱国热情，要求脱离外国差会的束缚与控制，实现独立，自办教会，兴起"自立运动"，大体上已经含有今日所提倡的自治、自传、自养的内容。[⑤]1906年，美北长老会华人牧师俞国桢等人在上海建立中国耶稣教自立会，他发表成立宣言，在中国基督教历史上首次提出将爱国和爱教结合在一起的"三自"思想。这一爱国教会持续到1950年，加入"三自爱国运动"。值得一提的是，自立运动的早期领导者很多都是来自浙江的基督徒，如俞国桢、谢洪赉、王正廷等人；自立运动兴起之后，浙江的教会也是最早响应的。至1927年，全国已经建立600多处自立教会，不过在大革命失败后，自立运动声势渐衰。[⑥]

自20世纪20年代开始，由于五四运动的影响、西方列强的不断入侵等原因，

① 中华续行委办调查特委会编，蔡詠春等译：《1901—1920年中国基督教调查资料》上卷，中国社会科学出版社2007年版，第172—173页。

② "中央研究院"近代史研究所编：《教务教案档》，台北，1974年，第560—591页。

③ 张传保、陈训正、马瀛等纂：民国《鄞县通志·政教志》，第1261—1262、1370—1376页。

④ 民国《定海县志》第2册，第429—431页。

⑤ 其实早在1873年，广东基督徒陈梦南已经成立了粤东广肇华人宣道会，最初只有教堂两座，后来发展成50处，并传至东北。相关资料参见丁光训、金鲁贤主编：《基督教大辞典》，上海辞书出版社2010年版，第850—851页。

⑥ 丁光训、金鲁贤主编：《基督教大辞典》，第851页。

中国人民民族主义情绪高涨。在此种情况之下，作为西方文化一部分的基督教，被认为是帝国主义列强进行文化侵略的工具而遭到批判。所以，在1922—1927年间，中国知识界爆发了一场声势浩大的非基督教运动（简称“非基运动”）。这场运动对于中国基督徒最重要的影响在于增强了他们脱离外国传教组织，独立自办教会的意识，也促使他们思考如何使中国教会真正本色化，从而洗刷“洋教”的恶名，能够被中国人民理解和接纳。1922年，在上海举行的中国基督教全国大会正式提出了建立本色教会的口号。本色教会的倡导者们认为应当使中国基督教从形式上、组织上、思想上逐步实现中国化。[①] 在推行教会本色化的年代里，中国基督教会的合一运动也有了进一步发展。在华的新教差会归属纷杂，各有名称。如“圣公会”有来自美国、英国和加拿大不同国家的差会，其他如长老会、浸礼会等皆是如此；还有一些本是跨宗派差会，到华所设教会初无宗派，但久而久之，也被中国人当成“教派”，如伦敦会、内地会等。自20世纪初开始，经过几次联合，不同差会背景、不同总派的教会逐步组织在华联合会，统一名称，协调行动。此类团体多冠以“中华”、“中国”等名，如长老会、公理会和伦敦会组成“中华基督教会”，圣公会系统各教会团体组成“中华圣公会”，浸礼宗各教会团体组成“中华基督教浸礼协会”。上述中国近代基督教史上的重要事件和历史时期，浙江的教会无一没有不经历，无一不受到深刻影响。可以说，基督教在浙江一百余年的传教运动是近代基督教在华传教史的一个缩影和标本，具有典型意义。

二、主要活动教派

（一）基督教

在近代，在浙江活动的基督教大小派别10余个，以美国浸礼会、美北长老会、美南长老会、英行教会、内地会、英循道公会差会等差传组织的活动时间长、范围广、影响深。其余诸如基督徒公会、真耶稣会、基督复临安息日会、中华宣道会等各教派或因组织规模小、传入时间短、教徒太少，影响有限。现

---

① 丁光训、金鲁贤主编:《基督教大辞典》，第67页。

择要介绍如下。

1. 美国浸礼会（American Baptist Mission）[①]

该会为鸦片战争后最早在宁波传教的差会，传教医生玛高温（Daniel Jerome Macgowan）于1843年抵甬，并在城内开办了近代宁波第一所西式医院即今日宁波市第二人民医院的前身。在之后的几十年间，浸礼会的传教区域从宁波一地拓展到杭州、绍兴。随着本地教会势力的不断壮大，浙江、上海两地的浸宗各堂会为协调彼此间的关系，推进共同事工的发展，于1928年2月，改浙江浸礼联会为浙沪浸礼议会，下辖宁波、绍兴、金华、杭州、湖州、上海6个区议会。[②]1920年，美北浸礼会在浙江地区已有教堂37所，信徒2912人。[③]而根据1948年的统计，华东区6个区会共有18名牧师，26名传道人，34所堂会和5114名教友。[④]

2. 美北长老会（American Presbyterian Mission North）[⑤]

该差会在入华之初，即选定宁波作为其在中国的主要传教站。传教医生麦嘉缔（Divie Bethune Mc-Cartee）于1844年6月20日抵甬，拉开了美长老会在华传教的序幕。美北长老会在江浙一带以宁波为差传中心，渐次向杭州、绍兴等地发展。民国初年，已在宁波及周边地区相继成立了山北、余姚、上虞、新市、高桥等13个支会。至1935年6月底，美北长老会在浙江和江苏两省设华中差会，下

---

① 1845年，美国南部各浸会从美国浸礼会中分离出来，称为美南浸信会，并另外组织差会。而美国北部的浸会在当时并没有成立相应的联合机构，不过仍继续原有美国浸礼会在华的传教事业。1907年，8个独立的浸礼会团体联合组成美北浸礼会（Northern Baptist Convention）。至此，南北浸礼会变成了完全独立的派别。相关内容参见刘澎：《当代美国宗教》，社会科学文献出版社2001年版，第81页。

② 陈剑光、林雪碧等编：《中国新方志中的基督宗教资料》增订版，第1872—1873页，下载自http：//www.hsscol.org.hk/FangZhi/main.htm。

③ 中华续行委办调查特委会编，蔡詠春等译：《1901—1920年中国基督教调查资料》上卷，第181页。

④ 中华全国基督教协进会编印：《订正中国基督教团体调查录》，中华全国基督教协进会调查录编订委员会，1950年铅印本，第4页。

⑤ 美长老会（或者叫美国长老教会，Presbyterian Church in the United States of America）在南北内战期间分裂，1861年，美国47个南方基督教长老会会议脱离美长老会，组成“南部联邦长老会”，后又经改组合并，于1865年成立“美国长老会”（Presbyterian Church in the United States），1867年在华开始传教事业，其差会组织名称为American Presbyterian Mission South，中文名即美国南长老会（差会）；而美长老会原先在中国的差会被称为American Presbyterian Mission North，即美国北长老会（差会）。相关内容参见刘澎：《当代美国宗教》，社会科学文献出版社2001年版，第102页；中华全国基督教协进会编印：《订正中国基督教团体调查录》，第120页。

辖宁波、杭州、上海和苏州 4 个总站。有传教士 61 人，华人传道 298 人，教会 27 处，信徒 7671 人。

3. 美南长老会（American Presbyterian Mission South）

1867 年，应思理（Rev. E. B. Inslee）牧师[①]受美南长老会派遣来杭开辟传教站，此为美南长老会在华传教事业的发端。该差会集中力量沿江浙运河北上发展，建立了多个传教站点。1905 年，美南长老会将其在华的传教地域划分为华中区和苏北区。华中区辖领了浙江省的杭州、桐乡、嘉兴三总站和苏南地区的四个总站。1916 年中华长老联合会成立，美南长老会的华中区和苏北区的教会悉数加入。1927 年中华基督教会成立时，华中区的教会改入中华基督教会华东大会，而苏北区的教会仍然留在中华长老联合会。至 1935 年，华中区有浙江杭州、嘉兴两个总站和江苏的 4 个总站，教会 37 处，信徒 4924 人。[②]

4. 英行教会（Church Missionary Society）[③]

该会是属于安立甘宗（Anglicanism）的英国差会，成立于 1799 年，它的英文名称最早是 The Society for Missions to Africa and the East，直译即为“向非洲及东方传教会”，1812 年又更名为“非洲和东方教会传教士协会”（Church Missionary Society for Africa and the East，简称 C.M.S.），又有圣公会、安立甘会、规矩会等译名。[④]英行教会在华的第一个传教站设在上海，但当时沪上已另有几个传教差会，故英行教会将工作重心转移到宁波，并以此地为中心，逐渐向周边各县、浙江各地拓展教务。相继在杭州、绍兴、台州、诸暨四地建立传教总站，[⑤]并于 1908 年设立浙江教区。1909 年，在华安立甘宗各差会在上海召开会议，草拟联合教会的宪纲与规例，通过采纳“中华圣公会”为联合组织的名称。至此，“圣公会”正

---

① 应思理本为美国长老会传教士，1857 年抵宁波，后因与差会同工关系恶化，于 1861 年返美，并与该会脱离关系。1865 年，加入伦敦会，被派驻松江，后又加入美南长老会。

② 汤清：《中国基督教百年史》，道声出版社 2009 年版，第 328 页。

③ 有的史料里将 Church Missionary Society 译为英行教（圣公）会，参见中华全国基督教协进会编印：《订正中国基督教团体调查录》，第 110 页。

④ 姚民权：《上海基督教史（1843—1949）》，上海市基督教三自爱国运动委员会、上海市基督教教务委员会，1994 年版，第 12 页；Samuel Couling，*The Encyclopaedia Sinica*，Shanghai，1917，p. 118。

⑤ 汤清：《中国基督教百年史》，第 225 页。

式成为安立甘教会的中文名称。该会在全国总会之下，采用教区—地方议会—牧区—堂会四级体制。浙江教区名称不变，下设杭州、绍兴、宁波、台州四个地方议会，议会之下设立牧区，如宁波地方议会之下又有鄞城、鄞西、鄞东、慈邑、山北五牧区。至1935年时，浙江教区已有教会115处，受餐信徒4182人。1948年，英国圣公会在浙江已建有教堂122座，信徒15541人。①

表 3–1　1949 年浙江省英国圣公会主要教区情况

牧区	所辖堂区	堂名及所在地	受洗信徒	受坚信礼	牧师
鄞城牧区	4	基督堂在鄞城孝闻街	1205	651	徐台杨
鄞东牧区	5	基督堂在鄞东莫枝堰	333	205	陈庆余
鄞西牧区	7	仁宅堂在鄞西林村	417	202	林鹤九
慈邑牧区	3	耶稣堂在慈溪城内	281	147	沈昭恩
慈北牧区	7	圣约翰堂在慈北观海卫	2497	811	叶祖耀
杭州牧区	5	新一堂在杭州肃仪巷	657	387	宣绥降
富新牧区	6	恩恭堂在富阳城内	360	237	杨炳绥
於昌牧区	5	圣公会堂在於潜小路头	299	222	王声炳
桐分牧区	6	桐庐堂在桐庐南门外	240	98	何祖赉
绍兴牧区	7	基督堂在绍兴观音桥	247	80	闻方模
诸东牧区	12	救主堂在诸暨枫城	411	215	毛春宴
诸西牧区	10	圣约翰堂在诸暨城内	336	157	史久椿
诸义牧区	11	圣保罗堂在诸暨高城头	288	218	沈仰三
临海牧区	10	台郡堂在临海城中	444	382	戚惠发
黄岩牧区	12	路桥堂在黄岩路桥	1428	917	宣元璋
玉太牧区	6	汇里堂在温岭新河	375	308	崔学炼
天台牧区	6	基督堂在天台阜源路	297	189	陈克祥

资料来源：谷雪梅：《近代英国圣公会在浙江的传教活动》，《历史教学》2009年第8期。

① 谷雪梅：《近代英国圣公会在浙江的传教活动》，《历史教学》2009年第8期。

5. 中国内地会（China Inland Mission，CIM）

中国内地会简称内地会，是一个超宗派跨国家的基督教差会组织，创始人是英国人戴德生（James Hudson Taylor）。浙江是中国内地会在华最早的传教区域，也是该差会向内地发展的肇基之地。至1935年，内地会在浙江已经建立了绍兴、杭州、温州、金华、龙泉、江山、淳安等21处总站，计有传教士60人，华人传道756人，教会224处，受洗者1143人，受餐信徒14613人。在有内地会活动的16个省中，浙江省的教会和信徒数都是最多的。值得一提的是，温州地区（包括丽水、台州和温州三市）是内地会在华传教事业最为成功的地区之一，至1950年，已设教堂100余处，有信徒3万余人。①

6. 英国循道公会（The Methodist Church）②

该会属基督教新教循道宗。循道宗又称卫斯理宗（或称卫理宗，Wesleyans），1784年从英国圣公会分裂出来，1795年正式成立循道宗教会，后该宗派又传入美国，1844年，循道宗美南教会与美北教会分裂，美北教会称为美以美会，美南教会称为监理会。而属英国一系的循道宗也因为教政体制上的分歧，陆续分裂成几派。英系循道宗最早传入浙江的是英国偕我会（United Methodist Free Churches）③，该会在《北京条约》签订后于1864年派传教士来华，主要传教地为浙江的宁波、温州。偕我会于1907年与同宗的圣道会（Methodist New Connexion）、美道会（Bible Christians）合并，称为“圣道公会”（United Methodist Church）。1931年6月，又与同宗的循道会（Wesleyan Methodist Church）联合，称为“循道公会”④，同时采用教区、联区、堂会三级体制。循道公会在浙江设有宁波、温州两教区。宁波教区最初分为7个联区，以后合并为5个联区，即鄞镇联区、鄞奉联区、象山联区、石浦联区和虞西联区，在1948年，

---

① 浙江省宗教志编辑部：《浙江省宗教志·资料汇编》二，第236页。

② 多数相关著作论及此差会，都称之为“循道公会”，但这种说法并不严谨，未能对教会与差会做出区分，更加准确的名称应该是英循道公会差会。相关资料参阅中华全国基督教协进会编印：《订正中国基督教团体调查录》，第6页。

③ 该会创立于1857年，其在中国的差会英文名称为English Methodist Free Church Mission（U.M.F.C.）。

④ 王策安：《教训：中华循道宗联合第一声（湖北）》，《兴华》1931年第28卷第25期，第29页。

有教徒4586人。[①]而温州教区则下辖12个联区，至1949年，设有分堂252所，信徒20134人。[②]

（二）天主教

进入20世纪后，天主教在浙江也有较大的发展，1910年5月，天主教浙江代牧区一分为二，成立浙东、浙西两个代牧区，其中浙东代牧区管辖宁、绍、台、温、处五个府，浙东代牧区代牧为赵保禄。各代牧区设有咨议会，建立总本和本堂的管理体制。总本堂所在地为宁波、定海、绍兴、台州、温州、杭州、嘉兴、衢州，其他住有神甫的68个堂为本堂区，多数本堂区设有女堂，由修女主管，不住神甫的祈祷所500余处，均住有传道员和管理员。[③]浙东代牧区成立后，致力于建设宁波江北岸草马路的大小修院、拯灵会修女院、学校和普济院。

1924年，浙东代牧区改称宁波代牧区。1926年2月，法籍主教赵保禄病逝于法国，4月，遗体运回宁波，葬于江北堂内。赵保禄在宁波57年，担任代牧主教42年，生前曾获教皇御座大臣衔、清廷的双友宝带、“中华民国”政府的嘉禾章和法国荣誉十字勋章。是年，5月10日，台州从宁波代牧区划出，成立台州台牧区。台州代牧区是全国由国籍神职人员管辖的6个代牧区之一，首任代牧是宝海人胡若山。胡若山主教，也是全国第一批祝圣6个主教之一。1926年玉环教务并入温州总堂区，全区教徒26018人，次年处州划设加拿大神父传教区，分区教徒2300人。[④]1927年宁波代牧区教务统计，教友43118人，神父57人，修女108人，大小堂600余处，医院3所，婴儿院6处，中学1所，小学71所。[⑤]

1931年，处州再从宁波代牧区划出，成立丽水监牧区。1941年，杭州、宁波、台州、丽水4个代牧区，共有教徒101363人，神甫178人，修女242人，教堂81座，祈祷所536处。从1932年开始，12名波兰籍遣使会士相继到达温州传

---

① 陈定萼编纂:《鄞县宗教志》，团结出版社1993年版，第260页。

② 浙江省宗教志编辑部:《浙江省宗教志·资料汇编》二，第238页。

③ 郭慕天编著:《浙江天主教》，1998年印行，第8—9页。

④ 郭慕天编著:《浙江天主教》，第100页。

⑤ 郭慕天编著:《浙江天主教》，第61页。

教，企图设立新的代牧区，到 1946 年因与国籍神职人员不合而离开回国。

据温州教区调查，1914 年全区有书院（含经言学习所）56 所，1868 人。其中温州城区 5 所，351 人；永嘉 29 所，学生 1049 人；平阳 6 所，学生 155 人；瑞安 13 所，学生 250 人；乐清 3 所，学生 63 人。1935 年时，教会学校 67 所，教师 72 名，学生 3188 人，其中初小 596 人，高小 254 人。男女混合小学 8 所，1052 人。①

1941 年宁波代牧区教友统计为宁波 5123 人，舟山 3594 人，余姚 5862 人，绍兴 2056 人，宁海石浦 1356 人，温州 33243 人，合计 51234 人，神父 82 人。②

1947 年 6 月，因中国天主教实行圣统制，浙江的杭州、宁波、台州 3 个代牧区和丽水监牧区，均升为正式教区。1926 年继任宁波代牧的戴安德（法籍）、1937 年继任杭州代牧的梅占魁（法籍）和台州代牧胡若山，都升为正式教区正权主教；丽水教区主教为谭尔盈（加籍），是 1948 年祝圣后上任的。1949 年 6 月，温州教区成立，教务由宁波教区主教戴安德代理。③

据 1949 年统计，全省天主教教徒 94694 人、神甫 187 人、修女 184 人，圣堂 70 座、祈祷所 500 处、大小修院各 2 所、修女总院 2 所、修女分院 23 处，医院 5 所、诊所 20 所、经言 90 处、孤儿院 9 所、工厂 2 个、印书馆 1 个，曾出版报刊 2 种。④

第二节　教会事业的扩张

传教士们除了在浙江进行直接的布道活动以外，还广泛从事教育、医疗及慈善救济等社会服务事业。虽然这些活动从属于传教事业，直接或者间接服务于布道活动，但是对于培养人才、转变观念、引进西方先进的科学文化知识、移风易俗，促进浙江地区的现代化进程等方面都起到了积极的作用，影响深远。

---

① 郭慕天编著：《浙江天主教》，第 136—137 页。

② 郭慕天编著：《浙江天主教》，第 61 页。

③ 郭慕天编著：《浙江天主教》，第 9—10 页。

④ 郭慕天编著：《浙江天主教》，第 16 页。

一、教育事业

宁波是鸦片战争后五口通商城市之一，也是西方教会在浙江省最早开始兴办教育的地方。1844 年，英国独立女传教士阿尔德赛小姐（Miss Aldersey）在宁波创办一所女塾，免费招收女生并供给衣食起居各项用费，开设圣经、国文、算术等课程，此校被认为是“中国有女校之始”[①]，同时也是“中国本土最早设立的教会女子中学”[②]。但实际上，由于阿尔德赛小姐是私人办学，经费并非来自教会组织[③]，所以严格来说，该女塾不是教会学校，只是由外籍基督徒开办的私学。1845 年，美国长老会在宁波江北岸创办崇信义塾，此校为美国基督教差会在华开设的最早的学校[④]，也是浙江第一所男子洋学堂。之后，美国浸礼会、英国圣公会、英国循道公会也陆续在宁波开设学校。

1858 年《天津条约》签订后，传教士获得在内地自由传教的权利。传教士们以宁波、杭州为基地开始到浙江内地各府县传教办学。1866 年，美南长老会在杭州创办贞才女塾，1874 年，英国传教士在温州创设崇德学堂。1887 年，美国长老会在嘉兴设学堂，1897 年，英国内地会在临海开办敬爱学堂，次年在杭州创设蕙兰学堂，此外各差会还在绍兴、湖州、诸暨等地开办学校，至清末，已经基本覆盖浙江各个地区。[⑤]

进入 20 世纪，中国在政治、社会、文化等诸多方面都经历了重大变革，这对于基督教在华的发展也产生了深远的影响，进入了所谓的“黄金十年”发展期。以教会中的信徒人数来说，1900 年时为 95943 人，到 1905 年已经增至 256779 人，

---

① 浙江通志馆修，余绍宋等纂：《重修浙江通志稿》（第 102 册“宗教”），民国三十七年铅印本，载于张先清、赵蕊娟编：《中国地方志基督教史料辑要》，东方出版中心 2010 年版，第 376 页。

② 王立新：《美国传教士与晚清中国现代化》，天津人民出版社 2008 年版，第 126 页。近代来华基督教差会在中国开办的学校（mission school），一般通称为教会学校，但严格来说，这种名称并不妥当，详见胡卫清：《普遍主义的挑战：近代中国基督教教育研究（1877—1927）》，上海人民出版社 2000 年版，第 45—46 页。

③ Ida Belle Lewis, *The Education of Girls in China*, New York: Teachers College, Columbia University, 1919, p. 18.

④ Clarence Burton Day, *Hangchow University : A Brief History, United Board for Christian Colleges in China 150 Fifth Avenue*, New York, 1955, p. 2.

⑤ 邵祖德等：《浙江教育简志》，浙江人民出版社 1988 年版，第 237—238 页。

而来华传教士人数在同年亦达3445人。[1]在基督教教育方面，这一时期的发展也十分明显。根据台湾学者苏云峰的统计，1876年之前没有统计资料，自此年起，仅有学生约4900人；14年后，增至1.6万余人。进入20世纪初，便增加至5.7万余人。此后6年间，增加一倍余，达13.8万人。以后每年又增加约1万人，至1919年超过21万人，1920年为24.5万余人，翌年又一跃而超过33.2万余人，占全国各级学生总人数的6%强。[2]

从教会学校之地区分布来看，据不完全统计，自1843年至1920年，全国约设有教会学校721所以上，浙江有46所，中小学生数在1917年是9160人[3]，学校数量与学生数量均居全国第六位。1920年，中华续行委办会对于基督教事业的统计资料中存有更多有关浙江省基督教教育事业的详细数据，见表3–2。

通过数据可知，至1920年，浙江省已经有教会学校355所，学生总数10592人，其中女生3074人，男生7518人。初级小学数量最多，有283所，7872名学生。女子教育有所发展，但男子仍然是学生主体。此外，教育资源分布不均，学校多集中于浙北和浙东文教事业比较发达的地区，如杭州、嘉兴、宁波等，而浙南的永嘉、天台等地，设立学校较少。[4]就宁波一地来说，如上所述，近代以来西方教会在此举办了大量教会学校，但这些学校大多规模很小，且几乎都为小学性质。进入清末民国以来，不少教会学校合并成立教会中学，如三一中学、浸会中学、斐迪学校等。

1922年，中国爆发了一场声势浩大的反对基督教的运动，即“非基运动”。当时，运动的一个主要矛头就是指向教会学校，国内许多团体和个人纷纷要求政府收回教育主权。在强大的舆论压力之下，国民政府制定了6项“外人捐资设立学校请求认可办法”，“不得以宗教科目为必修课”。此后，非基运动的目标更为具体，要求教会学校向中国政府注册立案，并遵守中国有关教育法令。[5]浙江各类

---

① 邢福增：《文化适应与中国基督徒》，建道神学院1995年版，第34页。

② 苏云峰：《中国新教育的萌芽与成长（1860—1928）》，北京大学出版社2007年版，第54页。

③ 苏云峰：《中国新教育的萌芽与成长（1860—1928）》，第55页。

④ 中华续行委办会调查特委会编：《1901—1920年中国基督教调查资料》，第180页。

⑤ 丁光训、金鲁贤主编：《基督教大辞典》，第171页。

表 3-2　1920 年浙江省基督教事业范围中之教会学校一览

宣教会		初级小学	高级小学	中学校	初级小学校男生	初级小学校女生	初级小学学生总数	高级小学男生	高级小学女生	高级小学学生总数	中学男生	中学女生	中学校学生总数	中学以下教会学生总数	教会小学男学生比例数（%）	教会中学男学生比例数（%）	初小学生升学率（%）
		1	2	3	4	5	6	7	8	9	10	11	12	13	14	15	16
总数		283	53	19	5579	2293	7872	1147	599	1746	792	182	974	10592	70	81	22
圣宗	英圣公会 CMS	58	7	3	923	417	1340	76	83	159	50	26	76	1575	66	65	12
浸宗	浸礼会 ABF	49	11	7	854	573	1427	209	299	508	219	69	288	2223	56	75	36
公宗	伦敦会 LMS	1	—	—	—	25	25	—	—	—	—	—	—	25	—	—	—
监宗	监理会 MES*	10	3	2	270	78	348	56	40	96	60	63	123	567	73	48	27
	圣道公会 UMC*	33	6	2	899	161	1060	77	22	99	185	—	185	1344	84	100	9
长宗	北长老会 PN	35	5	2	810	315	1125	113	63	176	52	24	76	1377	71	68	15
	南长老会 PS	32	2	2	522	257	779	97	12	109	162	—	162	1050	69	100	14
内系	内地会 CIM	43	9	—	666	263	929	81	46	127	—	—	—	1056	70	—	14
	德华盟会 GCAM（CIM）	10	5	—	393	89	482	90	12	102	—	—	—	584	82	—	21
余会	使徒信心 AFM	1	1	—	—	22	22	—	8	8	—	—	—	30	—	—	36
	基督徒会 CM*	7	1	—	187	63	250	26	9	35	—	—	—	285	74	—	14
	恩典会 GMC*	—	—	—	—	—	—	—	—	—	—	—	—	—	—	—	—
	独立教士 Ind#	—	—	—	—	—	—	—	—	—	—	—	—	—	—	—	—
	复临安息 SDA	4	1	—	55	30	85	5	5	10	—	—	—	95	63	—	12
	男青年会 YMCA	—	2	1	—	—	—	317	—	317	64	—	64	381	100	100	—
	女青年会 YWCA	—	—	—	—	—	—	—	—	—	—	—	—	—	—	—	—
	之江学校 MCC	—	—	—	—	—	—	—	—	—	—	—	—	—	—	—	—

无汇报　* 汇报不完备

资料来源：中华续行委办会调查特委会编：《1901—1920 年中国基督教调查资料（上下卷）》，第 183 页。

教会学校在1928—1931年间，先后向政府立案，形式上收归国人自办，但实际上依然接受西方差会的资助。

抗日战争时期浙江大部分地区沦陷，教会学校也受到冲击，几经搬迁，校舍设备受到严重损失。抗战结束后，教会学校相继复学，并且有了较大规模的发展。以1947年数据为例，浙江省部分基督教中学概况如表3–3。[①]

表3–3 1947年浙江省部分基督教中学概况

校名	地区	学生数	教职员数
蕙兰中学	杭州	647	47
弘道中学	杭州	422	37
之江附中	杭州	87	16
秀州中学	嘉兴	563	37
湖郡中学	吴兴	198	20
东吴附中	吴兴	368	23
浙东中学	宁波	540	40
三一中学	宁波	845	49
甬江女中	宁波	872	41
越光中学	绍兴	402	32
正则初中	杭州	237	19
明德女中	嘉兴	78	11
承天附中	绍兴	188	14
成美附中	金华	128	29
作新初中	金华	398	17

根据不完全统计，1951年浙江全省接受外国津贴的初等学校计74所，其中属基督教的有51所，共有253个班，教职员347人，学生10225人。[②]

① 周东华：《民国浙江基督教教育研究》，中国社会科学出版社2011年版，第268页。

② 《浙江省处理外国津贴初等学校会议的总结报告》，浙江省档案馆藏，档案号：J039-003-042。

除了从事普通学校教育之外，西方差会还开办了一些职业教育学校和神学院校，如美浸礼会在嘉兴设立的三余商校和福音护士学校、在宁波设立的华美护校、在绍兴设立的私立福康护校；英圣公会在杭州设立的广技高级护士学校；在宁波一地，即有圣公会开办的三一神道院，神召会开办的伯特利圣经学校以及灵粮世界布道会开办的华东圣经学校等几所专门培养教会传道人才的学校。[①]还有一些基督教派在宁波等地从事公益性的教育活动。1917年由长老会堂、中西牧师在城区钉打桥发起成立“基督教福音研究所”，举办英文商业学校、义务半日学校、服务儿童会、勉励会等公益事业。经费由教徒捐募，各界亦有捐赠，每年费用约800元。[②]较早进入宁波的浸礼会在民初宁波城区设有四明小学、公益社、民众夜校、民众阅报室。经费初由美国西差会拨充，1930年起，与西差会脱离关系，“教务及经济全由华教徒共同负担办理，每年支出数额并教育、慈善二项约五百金”[③]。

各类型教会学校在解放初期都接受了政府的改造，或被接收后改为公立，或改组后仍归私办，或改为民办公助，或合并及停办，虽处理结果不同，但都在经济上割断了与西方教会的联系，更重要的是清除了宗教色彩，成了完全世俗化的学校。

纵观浙江教会学校的发展历史，它与其他地区的同类型学校一样，都经历了一个由宗教到世俗、由初级到高级、由单一到多样的过程。教会来浙早期创办的学校，教育目的完全是为了传教。开设寄宿学校是为了培养传道人和教师，走读学校是为了培养普通信徒，教育内容以基督教教义为主，世俗知识所占比例很少。随着教育专业化的起步、教会自身所需人才素质要求的提高和社会发展对于人才的需求，教会学校的世俗化程度也日益加深。

虽然西方差会创办学校的根本目的是为了宣扬基督教，但是在客观上却培养了一批具有近代意识、掌握近代知识的新人，对浙江乃至中国教育的早期现代化做出了贡献。

---

① 宁波市政协文史资料委员会编:《宁波文史资料》，第2辑，第97页。

② 张传保、陈训正、马瀛等纂：民国《鄞县通志・政教志》，第1374页。

③ 张传保、陈训正、马瀛等纂：民国《鄞县通志・政教志》，第1373页。

首先，教会学校的教学内容、办学模式和体制，对于其他学校具有借鉴和示范作用。当教会学校在华兴办之时，中国传统教育已经步入末路，教会学校中所教授的西方先进的科学文化知识和技能对于中国传统知识结构也造成冲击，而且教会学校经费充足、设施齐备、师资强、管理经验丰富，中国的有识之士认识到教会学校的优越性，并逐渐开始模仿。所以，国人自办新式学堂，最初多是以教会学校作为借鉴的模范。此外，教会学校按照学生年龄和智力分级分班教学，采用统一标准的教科书，重视科学观察和实验、注意培养学生德智体全面发展，这些都对浙江乃至中国近代教育产生了积极影响。

其次，浙江的教会学校为培养近代中国各行各界的精英人才做出了重要贡献。仅循道公会在宁波所办的斐迪中学，就产生了中国现代遗传学奠基人谈家桢院士、鱼类学家朱元鼎、上海“颜料大王”周宗良、“化学大王”方液仙、保险业先驱胡詠骐等一大批精英人士。这其中有很多人都是民国时期宁波帮的代表人物。众所周知，宁波帮是明清十大商帮中唯一实现向近代转型的商人群体，宁波帮商人在风云变幻的动荡年代机敏善变，顺应时势，获得成功，这与他们少时接受的教会学校的西式教育有极其密切的关系。此外，像中国耶稣教自立会创始人俞国桢、中国“奥林匹克之父”王正廷、翻译家朱生豪、法学家龚祥瑞、教育家林汉达等近现代名人都在不同时期就读于浙江的教会学校。

再者，西方差会在浙江创办的女子学校开风气之先，对改变中国传统的妇女观念、唤醒妇女自我意识的觉醒和推进近代中国妇女教育的发展有着积极而重要的作用。教会女校以男女平等的观念办校，伸张女权，挑战中国沿袭数千年“男尊女卑”的陋习，开近代妇女解放之先声。浙江是最早举办西式女子学校的省区之一，女校数量也较其他省份要多，著名者如冯氏中学、弘道女中、甬江女中，这些教会女校培养了一批批掌握先进文化知识、独立意识和自立精神的新时代女性。教会女校的兴起也进一步促进了中国近代教育的变革和发展。

二、医疗事业

医疗是另外一项重要的差会事业。从事医疗活动、救死扶伤既符合基督教博爱的精神，同时也是一条有效的传教途径。在近代来华的传教士中，有一类专门的传教士被称为传教医生（或者叫医务传教士，Missionary Doctor），他们起初被当作传教助手，负责派驻地区传教士们的健康保健，同时从事医务活动，开设医院或者诊所，为当地民众看病。因为西医在疾病的减轻、治疗和防治方面较之中医，其成效更为明显，故而受到人们的欢迎。差会可以借医传教，以医促教。随着时间的推移和医药科学的发展，愈加要求专业化的知识，基督教的医疗事业逐渐同传教活动分离出来，出现了在行政和经费上相对独立于教会的基督教医院（Christian Hospitals）。[①]

浙江省的基督教医院建立时间早，历史悠久且数量较多。根据1950年的统计数据，当时浙江省有较大规模的基督教医院见表3–4。

表3–4 1950年浙江省较大规模的基督教医院概况

院名	院址	公会	病床总数
广济医院	杭州	圣公会	120
新民社诊所	杭州	中华基督教会	
吴兴福音医院	吴兴（湖州）	卫理公会	188
福音医院	嘉兴	中华基督教会	100
福音医院	金华	浸礼会	120
华美医院	宁波	浸礼会	126
天生医院	宁波	卫理公会	
福康医院	绍兴	浸礼会	96
白累德医院	温州	循道公会	122
惠爱医院	余姚	中华基督教会	50

注：循道会所办宁波体生医院，后让与本地人士吴莲艇医生接办，更名为天生医院；圣公会在宁波曾设立仁泽医院，后并入杭州广济医院。

资料来源：中华全国基督教协进会编印：《订正中国基督教团体调查录》，第67—68页。

这些医院在新中国成立后几经沿革，留存至今，依然对当地的医疗卫生事业和社会发展起着重要的作用。

① 姚民权：《上海基督教史（1843—1949）》，第115页。

就宁波一地来说，尽管西方传教士在宁波很早就创办了一批医疗机构，但规模小，设施简陋。进入民国后，这种情况有了较大改观。除对原有医院扩大规模外，还兴建了一批新的医院与诊所，并继续为贫民或教徒免费或减费治疗。

1915年，大美浸医院新建病房与手术室，增添医疗设备，附设护士学校，并改名为华美医院，寓中美合作之意。1923年为扩大院址，医院购得土地一方，并组织筹建委员会，在沪甬两地募集资金，得到本地绅商及旅外宁波商人的大力支持，共募集9.99万元，还得到美方资助，即以所拆宁波老城墙条石、城砖兴建四层住院大楼和三层楼护士学校校舍各1幢。

至1934年，华美医院已有床位数80张，职工53人，年门诊人数4125人，年住院人数1259人。[①] 医院重视对于医护人员的培训，早在1913年即成立华美高级护士学校，1937年又改名华美高级护士职业学校，学制3年，为宁波乃至浙江地区培养了大批医护人员。美国浸礼会对于华美医院的发展给予了较大的帮助，如1937年，时任院长的丁立成在年度报告中称“赖友邦教会组织之美援救济会之援助，得获完成本院院舍左右两翼，添建四楼之工程，病室借此增设……又本年度复获美国浸礼会之协助，购添新式铁床59床……”医院购得一辆救护车，“为美国教会之救济费所购得”。[②]1949年10月18日，医院遭国民党飞机轰炸，住院楼第四层和护士学校楼被毁，后重修住院楼第四层。1954年，华美医院正式更名为宁波市第二医院。

19世纪末英国循道会在江北岸石板行设立的体生医疗院，进入民国后，也扩大规模，添置设备如X线诊断机，并于1923年改名为天生医院。设有内外、花柳、皮肤、产妇、小儿科。1931年时，每月经费达1200元，月门诊病人440人次。20年代初，英国圣公会也在城区孝闻街创办仁泽医院。1931年时，每月经常费1600元，每月门诊病人1400人次。[③]

又如杭州广济医院（The Hospital of Universal Benevolence），由英行教会传教

---

① 俞福海主编：《宁波市志》，第2680页。

② 丁立成：《宁波华美医院三十七年度工作报告》，宁波市档案馆，档案号：306-1-34。

③ 张传保、陈训正、马瀛等纂：民国《鄞县通志·政教志》，第700—701页。

医生梅滕更（Duncan Main）于1884年主持兴建，梅氏主政医院长达40余年，医院得到持续地发展，相继成立了广济医校、男麻风病院、妇女疗养院、西湖肺痨病院、产科病房、松木场分院等医疗机构。1926年，梅滕更回国，谭信医生继任院长，1928年，院长由苏达立医生接任，直到1951年回国。苏氏担任院长期间，正值中国社会动荡时期，他一面致力于广济医院的稳定与发展，另一面发扬人道主义精神积极参与人道救援工作。1937年，日本发动全面侵华战争，12月24日杭州沦陷后，广济医院和城内一些教会学校成为难民避难所，最多时曾接纳过25000名之多的妇孺。医院也积极救治受伤的抗日将士，至1939年共医治伤兵1000多人。[①]1949年5月杭州解放后，军代表入驻医院，外籍职员开始陆续离杭，1952年4月，广济医院董事会正式将医院无偿捐献给政府，后更名为浙江大学医学院附属第二医院。

温州白累德医院由偕我公会传教士苏慧廉（William Edward Soothill）筹款，于1906年创立。这所医院占地7.14亩，建筑面积4500平方米，医院大楼由一座主楼和东西两翼组成，配套设施完善，长期以来成为民国时期浙南地区最好的医院。[②]医院以带徒形式培养华人医生12人。1929年，开办私立白累德护士职业学校，又于1934年开办私立白累德助产职业学校，培养护士助产士约150人。1897年至1949年，白累德医院各科门诊收治300万余人次，并在介绍西方先进医疗技术、培养本土医务人员方面做出了重要贡献。[③]1953年，人民政府接办白累德医院，并改名为温州市第二人民医院。

基督教医院在创立之初，是将传播福音和治病救人结合在一起，所谓疗身亦疗灵，达到“双重治愈”，而且其根本目的在于传教。但是在后来的发展中，医院救死扶伤的功能愈发彰显出来，对地方社会的发展也做出了重要贡献。

其一，基督教医院的设立不仅提高了当地的医疗技术水平，救治了大量病患，而且在地方的医疗实践中发挥了重要作用。比如在社会公共卫生方面，基督教医

① 王建安、张苏展主编：《百年名院百年品质：从广济医院到浙医二院》，中国美术学院出版社2009年版，第69页。

② 沈迦：《寻找苏慧廉——传教士和近代中国》，新星出版社2013年版，第212页。

③ 浙江省外事志编纂委员会编：《浙江外事志》，中华书局1996年版，第291—292页。

院积极参与到城乡医疗卫生事业建设，有效防治霍乱、鼠疫、肺痨等传染性疾病，产生了良好的社会影响。

其二，基督教医院附属的医科学校、护士学校采用当时西方先进的教育方法，培养了众多西医药专门人才，极大地推动了浙江西医药事业的腾飞，也在中国近代医学教育史上占据重要的地位。基督教医院雇佣的女护士，可以说是中国近代史上最早的一批自食其力、经济独立的职业女性，这也在一定程度上提高了妇女的地位。

其三，基督教医院先进的医疗技术和管理模式刺激了浙江当地学习模仿西医的热情，从而间接推动浙江地区医疗事业现代化的发展。通过就医体验和与医护人员接触，当地民众逐步了解了西医的先进性。一些地方士绅、政府相继开办私立和公立医院；许多习西医的学子在学成后也投身浙江的医疗事业。在民族主义情绪相当浓厚的民国时期，学习西医开办西式医院也被认为是抵抗西方列强侵略的一种手段。正如长期担任镇海同义医院董事长的宁波商人董杏生所言，他之所以要建立西式医院，其重要原因在于“欧美人士竟来中华以设立学校与教会作政治经济侵略之先导……医院之设尤为普遍……此种现象实为文明各国所不经见，故余时以为耻，恒立志以举办医院、学校为职志”[①]。

三、慈善救济事业

基督教各差会在浙江开设的慈善医疗机构亦有不少，其中创办于1911年的宁波高桥中华基督教恤孤院是办得比较成功的孤儿教育机构，曾于1934年作为宁波唯一代表参加全国第二届慈幼大会。该院位于鄞县西乡高桥新民联合乡周家花园，“由中华基督教徒本其基督博爱的精神创设”。据该院章程称，“本院专收无依孤儿，授以相当学识及工艺，以养成健全有用之国民”。“本院设有两级小学及印刷、地毯、缝纫等科，视年龄体格分别学习。”作为教会慈善机构，该院由宁波中华圣公会、浸礼会、中华基督教会、圣道公会、基督徒会所合办，并各推代表若干人组织董事会，推定院长、副院长各1人，下设事务科、教务科、会计科、工艺科、农务科，各科设主任1人，管理各科事务。农科办有农场。院中有地70余亩，部

---

① 镇海同义医院编：《镇海同义医院二十年汇志·董序》，内部印行，1938年。

分出租，其余雇老农4人，指导孤儿耕种，粮食、蔬菜能实现自给。可能由于这个原因，该院孤儿教养成本在当时宁波各大孤儿院中是最低的。[①]其经费收入分常年捐、认捐、田息及其他特别捐项。1931年全年收入7105元，支出5182元。[②]为更好地开展募捐工作，该院在各地设有募捐员。根据该院1931年报告册，在当年108名募捐员中，大多分布在省内，其中宁波一地48个，占44%，但也有远至山东烟台，江苏扬州、无锡，江西永昌的。从行业分布看，除教会系统（含教会学校、医院）约占一半外，其余行业分布相当广泛。[③]为筹募经费和安排孤儿出院后的就业，恤孤院后在上海和宁波建立院董事会。抗战胜利前后，上海董事会负责人汪炳炎（即为该院早期出院孤儿），在经济上为恤孤院做了巨大支持。

美国长老会在杭州西大街铜元路也筹办过一家孤儿院，后因经费无着落而停办。1918年又由本会牧师谢志禧接办，定名“中华基督教杭州孤儿院”，全国抗战开始后停办。1948年重开，改名“中华基督教杭州女子爱育院”。1941年，绍兴大坊口的基督教堂为了救济失学贫儿，特创设孤儿院一所。为表扬长期在绍传教的美浸礼会牧师邬福安（Rev. A. F. Vfford）夫妇，将该孤儿院命名为“福安培童院”，收孤儿55人，经费源自各方资助。院长蒋德恩，由蒋夫人贾念萱主持该院事务。抗战胜利后，美浸礼会传教医生汤默思（Harold Thomas）等发起“国际救济委员会”，在宁波开设救济机构，收纳难童，救济难民，由美国长老会传教士施明德之妻康美理主管。当时在宁波的其他慈善机构还有美国基督教神召会女传教士倪胜歌（Nettic Nicolas）开办的伯特利孤儿院和妇女院，收容家贫无养儿童和遭遗弃、虐待的妇女。美国长老会在张斌桥下茅塘开办安了家，收容女性孤儿。在杭州，西方差会组织开设了10所儿童院，招收家贫失学儿童入院，免费就学，并给予生活救济。[④]

创办于1912年的伯特利妇女爱养所位于江北岸草马路，由美籍女教士倪爱胜、英籍女教士卫安福等发起创办，“以收养流离失所之妇女为职志。老稚并抚，

① 张传保、陈训正、马瀛等纂：民国《鄞县通志·政教志》，第2084—2085页。

② 《基督教恤孤院第二十一期报告》。

③ 《基督教恤孤院第二十一期报告》。

④ 浙江省外事志编纂委员会编：《浙江外事志》，第201—202页。

教养兼施，孤女长成，妥为择配”。1922年时，该所以优惠价格购得附近8亩土地，进行扩建，为此向甬沪各界募集建筑之费。会稽道尹黄庆澜与鄞地绅商一起还专门就此发出“通启”进行动员。[①] 后该所改称妇孺济养所，附属圣经学院收养范围也有所扩大，兼收男孩。到1937年时，共“收养男女小学学龄儿童30余人，此等孤儿大都并无亲属，长成后即升入圣经学院，以宗教为职业。其经费全由教会自动输捐，教外捐款极少”[②]。可见，当时教会慈善事业得到了包括官府在内的地方社会的大力支持，从而为其发展提供了强大保障。

由基督教女传教士等发起组织的宁波妇女益智会成立于1919年，是20年代初鄞县城区颇为活跃的公益性团体。“平日除研究中西文学及烹饪、手工、家政等科外，对于社会服务，靡不奋发勇为，若保育展览会、赈灾展览会、赈灾游艺会、贫病救护队、平民女校均先后著有成绩。”其与基督教友谊社合办之贫病救护队，自1922年7月间成立后，贫病者受惠不浅。成立之初，该队“聘到向任苏州妇孺医院看护之李女士为看护妇（现寓崇德女校），而北门内孝闻坊大英仁泽医院亦允助治难症。凡贫家患病者或将生产者随时可往崇德女校或仁泽医院求施手术，医费全免，药资酌收铜元数枚”。仅1924年，贫病救护队即治愈病人500余名。至于平校女校1924年夏毕业一次，“计有学生50余名，本年又添设高级一班，业于本月开学”。[③]

1920年夏秋季节，浙东台风灾害频发，同时北方直鲁等地旱灾奇重，哀鸿遍地。为有效地进行贩灾工作，1920年10月，会稽道尹黄庆澜与崇信中学校长梅立德夫妇、斐迪中学校长雷汉伯发起成立宁波华洋义赈会，下设经济、交际、文赎等股，不久因名称与上海华洋义贩会雷同而改名为“中西协赈会”。该会成立后设立募捐队，与宁波青年会等团体合作开展大规模的募捐活动，并得到南洋兄弟烟草公司与生产华吉牌毛巾的文成厂等企业的大力支持，共筹集资金达1.7万余元，汇解台州及北方灾区散发。从1921年1月16日《申报》的一则报道可以

---

① 《推广爰养所之筹款》，《时事公报》1922年3月15日。

② 《巡视慈幼机关报告》，《时事公报》1937年8月3日。

③ 《贫病救护队之进行》，《时事公报》1922年7月10日；《妇女益智会成绩之一斑》，《时事公报》1925年3月14日。

看出该会的运转及其成效。报道说：宁波中西协振会，由宁波青年会发起以来，仅及三月，已募得捐洋 13526.939 元。除放北方洋 9000 元，温岭洋 1000 元，奉化洋 400 元，合共洋 10480 元（内加贴现升洋 80 元）。又除付印刷洋 341.79 元外，尚存洋 2754.72 元（存息在内）。目下该会因北方天气严寒，灾民冻馁堪怜，又复进行征求旧棉衣事项，俟有成数，又托上海华洋义振会汇解北方。又拟征求货物，发卖助振。待星期三开大会，再行讨论。[①] 到 1921 年 7 月，宁波中西协赈会宣告结束。[②]

此外，在杭州、宁波等地还相继成立基督教青年会，该组织以提倡德、智、体、群四育为宗旨，奉基督训言"非以役人，乃役于人"（不受别人服侍，而是要服侍别人）的格言，崇尚社会服务，注重平民教育、职工文体、公民训练、人格建设，推行宗教教育、学生事业、国难救济、农村服务等工作，对当地社会文化的发展起到了积极的作用。

天主教在各地所办的事业，除大小修院、拯灵会总会院、普济院外，还有各堂仁慈堂、拯灵会分院、学校、医院、诊所等。

创办于 1861 年并经 1910 年扩建而颇具规模的普济院为天主教在宁波最重要的慈善事业，也是外国教会在宁波一地规模最大的慈善机构。到 1920 年时，"广收废疾无靠贫民，为数不下 500 人"[③]。该院内分七部：安老院、残废院、疯人院、育婴院、孤儿院、工业场、施医院。由院长 1 人总摄全院事务，各部各设主任 1 人，督促本部事务；佐治 1 人，分任管理事务。"皆由主教聘请仁安会贞女（俗称白帽姑娘）充任之。""安老院收鳏独贫苦老而无依者，残废院收养哑、聋、瞽、盲、跛、驼、疯、瘫谋生无力者，疯人院收养疯狂癫痫者，皆衣食之、医治之，终其余年，每部 60 人（今皆足额）。育婴院收养弃儿或寄乳邻舍或雇娠抚养，男女不相杂处（女婴在药行街仁慈堂内），其经费全由欧洲保婴大会拨助。""育婴院长大之儿童则以入孤儿院，教以识字读书及手艺工业。候习艺即成，能自谋生，

---

① 《中西协振会消息》，《申报》1921 年 1 月 16 日。

② 《宁波青年会十五周年纪念刊·大事记》，内部印行，1932 年，宁波市档案馆藏。

③ 《普济院采办爆谷》，《时事公报》1920 年 7 月 1 日。

乃择男女年相若者为之婚配。今成家自立出外经营者已60余人。工业场则为已成年青年不愿离院远适者可入场工作而设，视其作息勤惰、生产多寡，给以相当工资。施医院聘常年住院医师1人，病者不限内症外疾，皆得求医，不取资费，其病重者亦得住院，药行街之仁慈堂育婴、施医办法与普济院同”。[①]普济院不仅收养人数众多，而且其施医规模也相当庞大。据统计，1931年该院施医院及施医所门诊达108509人次，超过了号称规模最大的鄞县县立中心医院（57425人次）与鄞县救济院施医所（37750人次）之和。[②]

拯灵会总院，除初学院外，办有慕道院和诊所，全由拯灵会修女主持管理。

定海仁慈堂，建于1878年，内设婴儿间、慕道间、工作间、诊所、若慈医院和小学，由仁爱修女管理。

温州董若望医院，建于1913年，附设孤儿院，由仁爱会修女主持。同年9月开诊，设门诊与住院两部，并在城区东、南、西三个分堂设门诊点。医务人员除修女外，另聘男医师1名，护士28名。自1913年起每周还到本城监狱和救济院、育婴堂看病施药，并赠衣物糖果。医院床位由开办时的28张增至230张，为温州三大医院之一。1951年5月由人民政府接办，改名温州市工人保健院。当时有外籍修女2人，中国籍修女8人。今为温州市第三医院。[③]

欧海育婴堂，建于1919年，设婴儿间、工作间，由拯灵会修女负责管理。1951年由人民政府接办时，有婴儿204人，其中乳婴57人。

拯灵会分院有宁波城内、台州海门、临海、温州、绍兴、余姚、定海、沈家门等。分院内一般都有孤儿院、慕道间、女校和诊所。[④]

学校：宁波有益三中学、培德小学、进行小学、育才小学4所，其他堂口一般都办有小学。据1940年统计，全省天主教有完小10所、初小21所、经言学校38所。[⑤]

---

① 张传保、陈训正、马瀛等纂：民国《鄞县通志·政教志》，第1370页。

② 张传保、陈训正、马瀛等纂：民国《鄞县通志·政教志》，第2117页。

③ 郭慕天编著：《浙江天主教》，第147页。

④ 郭慕天编著：《浙江天主教》，第63页。

⑤ 郭慕天编著：《浙江天主教》，第63页。

1940年，所办医院有宁波、定海、海门、温州等6座，诊所7处。[①]

值得注意的是，法文《宁波简讯》自1911年由宁波天主教江北岸堂创办后，一直持续到1940年。该堂还办有印刷厂，专门印刷教会书刊。[②]

第三节　教会团体与沿海地方社会——以宁波基督教青年会为中心的考察

进入20世纪20年代，非基运动此起彼伏，声势浩大。面对这一挑战，中国基督教会及其团体加快了本色化的进程，不仅在教义上和中国文化与传统相结合，而且在实际工作中努力与中国社会相结合，特别是一些地方基督教青年会努力融入地方社会、服务地方社会，在本色化方面取得了明显的成效，并产生了广泛的社会影响。下面试以20世纪二三十年代宁波基督教青年会（简称宁波青年会）为例，考察一下民国时期浙江沿海地区教会团体的活动及其对地方社会的影响。

一、宁波青年会的社会活动

在20世纪基督教传教事业中，基督教青年会及其在华的发展是极其重要的组成部分。基督教青年会诞生于19世纪40年代的英国，19世纪末开始进入中国，1912年中华基督教青年会全国协会在上海成立。宁波青年会自1917年开始筹备，次年4月正式成立，发展相当迅速。会员自成立之初的200人增至1926年的2000余人。特别是1922年6月成立青年会服务团以来，深入到宁波社会生活的各个领域，“向社会作种种之活动”，在二三十年代的宁波具有很大的影响力，俨然成为当时宁波社会事业的一个中心。[③]1933年宁波青年会成立十五周年时，各

① 郭慕天编著:《浙江天主教》，第63页。

② 郭慕天编著:《浙江天主教》，第63页。

③ 倪德昭:《宁波中华基督教青年会》,《浙江文史资选辑》第12辑。

界人士纷纷认可其“对宁波社会之贡献，公益之建树”，予以高度评价。[①]

社会教育是青年会最主要的社会活动领域，以至时人称其“本为一种社会教育机关，广义地言之，其全部工作可称谓教育事业”[②]。基督教青年会分城市青年会与学校青年会两类。与其他城市青年会一样，宁波青年会以“发扬基督精神，团结青年同志，养成完美人格，建设完美社会”为主旨，其社会活动也主要围绕德智体群等方面展开。

（一）德育事业

青年会十分重视德育工作，青年会全国协会总干事余日章认为“中国今日之需，并不在于海陆军，也不在兴办实业，而在于人民的道德，故道德是‘需要之需要’”[③]。但青年会倡导的道德带有浓厚的宗教色彩，而且往往以宣传基督教义与培养宗教信仰为主，当然也有超出宗教的成分。成立不久，宁波青年会就规定其德育事业范围主要为德育演讲（每月一两次），设立德育研究会、夜校德育班、秋季布道研究会等。[④]从实际情况看，其活动主要有以下几个方面：

1. 节俭运动

宁波青年会成立伊始，即设有节制会，倡导节俭生活，反对嫖、赌、烟、酒，为此每年都进行为期一周的节俭运动，在城乡各地开展相关宣传活动。其中1924年的节俭运动于4月10日至15日举行，“用图书幻灯在城内城外各处演讲共计14次，男女各界来听者，不下2000余人，无不大受感动”[⑤]。为提倡节俭，方便会员聚餐，1921年12月，青年会“特与火车站堇江春（饭店）商妥，订有会餐卷一种。每餐计英洋5角，茶饭小奖一律在内，惟持此卷去者，须4人一席6人，8人也可，随时可食，毋庸预定”[⑥]。

---

① 陈迹：《一个十五岁的青年》，陈宝麟：《宁波青年会十五周年纪念刊序》，胡詠骐：《发刊词二》，载《宁波青年会十五周年纪念刊》，内部印行，1932年。

② 唐钺等主编：《教育大辞书》，商务印书馆1935年版，第98页。

③ 费德昭：《宁波中华基督教青年会》。

④ 《青年会干事修养会纪》，《时事公报》1922年1月17日。

⑤ 宁波青年会编：《宁波青年会1924年报告》。

⑥ 《宁波青年会》，第26期，群育部启事。

2. 星期聚会

1920年底，美国传教士，时为宁波崇信中学校长的梅立德夫妇，青年会总干事胡詠骐等仿效杭州基督教友谊社，在宁波创立基督教友谊社，其宗旨为研究学术并得正常之娱乐。该会每星期聚一次，内容为祈祷、演讲、讨论、报告、余兴等。一般事先确定一个主题，进行演讲与讨论。地点在青年会与崇信、崇实、斐迪等教会学校及几个传教士家中轮流进行。参加对象有学校教师、高年级中学生、教堂牧师、教士与青年会干事、董事、会友以及海关、铁路、邮政等高级职员。每半年还开恳亲大会一次，以联络彼此感情。据《时事公报》报道，该社第三期（1920年11月至1921年1月）各聚会主题分别为宁波教会历史谈，星期六之利用与公共礼拜之价值，基督教之家庭，美术谈，如何利用闲暇时光，甬北组织中华教会之需要，基督教对于风俗之态度。[①] 这些活动开始只局限于江北岸地区，后在老城区也组织起一个基督教友谊社，分别由两地基督徒主持。1920年11月4日晚7时，该社与基督教妇女益智社在传教士施明德家中举办中西音乐大会。"届时中西男女社员到者50余人"，中外人士分别演奏10余首乐曲，气氛甚是融洽。[②] 此后类似的音乐会还不时举办，在宁波城区有一定的影响。对此宁波《时事公报》以"好一个中西音乐会"为题刊文为之叫好。

3. 布道运动

宁波青年会不做经常性的传教工作，但经常组织各种类型的宗教活动，如举办宗教演讲。1922年，该会邀请世界青年会干事艾迪到各教堂轮番演讲，还与群学社、福音研究所联合创办圣经研究会，专门研究宗教与人生等问题，到1924年时，参加者已达200余人。[③] 青年会还组织道德班、英语圣经班、退修会、灵修会等，以宣传基督教教义，吸引青年人入会。1924年5月，宁波青年会"为谋全城基督教学生之合作精神起见"，发起组织宁波基督教学生联合会，城区各中学以上之基督教学生均为会员。联合会设有社会服务股、校会事工股、查经股、布道

---

① 《基督教友谊社消息》，《时事公报》1920年11月7日。

② 《中西音乐会志》，《时事公报》1920年11月7日。

③ 《宁波青年会1924年度报告》。

股。其中布道股即“为对于校内与校外之布道”[①]。

应该指出的是，青年会德育活动的宗教色彩有其消极的一面；但不可否认，宗教对净化道德仍具有一定的作用，青年会通过宗教活动向青年灌输基督教道德观念，在部分青年中萌发了崇善抑恶、服务社会、平等待人等理念，其积极意义也应予以肯定。

（二）智育事业

如果说除青年会德育事业影响还基本上局限于其内部的话，那么青年会之智育事业已大步走向宁波社会，并产生重要影响力。早在成立之初，青年会即设立智育部委员会，并规定其事业范围为：（1）补地方教育不足及，应付社会特别的需要；（2）提倡社会教育，灌输国民常识；（3）协助文化运动，鼓吹市政之改良（如民屋、道路、公共游戏场、图书馆）。[②] 具体说来，青年会智育事业门类繁多，但以提高民众文化水准，介绍新知识为主，概括起来主要有以下几类。

1. 智育演讲

各地青年会高度重视演讲工作，经常举办各种演讲活动，演讲内容约有以下几个方面：① 历史，如本国史、各国政治史、世界工业发展史、哲学史、宗教史；② 科学，如光、热、声、雷、天文、心理、森林等学科；③ 卫生，如公众卫生、驱蚊、肺痨、防御、急救术等；④ 经济，如节俭运动、家庭经济学、商业管理法、工业制造术；⑤ 德育，如世界伟人事迹、比较宗教学、伦理学等；⑥ 教育，如教育之重要、我国教育不发达之原因、普及教育方法、各国教育比较等。[③] 在各类演讲中，宁波青年会侧重于举办“智育演讲常会”，特别是其成立之初的1920年、1921年、1922年及1930年举办的大规模科学演讲尤具影响力。当时，由青年会全国协会派遣饶柏森、韩镜湖等人，携带大批仪器来甬讲解无线电报、无线电话、空气功能、单轨铁路及有声电影之原理，“听者每次达数万人（指每次

---

① 《宁波青年会1924年度报告》。

② 《青年会智育部会议纪》，《时事公报》1920年10月14日。

③ 唐钺等主编：《教育大辞书》，第98页。

至宁波各处讲演时听讲者之总数)"[1]。如1922年2月中旬，宁波青年会邀请全国协会干事韩镜湖在总商会会所进行关于空气功能的演讲。为吸引更多听众，青年会还请总商会代为宣传。结果那天，绅商各界到者达500余人，济济一堂，颇具盛况。"会场陈列韩君往各省演讲时之摄影数十种及宁波青年会图表十余种……讲毕众鼓掌，韩君讲时均用仪器说明。"[2]

2. 办学

又分下列数种：① 国语注音字母传习所。1919年起，宁波青年会鉴于我国语言不统一，有碍于教育与文化进步，特设立注音字母传习所，聘请义务教员担任教授，"甬上各小学教职员多入班听讲，极一时之盛也"[3]。讲授一般在星期日举行，"限六星期毕事"，至次年10月已举办多期。对此，时任效实中学校长的董贞柯予以高度评价。他说："国语传习所已相继设立，国人之新知识必然日增，国语统一在斯一举，此可为预祝也。本年教育部实行规正，各小学校练习国语，使一般小学生程度日上，始基坚固，民国希望正在于是。"[4] ② 英文补习夜校。自1920年起(除1927年)，每年举办，学生多为工商界青年，人数最盛时1200人，最少时为27人。其中1924年"肄业学生共计113人，上学期毕业者7人，均能阅书，写信，会话，成绩甚佳也"[5]。③ 义务小学。1923年设立，专门招收7岁以上14岁以下之男生，7岁以上12岁以下之女生 。1924年有学生70多人，教员2人，分为一二三四年级教授，免收学费，"故邻近之贫苦儿童……胥于此是赖焉"[6]。④ 夏令日夜英算补习学校。此校是为便利投考中学校之学生及为中学校学生补习课程起见而于1923年，暑期起开设。1924年"来校补习学生有40余人，教员5人，开办日期共计2个月"[7]。⑤ 书报室。鉴于当时宁波尚无公共图书馆，公共阅报处也尚未普及，宁波青年会对于书报室工作相当重视，20世纪20年代初就

---

① 《宁波青年会十五周年纪念刊·历年大事记》。
② 《科学演讲之第一日》,《时事公报》1922年2月18日。
③ 《宁波青年会十五周年纪念刊·历年大事记》。
④ 《青年会国庆纪念志》,《时事公报》1920年10月10日。
⑤ 《宁波青年会1924年度报告》。
⑥ 《宁波青年会1924年度报告》。
⑦ 《宁波青年会1924年度报告》。

已设立。到 1924 年，该书报室已有中文报纸 10 余种，中西文杂志 10 余种，中西图书 300 余册。每日来该处阅览者“不下 50 余人”，深受社会各界欢迎。

（三）体育事业

宁波青年会对于体育事业也相当重视，专门成立体育部推进此项工作，为近代体育在宁波一地的开展发挥了重要作用。

宁波青年会重视运用体育团体力量推进体育事业。早在成立之初，即成立篮球队，并于 1922 年主持宁波首次篮球赛。以“全黑”为名的青年会篮球队以精湛的球艺、不败的纪录风靡甬城，并于 20 世纪 30 年代表浙江省参加全国运动大会并取得优异成绩。1925 年青年会在江北岸建立网球场，组织网球队。其间，青年会乒乓球队、足球队等纷纷组建起来。宁波青年会还通过组织大型体育运动会与体育组织来推动宁波近代体育特别是学校体育的发展。显然，青年会是二三十年代宁波体育事业的中心。正是在宁波青年会的组织推动下，近代体育运动在宁波一地蓬勃发展起来。早在 1920 年 6 月初，青年会即发起成立宁波中等以上学校体育联合会，其在发起函中说：“欧美学校其重视体育殊非因学生体魄之强健与否，实一校之精神系也。合多数学校而为比赛，则城市之精神系也。友邦动以老大病夫四字诮我，亦以吾国学校向不讲究体育而缺少学校之精神。”[①] 随后青年会又发起成立各校体育教员联合会。其间，青年会经常出面主办校际各类体育比赛。1926 年 5 月 2 日，宁波《时事公报》在《青年会今日赛球》一则报道中说：“青年会篮球队成立以来，曾迭见与民强，效实各中学作友谊比赛，兹闻该会于今日下午又将与省立四中，师范篮球队在小教场作友谊比赛，届时当有一番热闹矣。”[②]

在推动学校体育开展的同时，宁波青年会又大力促进社会体育事业。在青年会的影响与推动下，城区宁波永耀电力公司、四明电话公司、和丰纱厂、华美医院等也纷纷组建足球队、篮球队、乒乓球队、网球队。青年会还多次举办综合性或单项体育比赛，如 1925 年该会体育委员会主办宁波第二届运动会。1932 年又

① 《体育联合会开会》，《时事公报》1920 年 6 月 10 日。

② 《青年会今日赛球》，《时事公报》1926 年 5 月 2 日。

举办“美联杯”网球赛。在青年会大力倡导下，二三十年代甬城体育活动相当活跃，校际体育比赛兴盛一时，成为当时宁波社会生活的一个亮点。

（四）群育事业

群育事业是青年会进入社会的捷径，为此宁波青年会倾注了最大的热情而全力加以经营。其早期开展群育事业的主要方式是联谊、游艺、参观、旅游之类寓教于乐的活动，如当时宁波青年会就有每月一次会员外出旅行的活动。但从20年代中期起，为适应当时急剧变化的时代发展需要，青年会改变群育方式，开展一系列面向平民大众的社会活动，使大批青年走入民间，关注社会问题，参与社会实践，由此青年会的影响也急剧扩大。

1. 公民教育运动

青年会认为“一国政治之良否，社会之进化，全视乎其人民是否具有良好的资格，要使中华民国的人民都能成为良好的公民，则公民教育不可不积极提倡”①。1924年春以后，北平、广州等地青年会开始试办公民教育。次年，青年会在上海举行全国干事会议，决定把公民教育作为青年会今后主要工作之一，由此推动公民教育在各地的开展。对此，宁波青年会表现相当突出。早在1924年“五九”国耻纪念期间即进行颇有声势的公民教育运动。“计在各教会，各学校，各机关内共开演讲会12次，除请专家演讲关于公民教育范围内各种问题外，并映放公民教育幻灯，分发‘怎样做公民’，‘公民纲要’等印刷品3000张，共计听讲人数1700余人，又在会所门口陈列‘公民须知’图画八种，来观人数不下500余人，均极动容。又在各校试行公民选举以测验民意之所在。学生参加选举者共有416人，所选举之结果如下：选举问题一，如你做了国会议员，在选举的时候欲选举何人为大总统，结果以孙中山票数为最多，计得261票……选举问题二，试指出于中华民国历史上最有贡献公民5人，结果以蔡松坡票数为最多，计得114票，次为蔡元培、孙中山、梁启超、黎元洪。”②

---

①《宁波青年会1924年度报告》。

②《宁波青年会1924年度报告》。

除公民教育运动外，宁波青年会还进行相关宣传动员工作。如在中等以上学校设立公民教育研究社，组织演讲队赴城厢各地进行公民教育问题演讲。1925 年 12 月 24 日下午，青年会演讲队分 4 队分赴东街、廿条街、南门外、江东百丈街、西门外等地演讲。“所讲材料除确定‘国旗’，‘国家与国民’诸稿外，并有公民教育图片多种，按图详解，听者无不动容，并解说公民须知等歌曲之意义，更为详细。又闻该会昨晚七时出发总队一大队，如邬廷芳、夏仲高、倪德昭、温玉泉、徐鸿焘与学生等共 20 人，在半边街宣讲，听者异常拥挤，竟达 300 余人之多，先后由倪、温、徐诸君轮流演讲（讲题与日间相同），迨散队已九时有余矣。”[①]

青年会还经常根据形势需要进行专题研讨与演讲，如为适应五卅运动后各地蓬勃开展的爱国运动需要，青年会于 1925 年 12 月 7 日起举办不平等条约与国际问题讨论会，邀请陈叔谅等会内外专家演讲关税、领事裁判权等问题，听众相当踊跃。[②]

2. 暑期学生社会服务团

宁波青年会利用学生暑期组织学生社会服务团，到各城镇乡村举办平民学校或演讲公民常识。如 1924 年暑期，青年会共组织 12 队，“在奉化、上虞、温州、余姚等处开办平民学校 7 所，乡民得此破天荒之教育，均喜出望外，而平民学校之经费，则由学生自筹。暑假以后之继续工作，地方人士亦均乐为担任”[③]。

3. 社会调查

当时宁波青年会认为宁波社会关于文化的、道德的建设极稀少，而社会问题如娼妓则到处充斥，为此，组织社会调查委员会，试图就某项社会问题进行调查，以便找出解决问题的“良方”。如 1924 年，他们拟订废娼计划：“（一）先调查情形，并征求地方人士对于废娼问题之意见（此两事均经实行，曾在十一、十二两月刊中有所发表，深为地方人士所注目）；（二）定明年春夏之交，为大规模的废娼运动；（三）于废娼运动前后，请热心公益者捐资设立感化院，以收容娼妓，为

① 《公民教育演讲队纪事》，《时事公报》1925 年 12 月 25 日。

② 《青年会演讲领事裁判权》，《时事公报》1925 年 12 月 11 日；《青年会举行不平等条约讨论会》，《时事公报》1925 年 12 月 20 日。

③ 《宁波青年会 1924 年度报告》。

谋出路。”[①]1925年5月，根据上述计划，宁波青年会曾在城区进行废娼宣传，但此活动后被汹涌而至的五卅运动打消。

4. 火警救护队

宁波青年会还置身甬城消防事业。青年会服务团火警救护队成立于1923年11月，初时有队员18人，每遇地方有火警发生时，均奔往灾场驰救。由于表现出色，颇为社会人士赞许，一年后即加入救火联合会。至1925年5月又扩充队员人数至50人。到同年8月，共计火警出发次数49次，急救伤人26人。1927年冬又添加新式灭火机一只。该队被认为“对全城救火事业诚有莫大裨助也”，成为民间消防的一支重要力量。[②]

5. 农村服务事业

青年会工作原来一直以城市为中心，20世纪20年代末以后，宁波青年会积极提倡乡村服务事业。“应时代之要求，欲拯国势于万一，欲救重危之乡村，故有下乡运动之举。”“其步序首由教育入手，使人尽其才；次之乡村建设，使地尽其利；再之社会组织，使民能自治。”[③]

1929年，青年会在与鄞县高桥基督教恤孤院毗邻的郭家庵设立农村服务处，作为为农民服务的事业机构。该处设有专职干事，主持工作，内设游艺室、阅览室、医疗室、儿童游戏场、浴室等，随后又发起成立鄞县第一个农民合作社。该社由青年会担保向宁波中国银行贷款购买肥料，向农民供应。不久，青年会又将合作事业向邻近的集士港、童家横等地推广。两年内，先后组织成立20多个农民合作社。青年会后来还在樟村以及镇海之河头等地成立农村服务处。他们为当地农民开展济贫、识字、提倡卫生、改良习俗等一系列活动，还组织农民观光队到宁波、上海等地观光，受到农民的欢迎。通过数年努力，当地农民开始改变旧的观念，精神面貌与文化状况有了较大改变，经济与社会生活也有显著进步。

1932年夏，宁波青年会鉴于青年失业者众多而社会又缺乏专门技能者，故积

---

① 《宁波青年会1924年度报告》。

② 《宁波青年会十五周年纪念刊·历年大事记》。

③ 《宁波青年会十五周年纪念刊·供献宁波青年会乡村服务计划草案》。

极提倡技能教育，并创办短期养蜂传习所，还计划于1933年添办数种专门讲习所，以期普造专材，为建设之用。①

6. 抗日运动

“九一八”后，宁波青年会积极从事抗日宣传，提倡国货，援助前线将士，救济战区灾民，表演警世戏剧，颇得社会各界赞许。针对一般民众国家观念淡薄的现象，当时宁波青年会白天“将无线电所得消息张贴壁上，晚间，敦请专员演讲满藏问题，日本帝国主义传统政策，中国外交史，中国民族史，世界新闻，国际趋势等问题”②。1932年上海一·二八事变后，青年服务团走出城市，赴乡村进行化装演讲。同时该会义务员踊跃为前线将士劝募输捐运粮。一年间，宁波青年会解付前方将士的物品计“盐光饼200余万枚，席3捆，草鞋500双，炒米10袋，白米1石，年糕13袋，碗5箩，筷3袋，军用眼镜40副，广东饼2箱，棉袄60条，雨衣10件，铁床1只，大洋890.8元”③。

7. 提倡正当娱乐

宁波青年会重视青年人业余时间娱乐问题。为抵制不正当娱乐方式，青年会提倡并开展一系列文体活动。该会设有乒乓、棋类、弹球等专供成人与儿童作公余之娱乐。1926年4月新会所落成后，更添置了大批文体设施。为倡导正当娱乐，该会还不时邀请国内外艺术团体来甬献艺，如1926年7月19日，由东南欧各国艺人组成的世界跳舞团来甬表演。特别是借助于当时方兴未艾的大众娱乐方式——电影，青年会经常举办电影放映活动。如1926年5月13日，青年会举办第一次电影大会，为期3天。首日放映著名中国电影《小公子》，门券“小洋四角”，观者300余人，深受甬城各界欢迎。④为丰富甬城百姓业余生活，提倡正当娱乐，青年会还在元旦、春节等重大节庆日举办游艺活动。如1926年农历正月，青年会服务团在初二至初四3个晚上，连续在该会会所举办同乐游艺会。节目有国乐、国技、火棍、跳舞、京调、双簧等多种新剧。其中初二晚上为《十五年之

① 《宁波青年会十五周年纪念刊·本年拟办之新事业计划》。

② 《宁波青年会十五周纪年念刊·历年大事记》。

③ 《宁波青年会十五周纪年念刊·历年大事记》。

④ 《青年会昨晚电影节》，《时事公报》1926年7月15日。

后》，初三晚上为《我到那里去》，初四晚上为《沙场血泪》，均由该团化妆演讲班表演。"又闻初五晚上，城内竹林学校拟假座青年会举行筹款游艺会，新剧为《红玫瑰》，系女子表演。"[①]

此外，青年会还有周年、国庆、国耻（如五九）纪念会，以唤起民众之国家意识，扩大其社会影响。如1920年10月9日下午2时，该会开预祝国庆纪念会。"到者约有百余人，兹将开会秩序录下：①振铃开会。②宣布开会宗旨（胡詠骐君）。③唱赞美诗（全体）。④游艺（崇德幼稚园）。⑤董贞柯君演说：'青年会有此国庆纪念之庆祝，实属吾人之大快，今将国庆之事略与诸君言之……欧美各国均以国庆为最注重，以国为民庇故也，吾人之庆祝亦以此耳。'⑥国乐（斐迪学生）。⑦魔术（施秉瑜君）。⑧风琴独奏（邬女士）。⑨篮球比赛（崇信中学）。⑩三呼万岁。⑪散会已四时矣。"[②] 据报道，该会还于当天晚上6时召集全体会员举行提灯游行。"随同出发者有体生医院全体医员，又有粹成阳伞厂工人亦同时助兴。闻其出发路程由江北傅家桥下起，到火车站转洋关前及英领事署，外马路，过新江桥，进东门至鼓楼前，弯紫薇街，出药行街，灵桥门，到江东后塘街，弯杨柳街头，穿百丈街乃过老浮桥，海宫前，半边街，到糖行街始行散会。一时道旁观者莫不欢欣鼓舞，颂民国万岁云。"[③] 据统计，1924年宁波青年会"开周年纪念会，国庆纪念会等共计3次，到者1200余人"[④]。

自1921年起，宁波青年会还有父子大会的发起，于每年冬季举行。第四届父子大会于1924年11月19—23日举行，"第一日为离家学生修家书，由本会特备'孝思维则'信笺，共发出780封。第二日，第三日为在各中学演讲，题目有《慈孝》，《父亲对于儿童应负的责任》。第四日为儿童游艺会，父子会餐会，父子同乐会及父亲讨论会，讨论儿童生活问题。统计集会八次，到者1200余人，颇引起社会对家庭间的新伦理观念"[⑤]。

---

① 《地方通信·宁波》，《申报》1926年2月18日。

② 《青年会国庆纪念集志》，《时事公报》1920年10月10日。

③ 《青年会国庆纪念集志》，《时事公报》1920年10月9日。

④ 《宁波青年会1924年度报告》。

⑤ 《宁波青年会1924年度报告》。

（五）与地方团体之协作事业

1. 平民教育运动

20 世纪 20 年代初，宁波一地平民教育运动兴盛一时，青年会实有创始之功。早在 1923 年 8 月间，青年会即联络四明初级中学、群学社，拟设立平民学校 3 处。为广泛宣传，同月 17 日下午 1 时，“该三团体 300 余人，排队游行，由北门外初级中学出发，入城，出东门，过新浮桥，至江北岸。沿途演说，各人手执小旗，上书：‘快来读书’，不取学费等字样，五时许行至咸仓门，趁渡归校”[①]。

1924 年 2 月，宁波青年会与鄞县教育会发起组织平民教育促进会。为唤起平民与各界人士之注意，曾举行两天提灯游行大会。全年“倡办平校 30 处，俾成年失学者有所向学，计学生千 700 余人”。“继与群学社与基督教学生会等合办平校数处，是后由本会单独举办，求学者亦甚踊跃。”1925 年 8 月 9 日宁波《时事公报》报道说：“本埠青年会所办高级平民学校由朱旭昌、张莼馥[②]、史良臣三君出资，由该会干事谢介眉君亲自教授，学生约四十余人，其中成绩较佳者均能写信读报，肄业已四月，定今日举行毕业礼。”

1926 年 5 月，宁波青年会鉴于“平民生计日促，生活艰难，特组设平民职业学校”。分商、工两科，晚间在平民学校读书，先以 3 个月为试办期。“商科生专行贩卖糖果及卫生药品，苍蝇拍，竹扇等。货物成本由青年会代垫，器具亦由该会置办，而所得赢利归本人所有。工科生专行制造蝇拍及竹扇。饭食由青年会供给，3 个月后再议工资。”[③]

2. 卫生运动

宁波青年会高度重视卫生事业，这也许与当时宁波公共卫生状况相当不尽人意有关。早在 1920 年起，青年会即每年举办卫生运动一次，“时间凡三四日

---

① 《地方通信·宁波》，《申报》1923 年 9 月 20 日。

② 张莼馥（1885—1943），时任宁波总商会会董，后曾任宁波四明银行行长。其子张蔚观（1906—1992）1930 年前后任宁波市（鄞县）财政局局长。其长孙张忠谋（1931—）现为国际上著名的 IT 企业——台湾集成电路制造公司董事长，被称为全球最会赚钱的华人。张忠谋:《张忠谋自传（1931—1964）》，生活·读书·新知三联书店 2001 年版;《东南商报》2005 年 3 月 12 日。

③ 《青年会将办平民职业学校》，《时事公报》1926 年 5 月 14 日。

或一星期不等”。每次有图表及模型展览、演讲、影片（或提灯游行）等活动，有免费种痘、打针及检验体格等事项。“参观与参加人数动辄盈万，盖难以指数也。”[①]1922年初，青年会第一次修养会上规定其卫生事业范围为：①卫生演讲会。②施种牛痘。③保婴大会。④放演卫生影片。⑤分送卫生图书。⑥布置浴室。⑦卫生提灯会。⑧组织捕蝇队。⑨个人卫生。⑩联络中华全国卫生会。[②]1923年，青年会又与甬上各团体发起组织城市卫生促进会，并积极开展有关活动。“如发起时疫医院，施种牛痘，坑厕编号，添置垃圾桶，调查全城卫生状况，请求官厅取缔坑厕等事，均为地方人士所赞许。”[③]

青年会卫生运动一般选择在初夏病菌较易繁殖传播之际举行。如1926年5月下旬，青年会鉴于天气渐热，虫菌丛生，决定在6月份举行卫生运动，为此函告各界开筹备会，得到各界人士热烈响应。经过一段时间的筹备，卫生运动于6月初开始。本次卫生运动以展览为主，还把展览会开到镇海。据宁波《时事公报》载，1926年6月22日，宁波青年会与镇海教育会联合在镇海邑庙举行卫生展览会。“场中遍悬卫生挂图，保护婴孩图及人体模型，任人参观，并随时在旁说明。上午招待学校团体，下午招待平民并由王洁身君（青年会干事）演讲卫生大纲。夜间演放影片，共5本（集）。首4本演疟疾之由来，后1本演放霍乱的来源。参观来宾因天雨略形减少，共计四五百人，由各校教员招待。县立一校童子军维持秩序，故秩序井然。”[④]

除每年一届的卫生运动外，宁波青年会还不时举办卫生演讲和卫生展览活动，如1922年3月初，青年会邀请上海中国卫生会筹备会总干事胡宣明博士来甬演讲卫生事宜。1926年8月下旬，青年会鉴于“近日时疫日盛，其原因实为不注意卫生所至，故现特组织卫生演讲队，分城内城外两组……时间从本月29日号起每晚七时至九时，举行一星期，专讲霍乱之预防”[⑤]。

---

① 《宁波青年会十五周年纪念刊·历年大事记》。

② 《青年会干事修养会纪事》，《时事公报》1922年1月17日。

③ 《宁波青年会1924年度报告》。

④ 《镇城卫生展览会纪》，《时事公报》1926年6月23日。

⑤ 《地方通信·宁波》，《申报》1926年8月25日。

3. 慈善赈济活动

作为社会公益团体，宁波青年会更是把慈善赈济事业作为本职工作而积极进行。早在1920年，北方奉、直、晋、豫、鲁5省旱灾为患，哀鸿遍野，同时邻近宁波之台属各地水灾也相当严重，各种乞赈函电交驰而至。为此青年会与本埠各团体合作，发起成立中西协赈会，进行募捐赈灾活动，共筹得捐款1.7万多元，汇至灾区散放。[①] 此后，凡是赈济诸事，青年会几乎无役不从，尤其是积极参与华洋义赈会事务，由此赢得上海华洋义赈会总部与宁波旅沪同乡会的信任。如1921年宁波大水，旅沪同乡会即委托宁波青年会进行灾况调查。[②]1924年江浙战争期间，青年会积极参与战争救助活动，组织多个收容所，安置难民。平时，青年会设有恤孤会，于每年12月份向各界征集赈款、衣服、书籍、玩具、食品等分发给各孤儿院孤儿。[③]

4. 拒毒运动

1924年10月“中华民国拒毒会”在上海成立后，宁波青年会即联合本埠各团体组织拒毒会宁波分会，并多次进行拒毒游行宣传。如1925年3月28日下午，宁波青年会联合四明中学、慕义女校、崇德女校、浸会高小等团体约500余人进行“拒毒游行”。“队前有大旗一面，上书‘扫除鸦片’四大字，在火车站出发，出外滩过新江桥进东门，由东门直至鼓楼前，转过府前，直至盐仓门散队。沿途分发传单，各人均手持小旗，上书‘劝同胞切勿再吸’，‘鸦片是害人的东西’，‘万众一心’等字样，沿途并有青年会叶云峰，谢凤鸣以及其他各代表分头演讲，听者莫不动容。”[④]

二、宁波青年会成功的原因分析

20世纪20年代，波及全国的非基督教运动如火如荼地开展起来。面对挑战，中国基督教加快本色化的进程，积极予以回应。在此背景下，宁波青年会之所以

① 《宁波青年会十五周年纪念・历年大事记》。

② 《宁波青年会十五周年纪念・历年大事记》。

③ 《地方通信・宁波》,《申报》1924年12月19日。

④ 《拒毒会昨日游行》,《时事公报》1925年3月29日。

能迅速在宁波立足并对宁波社会产生广泛的影响，其中下列因素尤为重要。

其一，较好地适应与满足民国前期宁波社会的需要。正如时人所言："宁波青年会在其会务发展的进程之中，确认它是能够适应宁波社会的需要。"[①]"它能适应环境，参照现状，随时代之变迁，地方之习俗，而因革之。"[②]清末民初以来，宁波商业发达，外来文化影响深入，以新式商人与知识分子为代表的社会力量开始登上社会活动舞台。特别是五四运动极大地震撼了宁波社会，要求改变现状、改良社会的呼声日趋强烈。宁波青年会以服务社会、改造社会的主张顺应了这种愿望与潮流。而以德、智、体、群四育为中心展开的宁波青年会社会活动范围与工作重心又能与时俱进，随时代与社会发展而加以调整，由此得到宁波社会各界的广泛认同与欢迎。正是在宁波社会的认同与支持下，诞生于五四前夕的宁波青年会得以迅速在宁波立足并发展壮大起来。

宁波社会对青年会的支持程度可从历届会员征募与青年会新会所募款活动中得到佐证。为发展团体势力，宁波青年会从成立起每年都举办征募新会员活动，而在宁波各界人士大力支持下，几乎每次都大获成功。如1921年4月，青年会进行第三届征求会员活动，各界人士积极参与。旅沪著名人士如谢蘅窗、方椒伯担任沪宁队长正副队长，后任宁波总商会会长的俞佐庭及朱旭昌、张天锡、魏伯桢、余东泉、陈企白等甬上著名人士也都担任各征求队队长。结果到16日征募成绩第一次揭晓时，"总计征求182人，分数908分"，其中上海沪宁队"成绩异常优美，不数日，已得3000余分"。谢蘅窗还致函宁波青年会，盛赞其"办事多才，声誉卓著，故此次登高一呼，众山皆应"。可见，成立才3年的宁波青年会社会影响力已不可小觑。对此，宁波《时事公报》报道说："该会征求仅及一星期，其成绩已能若此，足见甬上人士倾向该会之一斑。"[③]而1926年4月落成的宁波青年会新会所更是地方社会支持青年会的明证。该会所建筑之费耗资10万金，除由青年会北美协会所转赠数千美金外，余皆取之于甬沪两地宁波人。其中袁履登、陈蓉馆、孙

① 耿建中：《宁波青年会十五周年纪念刊·发刊词三》。

② 吕昌晶：《宁波青年会十五周年纪念刊·贡献宁波青年会乡村服务计划草案》。

③ 《青年会征求会员纪》，《时事公报》1921年4月18日。

梅堂、方椒伯、楼恂如则被称为“建筑新会所之五大柱石”。他们出钱出力，慷慨相助。从寻觅会址，会勘地基到调解纠纷，签订合同，无不亲力亲为，以至宁波青年会表示：“诸君关怀桑梓社会教育之热忱令人敬佩”，“将来大厦告成诸君伟功端不可忘。”[①] 同时宁波青年会成立以来，会务活动频繁，所需经费不菲，而会中又没有基本金之设，“但各界慷慨输将，历年极见踊跃”[②]。正是社会各界的慷慨捐助，不但保证了宁波青年会历年开展会务活动的需要，而且有时还略有积余。

其二，充分依靠与调动依靠青年人的积极性。青年会认为“青年人是社会中坚，是社会改造运动的急先锋，所以，先要抓住青年，才能推动社会”[③]。基于这一认识，宁波青年会紧紧依靠青年，特别是以青年学生与教师为主体的青年知识分子队伍，开展各项社会活动，从而使其影响遍及社会各个领域与层面。清末民初以来，受教育救国、科学救国思潮影响，宁波一地兴起办学热潮。到 20 世纪 20 年代初，一支以受过新式教育的教师和数千名以中等学校学生为主体的青年知识分子队伍已经形成。宁波青年会充分认识到这支队伍所具有的活动能量而设法将其罗致至自己的周围，这支青年知识分子队伍从而成为青年会各项活动得以开展的主要依靠力量。如在新会所落成之第二天即 1926 年 4 月 4 日，青年会即开会“专招待本埠学生界，到有各中学校男女学生共 700 人”[④]。其对青年学生群体的重视于此可见一斑。宁波青年会开展社会活动的主要载体——服务团以及后来成立的四育养成团（后改名少年养成团）的成员多为“在学之少年”。青年会还注意发动其他学界青年之力量，如 1926 年 7 月，宁波青年会组织暑期回甬学生，发起通俗演讲会——利用青年会新会所，“贯输以通俗常识，其成效必着”[⑤]。

其三，活动方式多样，手段灵活，使宁波青年会得以深入宁波社会。如上所述，宁波青年会在事业范围与工作重点上能根据社会需要而随时加以调整，在实施方法与手段上更是灵活多样，因而取得巨大成功。如青年会为扩大社会影响，

---

① 《宁波青年会 1924 年度报告》。
② 胡詠骐：《宁波青年会十五周年纪念刊·发刊词二》。
③ 胡詠骐：《宁波青年会十五周纪念刊·发刊词二》。
④ 胡詠骐：《宁波青年会十五周纪念刊·发刊词二》。
⑤ 《青年会发起通俗演讲会》，《时事公报》1926 年 7 月 16 日。

吸引民众的注意力，充分利用当时流行的大众宣传方式如电影、演讲、游艺、游行。特别是演讲，宁波青年会不仅高度重视，专门成立演讲队，经常组织各种演讲，而且注意运用名人社会效应，邀请国内外著名人士来甬演讲，并借此进行广泛的宣传，从而取得良好的效应。在宁波青年会的邀请下，青年会全国协会首位华人总干事王正廷（王氏还担任宁波青年会名誉董事长），现任总干事余日章，著名教育家晏阳初，陈鹤琴以及世界青年会协会总干事都先后来甬演讲。当时青年会组织的演讲活动给甬城人民留下深刻印象，即使在非基督教运动背景下对青年会看法有些偏激的人士也不得不承认“青年会自在宁波设立以来，第一个出风头的就是演讲，差不多一星期里头，总要举行一次，在青年会里头算是招徕生意的军乐队。在我们宁波人却总不能不感激他，因为无论演讲的人程度怎样，听的人多多少少总可以得到一些见识。所以青年会欢迎演讲的人，我们宁波人也很欢迎青年会的演讲，而况青年会物色人才的眼光，拉角儿的手段可是极好”[①]。从生物之意义及生命之起源到法国华工情形，从社会心理到世界教育潮流，青年会的演讲主题十分广泛，又能迎合社会大众的需要。显然青年会的演讲无疑成为当时宁波人了解科学，了解外面世界的一个窗口。在青年会所办演讲活动影响下，当时宁波人对演讲的作用也有相当的认同。1922 年 10 月 25 日，署名半符者在《时事公报》发表的《教授和演讲》的时评中，对演讲在民众教育中的作用予以高度评价。他认为在国家与社会无力兴办大批学校的情况下，演讲是使大批无力进学校的穷人接受教育的最好形式，“所以演讲比教授来得重要”。在对外宣传动员工作中，青年会还注意运用图片、幻灯以及实物，以求得最佳效果。正是由于宁波青年会在宣传动员工作时十分注意方法与手段创新，从而往往能达到“极为动容”的效果。同时，青年会在对外宣传中还注重联络新闻界，如 1926 年 4 月，新会所落成，青年会专门宴请甬上新闻界以联络感情。[②]宁波青年会社会活动不仅内容十分丰富，经常深入到宁波社会生活的各个方面，而且涉及的社会阶层相当广泛，甚

---

① 一蝶:《告青年会和青年会里的中国会员》(一),《时事公报》1922 年 9 月 18 日。

② 《青年会今年宴请新闻界》,《时事公报》1926 年 4 月 10 日;《新闻记者在青年会叙餐记》,《时事公报》1926 年 4 月 16 日。

至惠及狱囚。据《申报》报道，1924年12月圣诞节前一日，宁波青年会人员携带食品、书籍、药品赴鄞县监狱，分发给各犯人。"同时并有唱歌，演讲等秩序，使犯人也得一时之快乐，是日参加者又有四明中校等数团体。"[①]

宁波青年会还积极扶持学校青年会（青年会分城市青年会、学校青年会两类）的发展，设立校会事工股，"协助各校青年会会务之进行"。到1922年2月定海中学青年会成立时，宁波城区斐迪、浸会、崇信、圣模等校均已设立青年会。在宁波青年会支持下，各校青年会积极开展会务工作。如浸会中学青年会会务"素称完善，除在北郊之外设有小学一所，校中又不时集论道会，研经班，余如童子养成团及服务部之卫生队，扶弱队，皆已成效卓著。近来布道部复鉴于狱中囚犯之沉沦黑籍，虽法律上之制裁不可挽救，而人品之改革尚可追求，爰有监狱布道之创举，准每星期日下午出发"[②]。

综上所述，在20世纪二三十年代，宁波青年会的本色化努力是卓有成效的。不仅经受了非基运动的考验，而且还获得一定程度的发展。二三十年代西方教会在宁波的影响继续扩大，这与宁波青年会的成功是密不可分的。据统计，1924年定海居民中，信仰基督教、天主教者2948人，信佛者仅249人。[③]30年代初鄞县城厢居民中，信基督教、天主教者合计达2123人，占信教总数3541人（含佛、道、回教等）60%。[④]同时，宁波青年会的活动对民国时期宁波社会也有着重要的顺应与促进作用，至少在宁波青年会的影响与推动下，当时大批青年关注社会问题，投身社会实践，一批关注现实、致力于社会改造的新型社会团体也应运而生，一些原来从不被注意的社会问题开始受到社会关注，但是作为一个社会团体，青年会也不可能彻底解决这些问题。20年代的宁波社会充满生机与活力，这其中显然有青年会"穷干苦干"的筚路蓝缕之功。

---

① 《地方通信·宁波》，《申报》1924年12月28日。

② 《监狱布道之先声》，《时事公报》1920年10月25日。

③ 陈训正、马瀛等纂：《定海县志》，第2册，第429—431页。

④ 张传保、陈训正、马瀛等纂：民国《鄞县通志·政教志》，第1360—1363页。

第四章

海洋灾害及其应对

众所周知，海洋在给人类带来巨大利益的同时，也往往造成很大的灾难，所谓“水能载舟，也能覆舟”，自古已然，民国时期也不例外。民国时期浙江海洋灾害就其来源来说，大体可以分为自然灾害与社会灾害两类。与历史上其他时期相比，民国时期浙江各种海洋灾害为祸仍烈，但在应对海洋灾害与善后方面，总体来说，无论政府或民间都更为积极与主动，也更有成效，其中地方社会的作为尤其可圈可点。

第一节　自然灾害

一、米荒及其他灾害救济

（一）米荒及其救济

由于海水的长期侵蚀，包括海岛在内的浙江沿海地区多数土地不适于水稻的耕种，而沿海又往往是人口密集之区，加之沿海有限的土地由于受比价效应的影响，又多被经济作物占据。在此情况下，每当青黄不接之际或渔汛时期，所谓米荒，即由粮食供应短缺引发的民食问题往往成为沿海地区一个严重的社会问题。

其间贫民粒食维艰，所谓贫民聚众吃大户的新闻不时见诸报端，更有人铤而走险，沦为盗匪。如 1920 年 7 月初，“镇海灵岩乡明塘岙地方人烟稠密，居民多务商业，业农者仅十之一二。近因米价飞涨，一般贫民度日维艰。日前有饥民三四十人结队至该乡绅士王立德家噪闹求食，后经王君出白米四石，每人给以三升各散回。刻闻王君拟在该处设立平粜局（即设在王氏宗祠内），已到甬办米十余石，定本月10日实行开办云”[①]。又1922年4月29日《时事公报》报道说：“镇海灵岩乡因去年风水为灾，秋收减色，现值青黄不接之际，一般贫民几乎持钱无处籴粮米。昨闻该贫民等于十五号聚集二三百人，至横河地方李氏敬德堂（该乡最殷富者）相率吃荒（俗呼为吃大户），旋经每名给发铜元几枚而散。次日（十六）该贫民等愈聚愈众，计有三四百人之多。又至杨家桥村永昌米行王宗裕家，哀求赈济。王君亦照李氏办法，每人各给铜元若干始行散去。负维持民食之责者，未悉有何术以善其后也。”[②]

为此对于沿海米荒问题，当时政府与社会各界都高度重视，特别是地方社会积极行动起来，谋求这一问题的妥善解决。如1929年青黄不接之际，由于上年水旱为灾，台州一地民食维艰，临海县政府为维持民食，曾多方设法。《申报》先后报道说：

县府会议振济

临邑县政府接到省方振款6000元，特函请地方民众团体，于前日下午一时，在本政府开会讨论，议决改办食米，分发各灾区平粜，以前项数目亏尽为度。[③]

赈务会平粜食米

临海去岁旱水重灾，奉到省赈务会颁发振洋18000元。经本邑赈务会议决，除分发工赈外，先将是项振款改购食米千包，分发各区平粜。兹悉本城得米180包，由本邑赈务会设局于本城天宁寺，于本月八十两日平粜，每龙洋1角籴米1升，并请各团体推派代表，莅场监视。[④]

---

① 《一片筹办平粜声》，《时事公报》1920年7月8日。

② 《贫民聚众吃大户》，《时事公报》1922年4月29日。

③ 《申报》1929年1月19日。

④ 《申报》1929年6月13日。

道仓开始平粜

临海道仓管理员余藻，以上市米价飞涨，特呈准本邑县政府，将该仓积谷砻米平粜，以济贫民。兹经该仓平粜委员会议决，每龙一角粜米一升一合，业于今（十二日）开始平粜。[①]

食粮缺乏集款救济

临邑自本月十四日风水为灾后，城区食米缺乏，大有断炊之虞，人心惶惶。本邑县政府特函请县党部执监委员会·农工商妇各协会·及县公款公产委员会赈务会等代表十余人，于昨（十八日）下午六时，在县政府讨。结果由道社两仓暂借银洋4000元、米商凑集2000元，派员赴宁波粜米500包，藉救临时之急。[②]

组织维持粮食委会

临海本年风水蝗虫奇灾，民食缺乏，本邑各法团于昨日（二十）下午七时，假县政府组织临海维持粮食委员会，借此维持民食；一面并电省派员查勘，并火速拨发急振。[③]

其间，以绅商为代表的地方社会以及境外各慈善团体等为救济沿海地区米荒而出钱出力，奔走呼号。如慈溪旅日华侨吴锦堂清末以来多次捐资为家乡采运粮食，1916年春，又出资英洋5000元，委托乡人采米散放。为此地方当局要求海关予以放行。[④]

对于浙江沿海各地米荒，当时华洋义振会等境外慈善团体也予以很大关注，并在各地设立分支组织，经常开展救济工作。如1926年10月29日《申报》以“定期放振”为题报道了该会组织赈济的情况：“临海城乡各处被灾极贫户口业经华洋

---

① 《申报》1929年6月15日。

② 《申报》1929年8月23日。

③ 《申报》1929年8月25日。

④ 《慈溪采运赈米》，《申报》1916年4月12日。

义振支会会员分区调查，按户发给振票，业已完竣。除东南西北各乡定于旧历九月二十二日分别设局散放外，所有城区各堡定于十月二十七日（即旧历九月二十一日）散放，附近之李曰桥、犁卫、龙潭、岙口上、大林、石头洋、高洋、下岙坑、尾巴、小坑、盐运司、下普各处，均定于旧历九月二十二日散放。地点均设县城隍庙。本邑县公署于今（二十五日）张贴布告。仰各灾户届期务须亲自持票赴领。”[①]

1929年，温州、台州两地迭遭风虫水旱，致使次年两地发生春荒，“各县纷请救济”。其中温州乐清、永嘉、瑞安三县先后致电浙江省赈务会“告急”。函录于下：

呈为呈请加拨巨款，施放春振，以惠灾黎而宏救济事。查职县先后奉拨急振冬振各款，业已查放完毕，惟乐邑灾情深重，灾民过多，须待早禾成熟，始有生计。现届春令，青黄不接，春振实为目前急要之举。惟仰恳钧会，本救人救彻之旨，迅赐加拨巨款，施放春振，以惠灾黎。为此具文呈请，敬祈钧会鉴察施行，实为公便。乐清县政府谨呈。

呈为呈请事，窃温属此次灾重，为数百年来所未有。永嘉一邑又为各县灾民集中之区，千万哀鸿，嗷嗷遍地，穷乡僻壤，罗掘俱穷，鬻女卖男，到处皆是。属会目击心伤，设会救济。无如灾区广大，灾民众多，勉筹冬振，财力已穷。现正赶办春振，需款之巨，均尚无着。统计温属赈款，额数不有数十万元之谱，不足以苏涸澈，而资接济。事关赈务，理合详叙迫切情形，备文呈请钧会鉴核，准予拨给巨款，俾便领放，以惠灾黎。实为公感。永嘉慈善团体协赈会谨呈。

呈为春荒奇重，民不聊生，恳乞迅拨巨款，藉资办理春振事。窃瑞安去秋灾患频仍，全境蒙害，颗粒无收，罗掘又罄，灾民悬梁投河，典妻鬻子，沿门乞食，甚至铤而走险，涂脸持械，劫掠商旅，乘机煽动，压迫良善者，不可言状。虽蒙钧会拨款接济，奈灾区辽阔，嗷鸿遍野，事届春令，待哺甚急，钧会轸念疮痍，恳行迅拨巨款，使吾瑞数十万垂毙之灾黎，得庆更生，

① 《申报》1926年10月29日。

不至同归于尽，不胜迫切待命之至。瑞安急赈会谨呈。[1]

闻悉之后，华洋义振会、中国济生会、浙江旅沪救灾会等纷纷行动起来，其中华洋义振会特筹洋万元分振温台两属，济生会派员举办春赈，浙江旅沪救灾会“拟先发行善果券，以资振济”[2]。

此外，各地旅外同乡团体也对家乡的粮食问题高度重视，特别是旅沪宁波、温州、台州、绍兴同乡会等同乡团体经常为家乡民食问题奔走呼号，进而捐资购米救济。如台州一地号称沿海产米之区，由于粮食常遭大量采购，致使青黄不接时，食米也常感缺乏，粮价飞涨，升斗小民苦不堪言，为此引起旅外台籍人士的不安，1934 年 12 月台州旅杭同乡会呈请省民政厅，要求吊销各地赴台采米护照，以维民食。[3]而其时在上海人多势众、实力雄厚的宁波旅沪同乡会更是经常出钱出力，为解决家乡民食问题竭尽心力。

（二）渔民救济

渔业是一个受自然条件限制很大的行业，所谓靠天吃饭，一部分渔民受天灾人祸的影响更是经常陷入困境，甚至难以为继。为此救济困难渔民往往成为当时各渔业公所以及后来的渔会与其他渔民团体的重要职能之一。如抚恤、救济遇风潮不测落水或遇盗殒命之渔户；劝教禁止渔民上岸赌博、嫖宿；投保处理不法之徒诱嫖、诱赌博和讹诈勒索；调解渔船间、渔民间或渔东，船主与渔民间的纠纷；组织民团巡洋护渔等。公所根据水产出售和收购量，按比例向渔船和鲜客收取办公费用。其中鄞东渔民永安恤嫠会，系大公、渔源等乡渔民于光绪初年组织。曾筹集经费，购置田屋于鄞定两县，以作永久基金。每年发给恤嫠金四次。1948 年 5 月为当年第一次发给恤嫠金，数约一亿数千万元。“定 5 月 14 日（即农历四月初六日）在陶公山忻家老祠堂办理发放事宜。届时凡受恤贫苦之渔民，须凭折领

[1]《慈善团体惠济温台两属》，《四明日报》1930 年 2 月 19 日。

[2]《慈善团体惠济温台两属》，《四明日报》1930 年 2 月 19 日。

[3]《台州旅杭同乡会议决呈请省民厅吊销采米护照》，《宁波民国日报》1934 年 12 月 24 日。

款，受恤人180余名，每名约有60万元。”[①]

其间，浙东各地各种渔民救济团体多有设立，如1924年初，定海沥港鹂山渔民柱首金如生等发起设立兴安公所，聘请甬绅毛安甫为司事，经费则在各渔船抽捐盐厘，到次年9月，“共抽得约8000余元，除开支外，余款以作弥除渔民困难费用”，使困难者得有救济。[②]

当然，其间也有当局进行救济的工作，如1947年5月间，鉴于渔汛不佳，渔民“不但不能继续捕鱼，且渔民生活也发生严重问题。浙江渔业局石浦站主任穆国玑特要求浙江省银行石浦办事处主任裘时晋发放紧急贷款。闻总数约在3亿元左右，贷放获量最劣之一千对渔船，每对渔船所得贷款，可购食米一石五斗云”[③]。

（三）海塘塌陷与修复

由于海潮的长年冲击，加之年久失修，民国时期浙江沿海还经常发生海塘塌陷，对当地生命财产造成严重威胁。[④] 北洋时期，由于地方官员变动频繁，加之政府财竭力穷而少有作为，南京国民政府时期政府的作用有所加强，但一些小的工程往往由当地绅商发起修复，一些大的工程，地方政府则居间发挥组织协调作用，财力方面与北洋时期一样仍多借助于民间社会与境内外各种慈善公益团体。

始筑于南宋淳熙年间的镇海后海塘，尽管历史上经过多次的修筑，但进入民国以后还是险情不断，特别是1921年秋，由于台风巨浪冲击，海塘危险万状。为此县知事盛鸿涛邀集绅商成立塘工协会，筹备修复，次年利用上海华洋义赈会余款，至1923年8月，重修石塘1020丈，土塘3400丈，耗银13.88万余元。1931

---

① 《永安恤嫠会定期发放恤金》，《宁波日报》1948年5月10日。

② 《沥港渔民之保障》，《时事公报》1925年9月5日。

③ 《渔民生活发生问题》，《时事公报》1947年5月14日。

④ 如1914年9月4日《申报》以“洪潮为患”为题报道说：“象山县沿海一带地方于本月二十三四等日海潮格外增高，灌入内地，冲坏塘田，损失不资，如东乡爵溪潮及十字街心南乡岳头潮及距离五里之新碶头、西乡横溪潮，及路顶者盈尺，非特田禾被湮，即民房置设器具亦有为之湮坏云。”1915年9月3日该报又以“姚北风灾纪闻”为题报道说：“姚北温海一带自辛亥年突遭水荒，至今元气未复，讵本月二十七号（阴历六月十六日）夜十句钟，北风大起，海潮泼入塘堤，顷刻之间陡高数丈，居民猝不及避，东至观海卫，西至夏盖山，绵亘百余里，淹毙人口不知凡几，庐舍牲畜飘荡无算。该地居民向以木棉为生，今被咸浸灌，收成绝望，现已由该地居民禀县求赈，而哀鸿遍野来日方长，诚可惨矣。”

年，海塘又现险情，特别是万弓塘段塌陷10余处。当年冬，县水灾善后会召集当地士绅，组织塘局开工修塘，历时3年，总计用去银币近6万元。[①]其间，修复工程还得到上海宁波同乡会组织的宁波沿海保塘救灾委员会的支持。[②]1933年10月7日《申报》报道说："宁波沿海保塘救灾委员会昨在甬同乡会召集干事会。到陈良玉、洪雁宾、张申之、孙梅堂、乌崖琴、董杏生、毛和源、刘聘三、陈松源、穆子湘。经共同商议，对于进行募捐手续，均经拟有办法。因镇海塘工局请求先汇垫款，拟商请俞左廷，刘聘三二君先行垫付若干，以应急需。"[③]

此次修复工程于1934年告成，并于同年举行颇为隆重的落成典礼。当年代表省建设厅参加典礼的朱延平会后著有《参加万弓塘落成典礼杂记》一文，介绍了此次修复的情况，文章说："民国二十年的冬天，镇海县成立了一个塘工局，兴修后海万弓塘。原来镇海县的北面城墙，建筑在海塘之上，正对着东洋大海，没有一点屏蔽，每日里有两次潮汐的激荡，破坏力实在是不小，要是没有塘挡着，全县的人民，简直是不能一日安居的。这塘造于何年，没有人知道，考之方志，镇海县城是唐昭宗干宁四年造的；有此城必得先有此塘，那么，此塘最晚是唐朝时造的。唐朝至今，已有千数来年，重修过几次，本人无暇细考。最近民国十四年，曾修过1次，花了138000余元。20年飓风卷着巨浪，拍过塘顶3尺，冲毁多处，盐水毁坏了不少的田亩。若不急图修复，桑田将即变为沧海，全县人民，不但将'民叹其鱼'，且恐长'与波臣为伍'啦。幸亏出来了功成身退热心公益的李耘青、周星北、江在田、范莲舫四位先生，先请县府拨款兴修。可是县里那里有许多钱来办理这种工程，而事实上又不好不办，于是以省方二十年赈济北方未用了的1000元拨给，其余另行自筹。四位先生居然以此为引子，到上海杭州宁波各处募集，先后募集了60000多金，费了3年功夫，于二十三年七月将此工程修完。"[④]

---

① 《镇海县志》编纂委员会:《镇海县志》，中国大百科全书出版社上海分社1994年版，第443页。

② 1933年秋，浙东沿海水灾奇重，为此当年10月初宁波旅沪同乡会决定成立宁波沿海保塘救灾委员会，发起募捐，支持家乡水灾善后工作。《甬同乡会组织宁波沿海保塘救灾会》，《时事公报》1933年10月5日。

③ 《宁波沿海保塘救灾会昨开干事会》，《申报》1933年10月7日。

④ 《参加万弓塘落成典礼杂记》，《浙江建设月刊》1935年第8期。

而更多的是一些由当地绅商主持的小型修复工程，如1920年前后，定海洛鲍乡墩头塘路由该区区董刘寄亭并保董郑兰亭等发起募捐兴修，完工后由金警佐验勘具复并有会稽道尹黄庆澜“按照褒扬条例”，予以嘉奖。[①]

1925年，镇海绅商胡甸生、盛竹书等集资三万余金，雇工数十人，动工兴修原建于清末的三山塘。“闻全塘长八十里有余，建筑计划定塘底阔丈六，塘面阔九丈，高九丈，临水一面塘石筑成山坡形，以防潮流之冲击云。”[②]

原筑于1923年的温州瑞安南门外湫，“鲍川、海安两地所恃以防潮水，保荡业”。后由于“风浪冲激，其东北首石坝之虾须坍坏二丈许”。1936年由戴炳骢发起重修，“是役也，劳工2500人，费金150元，都由募捐而来，鲍川十之八，海安十之二，首尾阅三十日”。竣工后，“不三日而海潮大至，不为害，则斯举之有益于地方讵浅鲜哉”。为此戴炳骢还于1937年8月撰有《重修鲍海湫陡门记》一文。[③]

1930年夏，中国济生会上年拨款，采用以工代振，修浚玉环县双凤溪塘工，至次年6月完工。为此玉环县政府致函感谢，函称：“贵会拨款以工代振，修浚双凤溪水利，迄本年六月底完工，时历一年有余受惠灾民，口碑载道，复幸去年西成丰稔，民气渐苏，昔日之啼饥号寒者，今则差足温饱矣，饮水思源，贵会之功德无量，掬诚志谢云云。”[④]

1932年，旅沪宁波商人张逸云出资修筑家乡镇海浃江20余里江塘，“县政府呈省给予鼓励”。1933年8月21日《上海宁波日报》报道说：“镇海县江塘自第四区道头乡起，迄鄞县梅墟心，沿浃江而筑，长二十余里江塘年久失修，倾圮多处，沿塘农田，时有咸潮圮浸入之虞。去年第四区衙四乡，旅沪巨绅张逸云有见及此，曾慨然解囊，独资建筑，自衙东乡起至石门北乡石桥心段，修筑完备，极基坚固，又无倾斜之虞，修筑费达七千余金，竣工后，县政府曾呈省府给奖以示鼓励。兹悉自石门北石桥起至墓孝陈心一带，长达六里余，地基亦松摇颓圮，兹有该乡绅士王生尧发起筹款抢修，除由张逸云慨助千元外，已筹有的款，不久亦

---

① 《捐修塘工得奖》，《时事公报》1920年8月4日。

② 《三山塘动工兴筑》，《时事公报》1926年5月18日。

③ 吴明哲编：《温州历代碑刻二集》上，上海社会科学院出版社2006年版，第831—832页。

④ 《济生会拨款项修竣双凤溪》，《申报》1931年8月20日。

将继续兴工修筑云。”[①]

1934年3月，镇海第六区下三山乡士绅募款修筑海塘。报道说：“镇海第六区下三山乡三面背山，一面临海，沿海筑有塘堤，以防海潮之侵入，因历年未加相当修理，颓塌不堪。去年秋季，大风为灾，海浪翻天，塘堤摧残，大部倒塌，潮水直入，田禾遭殃，农民之痛苦，实匪浅鲜。今春耕已届，势不能不修理，本乡士绅有鉴及此，现已向田户募款兴工修筑云。”[②]

进入20世纪30年代后，兴修海塘的资金除募捐外，往往较多地采用现代经济办法，即根据谁受益谁出资的原则进行。如1934年秋，鄞东瞻歧乡谢广生等鉴于该乡滨海护塘年久失修，“一旦塌陷，不特农田遭害，即沿海十余乡村生命财产，亦岌岌可危，爰发起重修，加阔堤身，惟以工程浩大，所以在农田上每亩征收四元三角”[③]。

1948年初，慈溪北乡东海乡海塘突然崩塌，“致塘内农田3000余亩，因受盐潮侵入，于春耕蒙受重大损失”。为此该乡泽山头翁家、福生俞家等五姓发起重修，并组织委员会。“议决以塘内之3000余亩，出租9年，每亩花皮20斤，凡附近村民均可申请承租，即将该项收入兴筑海塘。”[④]

1948年3月初，著名的镇海公益组织——三乡公益堂[⑤]代表徐圣禅、董杏生等发起兴筑规模庞大的镇海招宝山至伏龙山海塘工程，为此“附同计划书各呈省建设厅”。不久即由省府转呈水利部核准，“有大批工程人员及机械等运镇开始兴筑”[⑥]。

同时，20世纪30年代起，地方政府在兴筑海塘的作用明显增强，如1933年浙东遭“九一八”台风袭击后，镇海第六区下洋乡水灾善后委员会即开会议决兴筑海塘，“加高加阔”[⑦]。

无独有偶，同时该县第五区区公所也发起兴筑碶塘，报道说：“第五区区公

---

① 《镇绅商热心水利事业》，《上海宁波日报》1933年8月21日。

② 《镇下三山乡乡民募款修筑海塘》，《上海宁波日报》1934年4月5日。

③ 《滨海护塘已修筑工竣》，《宁波民国日报》1934年10月25日。

④ 《慈北东海乡海塘突倾塌》，《宁波日报》1948年3月21日。

⑤ 该团体成立于1945年，由镇海东西管、前绪三乡旅沪绅商发起组织，办事处设镇海团桥，除施衣、施药、施材等传统善举外，对兴修水利尤为注重，如修浚万弓塘、疏浚周林港大河，辟贵驷新闸等。

⑥ 《拓殖沿海海塘》，《宁波日报》1948年3月12日。

⑦ 《镇下洋乡水灾善后会议》，《上海宁波日报》1933年11月16日。

所，前日召开第三次区务会议，出席顾百揆等十三人，主席王化明，决议提案四件：一、奉令建筑公墓亟应推员筹备案，决议，公推卓世长、虞俊衡、俞梅堂、林端琴、王筱泉五人积极筹备之。二、风水灾后被毁碶塘亟待修复，应如何办理案，决议，由各乡镇公所负责劝募经费，捐册由区公所印发，其修理办法另议。”[①]

二、重大灾变及其应对

（一）重大灾变救助

民国时期，台风、洪潮在夏秋季节经常侵袭浙江沿海，给当地人民造成重大的生命财产损失，其中1912年、1913年，20世纪20年代前后以及30年代前后、40年代末灾害尤为严重。为应对此类灾变特别是做好善后工作，沿海人民及相关团体做出了诸多的努力。

对于台风及其引发的严重水灾，当年上海及浙江本地出版的报刊也有大量报道，现辑录若干，以窥其一斑：

温处大水纪详

温州于八月二十九日，疾风暴雨，傍晚雷声隆隆，风雨迄未稍停，至夜则风雨更大，屋瓦皆飞，室内一切对象皆被打湿。次晨七点钟稍露阳光，然水势大增，因是水由山冲下，每点钟可增高二寸许。小南门地形稍低。竟被淹没，城内大街小巷低处皆可行舟。属处州之青田县离温70里，该处水势更大，全城均被淹没，一切人畜什物皆随波逐流而下，流至温州境内。只见浮尸衔接而来，未溺死者手援木柱器具，哀呼求救。当由乐善者大呼舟人，云救活一人偿洋3元，一时救起者200余人。而温属之而溪南溪温溪白泉等处亦俱遭漂没。故至下午，器物人畜又复蔽江而下，呼救之声不绝于耳，然多系死尸，生者无几。据温溪被难人云，彼处时方午餐，忽然大水冲来，霎遭淹没。现地方官厅已预备赈济，难民之被救起者均令暂宿庙中，派人施

---

① 《镇五区公所劝募修筑碶塘》，《上海宁波日报》1933年11月20日。

粥。惟现在上游水势浩大，信息不通有保护人民之责者不知何以善其后也。[1]

宁波极大之风灾

《文汇报》云，昨日（十七日）外间咸谓宁波及附近一带，皆遭飓风，损失极巨。今日接该埠来电，乃知确有其事。电内所述，殊属骇人听闻，据谓溺毙者共有50000人，无家可归者共有10万人之众。此信虽得之宁波，然所指遭殃之地，必宁波温州之中间，此灾是否系飓风所致，抑系因飓风而潮溢所致，今尚未悉，据情度之，大约以后说为是，盖电中曾言无家可归者有10万人之众故也。宁波之电报交通昨日曾经中阻，今日已通行，惟传递仍极迟缓。福州及嘉兴电线因为风力所□，今日颇难通电。西北之电报交通全未受损，南京汉口天津北京等处则均照常通电。[2]

温州水灾之浩大

此次飓风为灾温属受害最大，尤以乐清为最巨。自阴历七月二十二、二十三两日风雨大作，平地水深数丈。统乐清东乡虹桥镇一带均遭浩劫，而虹桥镇惟溪港乡杨村地方更甚百倍。两塘均被溃决，房屋几致远飘，田稻六畜淹没殆尽，人口亦将濒死。虽早禾曾经登场，而或被水飘，或变萌芽，近数日之不能口火者不一而足。并闻瑞安、平阳等处风雨亦大，自阴历七月二十日起至二十五日止，平地水深丈余，田禾庐畜多被冲没，损失尤巨。人家眷属均移住楼阁，以避水灾。若平阳之南港、北万全、小南各处，晚稻淹没，恐无收成之望。灾象已成，所望吾浙当道急办赈济，以救灾民云。[3]

对于台风及其造成的严重灾害，当地人民及相关团体积极行动起来，开展救济与善后工作，努力减少灾害造成的损失。如1920年秋，浙东沿海大水后，温

---

① 《新闻报》1912年9月5日。

② 《申报》1912年9月19日。

③ 《新闻报》1920年9月16日。

州等地都开展赈济活动，当年11月28日《新闻报》报道说："温属赈济各事，前由该属同人举定吕文起为正会长，张益平等为副会长，于温州城内设立筹赈会一所，专办赈济善后各事，并于永嘉县署内设立平粜局，采办沪米平价发粜。又于筹赈会内附设代办公米处一所，为温处各属代办客米，以明年夏间为止。"①

地方政府也积极行动起来，尤其在南京国民政府时期，灾区所在地各级政府积极加以应对，并努力联合地方团体，做好相关善后工作。如1933年9月18日，浙东沿海发生严重的台风灾害，人民生命财产损失惨重，各地纷纷开展救援与善后工作。如镇海第六区沿海各乡公所灾害发生后即召开被灾各乡联席会议，商议善后事宜，鉴于田禾颗粒无收，乡公所要求豁免田赋，并组设水灾善后会办理善后工作。②其间，镇海县"县长曾前往履勘，民政厅特派调查员孙祖燕，亦曾前往查勘，拟以工代赈，以惠灾黎。县政府除电请旅沪邑绅及杭沪华洋赈务会募赈款外，曾将各乡灾情电呈民政厅省赈务会拨款施赈各在案"。不久，浙江省赈务会即拨款1000元，支持下洋乡开展善后工作。③

同时旅外同乡团体与相关慈善公益组织也予以大力支持，如民初浙江台风灾害发生后，上海华洋义赈会、中国红十字会等都曾派专人前往灾区开展赈灾，或在宁波、温州等地设立分支机构，特别是在财力等方面予以很大支持。如1912年9—10月，温州、处州遭台风洪水狂飙席卷，酿成巨灾，淹毙人口达30余万，引起中国红十字会的高度关切。11月初，中国红十字会副会长沈敦和特举陆军第一军军医司长柏栋臣医士为队长，陈士芬医士为副队长，连同看护、配药20余人，组成救疫医队；掩埋队一队，专埋沙掩水冲及暴露之尸骸；放赈队随带棉衣2000套、白米数百担、洋银数千元，"医赈兼施"。鉴于青田受灾至重，"全邑被淹，只余房屋四处"，沈副会长特商请唐锡晋善士组织赈务专家十余人，以"中国红十字会协济青田义赈局"的名义，带旧棉衣万余套，小包面粉20000袋，于11月5日乘"普济船"赴处州，赴灾区调查灾情，办理赈务。"温处水灾，受赈者

① 《筹办赈济之近闻》，《时事公报》1920年11月28日。

② 《镇六区被灾各乡联席会议商善后》，《上海宁波日报》1933年10月8日。

③ 《省赈务会拨款赈济下洋乡》，《上海宁波日报》1933年10月20日。

二万人，疗治伤病者数千人。”

1923年夏秋浙东台风水灾后，总部设在上海的华洋义振会在宁波设立宁绍台华洋义振会，拨出巨款开展救援工作，并多次开会，讨论救济办法。如当年12月31日《申报》报道说：

> 宁绍台华洋义振会于二十八日下午二时假座道尹公署开董事会。到者中西董事十余人，由正会长黄道尹主席。兹将议决案次弟录下：一、上海华洋义振会来函谓此次所拨65000元，均为防灾之用，惟如何用法须得沪会同意方可支拨，此函是否照办案。中董事陈南琴起谓，本会一切议决，须由沪会同意，然后可行，则本会等于虚设，所有事皆失□决权，本席主张否决，附议者过半，通过。二、沪会拨到台属特别振款10000元，又宁绍台温处五府属防灾费65000元，应如何支派案。黄会长谓台属今年灾情重大，应将五府属之款分拨10000元于台属，甘副会长又谓拨1000元，充作青田县火灾费，通过。三、余润泉提议将轮船附收振捐余款之数，为17000余元，此款7500元拨充镇海西塘修筑费，尚余9000余元，酌拨奉化工振费若干，通过。四、绍兴旅沪同乡会来函，请于防灾经费内酌拨曹娥江口石塘修筑费案。议决于防灾费内拨给5000元，以充作修筑之费。五、临海县报被灾情形请拨款振济案。六、温岭县具报被灾情形请拨款振济案。七、黄岩县金清乡公民汪衣正等函陈举办工振不再办急振案。八、黄岩县呈报被灾情形请拨振济案。九、黄岩县修筑闸塘请拨款案。以上五案，均议定会同支会勘估后，再行议拨。十、乐清县呈送灾况图表并请筹拨巨著款案。十一、处州支会代电报告处属各县本年被灾情形并请续拨振款案。议决均由五府属之防灾费项下酌量拨发。议案毕，又由甘副会长向众报告□工程师测量曹娥江工程之情形，谓自江之发源处起至杭州湾止，全埠修筑经费，为1900万，现拟修筑曹娥江口之一段，约需洋40万元，并报告不能测量台属金清之原因，系工程师因病不能前往云云。报告毕散会，时已四点钟矣。[①]

① 《宁绍台华洋义振会董事会记事》，《申报》1923年12月31日。

其间，以宁波、温州旅沪同乡会为代表的旅外同乡团体更是急家乡人民之所急，竭尽所能，努力帮助家乡开展善后工作。如重大灾害发生后，在上海的浙江及宁波、温州、台州、绍兴等同乡团体，不仅设立义赈机构，开展募捐救济工作，而且及时向外发布灾区灾情等信息，并为之奔走呼号，积极寻求各种对外援助与支持，从而成为家乡救灾工作得以开展的强大后盾。如1920年夏秋，温州、宁波、台州等地遭到台风袭击后，旅沪同乡迅速开展救援工作，如温州同乡会召开赈济会议，其通告云："径启者，连日迭接我瓯各处函，称此次水灾浩大，为从来所未有，田园房屋人口牲畜以及禾荳杂粮等均被淹没，秋收绝望，饥民流离失所，沿途行乞，情极凄惨，急应筹赈，以济灾民。兹定九月十七晚八时（即阴历八月初六日）开临时紧急会议，届时务乞惠临，磋议一切，勿迟为盼，此达祇颂时安，温州旅沪同乡会启九月十七日。"[①] 经9月17日会议议决，"由陈干夫、陈子咸等暂捐2000余元雇人，专赴永嘉柟滨地方被灾之处暂行见赈施赈，一面由黄敏之等发起，于各同乡内筹捐巨款，汇交温州各灾区施赈，并由该会电致浙省督军省长，请于民国二年间温处旧存赈济余款计存在省长公署洋2798.726元，又公债票4390元，共计14006.342元，尽先拨发各灾区，以济灾黎，并由该会分函京杭苏粤等处各同乡分筹赈款，一面函促温属各知事迅将详细灾情报告该会，俾便妥筹善后救济方法云"[②]。

台州同乡会也发起设立台属急赈会，募捐筹赈。《申报》报道说："此次台州临黄温四属水灾淹毙数千人，损失几百万，为闻所未闻之惨剧。昨经旅沪台绅朱葆三、章一山、许霞标、徐贤昌、张丹亭、刘山农等发起，假斜桥台州公所开会集议善后办法，到者数百余人。浙省议会派代表罗骚、王位三到沪赴会。当众公议，定名为台属水灾急赈会，公推朱葆三为正会长，章一山、许霞标为副会长，徐贤昌等10人为干事，刘山农等4人为文牍，项琴轩等3人为会计，其总事务所设在四马路慎裕号朱葆三处，分所一设贝勒路二十七号天台山农处，一设斜桥台州公所，尚有十六铺永利永安两轮局亦各设分所。是日旅沪台人到者咸慷慨捐

① 《新闻报》1920年9月19日。

② 《各方面之筹赈声》，《申报》1920年9月20日。

输，集款为数不少，并闻慈善救济会徐干麟拨助洋5000元，以备购米送赴灾区分别救云。”①

而人多势众的宁波旅沪绅商更是不落人后，纷纷慷慨解囊。1920年9月19日，《新闻报》载：“旅沪甬商旅沪甬商钱雨岚、袁履登二君，因鄞县大咸、桃源两乡水灾特于昨晚假座一品香，函邀各同乡共商筹款赈济办法。到者有王儒堂、陈良玉、陆维镛、邬志豪、张云江、孙梅堂、何楳轩、洪贤钫、陈文鉴、项松茂、李志方等40余人。由钱袁及任矜苹等殷勤招待，七时入座。由王儒堂君主说明钱袁二君募款救灾之意。次陈良玉君报告被灾情形，略谓大咸、桃源两乡因塘水决裂，损失财产房屋山产，共计20余万，悲惨之状前所未有云云。次袁履登君演说，略云此次两乡同乡遭灾之惨，损失之巨，既如陈所言，吾人既安居上海，应力为赞助，使被灾失所之同乡不致死于饥馑，词极诚恳，闻者俱为感动。洪贤钫姜炳生两君当各捐洋100元，而唐华九等皆慨认代募捐款项云。”②

（二）1922年宁波大水及其救助

位于东海之滨的浙江依山傍海，加之典型的亚热带气候，使浙江一地季节变化明显，降水量相当集中，特别是夏秋季节，沿海经常遭遇台风的侵袭。进入民国以来，由于水利失修日久，使浙江沿海迭遭水灾，给人民生命财产造成了重大损失。水灾及其应对成为各地必须面对的严重问题。这里试以1922年宁波为例，考察一下水灾造成的灾害及其救助情况。

1922年秋季，水灾波及整个宁波平原，损失之重为百年所罕见，“父老以为百年所未有”③。面对灾情，地方政府与社会各界都纷起救助，其社会动员范围之广，救济力度之大相当罕见，特别是以宁波商人为代表的社会力量迅速行动起来，在水灾救助工作中发挥了至关重要的作用。

---

① 《旅沪台人开会筹赈》，《申报》1920年8月3日。

② 《新闻报》1920年9月19日。

③ 《陶知事陈说筹饥大纲之电讯》，《时事公报》1922年10月13日。

1. 水灾概况

1922年8月初，正当浙东地区一个多月久旱不雨、溪流干涸之际，宁波突遇暴雨袭击。8月6日，“午后一时半，天忽起凡至三时风雨微作，迨五时渐形猛烈，除城内尚可行走，而江桥上实难行人，自五时以后风雨更剧，声如虎啸，城厢各店铺，玻窗横飞，破瓦乱抛，房屋坍塌，不胜计数，电话不通，电灯未开，电线损坏尤多，至十时许江水暴涨，两岸水深数尺”[①]。暴雨使宁波城乡各地损失惨重，正待恢复之际，不料8月12日傍晚飓风又至，“江水大涨，新江桥畔之街道，已成一片汪洋，江桥起伏颠簸，高低之度，相差至三尺许，行人往来绝稀”[②]。“8月30日，飓风又起，8月31日更厉，竟日不息，至下午二三时适值涨潮，又逢东北猛风，加以大雨倾盆，新江桥水深5尺以上，街道里水亦不下二三尺，电灯线亦被风吹断，全部黑暗。新江桥第三股铁链被撞断，幸经夫役竭力施救，系以巨索，然已不能连接，交通断绝。而江北一带之商店，生意毫无，人迹罕见，形同罢市，其被水店铺，有地板浮起着，一般迷信者流，均大呼菩萨保佑，一时凄惨情形，深可浩叹。”[③]至于所属各县也无一幸免，“各乡山洪暴发，田庐人畜，重复飘没，即平原之地，一片汪洋，棉禾亦被浸腐烂，其他堤防溃决，桥路坍损者，更不计其数。现奉化及象山、南田、定海，无不函电纷驰，同来告急，查此次叠遭奇灾，为数十年来所未有”[④]。

此次大水使宁波各地迭遭重创，10月1日半夜起，甬埠又刮飓风，继以大雨，至10月3日早晨始止。据宁波旅沪同乡会宁属筹振会报告，8月6日起，宁属七邑叠遭奇灾，灾情最重者为奉化，次重者为鄞县、象山、慈溪、镇海、定海五县，轻者为南田一县。统计全府工赈、冬赈、春赈约需银2000万元。“其损失数目，冲坏房屋61478间，道路74779丈，堤塘55380丈，桥梁518座，灾民十四万三千六百七下五人，淤没田地253046亩，淹毙人口479人。”[⑤]

---

① 《昨日本埠之风灾》,《时事公报》1922年8月7日。

② 《再接再厉之飓风》,《时事公报》1922年9月10日。

③ 《绵绵而来之飓风》,《时事公报》1922年9月1日。

④ 《公电》,《时事公报》1922年9月10日。

⑤ 《七邑灾况之总报告》,《时事公报》1922年10月4日。

2. 地方政府的救灾举措

水灾发生后，宁波地方当局予以相当关注，并采取了一系列救灾措施，开展救灾工作。

（1）查勘灾区，呈报灾情

8月6日暴雨后，宁属各县知事纷纷前往灾区勘察，或委派属下实地勘察，并将本地灾况电告“上峰”。8月9日，象山知事李沫“冒雨前往四城周勘察民间庐舍农产……刻因交通骤断，设法分派查勘，急图救护，一俟探查得实，应赈应恤，及应请款修复之处，即当连同灾情，分别呈报”[①]。8月14日，该县议会致电杭州省长公署：“以此灾数十年所未有，迅恳派员勘灾，设法赈救，不胜迫切待命之至。”[②] 鄞县知事姜证禅多次前往灾地察看后，又于10月底，“前往同道乡，查勘狗头塘等堰桥冲坍情形，并及其余灾情”[③]。象山知事李沫11月下旬“连日陪同教士赴乡勘丸……惟本月二十四五两日，因大风不克出城，在署休息一天，二十六日，风已平和，即往东溪一带查勘，二十七日，往东乡涂茨、汤岙各处查勘，二十八日，往雅庄、朱溪各处查勘，顺道往白敦查勘轮船码头地址，由洋溪北黄回署，时已日暮矣”[④]。会稽道尹黄涵之对此次水灾更是高度重视。他不仅迅速“派员分赴会勘，并将灾情最重各县所报情形，先后转呈”，并“迭电省宪拨款放赈……本拟晋省面陈困难情形，适鄞县姜知事因公晋省，嘱令面禀详情……恳赐迅拨巨款。俾资赈济，无任迫切待命之至”。[⑤]

在各地多次强烈要求下，浙江省当局也有所表示：“由省长饬财政厅先筹五万元，散放急赈……不敷之数，拟再续50000元，以便被灾各县办理急赈。”[⑥]

（2）组织社会力量救灾

早在水灾发生之初，各地方当局在向“上峰”呈报灾情、呼吁赈济的同时，就

① 《公电》，《时事公报》1922年9月13日。
② 《公电》，《时事公报》1922年8月16日。
③ 《知事查灾之忙碌》，《时事公报》1922年10月31日。
④ 《知事勘灾之勤劳》，《时事公报》1922年12月3日。
⑤ 《道尹为灾黎呼吁》，《时事公报》1922年8月20日。
⑥ 《风灾后之筹款办赈声》，《时事公报》1922年8月24日。

把目光投向以宁波旅沪同乡会为代表的各种社会力量，如鄞县知事姜证禅于8月底“晋省，而谒上峰，报告灾情，恐省库奇绌，拨济为难，曾先致电旅外宁属同乡。电称：‘鄞邑今秋灾情奇重，署属及监狱，坍塌甚巨，居民房屋坍倒尤多，且有商民多人均受重伤。’”镇海县知事盛鸿焘也于8月29日电函宁波旅沪同乡会：“……两次飓风，其势之猛烈……农民多属贫苦，似非设法赈抚，不足以资救济，地方款项既多指定用途，公家财力有限，虽已呈请拨赈，恐亦车薪杯水，无济于事。贵会诸公，关切桑梓，热心公益，务乞慨解仁囊，酌量捐助，并希广为劝募，多多益善，一俟集有成数，即乞迅速汇寄，以便散放，藉资赈济，无任感祷。”8月28日，黄道尹还致函所属各县知事，“拟约期共赴沪，分投募捐，庶几多一人劝募之力，即平民多受一分之惠云”。[①] 为赈款事，黄道尹、宁台镇守使王悦山及鄞县知事姜证禅多次往返沪杭甬之间。如黄涵之9月底赴沪晋省，“先与旅沪宁绍台各绅商及华洋义赈会接洽振款，复乘车至杭，向军民两长，秉承一切”[②]。

在呼请社会力量救灾的同时，地方官员纷纷出面发起或与社会人士一起倡议成立各种救灾组织，特别是当时作为会稽道尹的黄涵之行动相当积极。壬戌水灾后，各地筹赈会、水灾善后会之类的组织多是在地方官员或官府的倡导下成立的。如定海壬戌筹赈会即于9月19日由县议会邀集各界筹办。在成立会上，“陶知事演说此次筹赈办法”，后“公推陶知事为筹赈会正会长，许熙、唐葆庭二君为副会长”。会内办事分为文书、评议、调查、监振四股，分股办事。并讨论通过简章如下：1. 本会定名为定海壬戌筹赈会；2. 本会以筹划赈款、救济灾民、监督经手赈款者为宗旨；3. 本会对于赈款概不经手，均请县公署代收代发之；4. 本会事务所暂设定海县议会内；5. 凡热心赈务者不论何界，均得为本会会员。本会费由县议会议决拨充之。[③] 可见其官方色彩还是相当浓的。至于9月13日成立的宁绍华洋义赈会，也是在道尹黄涵之积极筹备下成立的。黄涵之还于11月23日召集就地士绅发起组织浙赈征募大会筹备会。当场认定1总队28分队，黄道尹被推为

① 《官长筹款办赈之热心》，《时事公报》1922年8月30日。

② 《黄道尹今日回甬》，《时事公报》1922年10月4日。

③ 《定海壬戌筹赈会成立》，《时事公报》1922年9月24日。

总队长。[①]

（3）议定赈济方法，指导救灾工作

水灾发生后，各县公署或议会纷纷主持议定灾区善后办法，如奉化知县于10月1日召集各乡自治委员，议定善后办法："（1）在城内设奉化县壬戌灾赈分会，由本会到会诸公推主任一人，主持灾区工赈事宜，会内规则由主任定之；（2）督察经理各灾区工程由县派自治委员或请县议员任之，亦可由工赈主任自行指定之，以专责成；（3）桥、路须择其公共最关紧要处，由自治委员或县议员会同就地正绅于七日内分别核实，估计工价，造表送县总汇，请道尹派员会议复勘；（4）本邑桥梁多用石砌……似宜改用木桥。"[②]不久该办法经县议会议决通过执行。黄道尹也多次就赈灾办法电告或函达各知事，其中9月20日通电各知事云："本年既受水灾，急宜将善后办法迅速议定，究竟应否办理工赈，或办冬赈与春赈。若办工赈必须择最关紧要，且或给银钱或办平粜，均须有切实办法，并将办赈期限、预定需款若干，亦应通筹估计，方可着手。合亟电仰该知事会同就地士绅，详细议妥。限电到十五日内，将办法及需款数目具报候核。"[③]

此外，各地方当局还就灾后如何恢复生产与生活秩序也发出具体指令。8月25日，黄道尹训令各县知事，提出灾后急救之策，自以恢复交通为最要，"以便劫后灾黎得以出外谋生"。为此要求各该知事，"仰即督率绅民将交通断绝之处，赶急施工，先于道路之梗塞者疏通之，塘堤之缺陷者填筑之，桥梁之冲坏者修治而衔接之，务使水陆交通，克期恢复"[④]。同年9月底，浙江省公署电饬各知事转告乡民：灾荒之后，宜多种杂粮，马铃茹最好。接电后，慈溪知事杨棋笏复电表示："……职县田禾被灾受损，民食缺乏可虑，业经布告，劝种杂粮。察酌土宜，除北乡棉区质松及东南两乡滨江低洼处所，附种小麦，不宜植茹外，其余询尚适宜，遵由知事垫款，购补分发，劝民广植。"而奉化知事袁思古复电云："……查

① 《浙赈征募大会筹备会纪详》，《时事公报》1922年11月24日。
② 《提议灾区善后之办法》，《时事公报》1922年10月6日。
③ 《关于风灾善后之种种》，《时事公报》1922年9月22日。
④ 《风灾后急应恢复交通》，《时事公报》1922年8月25日。

马铃茹奉化五种子，已布告务各就土质所宜，多种其他杂粮。”[①]

10月22日，浙江省实业厅通令培种林木，认为“预备水患，涵养水源，均非种树不为功”。为鼓励植树，《通令》规定对各地种植林木，“瘠苦者助以种植费，成活者给以奖励金”[②]。

与此同时，地方当局在灾后防疫以及解决民食方面也做了一些努力。风灾后不久，道尹黄涵之就训令各知事：“各县风水为丸最易发生疫疠，亟应设法预防。”要求各知事召集士绅妥筹防疫办法，如疏通沟洫、清洁街道，均与防疫有重大关系，如已发现疫症，更应酌设临时医院，以资救济。倘有暴露人畜尸骸，尤须赶紧分别掩埋。并要求“将办理情形具报备案，倘需用治疫药品，并望将病情详细阐明，派专人来署具领”[③]。8月底，黄道尹又训令各县知事，要求各地设法搭盖茅棚或借旁地祠宇，以栖灾民。同时“灾重之处，淹毙人畜甚多，溪河之水必多污沾，饮之尤易致疾，必须改饮井水，方免酿为疫疠，应即撰成简明布告，张贴各乡……以上两者，实为灾后防疫之要务”[④]。

在黄道尹的督促倡导下，加上社会力量的大力参与，各地先后兴办了一批时疫（临时）医院，如镇海在知事盛鸿焘倡导下，由官绅共同筹设之临时治疫医院于8月16日成立。在开幕仪式上，知事“首捐三十金，以为之倡”[⑤]。鄞县城区时疫医院也在官方号召下由绅商筹募经费1000元，于8月中旬“开办施诊，活人无算”，并于9月20日前后结束。[⑥]各地还严厉取缔有害卫生之饮料食物。鄞县开放所有公立医院，允许灾民凭免费券随时就诊。由于采取了各种防治措施，1922年宁波大水后，只有局部地区发生了疫病，而且很快得到控制，并无大的疫情发生。

3. 社会各界的救灾活动

如上所述，对于1922年宁波水灾，地方各级政府不仅高度重视，而且也采取了

① 《灾后多种杂粮之电复》，《时事公报》1922年10月6日。
② 《弭灾造林之具文》，《时事公报》1922年10月23日。
③ 《关于风灾善后之种种》，《时事公报》1922年9月1日。
④ 《关于风灾善后之种种》，《时事公报》1922年9月1日。
⑤ 《治疫医院成立纪》，《时事公报》1922年8月18日。
⑥ 《道尹公署会议纪闻》，《时事公报》1922年9月12日。

一系列救灾措施。无奈，由于官府财力十分有限，当时“公家财政奇绌”是普遍现象，这使地方政府在水灾救助活动中的作用大打折扣，多表现为倡导、呼吁的角色，而在实际运作上不得不借助各种社会力量。以华洋义赈会、宁波旅沪同乡会及本地各界人士为代表的社会力量，不仅对此次水灾高度关注，纷纷伸出援助之手，而且救助活动内容丰富，手段多样，为水灾救助工作的开展发挥了举足轻重的作用。

（1）华洋义赈会

如前所述，华洋义赈会是民国时期一个中外合作进行的重要慈善团体，总部设在上海，其各分支机构根据救灾工作需要而随时设立，并随救灾工作结束而结束。由于其雄厚的财力与广泛的影响力，当时受到官府与社会各界的高度重视。各地成立的分支机构实际上成为官府与社会力量联合的救灾机构，由此也可以说是一个半官方的救灾机构。该机构在1922年宁波水灾救助活动中扮演了重要角色。

由于以前华洋义赈会已在宁波多次设立分支机构，且发挥了重要作用，为此，1922年水灾后苦于赈灾乏力的会稽道尹黄涵之自然想到了华洋义赈会。正如他在9月初致宁绍两属各绅商函中所言：“查上年宁属各县发生水灾，曾在宁波组织宁波华洋义赈分会，蒙中西官绅同心协力，募得巨款，俾各县工赈，得以办竣。此次拟仿上年办法，组织宁绍华洋义赈会，以利进行。”[①]这样在黄道尹发起推动下，9月13日，宁绍华洋义赈会（后改为宁绍台华洋义赈会）又在宁波开会成立，隶属于上海华洋义赈会，推定华洋董事，筹议赈款及放赈办法，以黄道尹与浙海关税务司甘福履为会长。[②]此后又于“被灾最重各县派员前往组织支会，筹办放赈”[③]。到11月底，各县已成立支会8个，包括镇海、奉化、慈溪、象山、定海等地支会，有力地推动当地赈灾工作的开展。如奉化县即乘11月25日华洋义赈支会成立之际，召开赈务会议。[④]11月2日，宁绍台华洋义赈会在会稽道尹公署开会，进一步议决赈灾办法14条。主要有：（1）灾户极贫者放赈，次贫者平

① 《组织华洋义赈会先声》，《时事公报》1922年9月12日。
② 《宁绍华洋义赈会开会记》，《时事公报》1922年9月14日。
③ 《义赈会分组支会》，《时事公报》1922年10月11日。
④ 《华洋义赈支会成立有期》，《时事公报》1922年11月24日。

粜，壮丁工赈；并规定田地无收衣食无着者为极贫，田地歉收衣食无着者为次贫。（2）调查及放赈之手续用三联单，一联于查户特贴灾户门首者，随执一联发交灾户，凭此取赈粜，一联存根，极贫次贫之别，于联单上用暗号识之。（3）各县知事代表回县后，即派员调查，查毕报道，由道会同华洋义赈会、沪同乡会派员抽查，查毕即开始放赈：惟调查报告，至迟不得过阴历十月初五日，抽查报告，至迟不得过十月二十五日，放赈期间至迟不得过十一月初五日。[①]

除建立组织、议定赈灾办法外，勘察灾情、募集并分配赈款是华洋义赈会又一项重要工作。华洋义赈会各分支会成立后，纷纷派员前往灾区勘查。如1922年11月8日《时事公报》报道："奉化今年水灾奇重，昨闻华洋义赈会将于本月7日拟派员赴奉勘灾，有所赈助。今探悉其下乡日期如下：8日会同知事赴剡源区后路至北溪宿夜，9日至西灰泾宿夜，10日至亭下宿夜，11日至中路三石宿夜，12日至六诏宿夜，13日则返城。"[②]华洋义赈会的赈款，主要来自上海华洋义赈会的拨款及向社会各界劝募所得。劝募捐款分直接捐款、册募和代募几种。直接捐款即义赈会直接收到的捐款；册募即义赈会将捐册发给经募人，请其向各团体和个人劝募捐款，如向宁波总商会册募壬戌水灾赈款；代募即由各慈善家代为劝募捐款，如派董事赴沪与美国大慈善家法克司接洽，请其回美筹划赈款，接济浙灾。

至于赈款分配办法更是华洋义赈会救灾工作极为重要的环节，而且颇受社会各界关注。下面以1922年12月该会举行的两次会议为例考察一下其赈款分配情况。12月17日，宁绍台华洋义赈分会在会稽道尹公署开会，到会者中西会长、董事暨各县代表共28人。由黄会长主席报告开会宗旨："首议上海华洋会续拨到振款10万元之支配法，宁台温处各董事及代表佥以所有沪会拨到赈款，自应由宁绍台温处五属平均分派，且从前已经分派绍属等处赈款10万元，亦应计算在内，照20万之数平均分配，而绍属董事则坚以绍属灾情重大，为此应多拨，不宜再提前款。讨论多时，议以此次10万元赈款照各县所报告灾情为标

① 《纪前昨两日之道署赈务会议》，《时事公报》1922年11月3日。

② 《华洋义赈会将派员赴奉勘灾》，《时事公报》1922年11月8日。

准，先行分配。宁属得12000元，台属得20000元，绍属得27000元，温属得15000元，处属得27000元。列席者仍有争执，以为报告书多不确实，结果议派代表前往各灾地抽查。次议宁属各县分配数目（宁属赈款除沪会拨到外，尚有轮船振捐在内），计奉化得急赈费6500元（另加工振费7700元），定海得8000元，镇海5000元，鄞县5000元，慈溪先拨2000元，俟巴副会长往勘后再定确数，象山得2800元。次议镇海县支会请购发棉种10万斤问题，议决以镇海所应得之急赈费5000元内，听其自行购储，不再由本会另购，以免开各县灾区先例。”①

12月27日，宁绍台华洋义赈会又为赈款分配问题召开会议，列席者有黄、甘二会长，暨西董事巴显荣、赫培德、戴安德、苏美格，中方董事陈南琴、胡詠骐、孙表卿等及黄岩、仙居、处州、温岭、临海、天台等地代表22人。“首议台属灾轻之区查报灾口多于灾重之县，应如何给赈……次议余姚极次贫总数95000余口，应如何给赈，议决95000灾民，作为次贫。次议……定海冬赈，原议放茹丝，现据知事报告拟改放现金，以收到本会之8000元每户摊给，议决不赞成放现金，仍放茹丝。次议镇海支会请补助疏浚中大河局经费，议决留待将来再议……”②

（2）宁波旅外同乡

近代以来，旅外宁波人素有造福桑梓、救贫扶困的传统。1922年宁波大水后，各地宁波同乡及其组织闻风而动，奋起支援，积极参与家乡救灾活动，其中尤以宁波旅沪同乡会和三北旅沪同乡会贡献最大。

旅外宁波同乡在水灾发生后迅速做出反应。旅杭同乡于8月22日开筹备浙东水灾急赈会。旅京同乡会与其他浙籍人士发起成立旅京浙江壬戌筹赈会，该会还专门设立受灾各县灾赈调查员，进行通信调查。12月初，镇海县议会、参事会、教育会、农会、商会暨城乡各自治办公处分别收到旅京镇海灾赈会调查员王商熊（镇海灵岩人）来函，要求“迅将吾邑被灾情形，详细示知……以便筹办赈

① 《华洋义赈会开会纪》，《时事公报》1922年12月17日。
② 《宁绍台华洋义赈会开会纪事》，《时事公报》1922年12月28日。

款”[①]。而旅沪同乡会更是积极行动起来，9 月 7 日，该会理事会决定先组织宁波急赈会，设事务所于同乡会内，担任各事。[②]并致电浙江省当局，要其“伏念灾黎，设法先拨巨款，以资救济”[③]。在此基础上，旅沪同乡会开展了一系列的筹款赈灾活动。

① 动员旅沪同乡认捐或劝捐。由于旅沪宁波人为数众多，且多业工商，这种办法颇有成效。如 9 月 10 日同乡会召开急赈大会，到者 500 余人，首由乌崖琴报告各县灾况，次江北溟代表何鹿山报告在奉调查所得灾况。屠景山当场捐资一千元，其他会员纷纷认捐，共计一万余元。[④]

② 电函或派代表分赴各埠同乡会劝募赈款。9 月初，同乡会以朱佩珍、虞和德、王正廷的名义致电汉口、天津、营口、苏州、杭州、福建宁波同乡会，要求“协募捐赈，源源汇寄”。又派理事邬志豪赴北京向旅京同乡劝募赈款，结果短时间内即募得万余元。[⑤]

③ 宁波同乡会利用其在上海社会的地位与影响力，积极与各方面协商，争取各界的同情与支持。如派代表与江湾跑马总会协商，将其慈善款项下拨付若干为赈款。为争取上海华洋义赈会支持，同乡会一面要宁波华洋义赈会将宁波各地灾情详细上报上海华洋义赈会，一面致函该会要求拨款救济。[⑥]

④ 仿铁路加收赈款办法，对行驶甬沪间轮船附加赈捐。为此，同乡会代表多次与宁绍、太古、招商三轮船公司负责人协商，又经三公司相互协调，终于使其同意加收一成赈捐。计大菜间加收 1 元，官舱 1 角 5 分，房舱 1 角，上舱 5 分，自 10 月 1 日起一律实行，以 1 年为期。[⑦]“其款由上海通商银行代收，汇交黄道尹分配赈灾”。结果，仅 10 月份就得此项附加赈捐 5000 余元，据此计算大约一年

---

① 《京赈会函查灾情》,《时事公报》1922 年 12 月 7 日。
② 《关于风灾之善后种种》,《时事公报》1922 年 9 月 10 日。
③ 《公电・上海专电》,《时事公报》1922 年 9 月 10 日。
④ 《旅沪同乡会急赈大会纪事》,《时事公报》1922 年 9 月 13 日。
⑤ 《沪同乡会办理赈务之进行》(八),《时事公报》1922 年 9 月 28 日。
⑥ 《沪同乡会办理赈务之进行》(八),《时事公报》1922 年 9 月 28 日。
⑦ 《沪同乡会办理赈务之进行》(八),《时事公报》1922 年 9 月 28 日。

间可得赈款 6 万元。[①]

此外，同乡会还于中秋节期间发动节省筵资助赈；举行游艺会，邀请南北新旧名伶会串戏剧，及各团体表演游艺筹款，并将俄国最高度天文镜陈列于同乡会，“以瞻中秋之月华”，惟入场券须助赈款 5 元以上，方可领取。[②]镇海旅沪著名家族财团柏墅方家还将纪念先人方性斋百岁所得寿仪筵资移助急赈会。到 10 月底，同乡会“募到赈款已达五万三千余元，认而未缴者尚有一万数千元。其发出捐册共计 800 余本，逐渐缴还者已有 300 余本”[③]。

慈溪、镇海、余姚三北旅沪同乡会 9 月初由虞洽卿等发起三北急赈会，一面电请黄道尹速拨巨款，一面发动旅沪同乡分头募捐，分发募捐册；又派专人驰往灾区实地调查灾情，还四处活动为家乡采办赈米。9 月 27 日，三北同乡会又召开急赈筹备会，讨论赈灾办法，公决分步进行：一、筹款急赈；二、备款移借灾农春耕资本，不取利息。[④]旅日华侨吴锦堂则以他与其子吴启藩的名义向家乡慈溪北乡灾民捐资五万元。为此慈溪北乡筹赈会与六乡自治委员联合于 12 月 6 日在《时事公报》刊登致谢广告。与此同时，宁波旅沪同乡会和三北旅沪同乡会积极争取，多次函电财政部、盐务署及浙江省当局，最后终于使盐税抵息拨赈初步实现，“即将公债息款半数充赈，并先行在盐税项下借拨，再行分月坐扣，以资急赈”[⑤]。

旅外同乡还为如何做好救灾工作献计献策。如余姚旅沪士绅田时霖于 9 月中旬致函黄道尹，提出“放赈应取公开主义，最好召集各县知事晋道会议，以凭酌量分拨”[⑥]。

此外旅沪同乡会还应黄道尹要求，仿上年工赈办法，推定宁属各县工赈主任。10 月 20 日，推出工赈主任：鄞县钱雨岚、周秉文、徐原详、应椒霖，慈溪翁寅

① 《三公司轮船加收水脚助赈之实行》，《时事公报》1922 年 9 月 21 日。
② 《沪同乡会筹办赈务之进行》，《时事公报》1922 年 9 月 24 日。
③ 《沪同乡筹募赈捐之成绩》，《时事公报》1922 年 10 月 28 日。
④ 《三北同乡会筹备放赈之沪讯》，《时事公报》1922 年 9 月 30 日。
⑤ 《盐税抵息拨赈之续闻》，《时事公报》1922 年 11 月 24 日。
⑥ 《关于风灾善后之种种》，《时事公报》1922 年 9 月 27 日。

初、秦润卿，镇海李芸书、周勉臣，奉化孙表卿、杨蕃卿、康锡候、王慕轩、丁忠茂、何鹿山、庄崧甫、邬蓉馆、蒋秀卿，象山姚先庚。[①] 此后，上海宁波同乡会急赈会还陆续推举属县各乡工赈主任。如 12 月 4 日会长朱葆三、傅筱庵、盛竹书致函镇海灵岩乡士绅於树炯（时任县参事会参事兼县农会副会长），推举其担任灵岩乡工赈主任一职。其函曰："本年宁属风灾，亟应振济，惟各处情形不同，非经详确调查，办理殊少把握，兹经本会议决，灵岩乡敬请先生为工振主任，其襄助之人，即希台端自行邀请。至于该处应办事宜与经费所需若干，并希造表报告道尹，由道尹知照本会，以便预行支配。事关桑梓利益，幸勿推辞。"[②]

（3）宁波社会各界

面对百年未遇的巨大水灾，宁波本地社会各界奋起救灾。他们或捐钱捐物，或奔走呼号，支持或大力参与各项救助活动。

① 商界

作为 20 世纪 20 年代宁波最大的民间社会团体，宁波总商会在宁波商界具有举足轻重的地位。水灾发生后，总商会即响应会稽道尹公署有关劝募壬戌道属水灾赈款的号召，"即经分发捐启，函请各业董，遍向各商铺广为劝募"。到 11 月 23 日，仅大小钱业即捐款银 1500 元，解缴四明银行入册。[③]

为了多渠道筹款，总商会又于 9 月 28 日发起"劝节筵资赈济灾民活动"。"旧历中秋节近，向例各店铺，皆须设备酒筵，今遭此浩劫，何如省却此举，俾得将此款项补助灾区。"为此总商会负责人屠鸿规、袁端甫、严康懋等特印发传单，分发各店铺。倡导"省一餐之食，活多数之命……款缴商会，集腋成裘，藉充究急赈"。[④] 这一活动得到了各商号及个人的广泛响应。到 10 月 13 日，不过半个月时间，《时事公报》已连续五次刊登节宴助赈者名单。其中 10 月 13 日刊登的有：裕成当 8 元，东来纸号 10 元，升大北号 10 元，乾益米行 5 元，丰和米行 5 元，

---

① 《宁属工赈主任一鉴》，《时事公报》1922 年 10 月 25 日。

② 《灾区工赈主任得人》，《时事公报》1922 年 12 月 5 日。

③ 《总商会解缴大批赈款》，《时事公报》1922 年 11 月 25 日。

④ 《劝节筵资赈济灾民》，《时事公报》1922 年 9 月 28 日。

益丰米行5元，同昌广帮4元，又中国银行加助双十节宴资24元。[①]

10月下旬，为预防灾后米荒，以便未雨绸缪，宁波总商会在城区进行“食米缺乏之数”调查。结果获知，“自本年阴历十月起，迄来年六月止，共需米54万石，除现存10万石外，净需44万石”[②]。

11月4日，宁波总商会还与工商友谊会、青年会、群学社、妇女益智社发起赈品售卖会。“援照二年前中西协赈会办法，发起赈品售卖会，拟请各慈善家尽出庋藏旧物，廉价出售，即以得值助赈。”[③]经过各方筹备，售卖会于12月1日在青年会开幕，一直持续到4日。其中开幕之日，“到场购者颇众，甘税务司亦柑临购物。是日捐送振品者，尚络绎不绝。黄道尹小姐之手作亦甚多，仁惠慈善诚可钦佩。下午二时半，开游艺大会，到者500余人，其秩序如次：一、主席陈南琴致开会词；二、国乐（群学社）；三、琵琶独弹（群学社）；四、幼稚生表演；五、江长川演说；六、母仪女校唱诗。闻是晚秩序中有国乐京调、拳术、新剧等。综核是日来往参观购物者，达2000余人，可谓盛矣”。据说，黄道尹还当场书写对联助赈。[④]

由内河及温台象航线商轮公司组成的宁波商轮公会也在此次赈灾活动中表现出高度的社会责任感。对于官府劝加赈捐事宜，该公会认为“无论如何棘手，总应勉为其难，当经决议，各轮客绅，一律带收赈捐一成，将所收之款，按月交由敝会上缴，以十月十日起实行，先行试办一月”[⑤]。一个月后，商轮公会报解附收赈款共计甬洋1648元，并表示尽管“办理尤感困难，惟事关赈济，多筹一文之款，即可多办一文之赈，无论如何，总当勉为继续”[⑥]。其勉为其难、热心公益的拳拳之心令人敬佩。

宁波英美烟公司等企业也踊跃助赈。据报载，英美烟公司经理丁忠茂鉴于

---

① 《节宴助赈之继起》，《时事公报》1922年10月13日。
② 《商会查复缺米之确数》，《时事公报》1922年10月10日。
③ 《五团体发起赈晶售卖会》，《时事公报》1922年11月4日。
④ 《赈品售卖会开幕志盛》，《时事公报》1922年12月3日。
⑤ 《内江商轮定期加收赈捐》，《时事公报》1922年10月3日。
⑥ 《商轮公会报解附收赈捐》，《时事公报》1922年11月12日。

"宁属风水为灾，人民困苦，敝公司愿将紫金牌香烟进口售卖，每箱提洋五元，充作水灾经费，以夏历十一月一日起，十二月末止"，后即由会稽道尹公署给示布告。[①]12月初，宁波南洋烟草兄弟公司也决定前往镇海北乡一带调查极贫之户，"按户发给赈米，稍舒其困"[②]。

②报界

宁波报业历史悠久，在近代中国报业史上占有一定的地位，五四运动以后尤为发达。以《时事公报》为代表的新兴报刊以民间社会代言人自居，具有较强的社会责任感。他们在1922年宁波水灾的救助过程中，也扮演着多重角色，发挥了重要作用。

首先，及时报道灾情，引起社会和政府的重视，发挥报纸作为信息传播媒介的作用。如飓风引发水灾后，《申报》对浙江东部沿海各地灾况，几乎是每日追踪报道，及时向社会反映风灾信息。宁波《时事公报》更是连篇累牍，自8月7日始，每日在第一、二版用大量篇幅报道宁波被灾情形及各种社会力量呼吁救灾的公电、专文。《申报》、《时事公报》等作为一种媒体，报道新闻是其职责所在，但对水灾情况的密切关注与及时报道，也反映了它们对此问题的高度重视。相关的报道把各地灾情迅速传播至各级政府及社会各界，引起外界对灾情的关注与同情，有利于灾后救助工作的开展。

其次，呼吁政府与社会各界积极救灾。宁波《时事公报》、《四明日报》等经常刊登宁波地方当局对社会各界的号召，地方各级政府向上一级政府及社会团体乞赈的电文、慈善团体或其他团体募捐的启事与乞赈电文。相关报道不胜枚举，如《时事公报》8月20日登载《道尹为灾黎呼吁》，9月23日登载《镇守使为灾民乞赈》，9月28日登载《劝节筵资赈济灾民》，10月12日登载《县议会为灾民请命》，11月3日登载《公债息移充灾赈之指拨》等文。这些报灾乞赈文告及许多相关电文大致可分为五类：下级政府向上级政府的救灾呼吁；官员以个人身份向政府求赈；民间团体请求政府救灾；政府号召社会各界救灾；民间团体呼吁社

---

①《英奉烟公司售烟助赈之义举》，《时事公报》1922年12月17日。

②《南洋烟草公司之义粟》，《时事公报》1922年12月11日。

会各界救助灾民。《时事公报》等报刊不厌其烦地连日登载这些报灾乞赈电文，目的即为引起政府与社会各界的足够重视与关注，使灾区早日得到救助，摆脱困境。一些文章对团体或个人包括官员热心赈灾的事迹予以表彰，而对官府不管人民困苦，继续征收税赋的行为严加抨击。如12月17日《时事公报》发表的《灾区饥民之催民符》一文，在报道省财政厅严令征收田赋消息的同时，指出“人民方谋呼请蠲免，官厅不恤，严令限比”，表示出强烈的不满。再次，监督并推动政府救灾及社会各界积极参与救助。1922年宁波水灾后，针对某些政府部门或团体对水灾救助不力，不少报纸及时发表评论，加以抨击。如《时事公报》12月9日发表《关于县知事玩视灾赈之笔墨》的报道，对时为省议员的张天锡抨击慈溪、余姚、新昌等县知事玩视灾振向省长提出质问书一事做了披露。11月9日，该报发表《有名无实之筹赈会》的评论文章，尖锐地指出“会员达33人之多，而此33人对于筹捐一事推卸净尽，不负责任，且除县知事捐助500金外，其余并无一人慨解仁囊，以资提倡，殊不思筹赈二字作何解释！”[①]而10月21日《使灾民闹荒者谁耶》一文则敦促殷富之家主动赈济灾民，以免后者铤而走险。

此外，《时事公报》等还著文分析此次水灾原因及教训。8月21日的《迭遭水灾之原因及补救办法》一文以水灾最重的奉化为例，进行较为深入的分析。该文认为“奉化水灾年甚一年，一由山头开垦，二由于溪旁筑田。惟其开垦，故泥土疏散；一经暴雨，即挟泥人溪，前推后拥，竟致堆积，水不能泄，乃就横溢，加以溪旁筑田，则溪心狭小，几经冲突，田就崩塌，其石其泥，意为梗塞于下野，而上游仍汹汹不绝，待梗塞冲开，水即挟石拔木，滔天而下。以是村村受灾，程程罹祸，溪大则水亦大，地高则水亦高”。治其本源有以下三端：“一、劝令山头种树，禁其开垦；二、丈量溪河面积，不许侵占公地；三、设立溪河管理人，豁谷之间任其养鱼种植，石子泥沙，则责其挑通。以上三种方法行之，或能见效。若其敷衍度日，灾至则求人赈济，灾过则又作宴安，岁岁如此，何所底止，愿吾同乡注意之。”[②]

从上可见，在1922年火灾救助过程中，报界不仅作为一种新闻传媒，同时也

① 《有名无实之筹赈会》，《时事公报》1922年11月9日。

② 《迭遭水灾之原因与补救方法》，《时事公报》1922年8月21日。

作为一种社会力量而存在，在灾害救助过程中，发挥了多种社会职能。不仅弥补了当时政府在社会动员职能方面的缺陷，积极动员社会力量参与救灾，而且又作为独立于政府与民间社会之外的“第三种力量”，对政府与社会的救助工作进行监督和评价，从而有效地推动救灾工作的开展。

③ 学界

水灾之后，以中小学师生为主的宁波学界也纷纷起而救灾，如举行灾赈游艺大会，售券助赈。进入12月天寒地冻季节，学界助赈活动更是进入高潮。甬埠江北岸泗洲塘毓才中学学生，“以本岁吾浙各属迭遭灾荒，际此隆冬雨雪，灾民饥寒之状，有不忍卒言者，爰特发起演剧助赈之举”[①]。游艺会于12月16、17日举行，先由华洋义赈会职员戴司铎报告开会宗旨及灾区状况后开演，至动情处，“观者掷银元于台上者颇不乏人”。两日下来，“共售券洋500元有余，除缴费外，悉数充赈”。[②] 同处江北泗洲塘的斐迪学校学生，为筹款赈灾起见，也于12月21、22日举行游艺大会。“第一天观客竟有千余人之多，非常拥挤。首由史实瑜演说毕，即按照预定节目次第进行。”[③] 当场由学生分售蛋糕、水果等物，并有英美烟公司将各种香烟在场售卖，连本悉数充作赈款。第二天，“中西来宾到者约500余人，其票价收入总数，颇为可观，又当场拍卖花篮”[④]。12月26日，毓才演剧助赈团赴慈溪城隍庙开演，两日即得券价银900元。[⑤]

以文艺活动的形式募集赈款是学界助赈的主要形式。当时各学校发起游艺助赈活动此起彼伏，且城乡各校均有加入。令人感动的是低年级小学生也热心赈灾。为筹集义款，镇海大楔头时敏国民学校于12月23日下午举行一二年级小学生游艺会。镇海县立高等小学校一年级学生则于12月15日在大礼堂内举行游艺氦鄞县一小学学生，在聆听该县冯议员演讲浙灾情形及捐款赈灾之必要后，纷纷向家属及亲戚劝募。“中有冯善卿者，年十岁，其弟和通，年六岁，听讲之后，即

---

① 《学生演剧助赈之热烈》，《时事公报》1922年12月9日。
② 《毓才校演剧助赈之热烈》，《时事公报》1922年12月18日。
③ 《斐迪校筹款助赈游艺会》，《时事公报》1922年12月22日。
④ 《筹款助赈之竞起》，《时事公报》1922年12月23日。
⑤ 《毓才校演剧助赈团演剧之成绩》，《时事公报》1922年12月29日。

向其母请求捐款二十刷。冯金香，年十岁，请其父捐款五元。”[1]

④ 宗教与慈善团体

水灾发生后，宁波中外宗教团体也积极参与救灾活动。宁波的各种教会组织，一方面参与有关方面的救灾活动，其负责人应邀加入各类救灾组织，并担任繁重的劝募、调查、收容等工作，如宁波基督教青年会总干事胡詠骐担任宁绍台华洋义赈分会总干事，宁波天主堂教士戴安德担任该会西董事，宁波浸礼会教士郝培德担任该会定海奉化支会副会长；另一方面，教会组织还自发进行救灾活动，如江北岸天主堂主教赵保禄，热心赈灾，在教堂内设一售品收集处，收集赈晶，售卖所得皆充灾赈。

佛教组织也一样行动起来，如天童圆瑛法师应宁波会稽道黄道尹之请，担任浙灾征募大会分会长，在南洋募得4000元。谛闲法师应当局之聘，赴杭举行祈福大会，但他认为“祈禳无形之福，不如施舍有质之财”[2]。后应定海县知事陶在东之请，谛闲法师联合两浙之名刹方丈耆旧发起成立佛教筹赈会。

各慈善组织或机构在救灾工作中也不落人后。9月下旬，江东济生分会同人，“以各处迭遭灾变，民不聊生，筹款赈济，义不容辞，特向江东各商号筹商妥协，发起伙友十文捐：每日十文，学徒一文捐：每日一文，或半月计，或一月计，汇交该会，以作赈款，至年终为限，现下正在人手，将来并欲推及城内外及江北等处”[3]。宁波青年会在10月份发行的《宁波青年》上刊登“为灾民请命”的特别启事。认为“今年风水为灾，吾甬七县灾情奇重，转瞬冬令，灾民菜色鸠形，流离失所，一念及此，能不恻然？”要求务会员“哀此灾黎，解囊相济”。[4]

除社会团体外，当时个人参与救灾活动的事例更是不胜枚举。据《时事公报》9月14日报道，镇海东管乡富绅周安如“悯念灾黎，邀集族中殷富，商劝共同出资购办食米，择极贫户口，先行散赈，前日（9月12日）已放一次，大口每名1斗、小人5升，大小男女共计500名左右。又该邑旅沪富商洪雁宾近因迁移住宅，本拟备具筵席，宴请亲友，因念家乡三次风雨，灾情奇重，特将筵资100

① 《小学生热心灾赈之可嘉》，《时事公报》1922年12月24日。
② 《佛教筹赈会之动机》，《时事公报》1922年11月28日。
③ 《关于风灾后之种种》，《时事公报》1922年9月27日。
④ 宁波基督教青年会编：《宁波青年》第36期。

元，汇寄道尹以补助灾黎之用。余姚县属黄家埠地方，旅沪富商黄荪扬，近因该处黄家塘被风水冲坍……秋收无望，黄君关怀桑梓，特于前日携款来余姚，拟即开办平粜，以资救济矣”[①]。还有出巨资捐助者，如旅沪鄞县商人钱汝雯闻家乡咸祥水灾奇重并拟治理水患时，“瞿然曰：‘我责也。’手醵九千金，合它所集得凡二千金。平道涂，浚川泽，起原田积沙，增益陂塘，水门提阏之属毕缮”[②]。此外，镇海等地不少善士纷纷出资设立义冢，掩埋无主认葬之漂流厝棺。如灵岩乡王显谟、林文绍等会同旅沪绅商陈祖烈等人“共捐助银650余元，买山二亩零，查明各村庄无主灾棺，除二二庄外（此处已有林国瑜等人发起募资掩埋），计收葬243具”。泰邱乡邱宝林、陈全才等也“募资购山一方”，将无主漂流厝棺掩埋。[③]

对于赈灾，当时其他各界也不乏响应者。1922年10月，余姚籍女杰王璧华（时为省立法审查员）等在杭州发起妇孺救济会，并在浙东水灾各县设分会，经费拟在省内外电灯电话费项下征收一成附捐。她们在发起书中还表示：“窃以为此后灾地妇孺，宜由被灾各县在城镇等处设立妇孺救济会，设法援助，除供给衣食外，尤须教以简单工艺，俾能自食其力，即灾退赈毕之后，亦不致流离失所。”[④]12月20日，宁波警察厅厅长林映清也致函所属各队署，响应华洋义赈会提倡冬赈的号召，将元旦宴会之费，概充冬赈，并提倡所有巡官长警伙夫等将年例犒赏移作充赈。[⑤]

10月中旬，另有书画家蒋东初、沈思钦等发起创办书画助赈会。“所得润资，专助宁绍两属灾振，如惠顾者欲移助它属，亦可指明地点，由该会汇寄。其书画版纸概由张天锡君捐助；愿自备者听。”[⑥]另据《时事公报》报道，城区鼓舞台股东某君在水灾发生后早拟演剧售券助赈。后决定于12月24日，演剧一日夜，连本助赈，为此商请本城文武长官暨绅商学各界各团体协力分销戏券，定价每券售银1元，不分日夜，不分等座。“闻连日经各官绅分销之券，已达2000余纸。”[⑦]

---

① 《关于风灾之善后种种》，《时事公报》1922年9月14日。

② 俞福海主编：《宁波市志外编》，中华书局1998年版，第886页。

③ 董祖义辑：《镇海县新志备稿》卷下，“善举”，成文出版社1975年据民国二十年铅印本影印出版。

④ 《女界发起妇孺救济会》，《时事公报》1922年10月17日。

⑤ 《警界移费助赈之提倡》，《时事公报》1922年12月21日。

⑥ 《书画助赈会开幕预志》，《时事公报》1922年10月21日。

⑦ 《筹款助赈之竞起》，《时事公报》1922年12月23日。

各种社会力量在此次水灾救助工作中发挥了重要作用。尽管由于文献资料缺乏，我们对其无法进行量的分析，但从水灾发生后社会各界反应之迅速，工作之热情，救灾组织之众多，完全可以反映出社会力量在此次水灾救助工作中所扮演的重要角色。尤其值得注意的是，各种社会力量在所在社会救灾工作中发挥了举足轻重的作用。如9月8日，慈溪北区筹赈会成立，公推吴子云为会长，六乡各推理事1人，并当场认捐1万余元。[①]10月中旬，定海沈家门朱家尖地方灾后民不堪命，闹荒声浪日盛，公民徐增如等有鉴于此，邀集当地绅商组织风灾善后会，专为灾民设法安顿，并谋地方公安为宗旨，公举张明浩、朱世坤等人分任办事，“人心因此稍定”。[②]同月23日，奉化剡源区为灾赈事宜召集就地绅耆开会，公推康锡祥为放赈主任，并议决事项如下：（1）由自治会名义函知各村，去年办赈人员所修桥路细账，除揭贴各本村外，并须详报自治会汇集成册，印送征信录，以昭信用；（2）今年募集赈款，先修桥路堤塘，次乃赈施贫民；（3）被灾桥路工程，由各村列表报告后，另派员复查，以免以轻报重之弊；（4）修复被灾田亩，不得将所有沙石堆积溪边；（5）禁止演戏，节费赈灾。[③]

另外一个值得注意的动向是受灾灾民及其代表敢于公开批评地方政府或官员赈灾不力，公开要求当局予以救助。10月初，余姚公民俞武等120人，致电浙江“军民两长”，猛烈抨击余姚县“知事不知，议会不议，坐视灾民流离……所司何事，所议何事，县知事职在亲民而不亲，县议会代表民意而不代，其何以对即死之灾民，更何以对颠沛之穷黎耶！”[④]同月14日，该县东西上林、梅川、云柯、孝仪等20乡代表赵富康等为十万灾民致电省当局，表示“姚邑荒年四载，民膏已竭，飓具五度，颗粒无收，米价奇昂，行将绝食，邑城官绅，坐视不顾，哀鸿嗷嗷，冒死上陈……”[⑤]在他们看来，政府赈济灾民乃是其职责所在，而非一种灾民应该感恩戴德的施恩行为。这种意识尽管并不普遍，却是极其可贵的，说明西方

---

① 《关于风灾之善后种种》，《时事公报》1922年9月10日。
② 《海岛新组灾赈善后会》，《时事公报》1922年10月19日。
③ 《乡区灾赈善会纪》，《时事公报》1922年10月26日。
④ 《姚邑灾民之呼吁》，《时事公报》1922年10月9日。
⑤ 《二十乡灾民电请拨赈》，《时事公报》1922年10月15日。

文明的影响已进入偏僻的乡村地区。

第二节 社会灾害

一、海盗活动

海盗为祸由来已久，进入民国时期，浙海洋面以及浙江与福建交界的浙闽洋面、江苏与浙江交界的苏浙洋面，海盗活动仍然十分猖獗，为祸甚烈，严重威胁沿海人民生命财产与过往船只安全。尽管期间政府与民间社会对此都高度重视，并采取了多种措施，南京国民政府时期政府方面也颇有作为，特别是地方社会积极行动起来，加以应对，但由于诸多原因，海盗问题一直没有得到很好解决，乃至成为这一时期来自海洋的最大危害。

（一）民国时期浙江海盗状况

众所周知，民国时期浙江沿海一带海盗众多，那么他们究竟来自何处？据当时调查，民国时期特别是前期活跃在浙江沿海的海盗多来自所谓台州北岸一带，为数千余人，“其巢穴就浙洋中分南北中三点”。对此 1925 年 4 月初吴淞全国海岸巡防处呈海军部文以及 1931 年 12 月初江浙渔业管理局长韩有刚对记者的谈话，均有详细透露，兹分别转录于下：

吴淞海岸巡防处呈海军部文

吴淞全国海岸巡防处近因渔汛已届，特拟定江浙巡防海盗办法，呈报海军部云：呈为陈报江浙洋巡防海盗办法，乞鉴核备案并咨行农商部查照事。（中略）职处开办沪厦巡防一区，兹际江浙洋渔汛，亟应按照调查所提着手办理。查得海盗情形分产生之地行劫之方法、驻扎之巢穴三种。江浙洋面之盗匪概产生于浙属台州府之北岸各处，其行劫方法系各驾小舟，先劫一商船，名曰踏底，以此踏底之船再劫商船。其巢穴就浙洋中分南北中三点，北为鱼山、四公山、韮山；中为东矶、西矶、中矶、竹屿、吊棚等处；南为南鹿山、北麂山等处。皆孤悬海中，山岩分裂处内多洞穴，可容百余人、数十人不等潮。汐涨时，洞口潮涌，望而不见。山上居民垂涎盗赃，甘供爪牙，故赍粮瞄望之役皆居民任之。（中略）就渔船论，福建各种渔船分春冬两季捕采。宁波定海各属对渔船、沥港岱山网船等概以立冬前十日起从事捕鱼，至翌年夏至止，亦以普陀嵊山两洋为捕采之地点。台属红头渔船、宁波定海各属目渔船概以立夏后十日放洋，夏至前十日辍业，捕采地点以东西绿华、马脊、庙子湖各洋面为限。以上各渔船倘航行海线，与寻常相反，即系被劫。

（中略）职处拟分寻常游弋、临时追缉及报告盗警三种。兹由总司令指派楚泰军舰一艘、海鸟炮艇一艘，由职处派员，按照以上所指洋面巡缉。其职处之第一号巡艇随同游弋，均定于日内出发，其闽厦巡防责成职处之福康巡舰，克日由闽开行。除饬令遵照前项办法外，所过渔汛地方均为张贴布告声明。职处经费指在五十里常关民船船钞项下拨付，既已取诸民船，即属保护之用。所有巡防舰艇即煤水粮食亦无须丝毫津贴，其有私立名目收捐即为诈欺取财，准其执交职处惩治，特为剀切晓谕，以免受欺。抑职处更有陈者，海岸巡防乃一国领海之警卫，对内对外关系至巨，苟于民船已纳船钞之外，别有征收，则上足以损政府之威信，下适以召间阎之藐视，国际贻羞，民心散失，为害将伊于胡底，此尤于巡防开办之时所应兢兢注意者也。所有江浙洋巡防海盗办法，理合具文呈请鉴核备案，再兹事关系保护渔商各船，并请咨行农商部查照，实为公便，谨呈，海军总长全国海岸巡防处处长许继祥。[①]

江浙渔业局扩充警力

江浙渔业管理局长韩有刚氏，昨日由定海乘福海巡舰弋巡返沪，华东社记者晤之于该局，据韩氏谈：

海盗情形，江浙两省海盗共约数千人，分为南北两帮。南帮即浙之台州北岸一带，1000余人，北帮系苏省之通州启东等处，不下2000人，所有枪械，能以种种方法，得于官军，言之殊堪痛心。而海盗剿灭，颇非易易，因

① 《吴淞海岸巡防处呈海军部文》，《申报》1925年4月8日。

其散匿各港，即抢劫时亦系零星盗船，遇官军进剿，则逃至巡舰不能行驶之港内暂避，或则舍船登陆，致官军无从将其一一弋获。

扩充警力，本局所辖两省海面，颇为广阔，仅有巡舰四艘，名为福海、海鹰、表海、庆安，每巡舰平均约300吨左右，每舰有官长士兵等30名，有机关枪、步枪、木壳枪，复以警力不充，日前又运购大炮数尊，日内即将托江南造船所装置，前者，请实业部发给枪支，现已领到，各种约百枝左右，实力颇为充足。每年海盗最猖獗时期，为春间之二三月黄花渔汛后，现在冬至时带鱼上市时期。本局巡舰，须有渔船集合出发捕鱼时，随同保护，达到捕鱼处，仍须在旁弋巡，俾免意外。惟本局巡舰行驶速度，较渔船为快，以致每一巡舰，与渔船同时出发时，巡舰必先至捕鱼处，再折回中途渔船处，如此往返二三次，渔船始克达目的地。惟巡舰本身，耗煤不免太多，现已计划添置巡船（帆船），以便可以与渔船同时行使，不致有舰快船缓之虑。本人因目前带鱼市已届，特于上月乘福海巡舰赴定海石浦一带弋巡，甫于昨日返沪云。[①]

对于当时海盗活动猖獗，为非作歹，危害地方与过往船只，上海以及宁波等浙江沿海本地报刊均有大量报道，可谓连篇累牍，不绝于耳。现以时间为序摘录若干，以见其一斑：

浙属匪报重迭

温属玉环县沿海各区，如洛西、匡口等市镇迭被洋匪登岸焚劫，多至50余家，并有掳去妇女人口情事。现经各该区绅民陈兰亭等联名驰呈省军府，沥述匪氛猖獗情形，并云中南路沿海舟师坐糜巨饷，不为商民保障，辄复偷安纵匪，地方糜烂，民命日蹇等语。蒋都督阅牍赫然震怒，谓该洋水师平时既疏巡缉，事后漠不关心，防务废弛，实属不成事体，即于十四日严电王挛阳统领迅督南路水师协力剿办矣。

① 《江浙渔业局扩充警力》，《申报》1931年12月8日。

海盗猖獗

定海县属东靖乡五桂山地方，居民大半业渔，现届冬汛，鱼花收成尚好。讵日昨突有大帮海盗登岸，向各户求借食物，该乡民知非善类，佥谋戒严，继乃少与以物。讵是夜二更余，群盗竟整队抄入，手执凶器，宣言借贷不遂，非实行掳劫不可。首从张姓家起，用刀恫吓，致该家属伏地求饶，仍被抢去银洋无数，旋至林王徐俞孙李刘各家大肆劫掠，约共损失银洋 2000 余元，直至黎明始回船乘潮逃逸，不知去向矣。[①]

浙温洋面海盗猖獗

浙省温属洋面近来海盗猖獗，航商迭遭抢劫，甚至掳人勒赎之案频闻。虽经外海水警当能密缉破案，无如洋面辽阔，盗匪众多，水警巡缉难周，商船仍被抢劫。业由航商陈豪等呈请省长公署，限令水警加紧踩缉奉准。昨特指令外海厅云，查温属洋面商船连被盗劫，各案除据报已经救回各货船暨破获各盗赃外，已迭饬该厅上紧洒缉在案，据呈前情，合再令仰该厅长转令所属一体严缉，务获重惩云。[②]

海岛大劫案

定海长涂东剑地方，于旧历八月十四夜九时许，突来盗船 3 艘，盗匪 30 余人，开枪上岸，放火抢劫。合村四百余家，悉被掳掠，细软对象，单夹衣服，统被劫掠，甚至将山田契约等亦被劫去。至次日晚间，始扬帆而去，且戳死妇女 2 人，小孩 1 人，闻已由该乡绅民孔广怀等具呈该县署，请求履勘追捕矣。[③]

定海盗匪杀害一门七命

定海大平山岛有居民叶阿西，向以捕鱼起家，稍有资产。叶已物故，家

① 《申报》1913 年 1 月 31 日。

② 《新闻报》1917 年 2 月 4 日。

③ 《申报》1923 年 10 月 7 日。

> 中有一妻、二子、二女。本有二十八日晚九时许，叶妻已偕子女等就寝，突来暴徒六七人，破门而入，将叶门母子等5人，均被砍毙。当时有邻居应阿纪，闻有人呼援声，开门而出，往叶家询问，各暴徒不问情由，亦即举刀乱砍，立时毙命。其时尚有叶某之姊，亦在伊家，闻声下床，被某暴徒瞥见，用刀砍伤头脑各部，昏晕仆地，幸未中要害，得以不死。而叶某16岁之女，以未伤要害，犹未毕命。各暴徒将叶某全家人等一一杀害后，对于银钱各物，一概未动，旋即扬长而去。沥港乡警闻警，至叶家察看一周，并送医诊治两伤人后，即赴定海县政府报告。[①]

其间，由于兵力单薄，官方警力竟多次为海盗所败，致使海盗活动越发猖獗。如1932年10月1日，由于驻扎南田县鹤浦镇的该县保安团第二基干队不敌海盗，致使该镇被海盗洗劫一空。报道说："南田鹤浦镇地近海洋，驻有该县保安团第二基干队，于每晚九时放哨，以防海盗。一日傍晚七时许突来海盗三四十人，乘船由后龙头上岸，携有木壳枪及手枪等，上岸后即拥至该队鸣枪冲锋。队长林星于仓促间率领全体士兵应战，血战一小时，为匪所败，当场击毙班长、兵士各1名，又伤兵14人，劫去长枪22支，子弹千余粒。盗既劫得枪弹，除向该镇商店分头洗劫外，并将胡合兴布店店主、伙友2人，原过南货店伙友2人掳去。至八时许，盗等始呼啸落舟而去。"[②]1947年8月19日，著名海盗徐小玉率部冲入镇海重镇柴桥，竟然将柴桥警察所及自卫队枪械30余枝全部缴卸，后将"全镇洗劫达四小时之久"。据说海盗临去时并分发"告民众书"，曾轰动一时。[③]

在此情况下，为求平安，不少渔民及过往船只向海盗缴纳所谓保护费的新闻时有所闻。如1913年6月25日上海《新闻报》在《以盗护商之骇闻》的报道中说："浙江温台洋面群盗如毛，兵不能敌，往往为盗所乘。省垣严檄加防，而盗风仍难稍戢。各商无可如何，因与盗魁相约，凡在乐清玉环诸口有商船驾驶出

① 《申报》1929年2月3日。

② 《洗劫鹤浦镇》，《申报》1932年10月7日。

③ 《时事公报》1947年8月20日。

海，情愿向盗纳费，多或数十元，少或十余元不等。该盗党给以小旗一面，高插船首，方得安行无碍，否则遇必被劫，劫必被杀。水警又无力保护，是温台两属将为该盗势力范围，谁司捕务，竟任其滋蔓至此耶。"[①]

从以上的相关报道中，可以大致了解当时浙江沿海地区以及过往船只受到海盗袭击的情况。其中海盗袭击的目标陆地多为海岛，海上则以过往渔船与商船为主，来往沪浙间的客轮由于设备比较先进，人员也比较多，较少受到攻击。但浙江沿海各港口之间的客轮，由于设施与人员都相对逊色，仍容易受到海盗的袭击。海盗活动范围南起与浙江省邻接的福建省东北大端沙埕，北至长江口的吴淞口为止。可以说，海盗活动贯穿于整个民国时期，不仅活动频繁，而且为祸甚烈，给浙江沿海地区和在海上活动的商船与渔船生命财产造成很大损失。

（二）应对

面对猖獗的海盗活动，不同时期的浙江地方当局与沿海人民及相关团体纷纷寻求应对之策，他们或派船梭巡保护，或派兵会剿，或设法自卫，或官民联合予以防范，取得了一定成效。

民国时期负有浙江沿海保护之责的机构相继为外海水上警察厅、江浙渔业管理局、宁台温三属剿匪司令部。但有临时需要时，也经常抽调保安队等力量，加以会剿。1913 年，浙江省政府将设置在镇海的浙江外海水师巡防队改为浙江外海水上警察厅，配有水巡兵 1269 名，分为 3 区 11 个分队，统辖全浙海区；有超武、新宝顺、永靖、永安、永定等 5 艘巡舰和 90 艘巡船。1927 年后改为外海水上警察局，置有海光、海声、克强、新永嘉、泰安、新宝顺、海鸿、海鹄等 8 艘巡舰，分泊海门、镇海、石浦、永嘉等处。并在沿海各县设水警队。抗战全面爆发后，水上警察局还担负封锁镇海口任务。1938 年局移址海门。水上警察厅的护洋船只，在渔汛期集结出海，吹号护送渔船至吕泗、浪岗等渔场，亦有小数水警驻浪岗等岛屿防匪。出海渔船则分类按汛交纳护洋费。如镇海镇北帮流网船，每艘一年 8 元—16 元，统一由维丰渔业公所收征，按汛上交县水警队。全年计 24000

---

① 《新闻报》1913 年 6 月 25 日。

元。此举至全国抗战开始停止。[①]

镇海县水警队撤护后，有经济实力的“长元”等渔船，向县政府注册，购买枪支弹药自卫。当时蟹浦约有6—7户渔主领有枪支，每船3—5支不等，遇盗时联合防卫。[②]

平时对于海盗活动较为频繁的冬季及渔汛时节，有关当局往往对防范事宜有所布置。如1918年10月底，浙江外海水上警察厅即对冬防进行安排。1918年11月2日上海《新闻报》报道说：

> 外海水上警察厅长来伟良君，以冬令伊迩，海盗蜂起，各帮航商迭遭抢劫，掳人勒赎时有所闻。虽经各巡船严密游缉，无如洋面广大，顾此失彼，爰特召集各区长队长及厅中科长等会议防备，大致如下：（一）派超武、永靖两兵舰游巡外海全境及乍浦洋面，原游外海之新宝顺应调赴温州，会同永定兵舰游弋所有，定安兵舰调往马迹山，会同苏省水警巡哨，以期周密。（二）要隘处加派巡船，驻泊夜间，于岸上派出外岗，严密视察。（三）冬令时间盗匪乘此行劫，渔业航商堪虞，各该管队长、分队长警应负完全保护巡缉之责任。（四）冬防期间各区长应每月出巡二次，考察长警勤惰及地方情形，随时报厅查核。（五）如遇外人往内地游历，应于保护之中注意有无违法情事。（六）查察渔船及航船地内有无匪船混入。（七）如有痞棍有演说结社等事，应会同陆警切实禁止。（八）现在冬防各长警不得藉词请假，有非常事故不在此限。[③]

而在陆上，地方自治组织与商会等社会团体在应对海盗等治安问题往往发挥重要作用。如1925年5月，镇海柴桥自治办公处及该镇商会鉴于该地防务空虚，发起召开防务紧急联席会议，对防务事宜进行布置。当年宁波《四明日报》报道说：“镇海柴桥镇，驻有警备队一哨。此次奉傅管带令调赴岱山，保护渔汛一节，业志

① 镇海区水产局、北仑区水产局合编：《镇海渔业志》，内部印行，1992年，第103页。

② 镇海区水产局、北仑区水产局合编：《镇海渔业志》，第103页。

③ 《浙洋冬防纪要》，《新闻报》1918年11月2日。

本报。兹悉该乡自治办公处及该镇商会，鉴于防务空虚，特于昨晨在商会开防务紧急联席会议。计到者为李高阳、俞醉亭、李国洲、沃春兰、胡围宾、徐瑞庭、胡祥村、徐肇霖、沃鼎生、胡杨春等。由自治委员胡尔安主席，宣告开会宗旨毕，即由俞醉亭（穿山源泰木行经理）、李国洲（穿山永泰鱼行协理）两君提议，此次警备队远调，风声所传，难保没有不逞之徒，希图觊觎。穿山为柴桥门户，谨按唇齿之义，当先论及穿山危险，经讨论，佥谓穿山防务，确为重要，惟设立临时保卫团，非维经济困难，抑且枪支非仓促所可措办。讨论良久，结果主张将第五区民团驻柴团丁内拨三名并什长一名赴穿山驻扎，以资震慑。再由驻郭团内拨二名来柴补充，并于柴桥保卫团从事扩充整顿，添招团丁八名，彻夜梭巡。该项经费由柴桥穿山分半担任，全体通过，即行宣告散会。并探得第五区民团团总李晋阳君于散会后即与冯分团长接洽。当将驻柴团丁中抽拨五名，并加派副目施忠统率，携带快枪木壳枪子弹等，即时调往穿山旧巡检司署驻扎；一面复由李团总函知郭巨团总冯分团长，令知朱什长，即请驻郭团丁两名来柴补充。至于柴桥保卫团团丁亦已着手添招云。”[①]

进入南京国民政府时期，地方政府则在应对海盗活动等治安问题方面发挥主导作用。如同样在镇海一地，1933 年 11 月间，地方当局对冬防进行部署，划定军警团队巡防区，其中海面防务由水警队负全责。报道说：“镇海县政府于上月卅一号召集党军警商各机关团体，开冬防会议，划定各军警团队巡防区域及办法，兹特详记于后：一、由招宝山运南城至税关弄以东，与公安局防区相接，城内自东门经鼓楼前以北，至城脚，为炮台总台部防区。二、自税关弄以西，猪行弄以东，东至江南，城内自东门起至王施弄止，南至城脚，北与炮台总台部防区相接，为公安局防区。三、自登云桥以西，经平水桥，至公城脚，向东与公安局防区相接，城外猪行弄以西，前葱园以东，为水警大队防区。四、本城西北隅，东与总台部防区，南与公安局水警大队防区相接，西北至城脚，为基干队防区。五、大小西门外至润蒲庙以东，北至万弓塘，为守备第一团防区。六、小港附近，北至港口，归宏远炮台担任，沙湾至沙蟹岭泥湾一带，归宏远绥远两炮台担任，江南大道至衙前一带，东至孔墅岭青峙一

---

① 《柴桥防务联席会议记》,《四明日报》1925 年 5 月 21 日。

带，为守备团防区。七、关于防务事宜，江南归夏团长指挥，江北归俞总台长指挥。八、如遇事变，由出事区域负责机关，迅速报告指挥官，适应当时情况应付之，至海面防务，由水警大队负其全责。九、乡区警备事宜，由县政府函知各该地驻军主管机关外，并通饬各区团部，各公安局，分别担任之。十、防务接洽事宜，应向县政府接洽。又悉在冬期内，除开演戏剧，业由县府出示禁止外，关于夜间不得鸣，放炮，深夜船只除轮船外，一律不得往来，以及商铺深夜不得营业，均由县政府出示禁止，至于冬防经费，由县政府向地方殷绅以及各商号分头劝募云。”①

在近代，福建船商往来上海十分频繁，也成为浙江洋面海盗的重要目标。为确保海上航行的安全，民国伊始，根据全闽商船公会的要求，对于浙洋防护工作，苏浙两省做了分工，1912 年 11 月 30 日《申报》报道说：“浙洋海盗猖獗，前经全闽商船公会遴派代表吴昌言等四人亲赴宁波会晤王统领，互筹善后办法，呈请都督查办在案。兹闻闽都督以时届冬令，商货正在畅输，急则治标，莫如先谋护商为得计，一再电商江浙大吏，决定闽省商船过凤凰山洋面，由苏省水师保送，一入浙境，概由浙洋水师接护等情，于日前咨行都督府，当由都督据情电饬王统领遵办外，仍令严督师船随时出洋剿捕，以安商旅矣。”②

当时海上海盗活动范围广，频度大，乃至“无处无盗，无日不劫”。而官方兵力所限，往往顾此失彼，防不胜防，为此当局经常根据需要临时派舰保护船只。如“浙属坎门，六横各处洋面，海盗非常众多，不但渔船时受其殃，且商船亦常发生意外，虽有水巡游弋，然终于顾东失西，故外海水警厅，昨（指 1926 年 3 月 16 日）特饬海静、海年二舰，往该处一带剿捕海盗，以保护商船”③。由于布置周密，组织得力，有时针对海盗的单独行动也有相当好的效果。如据《申报》报道，1920 年 12 月间，两运木船在“台州檀头溪洋面突遇海盗掳去人船”，不久即经外海水上警察厅派兵轮“悉数救回”，并“擒获海盗十余名格毙数名”。为此该船号特在《申报》刊登“颂言，以表谢忱”。该报先后报道说：

---

① 《镇海冬防会议划定军警团队巡防区》，《上海宁波日报》1933 年 11 月 4 日。
② 《浙洋护商办法》，《申报》1912 年 11 月 30 日。
③ 《派舰保护商船》，《申报》1926 年 3 月 18 日。

木船被劫出险之电告

运木船户金恒来金吉和等两艘，前在台州檀头溪洋面突遇海盗，掳去人船。经沪上各木商得悉，报告木业会馆董事及商会，电请浙江卢督军迅饬所属军警赶为剿捕，将人船救出，各情已迭纪前报。兹闻该处来电谓，由外海水上警察厅来厅长并会同超武兵舰李舰长，饬知所属侦悉被掳人船匿在南鱼山以外大洋中，已电令金区长督队前往，即由李舰长督带士卒奋力剿捕，得以当场擒获海盗十余名，并枪毙盗匪数名，遂将金恒来、金吉和两木船及船伙数十人，又被掳之森昌运木船船伙二人，悉数救回，其被盗所掳之难民亦同时救出男女多人。闻两船之损失甚巨云。[①]

恭颂浙江外海水上警察厅耒厅长超武兵轮李舰长之威德

浙江台州洋面向多盗患，本号等金恒来、金吉和木船两艘，于旧历十月念一日在檀头洋面突然被盗掳去。禀奉水警厅耒厅长，饬属侦悉被掳人船在南鱼山外大洋中。当经电令金区长督队前往，并会同超武兵轮，即由超武李舰长躬先士卒，奋力剿捕计。当场擒获海盗十余名，格毙数名，得将恒来、吉和等木船及船伙暨森昌船伙二人悉数救回，俱庆无恙，又被盗所掳之难民亦同时救出，足见耒厅长体恤商艰，布置周密，李舰长督捕尽力，克奏厥功，洵称威德兼着，凡我商民同深铭感，爰志颂言，以表谢忱。巽森恒兴木号敬颂。[②]

由于官方兵力单薄，平时一般处于守势，但有时也会主动出击，集中力量，对海盗进行打击，这无论在北洋时期还是南京国民政府时期，都有类似行动，有的还颇具规模，成效也比较明显。如1923年11月18日，定海沈家门外海水警厅第一队在庙子湖会剿海盗，约计当场击毙海盗26名，生擒22名。《申报》报道说："定海沈家门外海水警厅第一队队长陈常益，现因冬汛期间，海氛不靖，于十六日严饬各分队队长暨闽邦护商，迅往庙子湖等处会剿盗匪。由第一分队长袁

① 《申报》1920年12月21日。

② 《申报》1920年12月22日。

衮，第五分队长刘尧坤，第九分队长陈用钧及第一号护船管驾高富德、第二号管驾杨宝发等五巡船，即日出发，至十八日下午二时许，各巡船抵香螺花瓶洋面，即庙子湖相近，见前行驶钓冬船式之盗船，纵横密布，各令水警开枪追射。该盗等胆敢还击，抵抗拒捕，械斗约三小时。水警王余喜背部、周德高耳部被盗弹中受伤。直至下午五时，该盗见势不敌，弃枪入水，当即并船，生擒盗首陈凤翔，盗伙金如作、俞良树等22名。约计当场击毙者26名，夺来盗械31支，子弹105颗，并救回梁合顺、梁金炉难船两艘。事后各分队长会衔具文，解盗缴械送队请究、当由陈队长提案，讯明该盗等均供在洋行劫不讳，刻已呈请厅长处刑矣。”[①]

而1929年6月底7月初，四属剿匪指挥部调动水陆军警，围剿披山海岛股匪更是声势动众，战果颇丰。当时上海《新闻报》、《申报》等对此也颇为关注，其中《申报》连续做了以下报道：

水陆军警围攻海盗之经过

台州北盐悍匪张云卿、张云宗、陈云龙等，率领匪徒二三百人，啸聚披山，抢劫过往船只，外海水警局派新宝顺、泰安两舰及第四、第六巡队围攻两昼夜，因匪徒据守险要，不能剿灭，于上月二十七日电告水警局，请添派军队会剿。该局除当晚加派督察长唐仑率领永平巡舰痛剿外，并电告驻温州之省保安队第四团及驻台州第六团，抽调劲旅会剿。驻台第六团长接电后，亲率许团附及营长徐梦高并兵士十二连，乘新宁台轮，由台州出发，二十八日抵披山洋面时，永平舰亦到达，即开始攻击，奈匪徒居高临下，弹无虚发，军队用枪炮攻击，因匪徒藏匿山坡深林，不易命中。迨至二十九日，温州第四团亦派连长孙景夏率兵士十二连，分乘平阳、端午两轮抵此，即召集军警长官，在新宁台轮上，会商围剿办法，当经议决，各巡舰沿山梭巡，水陆队巡船埋伏四周，并定是日午夜向山上总攻击，想匪徒虽众，亦不难一鼓剿灭也。又闻新宁台轮饭司某，因扶栏瞭望，被匪枪击，弹中腰中所围之绸带

---

① 《水警与海盗之大激战》，《申报》1923年11月23日。

上，适带内藏有现洋3元，被弹射作弯形，故身体幸未受伤。[①]

披山股匪已完全扑灭

四属剿匪指挥部，日前调动水陆军警，乘舰围剿披山海岛股匪一事。兹悉该项股匪，已被军警攻溃，现正在穷搜残匪。兹录驻台保安队第六团第六团长李士珍捷电如下：剿匪指挥官王钧鉴，感电计达，海匪张云卿、尹小眼等，联合各股，数逾三百，占据披山海岛，凭险顽抗。职亲督职团阜团附徐营长等，率部会督外海水警唐督察长各舰队，及第四团孙骆两连等，于陷晨拂晓三时半，开始攻击，分三路，以职团为主力，组织奋勇队任左路，右水警，中四团，七时许职团奋勇队由左路首先攻上，旋右路亦相继登岛，激战约九小时，毙匪百余，挟械投海溺毙者，不计其数，生擒及获械颇多，救出难民数十，官兵死伤约二十，业已完全扑灭，现在督队在该岛各岩洞穷搜中。[②]

但总体来说，当时海盗活动范围广，频度密，乃至“无处无盗，无日不劫”。而官方兵力有限，往往顾此失彼，防不胜防。在此情况下，由于官方不能很好地履行地方保护的职能，深受海盗之害的沿海地区民众及相关团体纷纷起来自卫，他们或出钱出力，或奔走呼号，或组织联络，寻求自卫应对之策，其中尤以各地商民发起设立保卫团、民团、游巡队最为著名。如1923年12月，岛邑定海岱山高亭100余家居民“因患海盗登岸掳人劫物，亟谋设团自卫，经费均由各商号及殷户担任”[③]。

1924年12月中旬，镇海郭巨乡绅士张聿畅等也发起成立保卫团，《申报》报道说：“镇海郭巨乡绅士张聿畅等，鉴于冬防期间，盗氛日炽，设团自卫之举，不容稍缓，昨特邀集该乡各村耆老50余人，在戬岙庙开会。公推张聿畅主席，宣告开会宗旨毕，到会诸人，佥以举办保卫团，确为唯一要务，惟先决问题，厥惟经费。虽本岙等历年所办保卫团，用存枪械子弹，足够应用，而团丁薪俸及杂费，须有的款，方足以言成立。遂议先行筹款，由到会人认捐200元，将各庙停

---

① 《申报》1929年7月4日。
② 《申报》1929年7月5日。
③ 《高亭商民抽捐防盗计划》，《申报》1923年12月15日。

演庙戏之费，拨充 250 元。议决招募团丁 25 名，月薪 6 元，定期 3 个月，在戳岙设总局，驻团丁 15 名，升螺寺湾柳树田各设分所，各驻团丁 5 名。甲岙遇事鸣铃报警，别岙驰往兜捕，乙岙遇事亦如之，定于阴历本月底正式成立云。”①

其间，每当冬防及渔汛之际，台州、温州的保卫团、民团也纷纷设立，如 1924 年 10 月，温岭松门商会筹办民团自卫，“拟招团兵五十名，枪支经费均由地方负担”②。1930 年8 月间，临海东乡第四渡地方也发起设立保卫团。报道说：“临海东乡第四渡各士绅现因本乡盗匪蜂起，特召集村民共同会议，结果议决组织保卫团一所，招募团兵40 名，以资防御，费由地方负担，不日当可成立。”③自卫团体的设立也颇具成效，当时就有保卫团拿获海盗的报道，如 1924 年 12 月 13 日《申报》报道说：“台属海门保卫团第四棚什长杨春华，于六日率队巡迩严头村，见有小船 1 只，形迹可疑，前往搜查，当场获得海盗李光启，陈三头 2 名，并前膛枪 3 支，子弹 7 颗，火药 1 小包，扁刀 2 把。当即解送台属戒严副司令部发押。兹悉黄司令官因案情重大，于今（十日）日转解临海司法分庭法办矣。”④

与陆上有所不同，作为海盗重要攻击目标的海上过往船只大多联络同业，联合起来，为此往往颇具规模。如 1917 年 11 月 20 日《新闻报》报道说：“温台洋面系闽帮商船来往必经之路，现因匪氛日炽，闽渔公所特呈请省署组织外海保商团，雇用大号钓船 20 艘，每艘配置团员 16 人，分布洋面，往来警卫，所需经费概由商帮筹给，并备具款项呈请省长拨给枪械 320 杆，藉资捍御。”⑤而次年春宁温台三属创议组织的渔业团更是规模空前。报道说：“宁温台三属前曾创议组织渔业团以自卫，事未实行。兹又有渔商丁兆彭等拟联合三区渔民组织浙海渔业团，规定 1500 艘，并令各渔船备置警号及自卫武器，如洋面遇盗，即鸣警请援，他船闻声即互相协助，至一切陋规流弊，概予革除。昨已拟就简章，呈由外海厅请予转呈省公署。”⑥

---

① 《郭巨乡之冬防会议》，《申报》1924 年 12 月 19 日。
② 《松门筹办民团自卫》，《申报》1924 年 10 月 13 日。
③ 《四渡组织保卫团》，《申报》1930 年 8 月 14 日。
④ 《保卫团拿获海盗》，《申报》1924 年 12 月 13 日。
⑤ 《杭州快信》，《新闻报》1917 年 11 月 20 日。
⑥ 《渔民请组渔业团》，《申报》1918 年 5 月 9 日。

二、海难及其善后

（一）海难状况

受各种条件的限制特别是当时科技设备与物质条件的制约，民国时期各种海难事件仍常有发生，致使人民生命财产遭受严重损失。就当时海难发生的原因来看，大体可分为自然的（如触礁或风浪过大等）与社会的（如互撞或其他人为因素造成等）两种。具体情状从以下一组报道可见一斑：

湖广船搭客声述遇险之经过

昨日有湖广轮船之被难人来沪，述及宁波永川公司之湖广轮船，于阴历十二月初七日七时许，由台州开往甬江。船中搭客及船员人等约300余人，至十二点时驶经平礁洋面，被上海开甬之永安轮船迎面而来，猛然一撞，损及湖广轮船，前舱左边一洞受伤甚重，水即汩汩而进，几乎全船沉没。永安轮亦稍受微伤。当时湖广轮船搭客大声呼救命，约一时许，有永川轮船经过，瞥见湖广势将下沉，立即停轮施救，将湖广全船搭客船友救出。计撞死搭客1人，受重伤者4人，稍受微伤者10余人。而各搭客与被难家属昨日纷纷来沪，将情投诉江海关河泊司，请为彻底根究云。[①]

海门溺毙大批乘客

海门港面长约10里左右，每遇风浪往往有覆舟之患。今十四日下午三时许，有旅客30余人乘小舟自海门过渡前所，讵落流甚急，误撞永利轮铃缆，旋即覆没。各小舟齐来施救，当时救起10余人，溺毙20余人，亦云惨矣。[②]

湖广轮与闽船互撞惨剧

乘客落水者二三十人，实时轧毙者2人。

宁波行驶台黄之湖广轮船，于上月二十八日上午十时余，由宁开赴台州，

① 《申报》1921年1月20日。

② 《申报》1924年12月17日。

船中乘客，均系该两属之劳动界，共约五六百人。因船身狭小，上下舱几无立足地，兼之风狂浪大，船行较迟，至各埠时比较平时已晚二三钟，入夜一时二十分钟，由石浦起椗开驶，至南田所辖三门口洋面，突来闽商船（即白加船）当头冲撞，湖广遂遭巨创。计轮首左侧中舱（系账房房间）、上舱（即高台把舵处）、官舱大餐间，均被撞毁，约计丈余，一切房壁，亦均漂毁无遗。乘客纷纷落水者不下二三十人，轧伤者五六人，内二人一伤头部，脑浆迸出，一伤肚腹立即毙命。幸该轮下部伤轻，尚能勉强开行，驶回石浦至老码头停泊。船中乘客或登岸投宿，或仍在原船，候至翌午，趁舟山轮回台。湖广拟在石浦略事整理，再回宁波重行修葺。至闽船初以湖广洞穿轮身，伤毙多命，即逃避他处，后因已船受伤亦烈，爰于次晚亦开往石浦，要求湖广赔偿。闽所持理由，谓该闽船系顺流直下，而湖广竟不鸣汽笛，预作警告，致肇此祸云云，不知将来如何解决也。[①]

永利商轮触礁

台属海门开往上海之永利商轮，于昨（二十六日晚）由海门开往上海，经临邑上盘洋面，忽然触礁，前身损坏。船中惶骇万分，一时附近盗匪闻风咸来抢劫，并悉所有乘客，由永宁商轮运回海门。[②]

（二）应对与善后

对于各地不时发生的海难事件，各方予以高度关注，并积极开展善后工作，特别是为抚恤死难者和争取其合法权益而多方奔走，做出了诸多努力。1918 年 1 月 5 日，招商局开往温州的“普济”号轮船在吴淞口外被新丰轮船撞沉，伤亡达数百人，其中罹难者多为温州、温州及绍兴同乡，为此旅沪各同乡会奋起救援。宁波同乡会于 1 月 7 日开会议决，分别致函招商局与吴淞救生局，要求设法打捞尸身，抚恤死难者。[③] 同时鉴于此次普济轮船失事，而该局江天船行驶沪甬为年已久，船身朽坏，一

① 《申报》1927 年 12 月 4 日。
② 《申报》1928 年 2 月 2 日。
③ 《普济轮船失事三志》，《申报》1918 年 1 月 8 日。

遇风浪不能开班，强烈“要求招商局更换江天轮船，以保生命”，并联合绍兴同乡会，“全力对付，坚持到底，必达目的而后已”。[①] 最后，迫使招商局“将该公司前向香港订购行驶外洋之商轮一艘，电令开驶来沪，由公司改换名称插入沪甬班营业”[②]。温州同乡会、台州公所也积极与招商局交涉，要求该局采取措施，确保此类惨案不再发生。[③] 各同乡团体还承担起罹难同乡尸首殡殓及运送工作。为此成立不久财力单薄的温州同乡会还“不得已函恳本省及本属各长官酌捐会金，以固基本而维久远”[④]。

1934 年 11 月间，上海同安轮公司同福轮在朝鲜洋面失事，“全船船员 43 人，自船主以次，悉与船同殉。该轮除船主为俄人外，以下员工，均隶甬籍，家属泰半寓居上海。自闻噩耗，哀痛欲绝”。宁波旅沪同乡会以死难者均属同乡，义不容辞，即去函该公司代表卓惠民，请示善后办法，同时并由北均安公所、航海联谊会、航海舵工木匠互助会、焱盈总社等团体，成立同福死难家属善后委员会，办理死难船员等登记事宜，并负责办理与同安轮公司交涉事宜。[⑤]

值得一提的是，进入南京国民政府时期，政府、工会以及保险公司等在海难事故善后工作中，开始发挥日渐重要的作用，显示出相关工作逐步加强的现代性。如 1928 年 7 月，宁波新宁台轮自惨案发生后，海员工会一再向各方为死难船友请命抚恤，并经宁波市政府与肇事公司交涉，最后，“对于死难船友，各给抚恤金 400 元，共 9 人计洋 3600 元”[⑥]。而 1933 年 3 月招商局之遇顺轮在普陀洋面撞沉金顺兴渔船一事的善后，保险公司开始介入。报道说：“招商局之遇顺轮，上次在普陀洋面撞沉金顺兴渔船一艘，当场毙舟子刘安邦、刘阿石等 8 名。出事后，由遇顺轮救起刘细立等 15 人，嗣经船主柯明山向玉环县呈报，谓全船 27 人，除经梁日兴渔船捞救江春水等 4 人，及遇顺带沪 15 人外，尚有 8 人溺死在普陀洋面。此事关系重大，交部亦训令局方彻查真相，妥为办理，由刘鸿生委派专员张一鸣到失事处，实地调

---

① 《普济轮船失事七志》，《申报》1918 年 1 月 12 日。
② 《普济轮船失事二十一志》，《申报》1918 年 1 月 26 日。
③ 《普济轮船失事十五志》，《申报》1918 年 1 月 20 日。
④ 《普济轮船失事二十二志》，《申报》1918 年 1 月 27 日。
⑤ 《同福轮船死难家属善后会成立》，《申报》1934 年 12 月 1 日。
⑥ 《新宁台轮惨案之善后》，《申报》1928 年 7 月 18 日。

查，究竟死伤若干。盖据遇顺船主言，落水者悉皆救出，并无丧亡人命之事。张一鸣彻查结果，当时溺水者确无溺死 8 人之多。据柯明山开报失单，损失数目计达 10000 余元。此案经过多次交涉并与船主面谈几度，直至现在，业由局方特别体恤该渔船，由局赔洋 6000 元，以资结束。此项赔款，则由局通告遇顺轮船承报水险之公司，归该公司认出半数。纠纷已久之撞船惨剧，至是告一结束矣。”①

1940 年 3 月 2 日，来往镇海宁波间的客轮“景升”轮在新江桥堍解缆开船。突然响起侵华日军飞机入境警报，船上 400 余乘客慌乱不已，严重超载的船体顿时下沉，淹死 387 人，造成宁波空前惨剧。沪甬各团体积极办理善后，宁波商会与鄞县政府等组织“景升轮惨案善后委员会”，处理打捞、埋葬无名尸体等有关后事。该会经费定一万元，由和丰纱厂、太丰厂、鄞县战时救济委员会、被灾难胞委员会、鄞县航业公会、驳运公司及行驶沪甬线之各轮等捐助。宁波旅沪同乡会拨款一万元救济，并致电宁波航政办事处、航务管理处，要求加强管理，“以利商运而重民命”②。

1948 年 12 月 3 日，自上海驶向宁波的招商局江亚轮在吴淞口外 30 里处爆炸沉没，死亡 3000 人左右，酿成近代国际客运史上一次死亡人数最多的惨案。死难者绝大多数为包括鄞县在内的宁波各县人士，为此沪甬两地分别成立“江亚轮惨案善后委员会”，进行认领、治丧、纠察、救济等善后工作。对此甬地社会各界予以高度重视，积极协助上海宁波同乡会做好善后工作。甬地常务委员会由 19 人组成，赵芝室为主任委员，甬上社会各界著名人士几乎悉数参加。下设总务、调查、经济、救济、法律五组。③由于当时时局混乱，善后工作进行得相当困难。但经过两地善后委员会的不懈努力与坚持，迫使当局予以抚恤赔偿，死者棺柩运抵宁波归土安葬，善后工作成效明显。新中国成立后，经同乡会善后会的多方努力，也得到人民政府有关部门的支持，抚恤金问题终于获得解决。1949 年 12 月 16 日，善后会召开发放抚恤金会议。经各方协商，最终达成协议，每名遇难者赔偿 13 万元，“江亚”轮善后事宜最后了结。

---

① 《溺毙八人之撞船案解决》，《申报》1933 年 3 月 18 日。
② 《沪甬轮吃水限制》，《申报》1940 年 3 月 7 日。
③ 《江亚惨案善后委员会昨日正式成立》，《宁波日报》1948 年 12 月 23 日。

第五章
民国时期的浙江海洋文化

海洋文化包罗万象，门类繁多，其中教育、科技与文学是三个重要的方面。相比于以往任何一个历史时期，民国时期浙江海洋文化有了巨大的进步与发展，其中不少方面实现了历史性的跨越，如海洋专业教育不仅起步，而且有了一定程度的发展，沿海一些地区的基础教育更是在省内外处于领先地位，海洋科研与海洋调查在一定范围内有序展开，海洋装备与设施也有明显进步。海洋文学也在这一时期开始呈现出多彩的画面与形态。在此，我们试图通过教育、科技与海洋文学三个方面来展示民国时期浙江海洋文化的进步及其曲折历程。

第一节　教育事业

民国时期，中国的教育事业逐步与西方接轨，浙江沿海地区的教育事业亦有了长足的进步，而海洋教育更是呈现出专业化发展的趋势。同时需要指出的是，这一时期中国的现代教育处于起步阶段，浙江作为中国的沿海地区，其现代教育的发展虽远不及欧美先进国家，但对山河破碎、内忧外患的近代中国来说，浙江沿海的基础教育成就显著，海洋专业教育开始起步并获得初步发展。

一、职业教育：从省立水产学校到国立水产职业学校

（一）浙江省立高级水产职业学校

浙江省立高级水产职业学校，自建校起，迁址合并，几易校名，大致经历如下几个时期，兹分述如下：

1. 浙江省立甲种水产学校、浙江省立高级水产学校

1915 年，浙江省政府筹备创办浙江省立甲种水产学校，校址设于临海县葭沚镇椒江书院（原临海县商业学校校址）。当时，除利用原椒江中学校舍外，陶寿农助田 5 亩，黄楚卿助田 3 亩，再由浙江省教育厅拨款增建新校舍。该校于 1916 年 3 月 28 日正式开学，这是浙江省最早成立的水产学校。1916 年，学校设补习科，至 1918 年停办，共招收两届补习班，修业期限均为 1 年。1917 年，设渔捞、制造两科，制造以精制食品与化学用品为主。1919 年开始设 1 年预科和 3 年制本科。本科分设渔捞、制造两科，均按当时职业学校的学制。

1923 年 8 月，学校奉令改校名为浙江省立高级水产学校，学习期限 5 年，其中预科 2 年，正科 3 年。学校招生面向全国，南至广东，北至山东，均有学生到校报考。学生最多时近 300 名，其中大多来自宁波、温岭两地。学生一律住校，每学期缴银元 50 元（含膳食、住宿、校服、书簿等项费用）。学校自备供实习用渔轮 1 艘，载重量为 30 吨。教职工 30 余人，前清举人周作东、廪生张菊轩、复旦大学毕业生谢趣尘和日本早稻田大学留学生周载熙等人先后在该校任教。学校另聘有英语教师和拳击师傅。第一任校长由赵榍担任（赵榍，字叔眉，温岭人，毕业于日本早稻田大学）；1924 年夏由张苑林继任（张苑林，仙居人，系该校毕业生，后赴日本早稻田大学留学）。

1925 年夏，浙江省立高级水产学校校长改由陈谋琅担任。陈谋琅，鄞县人，卒业于江苏省立水产学校，1917 年留学日本农商务省水产讲习所本科养殖科，1921 年毕业，历任江苏省立水产学校养殖科主任、养殖场场长。当时浙江省立高级水产学校已办学 9 年，“因办事者不得其人”，以致“毫无成绩”，因此舆论期望陈校长的上任能为该校带来新气象。[①] 而陈校长亦不负众望，在收到省方委任后，

① 《水产学校校长得人》，《时事公报》1925 年 7 月 17 日。

即赴校视事。当时的学校“校舍荒落，满目凄凉，室内尘埃堆积，玻窗破碎，操场庭园则荒草没胫、几无通路”。而前任校长张苑林“携（学校）钤记回原籍，延不交代”。面对困境，陈氏即先垫款筹备修缮，雇工芟草，以便行路，同时，修理宿舍，翻新楼窗式样，洗刷大礼堂，并且雇就机工着手工场修理，以便开学后学生进行实习，实习经费当时已由教育厅列入概算。由于陈校长领导有方，学校面貌顿时大为改观。[①]

陈谋琅校长上任一年后，即1926年夏，学校已有了长足进步，体现在如下几方面。

教育行政：人才之任免与机关之设置均颇有考量，教务主任兼制造工场主任为“学验俱优”的张毓□，事务主任为“办事干练”的张世□，辅导主任为“经验丰富，指导尤贵负责”的王诗城；同时，校内设校务委员会，为最高评议机关，教务处、事务处、舍务处，为校务执行机关，又设教务委员会、经济委员会、辅导委员会，协议关于学校部分事项、有关组织大纲、各项委员会规程、委员办事规则、教职员评议会细则，以及关于学生的一切规则。

专业人数：至1926年，该校设有制造科3个班，渔捞科3个班，□制预科一年级一个班。学生“制三”班有7人，“制二”班有11人，“制一”班有9人，“渔三”班有5人，“渔二”班有8人，“渔一”班有5人，“预科”班有13人，共58人。

学校设施：该校除具备办公室、教务室、自修室、宿舍、图书室外，还设有制造工场、渔具工场、化学实习室、生物实验室、细菌实验室、化学制造品实习室。至1926年，校具新置800多件，电灯新制42盏，图书新添130余件，仪器新添14件，制造实习用具新添8件，且均表册完备。

该校教员，当时很多都是陈校长新聘请的，对于教学，“均能负责，间有因事缺席，亦须按照所缺时间补授，一洗从前积习”。教员的教学方法，兼用“启发式”和“讲□式”。至于临时的考试测验，由担任教员酌量分配举行，一月或二月一次，日期临时宣布。实习一项，“渔捞科有制图、运用渔具、测天等，而气

① 《水产学校改革情形》，《时事公报》1925年8月11日。

象实习，则于每日课外，由学生挨次实习”。测制造科，“有化学制□细菌、化装品制造等”。“每年在渔期繁盛，鱼类产额丰富之时，两科停止课程，渔捞科专事航海、化□运用、编网等。”此外，“国语、日语、数理、渔业，研究会每两星期举行一次”。渔捞科学生，由专科教员，率同至吴淞水产学校，借用渔船，实地练习。制造科制造出“牛肉、肉松、鱼松、制橘、酱品、黄鱼、鲳鱼、羊肉等罐头食物，成绩颇佳”。学校规定学生“每日行早操20分钟”，另外，“午后四时课毕，至五时二十分，练习球类运动”，由教职员共同指导。

其他方面，学校也有严格的规章，如学生因事请假，“须叙明理由及日期，酌量情形，核准或拒绝”。宿舍内住辅员，与学生共同生活，“耳目较近，管理极便”。学生自学时，由教务与辅导两位主任随时指导授课。有点名簿，每星期由教务处统计一次，对点名未到者进行张贴警告。“每星期天晚举行讲演一次，由教员指导批评。至训练一项，定有实施方法八条：①与学生共同生活，以为其模范；②与学生适当谈话，以考查其个性；③设备各项课外游艺，以改善其习惯；④组织各种集会，以提高其兴趣；⑤自修室寝室饭堂等位次，视年级科别分配，以消弭其区域见解；⑥组织学生自治会，消费合作社等，以养成其公民生活之习惯，及办事能力；⑦课后及休假日，非必要时，禁止出校，以杜不良环境之诱惑；⑧书报杂志，可并修养资料及提高兴趣者，逐渐购置。上述各项，均能切实施行，故校风渐臻优良。”该校征收费用，除学费外，膳费每月4元2角，书籍讲义实习用具费预缴5元。

当时，省方派员对水产学校进行考察，对陈谋琅校长的作为甚为嘉许。当经教育厅指令该校云：“案据省视学郑彤华呈报赴该校视察情形，并送报告书到厅，查该校校长对于该校校务，力图整顿，辅导主任负责指导，教务管训，两方面均能办理合法，深堪嘉许，嗣后应积极进行，以图完善，合亟抄发报告书，令仰该校遵照。”[①]

然而该校亦存在一些不足与问题，比如“该校渔轮尚未设备，实习颇感不便”[②]。当时学校亦为引进渔轮等设备做出了努力，由于当时浙江省令准浙江省议会

---

① 《水产学校视察之报告颇得教厅嘉许》，《时事公报》1926年7月12日。

② 《水产学校视察之报告颇得教厅嘉许》，《时事公报》1926年7月12日。

关于裁撤定海外海渔业总局及温台两处分局的决议，而该局曾接管前定海渔业试验场的渔具、渔轮、结网机、航海用具等。为此，陈谋琅校长致电浙江省公署，认为这些渔业器具"甚合校用"，并且陈明"本校年来，因无临时费，乏资购备诸器，请准予拨用，既免朽坏，且易保存"，因此"伏祈察核照准，迅予电饬将上述诸件，点交本校，由本校派员收管，俾渔捞事业，得咨发展"，而浙江省公署亦表示同意。于是咨呈农商部，"拟请准其（指学校）照办，相应备文咨请大部查核照准，见复施行"。[①]但不见下文。此外，该校为了弥补校内实习的不足，同时"引起渔民之观感"，也为了增强实习教育和提倡渔业，曾向教育厅申请在宁属岱山地方设立制造实习场一所，在温处坎门地方设立捞鱼实习场一所，当时已拟具预算书，并提交教育厅，由教育厅转呈省长送交议会付议。[②]

办学之初，该校设于临海，然其地并不适宜办此学校。早在1916年，鄞县籍浙江省议员戴敦励等就已提出水产学校迁移舟山之提议案。[③]此后，戴敦励等于1925年、1926年，又数度提出迁移水产学校至镇海之议案，同时罗列六大理由：①地处偏僻交通不便；②水产稀少原料高贵；③学生不多程度低劣；④人才缺乏教员难求；⑤积习极深校风腐败；⑥虚靡公帑成绩全无。然而最终迁移学校之提案被打消，而对于办学过程中出现的诸多问题，诸议员认为应查办校长，并为此专门另起一份议案提出讨论。[④]1927年4月，校长陈谋琅深感校址不适宜办学，建议省政府将学校迁于定海。6月17日，在浙江省务委员会第二十三次常会上，终于决定"拟迁至定海与水产品制造模范工厂合并，其办法由教育、建设两厅共同筹划，决议通过"[⑤]。于是该校由省务委员会准予迁移，与

① 《海门水产学校请借用渔业局器具》，《时事公报》1926年5月23日。海门，位于今台州市椒江区内，而非今江苏南通之海门市。

② 《筹设水产实习场》，《时事公报》1922年5月16日。

③ 《水产学校迁移舟山之提议案》，《四明日报》1916年1月1日。

④ 《省立水产学校有迁移镇海之必要》，《时事公报》1925年5月27日；《省立水产学校有迁移镇海之必要（续昨）》，《时事公报》1925年5月29日；《迁移水产学校校址之提议》，《时事公报》1926年6月4日；《迁移水产学校校址之提议（续昨）》，《时事公报》1926年6月5日；《迁移水产校案已打消》，《时事公报》1926年6月12日。

⑤ 《浙省务委员会之教育决案》，《申报》1927年6月23日。

定海的省立水产品制造厂合署办理。学校在台州期间培养各类毕业生 180 人，其中本科生 130 人。[①]

2. 浙江省立制造水产品模范工厂

浙江省立制造水产品模范工厂，系 1915 年 6 月筹办，当时浙江省派员出巡宁、台、温三属沿海口岸，考虑到"水产品为人生必要之需，吾国对于是项工业素不讲求，以致渔泽之利，反为外人所得"，因此对宁、台、温三府属之镇海、海门、永嘉三处水产讲习会进行考查，并就地筹款创办水产品制造模范工场，同时编造计划书咨陈农商部备核。[②]1916 年至 1917 年前后，农商部委派曹文渊到定海开办水产工厂，该厂正式成立，厂址设在定海大校场。

至 1920 年，浙江省立制造水产品模范工厂拥有制牛肉罐头场、螺甸钮扣场、制革场及制鲞鱼、带鱼之烘房、栈房等；聘有胡岳青等技师，朱延章等助手。当时，该厂能制造牛肉、鸡肉、羊肉、鱼翅、黄鱼、饼干、水果等各种罐头，"无不美备，而所制牛肉及饼干香味尤佳"。在螺甸钮扣制造场，工人及艺徒均用脚踏机器，制造手法"至为敏捷"，制出产品"光彩甚佳"。由女工精选成货串，钉在纸版上，"每罗 144 枚，约值 1 元有奇，价廉而物美"。由于该厂马达机用煤费用甚大，因此很少开动，而我国国内工人的工价低廉，所以该厂认为可以不必借用"汽机"的力量驱动机器，转而雇佣工人操作机器，或手摇或脚踏，做到用机器而不用"汽机"，花费既较省，而机器之灵动无异于用马达驱动机器。制革场的工人不多，每天在该场所杀的牛羊，"均特请工人自行制革"。烘房能够制造淡鲞鱼、淡带鱼等食品，"能去虫防腐，风味尤美，历冬夏不变"。然而该厂限于省拨经费的不足，并不能大为发展。[③]

另外一方面，由于多方面因素制约，水产制造厂经营并不理想，甚至有些名不副实。首先，该厂无大宗水产货物出品。该厂创办之始，所有机器均系向国外订购，嗣后因为受到欧战的影响，铁价暴涨，直至 1920 年才将全部机器运到，而

---

① 椒江教育志编纂委员会编：《椒江教育志》，上海三联书店 2004 年版，第 125—126 页；台州水产志编纂委员会：《台州水产志》，中华书局 1998 年版，第 331 页。

② 《筹办水产制造场》，《新闻报》1915 年 6 月 22 日。

③ 《参观浙江模范水产制造所记》，《申报》1920 年 11 月 25 日。

此时煤价高昂，机器很少使用，自然就没有大宗货物出品。其次，该厂盈利甚微。该厂唯独螺甸扣这一种商品销路颇旺，“日夜赶制，尚虞不给”，但是该产品的制造成本较为昂贵，工人工资又高，故而获利至微。再次，该厂财务入不敷出。该厂“厂长以至仆役，每月薪俸不下千余金”，而工厂的盈利不多，以至于“偌大之工厂，终岁收入无几，不敷支应”。第四，该厂制造的罐头食品质量欠佳。即使一度名声在外的牛肉罐头后来“味淡而质不坚，香味亦劣”。甬江某公司购进该厂的牛肉罐头进行销售，消费者均不满意，而鱼松罐头则“十有九霉”，甬关的消费者孙君，购买十罐鱼松，“连开三罐，均有霉味，余即退还”。第五，该厂制造大量与水产品无关之商品。因为水产品罐头制作难度大，工厂又入不敷出，因此曹文渊厂长、胡浚泰技师于1920年10月间起，向台州购运菜牛，同时购入羊、鸡等禽畜，以备在冬天宰制罐头食品，并制造饼干运销温州等埠，还用药水“试销狗皮、鹿皮、牛皮等”，以便销售给鞋店等商家，希望借此办法来补助开支。诚然这对于工厂的收入不无小补，“但与水产工厂名义殊不甚副实”。第六，该厂财务状况较为混乱。例如该工厂造报的清册，即曾遭到财政厅的“驳饬更正”。又如该厂应缴1923年度产息收入银6042元，屡经实业厅文电分催，都没有报解。究其原因，是该厂本来预计这笔款项是等到上海螺扣批发所许永利号欠款收到后，即行解缴，然而不料该商号于1924年旧历十一月倒闭，亏款数逾百万，该厂只能进一步与许永利号店东许柳春进行交涉，以完成结算，而实业厅也责令该厂厂长曹文渊按所定期限追还欠款。

如上种种，使人们对水产制造厂失去了信心。1919年定海的省议员费锡龄等就曾提议停办水产工厂，甚至连该厂的职员亦上书省厅要求停办该厂。1925年，该厂技术员王换元致电省长和实业厅厅长，罗列该厂厂长曹文渊任职以来种种失职渎职情形，如惶造浮报、隐瞒销额、吞蚀公款等等，并言水产工厂成立九年，成绩毫无，“迭被省议员质问在案”，同时请求省方派员彻查该厂以明真相。[①]

除浙江省立制造水产品模范工厂外，30年代浙江省建设厅还相继有其他两个

① 《水产厂之成绩如是》，《时事公报》1920年8月30日；《水产工厂名不副实》，《时事公报》1920年11月29日；《水产厂受亏各款责成厂长追还》，《时事公报》1925年3月22日；《电请彻查水产品工厂》，《时事公报》1925年4月12日。

渔业改良研究场地的建设计划：一是决定在沈家门创办水产试验场，“拟先设渔捞及养殖二部，总场设于沈家门，分场设于三门湾，并建造改良模范渔船两艘，以图旧式渔业之改良”，同时整理浅泥滩泥养殖贝类，以谋盐水养殖之发展；[①] 二是拟在定海设立水产改良场，预计内设渔捞、养殖、制造三部，以改良渔民生活，发展渔业生产。[②]

3. 浙江省立水产科职业学校、浙江省立高级水产职业学校

1927 年 9 月，浙江省立高级水产学校迁入舟山定海城关道头大校场（今海军司令部），与省立制造水产品模范工厂合署办学。厂校合并后，原省立制造水产品模范工厂更名为省立水产品制造厂，学校借水产品制造厂空余厂房办学。同年 11 月，学校改名为浙江省立水产科职业学校，由留学日本的张柱尊任校长兼厂长。时有学生 49 人，教职工 18 人。1928 年，因校舍缺乏，省建设厅拨银元 4 万元，兴建教室、办公室和师生宿舍。同年春，正式分科招生，初设渔捕、制造、养殖 3 科，招收对象为初中毕业生。是年，招收正科学生 34 名、渔捞职工科学生 14 名、制造职工科学生 18 名，学制均为 3 年。1930 年，营造“民生”一号、二号手操钢质渔轮 2 艘，供学生出海实习生产之用。是年，有学生 161 名，教职工 23 名。学校有洋式楼房教室 7 栋、宿舍 13 栋、实验标本室 7 栋，以及膳厅、调养室等 30 余间，总建筑面积达 6336 平方米。有教学和实验仪器 300 余件，其中含电影放映机 1 台，标本 100 余件，《万有文库》一部及其他图书 1300 余册。同时，省立制造水产品模范工厂原有锅炉及原有动力设备、供水设备、罐头制造设备、贝壳钮扣制造设备、晒制鱼鲞设备及冰、咸鲜鱼制造设备等，使得学生拥有较好的实习条件。当时，省立水产品制造厂能生产罐头食品清炖带鱼等 11 种，鱼鲞类鳗鲞等 10 余种。1933 年，浙江省立水产科职业学校更名为浙江省立高级水产职业学校，招收初中毕业生，入学学制 3 年。

1934 年，该校爆发学潮。起因是学生要求校方公布账目，合理分配各科经费，完善课程设置，充实教学仪器设备，指控校长用人不当，学识浅薄，擅改学

---

① 《沈家门设水产试验场》，《申报》1930 年 6 月 23 日。

② 《建厅拟在定海设立水产改良场》，《上海宁波日报》1933 年 9 月 3 日。

制，阻止军训等，请其离校。学生驱逐代校长巫忠元的风潮，自10月4日起，至11日止，共计8天。当时建设厅派刘道敏前往彻查，并由当地士绅从中调停。建设厅委员刘道敏抵达定海当夜，“全体学生即露宿操场，学生发宣言，校长发启事，一方电厅请示，一面电省救济，一面开除学生，一面誓不回校，僵局已成，愈趋背面”。当时，经过多方调解，风潮方趋于缓和。[①]然而不久，巫代校长即致电省方，谓学生继续迭次借端滋闹，学生自治会议决无定期请假。省方即在23日致电定海县县政府，认为如此情形实属目无法纪，令谢县长领导定海县政府、公安局会同水产学校巫代校长，将该校即行解散。25日起，学校发还学生缴费，按名核给。当时学生看到学校解散布告，很多人失声痛哭。教职员已于22日照常上课，“陡闻解散消息，无不为该校前途惋惜”。[②]10月底，学校停办。自该校迁入定海至因学潮停办，为时8年，共历四任校长，依次为张柱尊、杨昭、金炤、巫忠元（代理校长）。

4. 浙江省立水产试验场

1935年1月29日，在浙江省政府第七四二次委员会议上，由建设厅长曾养甫提案，会议议决通过，将定海县浙江省立高级水产职业学校、浙江省立水产品制造厂改办为浙江省立水产试验场。[③]建设厅委任陈同白为该场场长兼总技师，由建设厅第三科科员刘道明陪同从上海到定海赴任。该场所需费用，经省府会议核定，开办费8000元，计划用原浙江省立高级水产职业学校停办期内的经常费拨用，经常费每年约4万元，也是计划暂时以原浙江省立高级水产职业学校的经费移充。至于该厂内部组织，分总务、技术、企业三部，并附设一训练班。原浙江省立高级水产职业学校三年级学生，予以甄别考试，列入训练班，“一以继续学业，二以造成实际人才”，另外，该校一二两年级学生，将依原来学力程度，一律发给转学证书，听便转学。同时，建设厅长曾养甫计划向中英庚款会导淮委员会借款三万镑，向中央建设委员会借款五万磅，以“购置最新式巨型渔轮”，“设置

① 《定海水产学校学潮调解平息》，《宁波民国日报》1934年10月15日。

② 《定海水产学校风潮未息》，《宁波民国日报》1934年10月26日；《水产学校解散矣》，《宁波民国日报》1934年10月26日。

③ 《定海水产制造厂改办水产试验场》，《宁波民国日报》1935年1月30日。

最新式水产物品机器制造厂”。当时已由曾养甫厅长致函江苏省主席陈果夫和江苏省建设厅长沈百先，接洽合作进行办法。[①]此外，浙江省立水产试验场还开设有渔业指导人员训练班、渔业技术函授学校，并进行了一系列的渔业相关调查与试验，还制造鱼松、熏鱼等运销沪杭各地。[②]

5. 浙江省立高级水产职业学校复校

自 1934 年 10 月省立高级水产职业学校停办开始，至 1937 年抗战全面爆发以前，社会各界有关恢复浙江省立高级水产职业学校的呼声不绝于耳。下至该校学生、社会人士，上至浙江省自治委员、定海县教育会、定海县商会、玉环县渔会、宁波旅沪同乡会等十余个团体与官员，均呼吁尽快恢复该校，而宁波旅沪同乡会还函陈蒋介石，请求复校。然而，由于浙省财政匮乏，该校原址又已改办水产试验场，各方请愿终未能如愿。[③]未几，全国抗战爆发，定海沦陷，1939 年“六二三”之役，由水产学校改办之水产试验场亦一同陷于敌手，复校之事至此搁置。

直至 1945 年抗战胜利前夕，为了能更好地培养水产人才，振兴渔业经济，巩固战后海权，恢复浙江省立高级水产职业学校一事再度提上议事日程。1945 年 7 月 11 日，浙江省定海县临时参议会呈请浙江省政府主席，恳请复校。1945 年 9 月 28 日，浙江省立高级水产职业学校校友会致函浙江省政府主席，恳请复校。1945 年 11 月 24 日，浙江省第一区渔业管理处电请建设厅、教育厅恢复水产学校及水产试验场。1945 年 12 月 21 日，教育厅函复第一区渔业管理处，言恢复水产学校正在该厅筹划之中，同时，要求第一区渔业管理处专门代为拟具关于恢复水产学校设备及试验场、制造厂等详细计划及预算，并报送教育厅作为参考。抗战

---

① 《省立水产试验场陈场长莅定视事》，《宁波民国日报》1935 年 2 月 3 日；《建设厅发展渔业救济渔民》，《宁波民国日报》1935 年 2 月 5 日。

② 《水产场救济渔业改良制造出品》，《宁波民国日报》1936 年 4 月 13 日。

③ 《庄崧甫代电省府请恢复水产学校》，《宁波民国日报》1934 年 11 月 14 日；《水产校学生自治会推代表向教育部请愿复校》，《宁波民国日报》1935 年 2 月 20 日；《定海水产学校急应恢复》，《宁波民国日报》1935 年 7 月 14 日；《定八团体电请恢复水产学校》，《宁波民国日报》1935 年 7 月 15 日；《定海水产学校毕业学生进行复校运动》，《宁波民国日报》1935 年 7 月 25 日；《省府呈复蒋委员长定海水产学校恢复为难》，《宁波民国日报》1935 年 7 月 29 日；《定海水产学校复校运动失败》，《宁波民国日报》1935 年 9 月 7 日。

期间，水产学校除校舍外，余皆大多损失，渔轮亦不知下落。因此，1946 年 8 月 15 日，浙江省建设厅要求浙江省渔业局迅即造册上报水产学校、水产制造厂、水产试验场抗战损失情况，向农林部及善后救济总署请拨补偿。[①]

1947 年，浙江省立高级水产职业学校复校，校长由该校毕业并留日深造之杨宪棠担任。同年春，为灌输渔民子弟常识，借以改进渔法起见，该校特附设渔民子弟训练班一班，名额 40 名，当年 4 月 19 日开始报名，5 月 1 日正式开学。同年 7 月，杨校长晋省请示当期招生问题，奉省府主席手令，于当期“就地招收高小毕业程度之渔民子弟，作为初级干部，名额暂定 40 名，学费免收，并有公费待遇”，并定于当年 9 月 6 日开学，这无疑给了贫苦渔民子弟莫大的便利。当时，学校教员已全部就聘。与此同时，浙江省立高级水产职业学校进行正式招生，先招收高中毕业或同等学历的训练班学生 80 人。[②] 1947 年 9 月，省立高级水产职业学校复校开学。至 1949 年 2 月，全校共有 4 个班，学生 158 人。然而，是时烽烟四起，时局动荡，该校决定在 1949 年 5 月 3 日起，提前放假。由于战事吃紧，大批国民党军政人员撤退到舟山，省立高级水产职业学校校舍成为舟山群岛防卫司令部，才复校不久的省立高级水产职业学校再度受挫。1950 年，学校并入上海市吴淞水产专科学校。[③]

（二）国立高级水产职业学校

国立高级水产职业学校，系国立唯一水产职业学校，于 1946 年 12 月 16 日奉教育部令筹办。当时正值抗战胜利不久，教育部“有鉴培植水产干部，借以配合

---

① 《浙江省水产学校卷》，浙江省档案馆藏，档案号：L032-000-1244。

② 《浙江水产学校暑期正式招生》，《宁波日报》1947 年 2 月 2 日；《祝水产学校复校》，《宁波日报》1947 年 3 月 7 日；《浙水产学校附设渔民子弟训练班》，《宁波日报》1947 年 4 月 19 日；《提倡水产教育》，《宁波日报》1947 年 8 月 29 日。

③ 戴志康主编：《舟山市校史集》，红旗出版社 1991 年版，第 439 页；定海教育志编纂办公室：《定海教育志》，舟山市时代教育文印社 1998 年版，第 109 页；浙江省教育志编纂委员会：《浙江省教育志》，第 897 页；舟山市教育志编纂办公室：《舟山市教育志》，红旗出版社 1996 年版，第 153 页；《省立水产职校学生责问校长四个问题》，《宁波日报》1949 年 5 月 4 日。

实施‘中国之命运’之需要起见”，爰有该校之设立。[①]

该校校址设于浙江省平湖县乍浦镇，而乍浦乃是孙中山指定的东方大港所在地，其位于全国海岸线的中心点，“钱塘江之吐纳口，沪杭国道之要镇，东南望舟山群岛，东北外海接嵊泗列岛，我国大黄鱼、小黄鱼、带鱼、墨鱼四大渔场之总汇”。因此，学校设在乍浦，对于教学和实习，两方面均较为便利。当时，学校择定乍浦徐培本祠及附近之齐王庙为校舍，于1947年9月间招考新生，11月间开学上课。

国立高级水产职业学校首任校长为王肇模，1948年6月间王校长辞职，戴行悌于同年7月2日奉教育部令继任，同月20日接事。该校师资力量较为雄厚，据该校1948年10月之统计，三十七学年度第一学期教员有留美毕业者1人，留日水产专科毕业者7人，国内水产专科毕业者7人，国内大学毕业者11人，共26人。

学校分设渔捞、制造、养殖3科，1948年学生人数总计179人。其中渔捞一年级上期28人，渔捞二年级上期39人；养殖一年级上期15人，养殖二年级上期16人；制造一年级上期16人，制造二年级上期35人，而三年级未见于统计。全校学生年龄分布在15岁至25岁之间。学校生源亦来自全国各地，其中籍隶江苏者90人，籍隶浙江者69人，还有籍隶安徽、湖南、四川、广东、山东、河北、辽宁、安东者。

由于学校创办于战争时期，因此经费支绌，且办学时间短暂，故而学校的各项设施总体而言较为简陋。校舍方面，由于学校利用祠堂庙宇办学，因此教室、办公室等校舍均不合用，至于标本室、渔具室以及其他应该设置的场地，则更是无力建设，但当时都已有建筑计划。对此，校长戴行悌言“本校最困难之问题，即无固定之校舍，盖租界祠庙，既不合用，复不经济，惟以部发经费有限，而建筑数字惊人……”[②]1948年，该校奉拨经费200亿，是年年底，已修建平房2幢，计教室6间，又膳厅1座，宿舍1座，同时计划修理海滨俱乐部作为办公室，修

① 《国立高级水产职校设立卷》，浙江省档案馆藏，档案号：L032-000-1246。

② 《国立高级水产职校设立卷》，浙江省档案馆藏，档案号：L032-000-1246。

理海滨荒地作为操场，并添建厨房，教职员宿舍，教员休息室，图书馆，仪器、标本室等。随着招生的增加，校具显得不敷使用。仪器方面，该校仪器室仅有物理仪器3套，化学仪器2套，而化学药品存量，更是十分有限。图书方面，该校图书馆图书存量不及千本，师生教学参考，均感不够。针对仪器与图书的不足，学校以奉拨美金15000元，列单向美国购置。实习设备及实习基地方面，仅有渔捞科的操艇实习是凭借从渔管处借来的小型木艇二艘经常进行实习。对此，校长戴行悌表示“职业学校，首重实习，而本校对于学生应有实习之工具，均未设备”。为解决此问题，当时学校向渔管处借到小汽艇二艘，同时，请善后事业委员会保管委员会配给渔轮，得到后者同意，当时已奉核定为Martinolich号。在制造科实习方面，学校一面向教育部转向善后事业委员会保管委员会请配制冰机、冷藏机、发电机及制罐机等赔偿物资①，一面利用奉拨美金购置制造及贝扣之器材等，并计划尽速设立工厂，以供学生实习之用。在养殖科实习方面，当时学校除了赶制小型水族箱36只以提高研究兴趣外，并与江苏省渔业改进委员会联络，特约无锡养鱼场为实习场所。至于学校的医疗卫生方面，校医室的药品存量极少，难以应付治疗。而在体育设施方面，学校的体育场仅有篮球架一副。当时学校计划新开操场，并在新开操场添置各项球类的球场及田径赛器具，满足学生课外活动之需。②

在增添教学设备、场所的同时，学校还十分注重对学生个人能力的培养。为使毕业生适应社会需要起见，该校自三十七年度第一学期开始，有关数理化等课程，均采用外文原文，以提高学生的外文阅读能力及外语会话能力。至于其他功课，也都采取从严教学。此外，由于水产职业学校的学生毕业后大多从事水产业务，进行水上生活，因此，学校认为对于学生的生活训练，“应养成其绝对服从之习惯”。三十七年度第一学期每日的升降旗、早操、集膳等方面，都实施军事化管理，使学生的校园生活军事化。③

---

① 此处“赔偿物资”指联合国善后救济总署向中国提供的救济物资。

② 《国立高级水产职校设立卷》，浙江省档案馆藏，档案号：L032-000-1246。

③ 《国立高级水产职校设立卷》，浙江省档案馆藏，档案号：L032-000-1246。

对于学生毕业后的就业问题，学校也十分重视。该校认为“职业学校学生之出路，务须设法解决，否则学无所用，根本失却教育意义”。当时，学校除了呈请教育部设法介绍就业单位以外，还预先与全国有关水产事业的公私渔轮公司、罐头工厂、冷藏工厂、咸淡水养殖场，以及渔业机关团体等密切联系，同时加紧学生学识及技能的训练，“以便毕业时分别介绍服务之处所”。[①]

1948年9月间，学校“奉令增班二级，以充实‘中国之命运’经济建设人才”，然而由于学校校舍不敷的关系，未能如期办理。随后，经学校校务会议讨论，定于1949年春季招收高中毕业学生，添办训练班，两年毕业，据说当时所有计划预算都已呈请教育部核示。另外，学校还计划在三门湾进行咸水养殖，在无锡进行淡水养殖。[②]

二、社会教育

（一）水产讲习会

1914年，浙海宁台温三旧府属水产讲习会奉农商部令设立，定为常设机关，设于三处，旧宁属水产讲习会设镇海，旧台属水产讲习会设海门，旧温属水产讲习会设永嘉。该会并无独立办公地点，而是在各处之渔业公所、鱼商行店或公共机关内借设会所。各处业渔商民人等，经过渔业公所或鱼商行店的介绍，均得入会为会员。该会讲习关于渔业的各种方法，并不收会费。

旧宁台温三会，每会设巡回教授员一人，于渔汛休息时间，往各渔区巡回讲演。讲演的类别如下：甲、采捕新法；乙、养殖新法；丙、简单制造法；丁、渔船渔具改良法。巡回教授员每到一处渔区讲演，首先必须先呈报浙江行政公署备查，并于讲演结束后，将讲演大意及听讲人数呈报。其次，需要随时调查各处的渔业情形，为进行讲演做准备，并且还需要编制报告。最后，在出发讲演前，必须提前函请各县知事饬就地警察保护，并出布告劝导业渔各商民听讲。

旧宁台温三会，各会的经费由浙江省地方岁入项下支出，通过预算案来制定，

① 《国立高级水产职校设立卷》，浙江省档案馆藏，档案号：L032-000-1246。
② 《国立高级水产职校设立卷》，浙江省档案馆藏，档案号：L032-000-1246。

各会经费按月由各巡回教授员呈请给领，并依式造送决算。

巡回教授员在水产讲习会运作过程中的地位举足轻重，如果不是有不得已的事故，并且经呈准给假者，不得旷职。[①]

（二）渔业传习所

1918年，农商部鉴于我国渔业生产落后，遂由该部拨款，并派技士李士襄（字东乡，崇明人）到定海县，在学宫创办农商部部属定海渔业技术传习所，招收温州、宁波、台州各地渔家子弟入学，由李士襄担任该所主任。1918年4月19日上午10时，该所举行开所典礼，农商部特派渔牧司司长汪扬宾出席典礼，并发表演说。传习所在各渔港举办传习，派技术员宋连元、黄鸿骞、王传义等三员前赴旧宁温台三属沿海各县渔业地方进行巡回讲演，"授以捕渔良法，试验新式渔具"，还购置"表海"号木壳机动渔船（马力40匹）供学员出海实习。[②]

然而该所办学，并非一帆风顺。1918年4月间，定海渔业技术传习所示招渔民子弟入所传习，然而由于"定邑沿海渔民狃于习惯，对于改良渔具入所传习之举颇多不信"，因此无人应招，该所不得不将招生入学改为实地传习。翌月，传习所赁得钓船一艘，雇用舵工渔伙六七人，于夏渔汛期，依靠该所仿造的新式渔具，一同出海，放洋采捕。该所原计划，"出其所学，如法试验"，"试用新渔具，以示先导"，并借此改变渔民们的观念。然而其效果并不理想，其所用棉纱网，"究不如各渔户沿用之旧具为合宜"。[③]尽管如此，该所并未放弃，1919年冬，传习所特租得大捕船一艘，派技术员张某，于11月6日出发，为期3个月，至黄大

---

① 《浙江行政公署布告第六号水产讲习会简章》，《浙江公报》1914年6月5日。

② 定海教育志编纂办公室：《定海教育志》，舟山市时代教育文印社1998年版，第108页；舟山市教育志编纂办公室：《舟山市教育志》，第153页；《日暮途穷之渔业传习所如此水产工厂如彼》，《时事公报》1922年11月5日；《渔业传习所开课》，《申报》1918年4月11日；《渔业传习所开办之余闻》，《申报》1918年4月26日；《传习所渔业之讲演》，《申报》1918年9月25日。

③ 《渔业传习所变通办法》，《申报》1918年4月27日；《渔业所出海实习》，《申报》1918年5月8日；《渔业传习所之虚设》，《申报》1918年9月21日。

洋从事网捕，“俾一般渔民知所观感”。[①]

虽然渔业传习所努力办学，也投入了大量资金，《时事公报》载：“渔业传习所每月计需开支600余金。”但是收效并不明显。该所每年呈请实业厅转呈省长令行各县，要求各县选送渔民子弟，到所肄习，“无如为父兄者往往囿于习惯，绌于经济，故招收终不足额”，即便考取入所的学生，也大半是虚掷光阴，并不能学以致用，其原因在于该所偏重于传授知识，而学生缺乏实践经验。1921年冬，由该所李士襄主任呈准农商部拨款若干，购置表海渔轮一艘，原计划学生可借以在巨洋大泽中实地练习，然而该轮自抵达定海后，第一次出海即因“机件装置不灵，驾驶无术”而报废，“屡次修整，终属无用，半年余长泊在定关前，徒为该所水上之陈列品耳”。[②]

1923年4月，农商部认为“农商部定海渔业技术传习所”所办之事不仅传习，也涉及渔业试验之范围，因此将该所更名为“农商部定海渔业试验场”。[③]同年12月，因经费支绌，维持匪易，经农商部核准，将农商部定海渔业试验场裁撤，该场并入海州渔业试验场。[④]

（三）渔业指导员训练班、渔业指导人员养成所

1946年浙江省立高级水产职业学校复校后，为提倡水产教育，附设训练班，招收渔民子弟入学，免收学费，并有公费待遇。而在此之前，亦有渔业专门机构开设过类似的渔业训练班。

1936年，浙江省立水产试验场举办渔业指导员训练班，自当年5月1日开学，为期半年，至11月期满，11月30日举行毕业典礼，浙江省建设厅派代表银丕振技士参加典礼。该期训练班学员共19人，均由各县政府选派，毕业后发回各县任用。该期训练班毕业生回县后，第一年的指导工作，是注重渔业的调查、渔民

① 《渔业技术员出发》，《申报》1919年11月10日。

② 《日暮途穷之渔业传习所如此水产工厂如彼》，《时事公报》1922年11月5日。

③ 《浙江省长公署训令第一三四〇号》，《浙江公报》1923年5月8日。

④ 《定海渔业试验场裁撤》，《申报》1923年12月20日。

的组织以及渔民生活的改善。[①]

此外，在1934年，浙江省建设厅还曾计划设立“渔业指导人员养成所”，学员学成之后，分派到渔区传授渔民渔业知识。同时，在重要渔区设立“渔业指导所”，随时为渔民解决问题。[②]

（四）博览会、展览会、水产宣传会、电影放映

南京国民政府时期，社会教育受到重视，渔业方面通过举办博览会、展览会，放映电影，进行水产宣传，普及海洋及渔业知识，亦是当时采用的一些方法。

1929年6月6日，西湖博览会举行开幕典礼，极一时之盛。西湖博览会浙江建设厅及其所属单位陈列品目录共有14个部分，其中第8个部分为“水产品制造及浙江省立水产科职业学校”，共展出83件图片实物及说明，主要介绍：浙江渔场图、渔况环境（潮汐、水温）、气象（观察、信号、飓风）、鱼鲞分类、航海标志、冰鲜产额分类、定海重要水产物价格、水产品罐头、水产品制造厂、螺钿钮扣、水产学校以及民国以来浙江鱼介（贝）海味输出入比较图。展品300多件，其中水产食用制品类35种。9月22日，省水产科职业学校校长张柱尊到西湖博览会宣讲浙江水产事业。会展期间，对参观水产部的人赠送浙江省水产品制造厂出品的螺钿钮扣一副，以作纪念。[③]

1933年5月，浙省第三特区行政督察专员办事处决定举办浙江温属物产展览会，由专员许蟠云主持第三特区物产展览筹备委员会进行筹办，共征得农矿鱼盐及工业物品万余种，其中鱼类、贝甲类，名目繁多，应有尽有，例如“瑞安之五□蟹，永嘉重八十余斤之大□鱼，玉环长二尺、广一尺五寸之龟甲等”。1933年11月12日起，该展览会先在永嘉县宝妇桥增爵学校旧址进行展览，永嘉展览完毕后，又至瑞安、平阳、乐清、玉环、泰顺各县巡回展览。[④]

1936年2月1日，浙江省立水产试验场在定海举行水产展览会，会期2天。

---

① 《渔业指导员毕业》，《申报》1936年11月30日。

② 《浙省水产事业设养成所》，《上海宁波日报》1934年7月3日。

③ 浙江省水产志编纂委员会编：《浙江省水产志》，第695页。

④ 《浙江温属物产展览会开幕》，《申报》1933年11月13日。

省建设厅第三科科长陆桂祥参加指导，参观人数达4000余人，赠送该场推广丛书2000多册。宣传会展出有实物、图表及模型，分为六室：第一室，水族馆。有水族箱11只，鱼类7种，水草有4种。第二室，渔村建设。展出的是对渔村建设之构想，并非当时的现实。第三室，养殖及水产生物。有鱼苗来源、钱塘江主要产鱼、紫菜养殖、蛏子养殖、墨鱼（乌贼）繁殖、新式养鱼池（模型）、养牡蛎新法。第四室，水产（品）制造。有咸鱼制法的改良、凝菜（又名洋菜）制造、罐头工业设计，以及鱼类冷冻顺序图表。第五室，渔捞。展出有渔场图、拖网渔轮、手操网渔船、对网船、大莆（捕）网作业、世界各国主要渔获比较图表以及海洋到食桌图。第六室，水产博物馆。陈列各种水产品标本，有药水浸鱼类标本437种、剥制鱼类标本78种、贝类标本78种、海藻标本36种、制品标本63种。次年，该试验场又与宁波青年会合作举办水产展览会。1937年4月8日上午，水产展览会在宁波青年会会所举行开幕式，并于同月20至21两日在定海举行展览。当时，展出内容包括鱼苗、蛏子养殖、紫菜养殖、浙江四大渔业、大黄鱼生活史、渔盐等等。开幕式当天，陈列品中最引人注目者，是水族箱中饲养之名贵热带鱼多种，五彩斑斓，为甬上所少见。此外，展览会上还设有省立水产试验场所制产品的出售部，出售紫菜、钮扣、罐头食物及水产汇报等。据说是日一日间，到会参观人数达12500余人。当天还放映水产影片，使民众明了水产情形，共谋渔业发展。[①]

1936年，浙江省立水产试验场鉴于浙省人民对于水产常识“尚多缺乏”，遂决定举行水产宣传会，省建设厅派第三科科长陆桂祥参加。1936年2月1日为该场成立周年纪念日，试验场即先在其本场进行了局部水产宣传。[②]

1947年，宁波鱼市场组设渔业福利社，敦聘倪德昭为主任，拟举办渔民宿舍、渔民食堂、渔民茶室、渔民识字班、渔民补习学校，并放映教育电影，设立书场讲述常识和国内外时事，以及举行其他各种有意义的活动。1947年1月5日

---

① 《举行水产展览会》，《申报》1937年3月14日；《水产展览会开幕》，《申报》1937年4月12日；浙江省水产志编纂委员会编：《浙江省水产志》，第695页。

② 《水产试验场举行水产宣传会》，《宁波民国日报》1936年2月2日。

下午6时，在宁波滨江路宁波鱼市场进行电影放映，免费招待渔业界同人，并自当日起，每晚6时至7时半，派员在鱼市场讲述当日国内外新闻。[①]

此外，在1935年浙江省教育厅民教工作讨论会上，鄞县县立中山民众教育馆馆长陈仁璇向省厅提案，建议筹设省立渔民教育馆。[②]1939年，洞头三盘设立渔民教育馆。[③]

渔业社会教育弥补了职业教育的不足，对提高渔民智识、改变渔民观念多有裨益。除了此两种针对成人渔民的教育外，尚有专门针对渔民子弟开设的子弟学校。

三、渔民子弟教育

针对渔民长期从事水上作业，文化素质偏低，文盲居多，民国时期，主管全省渔业的浙江省渔业管理委员会、浙江省建设厅渔管处、浙江省渔业局，都曾先后把渔民子弟教育列入职责范围。其间不少有识之士及各渔业团体还经常呼吁，要求政府在渔区创办渔民子弟学校，此外，渔业商民自筹经费办学者亦为数不少。在各方努力下，沿海各地渔民子弟教育事业有所发展。

1920年，有定海沈家门鱼商私立锐进国民学校，学制四年。《时事公报》报道说：当年暑期应毕业四年级学生13人，由校长张丙初先生及各教员先后分科试验后，只有魏奎先等10人及格毕业，尚有陈毅等3人不及格未能毕业，未能毕业者留级至三、二、一等年级，“分数列最者”，分别奖励折扇、笔墨等文具以示激励。[④]同年，定海螺门渔业私立孟晋小学校成立。次年，由热心鱼商12人各助洋5元，及学校校董4人各垫洋20元，到宁波购置操衣、军乐等物品。[⑤]

1922年，定海旅沪巨商刘鸿生计划创设航海专门学校，一切费用由其负担，附设在上年由其捐助20余万金创办的定海中学校之内，学制3年，毕业后派赴各

① 《宁波鱼市场今放映电影》，《宁波日报》1947年1月5日。
② 《向全省民教工作讨论会建议筹设省立渔民教育馆》，《宁波民国日报》1935年1月11日。
③ 浙江省水产志编纂委员会编：《浙江省水产志》，第679页。
④ 《学校纷纷办毕业》，《时事公报》1920年7月23日。
⑤ 《学务好消息》，《时事公报》1921年4月6日。

轮船服务，以丰富航海经验。[①]

20 世纪 30 年代初，宁波航业界发起创办私立航海安旅小学，校长为叶恭伦，校董有邬厚葆、邵炳炎，全体师生 300 余人。1934 年暑期前，该校举行休业仪式，同时为避免学生假期荒废学业，该校特利用暑期设立各科补习班，7 月 8 日补习班开学，并在是日举行第一届毕业生毕业典礼。[②]

1932 年，嵊泗之菜园创办渔民小学。[③] 1935 年，崇明县第五区（今舟山嵊泗）区长程梯云开始筹办嵊山第一所公立小学，自兼校长（义务职），并聘请戎伯盛、林青云为教师，每月薪金 30 元，以 10 个月计算。校址设在箱子岙西咀头天后宫内。后定校名为“嵊山渔民子弟小学”。当时招生 170 名左右。学生多为岛上一般渔民及鱼商、小贩与手工业者子女。经费由嵊山渔分会每年津贴 500 元，崇明县第五区公所每年津贴 150 元。级数分一、二、三、五四级。1935 年时有男生 46 人，女生 26 人，每日到校者四五十人。课本以中华、世界出版居多，与普通小学大致相同，唯增加水产常识，由本场职员教授。[④] 1947 年，嵊泗设治，建设委员会向岛民征捐集资，在箱子岙里百步吹鼓亭山脚下一块平地上盖起八间校舍，学生增至 300 余名。该校舍一直沿用至 20 世纪 80 年代初期。

1937 年，嵊泗青沙乡泗洲宫里办了一个私塾，先生姓林。未几，此人赴王宝龙部队任教官，私塾由徐志业接手。徐志业，岱山人，原在岱山教书。1940 年，徐将私塾改名为青沙小学，校址设在泗洲宫里，有教师 2 名，学生 40 余人，开设国语、算数、常识等课程。1941 年，戎伯盛接任校长职务。戎伯盛，岱山人，职员出身，原在岱山教书，1938 年在嵊山办学，1941 年至泗礁青沙谋生。戎任校长后，将校名改为青沙渔民小学，有教师 3 名，学生 50 余名。1944 年秋，林秋影接替戎伯盛出任校长。林秋影，青沙人，终身从教。其时教师共 2 名，学生 40 余名。其中一名教师，名为谢茵，系南京美专毕业生，因其夫在王宝龙部队任

---

① 《创设航海专门学校先声》，《时事公报》1922 年 11 月 9 日。

② 《航海安旅小学昨举行休业式》，《宁波民国日报》1934 年 7 月 2 日。

③ 浙江省水产志编纂委员会编：《浙江省水产志》，第 679 页。

④ 参见《嵊山渔村调查》，载李文海主编：《民国时期社会调查丛编》（二编）乡村社会卷，福建教育出版社 2010 年版。

职，故到青沙任教。1945 年 11 月，潘招财至青沙，占用泗洲宫，勒令学校停办，学校被迫停学半年，至 1946 年复学，仍以林秋影任校长，教师 1 名，学生 60 余名。1946 年至青沙易手，由王殿英出任青沙渔民小学校长，有教师 4 名。1949 年，政府兴国民教育，学龄儿童入学带有强制性，教师下村动员学生入学，学生人数增至 90 多名。1950 年 4 月，国民党军队撤离青沙，学校停办，王殿英校长随去台湾。[①]

依据现有档案材料的不完全统计，在抗日战争全面爆发前，鄞县、定海、沈家门、象山东门、临海山顶、温岭粗沙、黄岩大陈、瑞安北龙、平阳南麂、绍兴、嵊山、菜园（当时嵊山渔民子弟小学、菜园渔民子弟小学归江苏省管辖）等地有 12 所渔民小学。1945 年抗战胜利后，仅剩 4 所渔民小学。[②]

在温州，据 1938 年编撰的《瓯海渔业志》记载："永嘉渔村教育，在温属各地渔村中尚称普及，全县计有小学 52 处，其中除县立第二小学及建中小学经费稍为充足，设备较佳，学生人数亦较多外（第二小学有学生 267 人），其余多属规模狭小之初级小学，学生每校平均不过 30 余人，学生年龄以 9 岁至 12 岁占最多数，各校教师，多为受中等以上教育之青年，教学精神颇佳，校舍多由庙宇改建，对于光线空气尚难顾及，亦为经济所限，以致顾此失彼。"[③]

而据 1936 年调查，瑞安县的渔村教育，在温属各县渔村中较为落后。由于教育经费筹措不易，渔民收入稀少，生活困难，因此对于子女的教育，"鲜能兼顾"。据当时学者估计，恐怕在渔村之中，就学率不到 15%，"如塘豆一村竟无一得受教育之儿童"。东山村的教育则较各村略佳，有区立东山小学一所，学生 98 人，乡立短期小学一所，学生 72 人，"其负责主持者，皆乡中绅士，办事尚称热心，但其教育之方针莫非使儿童认识少数之字而已"。[④]1936 年，平阳县的渔村教育，在温属各县渔村中，属于一般水平。该县各渔村教育经费，多从渔船或渔获物中抽收。在渔业较发达的渔村中，多设有小学。如鳌江镇有区立中心小学 1

---

① 嵊泗县政协文史委员会编：《嵊泗文史资料》第 2 辑，上海社会科学院出版社 1989 年版，第 42—45 页。

② 浙江省水产志编纂委员会编：《浙江省水产志》，第 679 页。

③ 浙江省第三区渔业办事处编：《瓯海渔业志》，内部印行，1938 年。

④ 林茂春、戴行悌：《温属五县渔业调查报告》，《浙江省水产试验场水产汇报》第 2 卷第 8 册，1936 年。

所，学生 884 人，并附设短期小学班，学生 43 人；又有镇立代用小学 1 所，学生 53 人；还有短期小学 1 所，学生 68 人。石砰有区立大观小学 1 所，学生 114 人。盐亭有区立震海初级小学 1 所，学生 107 人。大渔有雄海小学 1 所，学生 101 人；县立大渔短期小学 1 所，学生 84 人。大岙有区立达华初级小学 1 所，学生 77 人。小岙有区立初级小学 1 所，学生 42 人。冲墩有融和小学 1 所，学生 130 人。舥艚有区立东奎初级小学 1 所，学生 136 人。三沙有墨城初级小学岭头分校 1 所，学生 64 人。除以上统计外，该县其余各乡，截至 1936 年尚无学校设立。[①]

1936 年，乐清县的渔村教育，在温属各县渔村中，最为落后。该县教育不发达，识字者很少，"而渔民教育更属幼稚"，因为渔民大多没有能力送子女入学，且子女年纪稍长，"即令其练习渔事，以补助家庭之经济"。因此该县除了一两个较大的乡村外，还有很多乡村没有学校。在城南乡有石马初级小学 1 所，学生 50 余人；临城初级小学 1 所，学生 50 余人；南岸初级小学 1 所，学生 70 人。蒲岐有镇立蒲岐小学 1 所，学生 150 余名；私立浦东小学 1 所，学生 63 人；镇立娄东小学 1 所，学生 58 人。水涨有镇立涨溪初级小学 1 所，学生 70 人。其他如沙头、盐盘等村，虽然也有学校设立，但入学的儿童寥寥无几，如果是农忙或者渔汛旺时，学童须在家帮助处理家务，则到校的儿童更少。渔民子弟能够获得入学读书机会最久者为 4 年，普通仅一两年，且在上学期间，当家务忙迫时，多辍学归家助理家务，因此实际能够受教育的机会很少。渔村中少数家境较好者，也还有一些人能够受到中等以上教育，但这一类青年总因渔村生活辛苦而单调，多数不愿意返乡就业。[②]

1936 年，玉环县的渔村教育，在温属各县渔村中，属于普及，但有一特点，即私塾居多。至于学校教育，全县共有小学 60 余所，分布在 126 乡镇中，平均每 2 个乡镇还不足 1 校。而这些小学在区域的分布上，渔村较农村为多。[③]

抗战胜利后，浙江省政府大力发展渔区国民教育，培养渔民子弟。浙江省渔

---

① 林茂春、戴行悌：《温属五县渔业调查报告》。
② 林茂春、戴行悌：《温属五县渔业调查报告》。
③ 林茂春、戴行悌：《温属五县渔业调查报告》。

业局相继在临海海门北岸、温岭粗沙头、象山东门岛等三处设立渔民小学。

1946年，宁波鱼市场成立后，宁波大来街私立渔业小学由宁波鱼市场接管，经费由鱼市场在公益费项下拨支。该小学原为渔业界人士所筹设，免费供渔业子弟及附近清寒儿童就学。在宁波沦陷时期，该小学名义上属于敌伪水产系统一附设福利机构。①

1947年11月，舟山顺母涂海涂养殖试验场成立，应岛上群众的迫切要求，兼办顺母涂渔民小学。实行一套班子，两块牌子。②

此外，浙江省渔业局计划自1948年度起，在浙江沿海各重要渔村港口（除已设立渔民小学的临海海门北岸、温岭粗沙头、象山东门岛等三处外），再增设3所渔民小学。同时，考察各渔村财力，再行普及筹设渔民小学，以办完全小学为主，计划等到高年级学生毕业时，即成立训练班，所收渔民子弟，一律免缴学费。渔民小学教授课目，除教育部规定的课程外，还在高年级加授渔业常识一科。而训练班完全灌输渔业必要常识，所有教材由渔业局编辑分发任用。渔民小学及训练班所需经费，“由各地渔业机构设法筹募，并视渔业局财力酌予拨补”③。

以上数据，虽不甚全面，但也可以从中看到当时浙江海岛与沿海地区渔村教育事业的一些情况。总体而言，渔民子弟教育还是落后的，其中的原因在于不少渔民温饱尚不能解决，教育对他们来说是一种奢侈的东西。

四、沿海教育事业一瞥

民国时期，包括海岛、渔村在内的浙江沿海地区教育事业有一定程度的发展，其中宁波的鄞县、镇海、慈溪、奉化、定海，台州的临海、黄岩及温州的永嘉、瑞安，到30年代教育事业相当发达，特别是在绅商势力比较强大的宁波、温州等地，私立学校的发展尤为注目。学校以初等教育为主，中等学校在宁波、温州、台州多数县份均有设立，但为数甚少，绝大部分为小学教育，且各地教育发展十分不平衡。

---

① 《私立渔业小学由鱼市场接管》，《时事公报》1946年4月29日。

② 浙江省水产志编纂委员会编：《浙江省水产志》，第595页。

③ 《发展渔区国民教育增办渔民小学渔业局拟具计划呈报省当局》，《宁波日报》1948年2月25日。

据统计，1935年，象山县有县立小学6所，区立（全县分5个学区）小学76所，乡立小学23所，私立小学28所，共计133所；小学教职员256人，其中女教师19人；全县小学学生5914人；教费17040元；男女学生数之比，约为3∶1。①

1936年，据瑞安县政府统计，全县学龄儿童51000人，得就学者仅10373人，失学儿童竟达到40427人，就学率仅20.34%。②当年，永嘉全县共计有小学52所，其中除县立第二小学及建中小学经费稍微充足、设备较佳、学生人数亦较多外，"其余多属规模狭小，设备毫无之初级小学，每校平均不过有学生30余人"。县立第二小学有学生267人，建中小学有学生162人。该县学生年龄以9岁至12岁占最多，各校教师多为受过中等以上教育的青年，"其办事精神颇佳"。校舍多由庙宇改建而成，设施简陋。甚至有的乡村小学教室内布置颇有秩序，但学生所用桌椅，高低不平。据说由于学校没有购置桌椅的经费，教室内所用的桌椅均借自村中各户。③

1943年，黄岩县有中心小学55所，国民小学320所，公立小学8所，私立小学3所，私立初小4所，全县小学学生28080人，小学教师1120人。④

第二节　海洋科技

民国时期，中国海洋与水产方面的科学研究及技术应用均处于起步阶段，作为沿海省份的浙江在海洋科技方面也取得了一些成绩，特别是20世纪30年代，由于政府的重视与地方社会的参与，海洋科技事业在诸多领域都曾经徐徐展开，并在渔业调查等方面取得明显的成就。但总体而言，由于战乱及经济等条件的限制，民国时期浙江海洋科技事业还比较落后。

---

① 《象教育近况统计》，《宁波民国日报》1935年9月6日。

② 林茂春、戴行悌：《温属五县渔业调查报告》。

③ 林茂春、戴行悌：《温属五县渔业调查报告》。

④ 中国人民政治协商会议浙江省黄岩市委员会文史资料委员会编：《黄岩文史资料》1992年第14期，第116—119页。

一、海洋研究与水产科技

浙江海洋研究与水产科技的发展，主要依靠高等教育机构及科研机构而进行。

民国初期，社会动荡，军阀混战，浙江省海洋研究与水产科技乏善可陈，间或有一些海洋与渔业调查活动。如1920年，农商部定海渔业技术传习所所长李东生派技术员张源水、袁汝斌二人前往嵊山一带洋面调查渔业状况。[①]

进入南京国民政府时期，社会趋于稳定，较多留洋专家学者学成归来，国内亦培养起第一批现代科学研究工作者，有了一定的科研力量，海洋科技事业得以开展。就目前资料显示，这一时期，浙江海洋研究与水产科技取得的成果，主要依靠浙江省立水产试验场及其他一些教育科研机构。

（一）浙江省立水产试验场的海洋及其水产科研

1935年夏汛（夏季渔汛，5月中旬至6月下旬），浙江省立水产试验场派员在嵊山后头湾箱子岙之间的海域进行墨鱼笼内人工孵化繁殖试验。同时，该场还派员常驻嵊山岛，对该岛及其周围岛屿、礁石上的海藻类，作长期之繁殖试验。此次试验共采集到海藻类38种，其中红藻类11种、褐藻类10种、绿藻类7种。此外，还有昆布及紫菜等。另又查明嵊山岛出产的绿藻类青菜、水松，褐藻类的昆布、海芥菜、紫菜、鹿角菜等，与琉球，日本九州、伊豆半岛、相模湾、北海道，以及朝鲜、马来诸岛、印度洋乃至澳洲、地中海和大西洋、太平洋沿岸出产的为同一种类。浙江省立水产试验场通过这两次试验与调查，认定嵊山岛海产物极为丰富，在江浙两省中，以嵊山岛产的海藻种类及数量最多，“该岛对于海藻事业，实有发展之希望”[②]。

1935年末，该场着手进行渔网防腐剂试验、养鱼水质试验、饵料试验及钱塘江渔业调查等科研项目。除科研调查外，该场还进行渔业知识推广及渔业指导工作，出版有《渔民用冰须知》、《暴风警报及趋避法》两种科普读物。同时，该场

---

① 《渔业技术员赴洋考察》，《时事公报》1920年11月20日。

② 舟山市、嵊泗县政协文史委员会编：《舟山海洋鱼文化（嵊泗篇）》（舟山文史资料第三辑），海洋出版社1994年版，第44页。

指导渔民组织养鱼合作社，并择地建设报风台。当时该场墨鱼鲞的制造与销售，能在业界“十九失利”的情况下，稍有盈利。而制冰厂在增加产量和改良水质后，更是获利颇多，并向美国订购碎冰机一座。[①] 同年 11 月，该场向上海大夏大学采购该大学以科学方法饲养之鱼苗，“作科学上之参考”[②]。同月，该场决定对浙江沿海各帮渔民直接负担的税捐数额、名称、缴纳方法（渔船牌照、护渔费等），以及海上渔民安全情形进行调查，“为他日筹划改善护渔办法之张本”[③]。

1936 年，该场技师巫忠远到甬温台各地调查渔船构造，当时全省渔船大约一万余只，都是旧式构造。[④] 同年 6 月，该场“为促进渔业建设，使沿海渔业生产增加，推广鱼类销路，并谋浙赣特产之互换，与经济之合作起见，拟具详细计划”，向省政府呈请举办冷藏运输，获得当局采纳。[⑤] 同年 8 月，该场派出戴行悌前往舟山群岛，派出技士林茂春偕同吴书齐前往浙江沿海一带，派出技师林书颜前往温台属各县，分别调查张网渔业及其他关于渔业的一切事项。[⑥]

1937 年，浙江省立水产试验场派员调查韭山岛，水上公安局令克强军舰驶抵定海，乘载该场技师林书颜及技士林茂春等 4 人，前往该岛调查，为期约 5 天。经调查后，水产专家认为韭山岛虽属荒芜，但土质异常肥美，周围是极好的渔场，由定海前往，仅五小时航程。如果能肃清盗匪，拨款数万元，“略事经营，渔民便可麇集，当成优良渔业根据地”[⑦]。同年 7 月，该场又派员出海，随船往渔场实地观察，同时考察我国国产的渔网线，以及渔网防腐剂使用情况，以谋改良。[⑧]

1935 年初成立的浙江省立水产试验场进行了大量的海洋科研与调查，特别是在鱼类研究与调查方面取得了重要成就，主要有浙江沿海渔业的基本调查、长江鱼苗调查、钱塘江渔业调查、浙江省沿海藻类调查、浙江省渔船结构调查；带鱼、

---

① 《水产试验场指导养鱼合作社试验渔网防腐择地建报风台》，《宁波民国日报》1935 年 10 月 25 日。
② 《浙水产试验场来沪采购鱼苗》，《申报》1935 年 11 月 1 日。
③ 《定水产试验场调查渔民情况》，《宁波民国日报》1935 年 11 月 12 日。
④ 《定水产试验场技师巫忠远昨莅甬》，《宁波民国日报》1936 年 1 月 12 日。
⑤ 《浙水产试验场请办水产冷藏运输》，《申报》1936 年 6 月 16 日。
⑥ 《水产场调查渔业》，《申报》1936 年 8 月 8 日。
⑦ 《浙水产试验场派员调查韭山岛》，《申报》1937 年 3 月 9 日。
⑧ 《改进渔捞技术》，《申报》1937 年 7 月 25 日。

大小黄鱼种族及洄游的研究，蛏子被害原因的研究，浙江省鱼类及其分布的研究，乌贼发生之研究；渔网防腐剂试验、乌贼繁殖试验、渔盐改良试验、乌贼人工干制试验、琼脂制造试验、养鱼水质试验及养鱼饵料试验等。以调查为基础，该场科研人员撰写了一批有价值的调查报告和学术论文，刊载在《浙江省水产试验场水产汇报》上。如《中国重要黄花鱼类志》、《定海县渔业调查报告》、《墨鱼干制试验报告》、《中国鱼苗志》、《墨鱼发生之研究》、《蛏子被害原因之初步研究》、《鄞县渔业调查报告》、《钱塘江渔业志》、《浙江渔船图志》、《中国带鱼及鳗鱼志》、《普陀之紫菜》、《钱塘江鱼类志》和《温属五县渔业调查报告》等。

该场科研人员通过对乌贼卵的搜集、人工授精等措施，详细观察乌贼生长发育全过程，得出“卵由受精后至孵化成小墨鱼约需 28 至 30 天”的结论。

在乌贼繁殖试验中，通过树枝、竹枝、乌贼笼等附着物的对比观察，得出乌贼笼附卵量最多，杀伤鱼卵也最为严重的结论，由此提出在 6 月 20 日至 7 月 10 日乌贼卵孵化期间，禁止使用乌贼笼，以达到保护乌贼资源的建议。

通过对钱塘江渔业调查，该场科研人员提出“欲维持本江生产量之常度，俾河尽其利，取之无穷，用之不竭，则规定保护法令，严厉执行，取缔非法渔捞，并利用科学方法，增殖鱼种资源，是乃先决问题”的意见。此外还提出对鲥鱼必须进行人工繁殖，恢复原有禁潭，重申禁令，严厉执行，在研究鲥、鳗、鲈鱼生活史的同时，提出钱塘江鱼类保护的规则草案共 8 条。

《钱塘江鱼类志》是由该场技师林书颜与美国斯坦福大学教授、前菲律宾水产局局长赫尔（Dr. A .W. Herre）博士在对钱塘江的 86 种鱼类做了系统研究后撰写的报告。报告中描述的鱼类有：鲱鱼科 2 种、鳑鱼科 2 种、银鱼科 2 种、腊追科 1 种、鳗科 2 种、鲤科 48 种、鳅科 4 种、缨口鱼科 1 种、鲶科 1 种、鲶科 9 种、塘虱科 1 种、白眼叮噹 1 种、比目鱼 1 种、乌鳢鱼科 1 种、鲻鱼科 1 种、鲈鱼科 4 种、虾虎鱼类 4 种、河鲀科 1 种。同时还新发现兰溪光片鱼（Acanthorhodeus Lanchiensis），沙鳅鱼（Oreonectes Sayu）和陈氏鳅（Nemacheilus Cheni），在《中国带鱼及鳗鱼类志》中，不仅对我国所产之带鱼做了分类，而且对孟加拉鳗（Muraena Bengalensis Gray）做了详细鉴定，发现该鳗的脊鳍始点之距离甚短，而日本鳗与南洋、印度产之鳗均无此特点，认为应是一新品种。

《中国鱼苗志》是1935年由陈椿寿、林书颜在九江、南昌、汉口、湖口、汉阳、岳州、沅江、长沙、湘潭等处的调查报告，内容有：长江及西江产之重要鱼类表，鲩、鲢、鳙、青鱼、鲮等的生活史与分布，产卵场及产卵情形，鱼卵及鱼苗的分布，采捕鱼卵及鱼苗的渔具渔法，鱼苗的运输，鱼卵、鱼苗的饲养以及鱼苗的产销等。该志资料翔实、丰富，至今仍有一定的参考价值。

该场印行的《浙江省水产试验场水产汇报》，是一份综合性的水产学术刊物。1927年，浙江省立水产科职业学校创办《浙江省立水产科职业学校校刊》，1934年该校停办，1935年2月改建为浙江省水产试验场，原《浙江省立水产科职业学校校刊》更名为《浙江省水产试验场水产汇报》。刊物以学校与水产试验场教师、科技人员为主要撰稿人，刊载全省渔业历史、水产科技、渔业发展及调查报告等资料，是当时浙江唯一的水产刊物，内容相当丰富，刊载不少具有学术研究和应用价值的著述，对推动浙江省海洋科学及水产科学的发展具有重要意义。

其间，该场还积极与国内外有关学术单位开展学术交流。

1936年9月，陈同白场长乘美国斯坦福大学鱼类学教授赫尔博士来华调查的机会，邀他在场举行学术演讲会。

1936年开始，为了加快对大、小黄鱼、带鱼、墨鱼生活史的研究，该场与河北水产学校、山东烟台水产场、青岛渔盐实验区、福建厦门大学、广东水产学校、农林局水产系、台湾水产试验场等单位建立了合作关系。

该场先期以场内出版的《浙江省水产试验场水产汇报》，与美、英、德、法、苏联、意大利、日本、比利时、挪威、丹麦、芬兰、荷兰、奥地利、加拿大、澳大利亚、新西兰、西班牙、爪哇、安南、朝鲜、埃及、巨哥斯拉夫、拉脱维亚、摩洛哥、罗马尼亚、新加坡、菲律宾等27个国家和地区的97个（国内39个，国外58个）研究所、图书馆、博物馆、水产大学、生物站、水产实验站、海洋生物实验室和机关建立了学术刊物交换关系，后期已能从五大洲40余国获取130余种学术刊物。

1937年抗日战争全面爆发后，浙江省立水产试验场停办，《浙江省水产试验场水产汇报》停刊。

（二）浙江省舟山顺母涂海涂养殖试验场的海洋及其水产科研

浙江省舟山顺母涂海涂养殖试验场始建于1947年11月，隶属于浙江省渔业局，至1950年5月撤销。该场建场之目的，一是为复兴因连年遭受天灾与病害而陷入困境的涂养业，尤其是缢蛏养成技术；二是应岛上群众的迫切要求兼办顺母涂渔民小学。

试验场拥有实验涂面10亩。主要仪器设备有高倍显微镜、育苗实验装置及参考图书与资料等。试验项目有：缢蛏养成技术、缢蛏生物学和生态学研究、缢蛏繁殖试验、捕蛏技术探索、缢蛏寄生虫观察、底栖硅藻繁殖试验以及蚶、牡蛎的海区采苗试验等。以方家仲为主撰写的《蛏子的解剖及养殖法》，曾刊登在1950年出版的《华东水产》第二、第三期上。撰写的《捕蛏方法（吸力和闷捕）的实验》、《蛏子的人工授精》未发表。其他项目曾取得阶段性进展。如在底栖硅藻繁殖试验中，通过在涂面硅藻丛生（油泥较茂盛）处施放适量肥料，促使硅藻更生复壮，相对地延长涂面底栖硅藻覆盖期；通过对缢蛏寄生虫观察绘制了母胞蚴、子胞蚴、尾蚴和成虫各期形态图；在蚶蛎海区繁殖期，在沟浦上搭置采苗架，曾附上少量毛蚶和牡蛎苗。

此外，该场技术人员还编撰了泥螺、缢蛏、泥蚶、牡蛎、海产鱼、虾、蟹等水生生物的科普读物（油印本），以补充渔民小学乡土教材，供中、高年级学生使用。

建场不久，中央水产实验研究所王中元、梁庆煜等人赴场，协助进行缢蛏养殖的生物生态学研究，寿振黄教授也曾来岛指导工作。

（三）其他海洋及水产科研情况

1. 其他涉及海洋及水产科研的刊物

民国时期，浙江省建设厅编辑出版的《浙江建设》，始称《浙江建设厅月刊》，抗战结束后改名《浙江经济》，该刊刊登了不少有关浙江海洋与渔业方面的法规、科技、经济、自然环境和渔村情况的文章，它们多由省内外相关专家学者撰写，对浙江海洋科技与水产科技的发展，以及渔业知识与经济法规的普及有一定的意义。其中1933年《浙江建设厅月刊》第7卷第9期刊出“水产专辑”，

1947年《浙江经济》第3卷第4期刊出“浙江渔业专号”。[①]

2. 其他海洋及水产科研机构

1930年，浙江省建设厅曾经计划在鄞县或定海创设海洋调查所。[②]

1946年11月，教育部海洋研究所所长唐世凤偕同浙江省全省渔会联合会理事长戴行悌等由上海抵达宁波，由浙江省渔业局科长俞积之陪同参观宁波鱼市场，计划在定海设立海洋研究所分站。[③]

1949年初，玉环县政府及上海人文科学院专家陈望道、陈明养、洪黎明、胡德闻、王蕴山等人在玉环楚门创办华生咸水养殖场，从事海水养殖生产技术研究。[④]

3. 竺可桢的气象（台风）研究

从民国初期开始，上海徐家汇天文台就能够发布天气测候报告，由于浙江沿海地区亦属于其监测范围，故《申报》便常有涉及甬温台沿海等处的气象报告。

1921年，我国江浙沿海地区连续遭受两次台风灾害天气，损失惨重，引起社会各界的严重关切。我国著名气象学家、浙江上虞人竺可桢对此进行了深入研究，并将相关研究成果刊登在《申报》上。文章对台风的成因、数量、发源、行进方向等进行了详尽的研究与阐释，同时对江浙海滨遭受的两次台风做了深入的剖析。据文章透露，当时轮舶、铁道因收到徐家汇天文台的台风警报而避免了损失，但一些渔船由于未得到台风警报而遭灭顶之灾。强调必须重视对台风的观察与预报，必须建立我们国家自己的天文台。[⑤]

竺可桢对台风的研究，在当时处于领先的地位，对于浙江海洋事业的发展具有开拓性的意义。兹转录全文如下：

---

① 浙江省水产志编纂委员会编：《浙江省水产志》，第595—597页。

② 《筹设海洋调查所》，《四明日报》1930年2月5日。

③ 《教部海洋研究所所长唐世凤等昨莅甬》，《宁波日报》1946年11月13日。

④ 玉环县政协文史资料委员会、玉环县水产局编：《玉环文史资料》，第十六辑，2000年，第96—97页。

⑤ 《本月江浙滨海之两台风》，《申报》1921年8月28日。

本月江浙滨海之两台风

竺可桢

（一）台风之意义。据《福建省志》谓："风大而烈者，为飓；又甚者，为台。飓常骤发，台则有渐大。约正二三月发者，为飓；五六七八月发者，为台。"是则我国古人不但已知台飓之季候征兆，且能识别，台与飓之异同也明矣。台风之载在史册者，亦素见不鲜。元世祖至元十七年，遣将率战舰三千艘渡海击日本，于同年七月猝遇台风，全军覆没，此其尤著者也。至于台风之组织成因，进行之途径，以及种种性质，则于十九世纪末叶赖菲列滨气象台台长 Jose Ague，及徐家汇气象台台长 Louis Froc 诸人之研究，而其理始大明。盖气压之所以常有升降者，因空中温度风向风力时有更变之故。以大概而论，则高气压为天气晴明之征兆，低则为狂风暴风之先声。故低气压（Minimum）又名风暴（Cyclone），台风实为风暴之一种，时出没于日本、中国台湾、吕宋诸岛间，亦间有达我国滨海各省者，以其风力之猛，降雨之骤，著于世。英文（Typhoon），德文（Taifun），皆为台风之译音，盖欧洲各处，虽常有风暴，而其猛烈要未足与台风相颉颃也。

（二）台风之多寡。台风之数，每年平均约二十四。兹据最近调查所得，将一岁中各月平均台风数列表如下（略）。

风之数，一岁中虽有二十四次之多，但能达我国滨海闽粤苏浙各省者，则每年不过三四年，其余或远在太平洋，或北趋日本，均与我国远不相涉。各月台风之数，以七、八、九、十四月为最多，亦最烈，其能侵入我国者，则仅限于七、八、九三月。刘宋时，沈怀远著《南越志》，谓熙安多风常以（阴历）六七月发，未至时，三日鸡犬不宁云云，其言岂欺我哉！

（三）台风进行时所趋之方向。当台风在热带时，趋向西北；迨达温带，则折向东北。菲列滨群岛东南约 900 英里雅浦（Yap）岛附近，为大多数台风发源之所，自此趋向东北，过吕宋，达台湾或琉球而入温带，即折向东北而抵日本，是故台风所取之径，宛成一抛物线，吕宋、琉球、日本实当其冲，往往吕宋、琉球、日本诸岛均遭其殃，而我国独得幸免者，以我国适在此抛物线之外也。但台风进行之方向，亦视其近旁气压之高下而定，如遇高气压阻绝前途，则台风即须改弦易辙矣。此次苏浙滨海一带，不出旬日而迭遭台风之厄者，均由于日本东方高气压为之梗故也。台风达琉球，而后既不能折向东北，则惟能赓续其原有之方针，趋向扬子江下游而登大陆矣。

（四）八月十四号台风。观附图则知，此台风于八号已见其端倪于太平洋中，在吕宋之东，雅泊岛之北，嗣后仍循其惯行之方向，向西北前进至十号，即已入温带。故渐有趋向东北之势，但因日本东方之高气压梗阻于前，故颇进退两难，但不旋踵而复转向西北。迨至十号，则上海气压已渐低降，徐家汇气象台于是日即有台风将近上海之警报，盖明知台风既不能逆高气压而趋之东，则必西窜而侵袭大陆也。至十二、十三两日，上海气压继续低减，风力则渐增加。迨十三号下午，台风中心已行近温州，其将登大陆而为苏浙滨海患也，已无疑义，故气象台即于是日下午四时一刻鸣放大风警炮，台风即于是晚在台州登岸。浙东一带狂风骤雨，低洼之处均成泽国，如奉化袁家岙一带，毁折房屋300余所，溺毙人民200余名，邻近乡村损失约计二三百万元，他如黄岩、临海，因接近台风，其受祸当尤酷。当台风中心气压测得为七二二一一密列米达，其气压之低，为历年来所罕见。台风登陆而后仍向西北前进，浙西嘉湖一带，以及苏省南部，依各日报所载，受害亦非浅鲜。上海因离中心较远，故气压不甚低减，十四号平均气压为七四九五六密列米达，但风雨为灾亦不能幸免，风力猛时，为每小时四十五克罗米达。十四、十五二日，降雨量合共为22寸。至十五日晨，台风中心掠南京之南而过，其势渐杀，盖已成为强弩之末矣。

（五）八月二十号之台风。当第一台风在浙省温台沿海狂怒号之际，第二台风即已发轫于太平洋中。其发源之处，在第一台风之禀北，初向西北进行，于十四号入温带，应即折向东北，但当时日本东方之高气压仍屹立不动，故于十五号继续向西北进行，迨十七号过日本九州岛，南部大隅海峡，折向西行，速率骤减。十八号下午，上海气象台即有台风将至之报告，并预料有空前绝后之高潮随之俱来。至十九号，台风兼程向西前行，逼近扬子江口，气象台乃复放警炮，台风果于翌日下午三时在上海附近登陆。至二十一号上午十时，则台风中心已掠南京而过，宁沪相距190余英里，台风于十九小时飞越而过，则其在陆上之速率，即可求得为每小时十英里，较人之步行虽可称捷足，但与沪宁快车相并论，未免瞠乎其后矣。

此次台风，以言狂暴，则反不若第一次台风之烈。因其中心于二十号下午行经上海东南之大戢山岛，当时该处气压仅降至七三二密列米达，上海离中心较第一次台风为近，而风力则相若，平均为每小时四十五克罗米达（按：民国四年七月二十八号台风，上海风力达每上时一百十二克罗米达），沪滨一带雨量之丰沛，则远胜于第一次台风。计十九号至二十一号三天中，共降雨77英寸，实为上海平均全年雨量六分之一也。加以适值望后满潮之际，遂致沪上通衢尽成泽国，其详情已见日报，兹不赘述。此外，浙西苏南一带，漂没田庐，沉溺人畜，其灾害均较第一次台风为尤甚。南京低洼之处，通衢水可盈尺，学校公所以及居室之内，一日之间，可以觇潮汐之涨退（按：长江潮汐直可达芜湖），亦可谓奇闻矣！

（六）结论。此次前后两风暴，其影响所及面积达50万方里。江浙素称全国膏腴之壤，经此狂风骤雨，怒浪高潮，倾拆庐室，淹溺禾苗，沉溺人畜，其损失不知几许。幸赖徐家汇气象台之报告，航驶江海之轮舶，沪宁、沪杭铁道，以及帆舟轮渡均得为未雨之绸缪。但滨海一带之渔人舟子，未得有警告而遭灭顶之祸，又不知几许也。闽粤江浙沿海台风，为患无岁无之，而农商各业，所资以为警钟烽火者，在南则赖香港天文台，在北则赖徐家汇气象台。二者一设于英，一设于法，国人其永愿处于外人庇护之下乎？不然盍兴乎来？

二、航海科技与设施

航海科技的发展与新式设施的使用，是海洋科技进步的重要标志及必然结果。民国时期，浙江航海科技与设施有了一定的进步，具体表现在四个方面：航海工具及规则的近代化、导航与预警设施的近代化、通信设备的近代化、其他航海政策与保障。

（一）航海工具及规则的近代化

1. 轮船的使用

进入民国，不仅轮船在浙江沿海海上运输中相当普遍，而且开始运用于渔业生产中。相对于旧式渔船，渔轮在海洋渔业生产的优势十分明显，不仅能够更好地保护渔民，又可以很好地开展渔业生产。民初，在定海洋面进出的渔轮，除江浙渔业公司的“福海”、“富浙”及“裕浙”三艘渔轮外，还有江苏水产学校的“海丰”、“淞航”二艘渔轮。1919年，农商部定海渔业技术传习所向农商部禀请自造渔轮，获得允许。并通过招标，由上海怡泰机器厂承造。当时农商部为该渔轮命名“定海”，该传习所所长李士襄认为此名字与永川公司“定海”号商轮重名，经多次致函，往来商榷，而重新命名为“表海”。

“表海”渔轮，以价银8000两（或云一万两）向上海怡泰机器厂订造，全长64英尺，采用石油发动机。1921年3月30日（农历二月廿一日），“表海”渔轮驶抵定海后，李士襄所长派技术员张则鳌至螺门购买渔网，饬工匠将舢板油漆，立即投入使用。[①]

2. 飓风信号标志

20世纪30年代，农林部订立并颁布暴风信号，转饬浙江省令渔业商民遵照应用，然而由于规定繁复，渔民不易理解，难以推行。

1947年，浙江省渔业局拟定简单飓风信号标志二种，日间用厂2尺红纱布筒，夜间用红白红灯3盏，悬挂杆上。这种信号被要求在沿海口岸、大小渔村及各渔船均须普遍制造配备。由中央气象局定海测候所搜集预测资料，每日上下午各广播2次，并由该局督促各地渔会及渔业团体积极设法购备收音机，听到飓风警报后，即将信号标志普遍悬挂在渔船上，于航行时看到此项信号时，必须立即于主桅上悬挂同式样的信号。如此，渔业商民便可以互相警告，达到趋避灾害的效果。[②]

---

① 《创设渔轮之先声》,《时事公报》1920年10月15日；《表海渔轮来定纪》,《时事公报》1921年4月10日。

② 《省渔业局规定飓风信号标志》,《宁波日报》1947年5月6日。

3. 渔轮旗式信号

1948 年间，由于日本侵渔事件层出不穷，为了区别我国渔轮与日本渔轮，以便海军舰艇随时检查起见，农林部颁定了渔轮悬挂旗式及应用信号。旗式与信号均分单日与双日，单日悬蓝地中嵌白斜方旗，双日用红地中嵌白斜方二块者。日间信号用汽笛或电笛，夜间信号用灯。军舰询问时，单日用三长二短，双日用三长三短。渔舰答复时，单日用三长，双日用一短一长。还计划规定船籍港编号，用油漆在各轮船船首标明。[①]

（二）导航与预警设施的近代化

1. 航标与灯塔

1913 年，玉环坎门人史火顺见经过坎门头船舶经常发生触礁沉没事故，夜间自行在坎门东沙山上悬挂煤油灯，昭示过往船只通行。此为坎门最早出现的简易航标，历时十二载。

1925 年 10 月，坎门人支鸿基（舜臣）等发起筹资，于坎门东沙山顶建设普安灯塔。塔身呈六角椎形，围二米许，周有瞭望孔，夜燃煤气灯，雾天击钟为号，并委专人管理，所需经费概由近处渔船收捐分摊。坎门耆宿郭云章曾为普安灯塔撰联，曰："普通照明，无远弗届；安澜同庆，彼岸同登。"[②]

20 世纪 20 年代中期，舟山群岛附近海域已有沥港之烈表嘴、乱礁洋咸娘山、黄岐港之北渡头等三处灯塔。[③] 定海县属金塘岛与册子山洋面，名曰西堠门，为轮舶帆船必经之路。1925 年，上海税务司又批准在册子山建设灯塔。[④]

1930 年 6 月，浙江省航政局认为在浙省沿海一带礁山起伏之处，除最主要的地点建筑灯塔以外，应在次要地点树立标杆，在内河水势汹涌之处也应设立浮标，内河港湾曲折各要口，宜设立木杆及航行灯以便航行，以确保水上安全。具体办法是在宁波海面的野猪礁、岱山、南浦口、王电礁等各处有明暗礁石的地点，均

① 《农林部顷规定渔轮旗式信号》，《宁波日报》1948 年 8 月 9 日。

② 玉环县政协文史资料委员会、玉环县水产局编：《玉环文史资料》，第十六辑，第 28 页。

③ 《舟山群岛添设灯塔》，《时事公报》1926 年 6 月 22 日。

④ 《西堠门建设灯塔已核准》，《时事公报》1925 年 3 月 19 日。

竖建标杆，同时拟定外海冲要地点约计20余处，而内河设立水标及木杆航行灯冲要地点约计50余处。①

1932年，浙江省建设厅决定在沿海民船行驶航路设置灯塔浮标。②

1933年，定海沥港裂表嘴又建成高大灯塔。该灯塔由定海士绅杨圣波氏捐资建设。时人称，杨氏秉承其先人遗志，独自斥资万余金，在定海沥港大鹏山洋面之要冲裂表嘴建设高大灯塔，"该塔所雇工役及灯油等一切经常费用，皆由杨氏独力负担之"③。

1934年，定海普陀洋面新设灯塔，系明亮白光长明灯一盏。该灯塔位置，东经约122度23分20秒，北纬约30度0分38秒。④

1935年2月，由庄小梅等人发起在嵊山壁下设立灯塔一座，但由于经常费无着落，维持困难，后经旅嵊定海沈家门渔业公会召集在嵊各鱼栈磋商，允诺每年支持经常费500元，不足之数由沈家门各鱼栈筹募，计划每一对大对船筹募4角或5角。⑤

抗战全面爆发后，许多灯塔为敌伪控制或停止运行。抗战胜利以后，沿海各灯塔陆续恢复放光。1945年，日寇占据坎门，普安灯塔一度停火。1947年，玉环县渔会成立坎门灯塔办事处专门管理普安灯塔。⑥浙东外海北鱼山岛（当时属三门湾南四区）灯塔，抗战胜利后，由海关恢复放光，当时仅装用临时阿格式煤气灯。1947年12月10日起，在原位置上改装五等电气白色连闪灯。该灯装置后，高出涨潮水面340尺，天晴时灯光射程远达18里，每10秒钟急速连闪白光2次（即明半秒，灭1秒；明半秒，灭8秒），除少部分被邻岛遮蔽外，周围均能望见。⑦

2. 暴风警报站

1946年夏，浙江沿海迭遭台风侵袭，舟山群岛曾倾覆渔船多艘。8月2日，

① 《洋面建立标杆多处》，《申报》1930年6月27日。

② 《沿海民船航路建厅计划设灯塔浮标》，《宁波民国日报》1932年7月28日。

③ 《定海裂表嘴灯落成》，《申报》1933年5月11日。

④ 《普陀洋面新设灯塔》，《宁波民国日报》1934年12月24日。

⑤ 《嵊山壁下灯台经常费业已有着》，《宁波民国日报》1936年4月27日。

⑥ 玉环县政协文史资料委员会、玉环县水产局编：《玉环文史资料》，第十六辑，第28页。

⑦ 《灯塔修复》，《宁波日报》1947年12月6日。

坎门渔船70余艘又在沈家门石浦大陈山一带被台风倾覆，溺毙渔民200余人。为此农林部江浙区海洋渔业管理处决定在嵊泗列岛起至温州平阳止，设立暴风警报站。①

1947年，浙江省渔业局决定在沿海的定海、岱山、东沙角、长涂、桃花、南韭山、石塘、三盘等地，设置暴风警报站，装置收音机，收听气象报告，以保障海上安全，并在定海东岳宫山麓下沿海旁设置暴风警报信号杆。如遇暴风，即在信号杆上悬挂红纱布筒，信号杆由定海县商会捐助。同时，为帮助风暴警报站成立，上海鱼市场特捐助五灯收音机10架，分拨给台州、鳌江、石浦、沈家门、坎门等暴风警报站。②未几，浙江省渔业局石浦工作站暴风警报站建成，并在东门岛、铜钱礁、铜瓦门各地建立警报旗杆（即暴风警报信号杆），如暴风警报站收到有暴风消息，即分别在旗杆上悬挂信号。同时，石浦暴风警报站计划将东门岛灯楼（即灯塔）修复。③沈家门暴风警报站的设立，则较为艰难。由于浙江省渔业局沈家门工作站经费困难，无力装设有关设备。嗣后经该站主任李心禄与定海县渔会、虾峙渔分会及六横渔业生产合作社进行会商，募集到450万元。为了尽快将警报信号设备装设完毕，沈家门工作站借测候所屋顶，将标杆志牌装设完成，绘制《暴风信号悬灯示警标志图》，分别张贴在要冲地域，同时分别转致当地各渔业团体，转告渔民船只注意。1947年11月24日，沈家门暴风警报站开始收听气象广播。④

3. 测候所与气象台

1934年，浙江省建设厅考虑到气象与农林、水利、航行、渔牧等诸端关系密切，于是年在省内建立了测候所1处，测候站24处。1935年，省建设厅决定在沈家门建立测候所，国立中央研究院致函浙江省建设厅，表示愿意合作，并提出

① 《浙江沿海设风警站》，《新闻报》1946年8月20日。

② 《沿海各地设置暴风警报站》，《宁波日报》1947年9月13日。

③ 《石浦设立暴风警报台》，《时事公报》1947年9月17日。

④ 《沈暴风信号装置竣事》，《宁波日报》1947年11月20日。

合作办法两项。[①]

1937年1月1日，建成后的沈家门测候所正式办公。“定海沈家门测候所，位于临海龙眼山顶，远瞰普陀，东海渔船，尽入眼帘，俯观沈镇渔港，帆樯林立。测量气候，报道风信，极称便捷。”该测候所内的机器部件，系由中央研究院气象研究所补助，于1936年底安装竣事。原有省水利局所派驻定测候员葛视华，在沈家门测候所建成后，即奉令回省，驻定测候场亦即裁撤。[②] 同年4月18日，定海沈家门测候所无线电发报机全部装置完竣，开始向南京、青岛、吴淞、坎门、定海等处通报气候。并于每日上午十时半，下午五时半报告全国气象。上午七时三十分，广播本地气象。[③]

抗战全面爆发后，定海沈家门测候所停用。定海沦陷期间，该所遭到敌伪严重破坏。

1947年初，农林部呈准行政院转饬中央气象局，将定海沈家门原有气象台（测候所）恢复并扩充。当局即转饬定海县政府，要求“在沈家门地方，觅屋10余间，以供该台台址”[④]。同年5月，浙江省渔业局商准沈家门测候所备置十七华脱话报机一部，即日起于每日上午十时及下午五时，将搜集的各项天气预测报告2次。其时，上海南京路哈同大楼自力公司售有收音机，每部八九十万元，渔民可自行直接购买或委托渔业局代为购买收音机，进行天气预报收听。[⑤]

（三）通信设备的近代化

1. 电报与电话

长期以来，海岛渔村通讯极为不便。如定海之沈家门，至20世纪20年代，尚无邮局设立，邮务事宜，向来由商家代办。直到1926年，杭州邮务管理局认

---

① 《沈家门测候所》，《宁波民国日报》1935年3月3日；《建厅在定海沈家门设大规模测候所》，《宁波民国日报》1935年9月29日；《沈测候所三月内完成》，《宁波民国日报》1936年2月2日。

② 《测候所开始办公》，《申报》1937年1月7日。

③ 《测候所开报风信》，《申报》1937年4月19日。

④ 《定气象台恢复扩充》，《宁波日报》1947年2月10日。

⑤ 《定测候所广播气象》，《宁波日报》1947年5月5日。

为该处是“繁盛区所”，计划在沈家门设立三等邮局。[①]

1922年8月，定海县知事陶锈呈请筹设该县无线电话，当局派陆军同袍社附设之无线电话教导队邱望岑教官前往定海沿海侦查试设。[②]经调查后，邱教官认为，宁波与镇海更为重要，应先装设无线电话，而定海、衢山、岱山等各渔业繁盛的岛屿，须等宁波、镇海两处装设后再行从事。[③]

1925年10月，定海旅沪同乡会会长朱佩珍、副会长沈椿年等人，呈请省政府接设定海水线，以便在定海设立电报局。[④]

1933年11月，定海沈家门大展、芦花、螺门等乡装设乡村电话，由沈家门电话公司派工装设，作为沈家门分线，可与城区直接通话。为此定海县建设科科长吴品福特意搭轮到沈家门实地勘察线路。[⑤]

到1934年初，浙江省边防电话工程告竣，全省电讯网完成，仅定海、南田两县用无线电联络。边防话线共计518公里，各县话线，共计415公里。[⑥]

2. 无线电台

1922年8月，定海知事陶锈呈请筹设该县无线电台，经与省行政公署、陆军部、交通部等多方商议，最后交通部函复以“本部正在赶办甘、新等省无线电局，他处势难兼筹。所有定海请设无线电台，拟俟西北电台竣工后，再为筹备”[⑦]。

1924年冬，全国海岸巡防处处长、海军少将许继祥派员在沈家门督建无线电测候总台一所，所有建筑费用，全部由政府拨付，不摊派取偿于船户。1925年4月，无线电总台完全竣工，各海员、工程师等人，又于各海岛口岸相继添设分台，并在外海水上警察各舰上装设无线电机，以便传递消息，保障治安，预防灾害。[⑧]

---

① 《沈家门设立三等邮局》，《时事公报》1926年3月14日。
② 《筹设沿海无线电话》，《时事公报》1922年8月3日。
③ 《筹设沿海无线电话》，《时事公报》1922年8月16日。
④ 《接通定海水线之先声》，《时事公报》1925年10月11日。
⑤ 《定建长督促装乡村电话》，《上海宁波日报》1933年11月21日。
⑥ 《边防电话工程告竣浙省电讯网完成》，《上海宁波日报》1934年3月21日。
⑦ 《无线电台缓设之部复》，《时事公报》1922年8月18日。
⑧ 《沈家门实行建筑无线电台》，《时事公报》1925年4月1日；《沈家门实行建筑无线电台》，《申报》1925年4月3日；《沈家门无线电台告成》，《时事公报》1925年4月8日。

该无线电总台成立后，曾与吴淞上海无线电台试验通电，均可直接响应。按照《无线电国际公用例》，电台成立后，应立即通知万国公会注册公布，据此沈家门无线电台成立后即由交通部向万国公会注册。[①]

1925年初，浙江省外海水上警察厅计划在各巡舰内装设无线电机，以便维持海上治安。[②] 同年9月，浙江省外海水上警察厅厅长来伟良趁全国海岸巡防处在定海沈家门装设无线电测候总台之机，呈请在石浦、温州状元桥（此二处驻有水巡队），以及外海水上警察厅、"海静"巡舰、"海平"巡舰、"新宝顺"巡舰、"永平"巡舰，装设无线电台。[③] 但是由于安装无线电机需要舰艇有"相当之高桅"，因此一些舰艇需要加高桅杆，装置天线。[④] 同年10月，浙江海门及闽浙交界之镇南关两处，由全国海岸巡防处拨给马可尼无线电机2架、发电收电真空管2架，设立无线电台。与此同时，时属江苏管辖之嵊山，也由全国海岸巡防处派人装设无线电台。[⑤]

1926年3月，全国海岸巡防处决定在坎门设立无线电台，并在坎门灯塔临近空地设立观象台，并咨请浙江省给予配合，计划建造半西式台屋7间，并派熊德拯前往监造，同时携带收报机及军用铁杆，按日接收徐家汇、沈家门各台气象报告。该观象台拟建造100尺高的木杆2支。[⑥]

1926年5月，全国海岸巡防处在厦门添设无线电大电台一座，能够使得浙闽两省航线界内随时可以呼应，定海无线电台可以接通厦门。[⑦]

1935年初，宁波公安局奉令，要求所辖区域各沪甬闽粤航线客轮，在1935年2月底前，装设紧急机门，同年3月底前，装设无线电台。[⑧]

1947年夏季台风期，定海测候所与鄞县电信局合作，按日以短波拍发气象

---

① 《沈家门电台成立后之手续》，《时事公报》1926年3月1日。
② 《外海厅筹设海防无线电》，《时事公报》1925年3月4日。
③ 《全国海岸巡防处之布告》，《时事公报》1925年5月8日。
④ 《海岸舰艇装设电台》，《时事公报》1925年9月23日。
⑤ 《海门及镇南关设立警台》，《时事公报》1925年10月9日。
⑥ 《坎门建筑无线电台》，《时事公报》1926年3月7日；《坎门将设立观象台》，《时事公报》1926年3月14日。
⑦ 《定海无线电台接通厦门》，《时事公报》1926年5月31日。
⑧ 《沪甬闽粤航线客轮应装设无线电台紧急机门》，《宁波民国日报》1935年2月3日。

电报。鄞县宁声广播电台“为求广为传播，俾使渔航船普遍收录，以确保安全计”，增播气象报告节目，每日十四时一刻起，廿时一刻起，根据定海测候所电讯，广播二次。如遇气候剧变，则该日十四时一刻起随时报告，内容侧重于浙海气象。①

1949年4月，宁波轮船业公会呈请宁波电信局及航政办事处，建议设立海岸电台。②

（四）其他航海政策与保障

除却科学技术及先进设施的应用外，合理的政策与保障也是浙江海洋事业步入近代化的标志，如果说科学技术及先进设施的应用是海洋事业硬件上的进步，那么政策与保障则是海洋事业软件上的进步。

1. 沿海护林与造林

沿海林木，对于保护水土资源与保障渔航事业有着重要作用。1925年，象山石浦船业公会会长呈请交通部，称凡是在溪河海岸以及礁渚之上，能够提供给船舶航行提供目标参照的古木，应该编作国有林，严禁砍伐，并提出注重对溪河海岸礁渚的造林，以为这样一来，“烈日来则憩息有所，风来则屏蔽有场，远行赖以标准，逢雾赖以认识”。交通部认为所请不无道理，于是特咨请农商部。该部即予积极回应，认为“沿河海森林可供船行目标之用者，依森林法第六条，应编为保安林，禁止砍伐，所有溪边河岸，并应广为种植，巩固堤防。该会长所呈，不为无见，准咨前因，即咨行夏省长，转令实业厅，查照饬属照办，以利船业而重林政矣”。③

1935年，浙江省建设厅农业管理会拟定1935年度秋季和1936年度春季的造林计划，划定林区三处，分别是镇海区、乍浦区、澉浦区，决定在沿海地区推广造林，同时征募农民，实施义务服役。④

---

① 《宁声电台报告气象》，《宁波日报》1947年7月15日。

② 《宁波应设海岸电台》，《宁波日报》1949年4月15日。

③ 《禁止砍伐沿河海岸森林》，《时事公报》1925年3月30日。

④ 《建厅农业管理会拟定沿海推广造林计划》，《宁波民国日报》1935年9月24日。

2. 开办航海保险业务

航海事业，风险巨大，中国的海洋事业要实现近代化，必须有保险业务的介入。1929年，航业领袖、三北公司经理虞洽卿、航业公会主任陈伯刚等，发起组织航业保险公司，资本20万。其中，招商局认股30800，政记认股14000，三北10000，肇兴、鸿安、宁绍、恒安、元安、常安、安泰各4000，和丰、北方、大达各3000，大通、仁记各2000，平安、直东、敏大行、宁兴、同德、达兴各1000。①

第三节　海洋文学

进入民国，在新文化运动的影响与冲击下，“人”的文学被提出并发展，源于人们社会生活实践的现实主义文学大行其道。浙江地处东南沿海，海洋为沿海浙江人提供了便利与生产生活的条件，也涵育了一代代文人作家，海洋成为他们重要的创作源泉。他们有的出国留学，感受了大海的浩瀚和无穷，有的则扎根乡土，找寻海与乡民之间生命维系的纽带，独特的人生经历使他们创作了一些与海洋有关的文学作品。尽管数量不多，但作为新文学的重要组成部分，在现代文学史上留下不可磨灭的印迹。

针对海洋文学的定义，目前学术界众说纷纭。有人从狭义上来理解海洋文学，认为以海洋为主题的作品才称之为海洋文学，有的则从广义上进行概念扩散，认为所有与海洋意向有关的文学创作都属于海洋文学的范畴。著名学者曲金良认为：“海洋文学包括三个层次：第一个层次是以海或海的精神为描写或歌咏对象的文学作品，题材可能是海本身，也可能是生活与海联系在一起并富有海洋精神的人或物，也可二者兼有。第二个层次，主人公以海为生，并活动在海上或者海岸，但作者没有海洋意识，作品所蕴含的涵养精神不明确。第三个层次，文本提到海，但海是一种可有可无的点缀，一个模糊的意象，或仅仅作为一个可置换为内陆的背

① 《航业保险之大计划》，《时事公报》1929年5月22日。

景。”[①] 虽然每个人对海洋文学的定义不同，但与别的文学题材一样，海洋文学具有自身独特的特色，海洋文学的形成是需要一定的文化底蕴以及风土民情的积淀。

民国时期，浙江海洋文学作品以短篇小说居多，也有少量的散文和诗歌。其中王鲁彦的《船中日记》、《听潮的故事》，陆蠡的《海星》、《贝舟》是散文中的代表作。巴人的《六横岛》，楼适夷的《盐场》，穆时英的《咱们的世界》、《生活在海上的人们》，郁达夫的《沉沦》等则是小说中比较突出的作品。徐訏的《风浪》、《甲板上》，徐志摩的《海韵》、《地中海》等则是诗歌中的翘楚。这些作品中有的借助海景揭示人生真相，有的通过大海等意象抒发真情实感，有的通过刻画沿海民众生活的艰难和反抗，揭示统治者的残酷。但是与新时期的海洋文学相比，这时期的海洋文学数量少，且比较零散，并未形成一个完整的系统，大部分作品只停留在少量描写海景的片段，只有少数几部作品把海景与人的命运、社会发展联系起来。究其原因，主要在于当时国人的海洋意识还比较淡薄，“在国人心理的深处，对海洋还持一种拒斥的态度”[②]。不过，作为一种文学现象，还是有研究的价值。

一、壮美海景与生活真实的交融

五四新文学运动中，周作人把“美文”的概念引入到中国，并大力提倡之，现代散文因此而繁荣起来，各种形式的散文大量出现，散文领域呈现了纷繁多姿的局面。

一些浙江籍的作家，因从小生活在海边，被家乡独特的地理环境所浸染，鲜活的海产、壮丽宏阔的海景日夜陪伴着他们。“浙东自然环境既显示出浓厚的土性特征，又因为其面临大海而凸显出了其开放性的一面。这使得浙东作家在乡村体验方面有可能被注入新的内涵。”[③] 这种独特的地域文化，使这些作家创作出了与内地作家不同的具有海腥味、海气息的海洋散文。

王鲁彦的主要成就在乡土文学，但他的作品与蹇先艾、彭家煌、台静农等内

① 柴丽红：《论中国现当代海洋诗中的海洋意识》，山东大学硕士学位论文，2013 年。
② 柴丽红：《论中国现当代海洋诗中的海洋意识》，山东大学硕士学位论文，2013 年。
③ 周春英：《王鲁彦评传》，中国社会科学出版社 2011 年版，第 3 页。

陆作家笔下“土滋味”特别浓的作品不同，他的作品中包含有东南商业重镇宁波浓厚的商业气息以及周边乡下民众被金钱至上观念所腐蚀的冷漠自私思想，表现了在时代的演变和资本经济的冲击下，乡村文化的变异和作家对改造国民性的担忧。除了这些带有海洋气息的乡土小说之外，他的《听潮》则是一篇直接歌颂海、描写海潮优美景色的具有浓厚海洋文学特色的抒情性散文。

1929 年 8 月王鲁彦偕妻子及朋友去普陀山度假，既看到了壮丽的大海景色，也受到了势利的寺庙僧侣的嘲弄，作者内心很是愤怒，回来之后写下了这篇散文。文中既用优美的文字表现了大海潮来潮去的“柔美”和“壮美”，又借助文字对寺僧的势利行为进行犀利的抨击，抒发自己强烈的愤怒之情。整篇文章情感浓烈，写景记事抒情，条条不落；状物绘景，体察入微，具有独特的形象美和意境美。

首先，作者借助工描手法宏观地描绘了潮前、潮起、潮满、潮退的过程，以及大海变幻多姿的壮丽景象，给读者带来了一场融听觉与视觉于一体的豪华盛宴。其次，巧用拟人、通感和比喻等修辞手法，把潮涌之时的壮观和潮来之前的平静刻画得十分美妙。潮来之前，波浪轻吻着岩石，海在低低沉吟，似乎一切都在沉睡，连星星也睡了，此时的大海十分沉静诱人。可是，当钟声惊醒了大海之后，大海变得狂怒而暴躁，从开始“哺哺的声音”到后来像“战鼓声，金锣声，枪炮声，呐喊声，叫号声，哭泣声，马蹄声，车轮声，飞机的机翼声，火车的汽笛声，都掺杂在一起，千军万马混战了起来”。在此，作者连用了十种声音来比拟潮声，联想大胆新奇，凸显了海潮的声势浩大、气壮非凡。这种动静结合、以动写静的手法，写出了大海的灵魂；这种或工笔细描，或浓墨淡彩的描写技巧，疏密有致地描绘了一个个情景交融的艺术画面，给人如临其境的真实感受。作者借描写海浪的起伏汹涌来表达自己对于以寺僧为代表的一些势利人物的愤怒，实在是奇妙至极。

其间台州籍作家陆蠡也有少量描写海洋的散文。他的《海星》叙述一个非常热爱母亲和哥哥的孩子，兴高采烈地捧着贝壳从一个小丘跑到另一个山巅去摘取星星作为送给母亲和哥哥的礼物，可是他一直追逐到无路可寻的海边还是没有摘取星星，最后坠入大海而亡。在这里，海星的绚丽美好与孩子悲凉凄惨的结局形成了鲜明的对比，孩子的纯真与现实的残酷引起人们的深思，孩子这一柔弱的形象因此更具真实感。而《贝舟》是一篇想象非常奇特的散文。在海产馆参观的作者和朋友在争辩“槎”（木筏）样式的时候，不知不觉间已经乘上了一只他们所描绘的“槎”，来到了海外并被撇在一个躺在嫩绿色海水中的孤岛上，当作者和他的朋友不知如何是好的时候，一只贝壳入海成舟，带着他们回到人间，上岸以后，他们把贝舟反过来做帐篷，度过了十分美妙的一晚。“朋友的一句‘累了吧’把我惊醒，原来这只是我的一个‘白日梦’。”文中对于那只贝壳的描写十分细腻：“凡是大贝壳上所有的花纹，这上面完全有。全体是竹叶形的，略微短一点。壳内是银白色的珍珠层，绲上一圈淡绿。缘口上有纤细的黄边。近较圆的一端处有两点银灰色的小点。铰合上有两三条的突齿，背面是淡黄的，从壳顶的尖端出发，像纸扇骨子似的向边缘伸出辐状的棱，和这棱垂直的有环形的几乎难辨的浅刻，壳顶有一点磨损，是被潮和汐，风和雨，还是在沙上擦损的呢，可不知道。”[①]

文字自然纯朴，没有丝毫的造作。陆蠡散文中所特有的敏锐感触和丰富想象在这篇散文中得到了充分的体现。

二、借助大海抒发真情实感

民国时期，由于个性主义理念的高扬，人的自由本质得到充分的肯定，作为主要文学形式的新诗得到了迅猛发展，湖畔诗派、新月诗派等流派应运而生，这些诗歌流派体现不同的观念，并在当时产生了巨大的影响力。而海洋文学中最重要的一个组成部分——海洋诗，也在这一时期初现，郭沫若、冰心、宗白华、卞之琳等少数几位有着海洋生活背景的诗人是主要的创作者，其他诗人如废名、朱湘等作家的诗歌中虽有海洋的意象，但这些意象或源自于超经验的海洋，或只是一种想象的海洋，而不是出自现实经验层面的海洋。

民国时期浙江籍作家创作的海洋诗较少，只是零碎地出现在一些作家的诗集中，较具代表性的是新月派诗人徐志摩以及后期浪漫主义作家徐訏的海洋诗。

徐志摩，曾先后赴美、赴英留学，留学时期的远渡重洋和在异乡的生活经历，

---

① 陆蠡：《海星》，广东人民出版社1981年版，第25页。

使徐志摩对海更多了一份了解与热情。正如他在一首四行诗里所写的："忧愁他整天拉着我的心，像一个琴师操纵他的琴；悲哀像是海礁间的飞涛：看他那汹涌，听他那呼号！"①

在此，徐志摩借用波涛来形容自己满腹的悲哀情绪。这种以大海、波涛、潮水等意象来作诗的例子很多，如"省心海念潮的涨歇，依稀漂泊浪荡的孤舟"（《月下待杜鹃不来》）；"我笑受山风与海涛之贺"（《去吧》）；"柔软的南风，吹皱了大海慷慨的面容"（《草上的露珠儿》）；"我记得扶桑海上的群岛，翡翠似的浮沤在扶桑的海上"（《沙扬娜拉十八首》）；"不歇的波浪，唤起了思想同情反应"（《地中海》）；等等。在众多海洋诗之中，《海韵》算得上是比较典型的一首诗歌。

《海韵》发表于1925年，这首诗有着"类似海潮和波浪的建筑美、动感十足和层次丰富的绘画美、回环旋转和大体押韵的音乐美，以及震撼人心的原动诗意，诸多重要元素相互支撑，建构了一首堪称经典的叙述型抒情诗"②。该诗讲述了一个不甘平庸的单身女郎离家出走来到海边，她在海边徘徊、清唱、起舞，后来风云突变女郎被卷入大海中去的故事。从表面上看，这很像是一个女郎因失恋而投海自尽的故事，实际并非如此，女郎、大海和女郎在海边的种种表现都具有鲜明的象征意味，单身女郎如同一个理想主义者，渴望着大海而且坚定不移，她梦想中的大海浪漫、温柔，充满海的韵味。但无情的大海却暴露出它可怕的一面，单身女郎依然不懂大海的险恶，她努力地要像海鸥一样与海波搏击，天真地幻想着"海波他不来吞我"，执着地向往着大海的美丽与浪漫，最终猛兽似的海波吞没了女郎，悲剧来临。《海韵》既写出了女郎的单纯信仰，也暴露了现实世界的无情与残忍。诗人"为了强化诗歌的叙事成分，常常将人物表现引入诗中，以戏剧化的情节展现人物命运"③。

作为在艺术上不断追求创造性的新月派代表诗人，徐志摩的诗大都想象丰富、构思奇妙、意境新奇；体现一种个性化的绘画美、建筑美和音乐美。《海韵》也不

---

① 许祖华选编：《徐志摩作品精选》，长江文艺出版社2003年版，第142页。

② 孙良好：《徐志摩和他的〈海韵〉》，《名作欣赏》2011年第2期。

③ 姜萍：《徐志摩〈海韵〉解读》，《文学教育》2009年第4期。

例外，诗人通过描写女郎在海滩徘徊、低唱、起舞，被淹入海沫直至最终消逝的整个过程，把对女郎命运的惋惜、感叹、哀戚、悲伤之情通过诗中每一节中的反复咏叹表现出来，尤其是每一节对话后的描写如同音乐的和声，使整首诗充满了韵律美与和谐美。《海韵》发表不久，就引起作曲家赵元任的特别关注，后来他把《海韵》谱成合唱曲，这首诗的音乐美可见一斑。

后期浪漫主义作家徐訏部分诗歌也在不经意间以海的元素为背景，抒发自我丰沛的情感。徐訏出生在宁波慈溪，从小便接受海洋的熏陶和滋养，而后，他又经历了战争时期颠沛流离的生活，开始以另一种方式展现出对生命的诗性追寻以及对人生的思考。他的诗歌内容广泛，有思乡之作，也有忧国伤时的作品，有寄情山水之作，也有感悟人生、蕴含哲理的作品。每一首诗歌的创作都凝结着他的浓厚感情和深刻感悟，都与他的个人经历及所见、所闻、所感密不可分。

《风浪》是一首集海上风景描写与人生感悟相结合的诗作，作者描写了自己在海上见到的一次巨大风浪。诗的前半部分大量描写风浪的恐怖，风浪在“远处奔腾，近处呼啸”，风浪从远处冲击而来，海水“像兽的长舌，魔的长鞭，鞭击这铁栏，甲板”，海上的雷声和闪电，变幻出了大自然中“一簇一簇的火焰”，十分贴切地写出了风浪的巨大和恐怖。诗的后半部分表达了对这种壮观景象的赞美和对人生的感悟，巨大的风浪冲击着船只，作者却认为这是“美，是神秘，是壮烈，是奇伟”，是一种惊心动魄的力量美。在风浪的逐击中，我们“需要信仰需要力量”，来面对命运的波折。另一首诗歌《海》描写了海发怒的状态，它像一只怪兽，波浪就像“贪餍的舌”，“想舐尽天上的云和月”。而《独立海边》这首诗则温柔了许多，作者没有直接描写大海的景色，在海边独立的他，入眼的风景既有“云飞风扬”，也有“机群舰队”，此情此景下，他陡然生出一股豪情与壮志：“海沉明星，潮浮奇岩，问苍天何价？万古未变声色！”[①] 其豪迈之情可见一斑。作家林语堂赞誉徐訏为中国唯一的新诗人，称其诗“自然而有韵律，发自内心深处”。

徐訏的诗歌语言多变，既有简洁、练达的自然语言，也有荒诞夸张极富想象性的语言。正如吴福辉先生所评价的：“徐托意象语言的开放程度更大些，奇幻、

---

① 徐訏:《徐訏文集》第 15 卷，上海三联书店 2008 年版，第 152 页。

浪漫、荒诞、象征、哲理、诗情，有点包罗万象的味道。他的基点，还是立足于语言的充分感觉性上面。”①

三、沿海民众生存境况的深刻揭示

虽然中国现代小说的潮流是由浙江籍作家鲁迅引领的，他的《狂人日记》成为五四新文化运动中的第一部小说，之后出现了乡土小说、抒情散文化小说、社会写实小说等众多小说流派。但是浙江海洋小说数量还是不多，主要集中在巴人、楼适夷、穆时英笔下。

巴人原名王任叔，浙江奉化人。他的作品着眼于描写故乡贫苦农民的不幸与苦难，揭示造成这种苦难的深层次原因。与其他乡土作家不同的是，巴人创作小说时并未离开家乡，他仍然在宁波本地从事各种活动，因此，能更近距离地了解到民生的怨苦。在他的众多作品中，《六横岛》是一篇比较典型的海洋小说。小说描写了舟山群岛中的一个小岛——六横岛的岛民，在不堪当地统治阶级种种沉重的税收与精神压迫的情况下发生了暴动，但旋即又被统治者镇压，除了塾师杨星月侥幸逃脱之外，所有参与这场暴动的积极分子或被当场枪杀，或被判刑蹲监狱。揭示了当时社会的混乱、统治者的严苛以及民众生活的艰难。

整篇小说运用了多种描写手法，增强了小说的艺术魅力。首先运用对比描写的手法。在小说开端，六横岛像“一只牛角，狭长地躺卧在这绿色的大海里”，而汹涌的大海像一只饥饿的巨狮，“舞着银白色的巨爪，终年猛扑着六横岛的堤岸”。既生动地描写出了六横岛的地理环境，又用鲜明的对比暗示六横岛上的统治者就像大海这只巨狮一样，“以这样的勇猛和英伟的姿势扑食着六横岛”，给不堪重负的岛民带来沉重的打击。其次，用生动自然的语言巧妙细致地描写大海，这些描写文字一直穿插在小说中，既烘托了小说的气氛，又形象地暗示了小说的发展方向。不停倒翻的海水在洪亮锣声的衬托下，仿佛是海之神在召唤，号召穷苦的岛民们要争出一条生活的路！除了对大海的描写之外，巴人还用大量篇幅描写了岛民们的生活，这个岛有一万四千余家的渔民佃户，他们靠着3万多亩的肥

① 吴福辉：《都市漩流中的海派小说》，湖南教育出版社1995年版，第278页。

田和6万多亩的干地、盐地生活。盐民们依靠晒盐来维持生计，渔民们则在渔汛来临之际扬帆出海，跟大海搏斗，去讨生活的出路。而以“徐介寿”为代表的统治势力却设置酒捐、刀头税、香烟税、教育税、搭客捐等苛捐杂税，残害民众、欺压百姓，最终引起了岛民们的愤怒，这种愤怒如同潮水一般席卷了整个六横岛，沉默的岛民终于呐喊起来，冲出去为自己找出一条生活的路。“再现了乡村农人的觉醒与抗争。”①

楼适夷的《盐场》主要写浙东余姚一带的盐民暴动。小说描写了以“老定”为代表的盐民，世世代代遭到盐场场主的剥削和压迫，最终在革命党人祝先生的带领下，发动群众组织盐民协会，与盐场场主进行英勇斗争并取得初步的胜利。这些着眼于描写沿海地域革命斗争的小说为民国时期的海洋文学增添了浓墨重彩的一笔。

新感觉派代表作家穆时英，宁波慈溪人，其早期的作品主要反映上层社会和下层社会的强烈对立，小说集《南北极》中的《咱们的世界》和《生活在海上的人们》是两篇具有海洋文学特征的小说。其中《咱们的世界》讲述了从小父母双亡的李二爷，先是跟着舅父卖报谋生，后为生活所迫出海为盗，劫持了一艘轮船，并对有钱人展开了疯狂的报复，从此在海面上东飘西荡，成为一个真正的海盗。《生活在海上的人们》则更为直观地描写了渔民们的生活，出海的渔民们遇到了海难，300多人中只剩下30多人活着回来。在家破人亡、生活无比困苦的情况下，渔民们在革命者唐先生的带动下聚集起来进行暴力革命，绑架了船主蔡金生与劣绅冯筱珊，并杀了数百人，最终，群体的反抗被镇压。然而，他们并没有放弃，他们的反抗“还要来一次的！”

跟巴人的小说一样，穆时英的这两部小说也深受左翼革命文学的影响，致力于描写社会底层人民的生活与反抗，在情节模式上，这几篇小说都有一个共通之处，“那就是压迫——反抗——失败。身处社会底层的主人公受到上层统治者的

---

① 赵倩：《民间的乡土作家——巴人乡土小说浅析》，《沧桑》2008年第4期。

种种压迫，不堪忍受而奋起反抗，但终因势单力薄败下阵来”[1]。穆时英的小说中暴力气息更加浓厚，隐藏着一股“水浒气”。在语言上一些通俗易懂的平民化语言，尤其是一些日常生活口语的运用，增强了小说的趣味性与人物形象的鲜活度。除此之外，还大量运用乡间民谣与俚语，如在《生活在海上的人们》中，开篇便是一段主人公的生活歌谣：“嗳啊，嗳啊，嗳……呀！咱们全是穷光蛋哪！酒店窑子是我家，大海小洋是我妈。”[2]短短几句歌谣展现了处在底层的渔民们困苦的生活，人物的性格、命运也通过直白、粗糙的语言跃然纸上。

与巴人、穆时英描写农民生活与斗争不同，郁达夫的小说《沉沦》以自身为蓝本，描写一个东渡日本留学的中国青年，在异乡受异族人歧视，对爱情的渴望也得不到满足，精神上和生理上种种难以排遣的苦闷情绪交织在一起，使得他无法排解，最终投海自杀。死之前他高呼：“祖国呀祖国！你快富起来！强起来吧！”作品表达了年轻人深沉的时代郁愤。作者为了衬托年轻人内心的悲愤，故意对年轻人自杀所在地筑港写得十分生动：“汪洋躺在午后阳光里微笑，远处隐隐的青山浮在透明的空气里，宁静的海湾和长堤，浮荡的空船和舢板，饱受了斜阳的浮标，一切都显得十分平和安静。”周围风景的静美和年轻人内心思潮的愤懑产生了强烈的对比，作品的震撼力量也就此而产生。

可见，虽然民国时期浙江的海洋文学尚处在初步发展的阶段，并未形成一定的规模，作品中体现出来的海洋意识还不是很强，但是通过这些少量的作品可以发现其独具的特色和美学价值。首先这些作品对于海洋的描写多是出于生活的需要，比较泥实；其次，作品中的语言也比较朴素自然；第三，海洋小说的主人公基本是渔民、盐民等弱势群体和底层民众。与一些非浙江籍的作家如郭沫若、巴金笔下描写的波涛汹涌、气势恢宏的海洋相比，自是多了一份质朴与厚实。

---

① 王卫平、杨程：《论穆时英农村反抗题材小说创作的发展与流变——以〈南北极〉与〈中国行进〉为例》，《中国文学研究》2011年第2期。

② 穆时英：《穆时英全集》（第二卷），北京十月文艺出版社2008年版，第121页。

主要参考文献

一、地方志

1. 徐时栋等纂：光绪《鄞县志》。

2. 陈训正、马瀛等纂修：《定海县志》，1924 年铅印本。

3. 浙江省第三区渔业办事处编 ：《瓯海渔业志》，内部印行 1938 年。

4. 象山县志编纂委员会编：《象山县志》，浙江人民出版社 1988 年。

5. 玉环坎门镇志编纂办公室编：《玉环坎门镇志》，浙江人民出版社 1991 年。

6. 舟山市地方志编纂委员会编：《舟山市志》，浙江人民出版社 1992 年。

7. 项士元纂：民国《海门镇志》，椒江市地方志办公室 1993 年编印。

8. 朱去非主编：《舟山市盐业志》，中国海洋出版社 1993 年。

9. 陈定萼编纂：《鄞县宗教志》，团结出版社 1993 年。

10. 吴炎主编：《温州市交通志》，海洋出版社 1994 年。

11.《镇海县志》编纂委员会：《镇海县志》，中国大百科全书出版社上海分社 1994 年。

12. 俞福海主编：《宁波市志》，中华书局 1995 年。

13. 陈明富主编：《椒江市建设志》，1995 年印刷。

14. 台州市志编纂委员会编：《台州地区志》，浙江人民出版社 1995 年。

15. 浙江省盐业志编纂委员会编：《浙江省盐业志》，中华书局 1996 年。

16. 舟山市教育志编纂办公室：《舟山市教育志》，红旗出版社 1996 年。

17. 浙江省外事志编纂委员会编:《浙江外事志》，中华书局 1996 年。

18.《椒江市志》编纂委员会编:《椒江市志》，浙江人民出版社 1998 年。

19. 浙江省鄞县地方志编委会:《鄞县志》，中华书局 1998 年。

20. 温州市志编委会编:《温州市志》，中华书局 1998 年。

21. 台州水产志编纂委员会:《台州水产志》，中华书局 1998 年。

22. 浙江省水产志编纂委员会编:《浙江省水产志》，中华书局 1999 年。

23. 汤一钧编:《温州市公共交通志》，黄山书社 2000 年。

24. 乐清县地方志编纂委员会编:《乐清县志》，中华书局 2000 年。

25. 浙江省教育志编纂委员会编:《浙江省教育志》，浙江大学出版社 2004 年。

26. 椒江教育志编纂委员会编:《椒江教育志》，上海三联书店 2004 年。

27. 张传保、陈训正、马瀛等纂：民国《鄞县通志》，宁波出版社 2006 年。

28. 象山县海洋与渔业局渔业志编纂办公室编:《象山县渔业志》，方志出版社 2008 年。

29. 浙江省华侨志编纂委员会编:《浙江省华侨志》，浙江古籍出版社 2010 年。

二、报刊

1.《申报》

2.《民国日报》

3.《新闻报》

4.《四明日报》

5.《时事公报》

6.《温州日报》

7.《浙瓯日报》

8.《宁波民国日报》

9.《上海宁波日报》

10.《宁波日报》

11.《宁波旅沪同乡会月刊》

12.《钱业月报》

13.《宁波市政月刊》

14.《浙江建设月刊》

15.《水产月刊》

三、各种资料

1. 周综署:《浙江宁波警察厅警务概略》，中华民国七年一月印。

2. 宁波市政府秘书处:《宁波之过去现在和未来》，宁波明华书阁印刷部1929年。

3. 铁明、余皓、汪缉文等:《三门湾调查简报》，浙江省土壤研究所刊行1937年。

4. 魏颂唐:《三门湾经济志料》，1946年印行。

5. 浙江省银行经济研究室编:《浙江经济年鉴》，浙江文化印刷股份有限公司1948年。

6. 章有义编:《中国近代农业史资料》第3辑，生活·读书·新知三联书店1957年。

7. 上海市人民银行编:《上海钱庄史料》，上海人民出版社1962年。

8. 聂宝璋、朱荫贵编:《中国近代航运史资料》，上海人民出版社1983年。

9. 杭州海关译编:《近代浙江通商口岸经济社会概况》，浙江人民出版社2002年。

10. 陈梅龙、景消波译编:《近代浙江对外贸易及社会变迁》，宁波出版社2003年。

11. 温州市政协文史委员会编:《温州旅沪同乡会史料》，《温州文史资料》第22辑，内部印行2007年。

12. 中华续行委办调查特委会编，蔡詠春等译:《1901—1920年中国基督教调查资料》，中国社会科学出版社2007年。

13. 徐訏:《徐訏文集》第15卷，上海三联书店2008年。

14. 孙焊生编:《温州老新闻(1933—1939年)》，黄山书社2012年。

15.《嵊泗文史资料》

16.《黄岩文史资料》

17.《温州文史资料》

18.《舟山文史资料》

19.《宁波文史资料》

20.《普陀文史资料》

21.《玉环文史资料》

22.《岱山文史资料》

四、著作

1. 李士豪、屈若搴:《中国渔业史》，商务印书馆 1937 年。

2. 周克任编著:《鄞县概况》，三一出版社 1948 年。

3. 李国祁:《中国现代化的区域研究 —— 闽浙台地区（1860—1916）》，台湾“中央研究院”近代史研究所 1987 年。

4. 浙江省政协文史资料委员会编:《宁波帮企业家的崛起》，浙江人民出版社 1989 年。

5. 郑绍昌主编:《宁波港史》，人民交通出版社 1989 年。

6. 陈达:《我国抗日战争时期市镇工人生活》，中国劳动出版社 1993 年。

7. 金陈宋主编:《海门港史》，人民交通出版社 1995 年。

8. 郭慕天编著:《浙江天主教》，1998 年印行。

9. 温州华侨华人研究所编:《温州华侨史》，今日中国出版社 1999 年。

10. 李瑊:《上海的宁波人》，上海人民出版社 2000 年。

11. 陶水木:《浙江商帮与上海经济近代化研究（1840—1936）》，上海三联书店 2000 年。

12. 陈国灿:《江南农村城市化历史研究》，中国社会科学出版社 2004 年。

13. 金普森等:《浙江通史》民国卷上，浙江人民出版社 2005 年。

14. 丁贤勇:《新式交通与社会变迁 —— 以民国浙江为中心》，中国社会科学出版社 2007 年。

15. 王立新:《美国传教士与晚清中国现代化》，天津人民出版社 2008 年。

16. 汤清：《中国基督教百年史》，香港道声出版社 2009 年。

17. 夏卫东：《民国时期浙江户政与人口调查》，中国社会科学出版社 2011 年。

18. 周东华：《民国浙江基督教教育研究》，中国社会科学出版社 2011 年。

19. 周春英：《王鲁彦评传》，中国社会科学出版社 2011 年。

20. 方煜东主编：《三北移民文化研究》，宁波出版社 2012 年。

五、研究生论文

1. 黄晓岩：《民国时期浙江沿海渔会组织研究——以玉环渔会为例》，浙江大学硕士学位论文，2009 年。

2. 柴丽红：《论中国现当代海洋诗中的海洋意识》，山东大学硕士学位论文，2013 年。

3. 丁龙华：《民国时期宁波地区渔业合作组织研究》，宁波大学硕士学位论文，2014 年。

后　记

2011 年接受浙江近代海洋文明史课题民国卷社会文化部分编撰任务后，相当惶恐，迟迟不敢动笔。好在本人一直从事区域史研究，资料方面有所积累，特别是此项工作得到了友人与学生的支持与协助，于是在 2014 年开始动笔，经过近两年的努力，终于完成书稿。

本书虽由本人一人署名，实际上是一项集体成果。其中孔伟提供第二章第一、第二节初稿，田力承担了第三章第一、第二两节的编写任务，丁龙华撰写了第五章第一、第二两节的初稿，周春英完成了第五章第三节的书稿。本人则承担了其余章节的撰写及全书设计与通稿工作，并对上述相关章节的内容进行补充。

需要说明的是，本书涉及的内容广、范围大，而我们的学术积累与准备又相当有限，故本书只能从有限的几个方面一窥民国时期浙江沿海地区社会与文化领域的变迁与发展状况。从地域范围来说，浙江是海洋大省，全省十一个市中有七个市与海洋接壤。由于资料的限制，本书论述的地域主要包括宁波、舟山、台州、温州四个市，其中又以宁波与舟山为多。这些地区是浙江沿海的主要组成部分，本书对这些地区情况多有着笔，其他地区亦有涉及，虽重点突出，但这样写，缺憾也是相当明显的。

由于本人学识有限，加上时间匆忙，本书不仅相当粗糙，而且存在着诸多不足与缺憾，其中的差错也在所难免，在此敬请读者批评指正。

孙善根于宁波大学历史系

2017 年 1 月